碳达峰与碳中和丛书　　何建坤　主编

EUROPEAN
COMMISSION

欧盟委员会　著

A European long-term strategic vision for a prosperous,
modern, competitive and climate neutral economy

欧盟建立繁荣、现代、具有竞争力和气候中性的经济长期发展战略愿景报告

张健　周剑　译
李政　审校

东北财经大学出版社　大连
Dongbei University of Finance & Economics Press

图书在版编目（CIP）数据

欧盟建立繁荣、现代、具有竞争力和气候中性的经济长期发展战略愿景报告 / 欧盟
委员会著；张健，周剑译．—大连：东北财经大学出版社，2021.6
（碳达峰与碳中和丛书）
ISBN 978-7-5654-4173-8

Ⅰ．欧… Ⅱ．①欧… ②张… ③周… Ⅲ．欧洲国家联盟-气候-政策-研究报告
Ⅳ．P46-015

中国版本图书馆CIP数据核字〔2021〕第063474号

东北财经大学出版社出版发行

　　大连市黑石礁尖山街217号　邮政编码　116025
　　网　　址：http：//www.dufep.cn
　　读者信箱：dufep @ dufe.edu.cn
大连图腾彩色印刷有限公司印刷

幅面尺寸：185mm×260mm　字数：474千字　印张：25.5
2021年6月第1版　　　　　　　　　　2021年6月第1次印刷
责任编辑：李　季　刘东威　刘　佳　　责任校对：魏　巍　石建华
　　　　　吉　扬　刘慧美　　　　　　　　　　　王芃南　张晓鹏
封面设计：原　皓　　　　　　　　　　版式设计：原　皓
定价：116.00元

总 序

全球正在兴起加速低碳转型的热潮。

新冠肺炎疫情给人类社会造成的影响仍在持续，这场突发的疫情更深层次地触发了人们对生存与发展的思考。疫情下，各国一方面都积极地投入到稳就业、保生产的抗击疫情工作当中，尽量将疫情对生产和生活的冲击与破坏降到最低；另一方面也都努力在可持续发展视角下部署经济的绿色复苏，以更加积极的行动和雄心应对气候变化带来的严峻挑战。

2015年底巴黎气候大会达成的《巴黎协定》确立了全球控制温升不超过工业革命前2℃并努力低于1.5℃的长期减排目标，并形成了"自下而上"的国家自主贡献（NDC）目标和每5年一次的全球集体盘点，以构建全球气候治理体系框架，引领全球向低碳转型。《巴黎协定》要求各缔约方要在前一版NDC目标基础上提交力度更强的NDC更新目标，发挥NDC目标的"棘轮"机制以加速全球温室气体减排的进程；同时也要求各缔约方向联合国气候变化框架公约（UNFCCC）提交各自面向21世纪中叶的长期低排放发展战略，凝聚各缔约方长期低碳转型的共识，释放全球应对气候变化的长期信号和坚定信心。

越来越多的国家积极提出各自的"净零排放"目标，积极参与到全球"Race to Zero"的浪潮当中。欧盟在2018年底提出了其建成繁荣、现代化、有竞争力和气候中性经济体的长期战略，并努力在2050年实现"净零排放"。英国于2019年在气候变化委员会（CCC）的建议下，也将英国2050年实现净零排放更新进其《气候变化法案》当中，以法律的形式明确了英国的长期减排目标。在2020年9月22日第七十五届联合国大会一般性辩论中，习近平主席提出了中国积极的新气候目标，力争在2030年前实现二氧化碳排放达峰，在2060年前实现碳中和，彰显了中国在全球气候治理中负责任大国的形象。其后日本和韩国也陆续提出了各自2050年净零排放的目标，越来越多的国家也纷纷提出符合各自国情和发展阶段特征的减排目标。

碳中和目标下先进低碳技术创新与竞争将重塑世界格局。人们越来越意识到，实现深度脱碳并不会制约经济社会的发展，先进低碳技术的创新与突破将是未来经济社会发展的重要驱动力，也将是未来国际经济、技术竞争的前沿和热点。欧盟提出2035年前要完成深度脱碳关键技术的产业化研发；美国"拜登政府"也计划在氢能、储能和先进核能领域加大研发投入，其目标是氢能制造成本降到与页岩气相当，电网级化学储能成本降低到当前锂电池的十分之一，小型模块化核反应堆建造成本比当前核电站成本降低二分之一。日本在可再生能源制氢、储存和运输、氢能发电和氢燃料电池汽车等领域都具有优势，其目标是氢能利用的综合系统成本降低到进口液化天然气的水平。世界各国都争相积极投入并部署先进低碳技术的研发和产业化，这也将对全球加速应对气候变化进程发挥重要的作用。

我国正在积极探索落实 2030 年更新 NDC 目标的行动计划。习近平主席在 2020 年 12 月 12 日的气候雄心峰会上阐述了我国 2030 年更新的 NDC 目标，即单位国内生产总值的二氧化碳排放 2030 年比 2005 年下降 65% 以上，太阳能发电总装机容量超过 12 亿千瓦，非化石能源在一次能源消费中的占比要努力达到 25% 左右。为进一步落实这一目标，2020 年底的中央经济工作会议也将做好碳达峰、碳中和工作列为 2021 年的重点任务，也在"十四五"规划和 2035 年远景目标纲要中提出，要"落实 2030 年应对气候变化国家自主贡献目标，制定 2030 年前碳排放达峰行动方案"，"锚定努力争取 2060 年前实现碳中和，采取更加有力的政策和措施"，全面推动绿色发展，促进人与自然和谐共生。以"碳达峰、碳中和"为目标导向，国内正在掀起低碳发展的热潮。

发达国家已经实现了碳达峰，正在努力向"碳中和"目标转型。尽管发达国家碳达峰的发展历程中并没有过多地受到全球气候变暖严峻形势的制约，但其发展历程中所形成的宝贵经验和教训值得广大发展中国家借鉴和参考。与此同时，发达国家已经全面建立起温室气体减排的管理能力，其提出的"净零排放"目标和实施路径也具有较高的参考价值，值得发展中国家参考和借鉴。

本套"碳达峰与碳中和丛书"，将从多个视角向读者分享低碳知识，既有发达国家净零排放的战略、路径和政策，也有其国内低碳发展的优秀案例和宝贵经验，还有各领域各行业的积极做法。希望本丛书能促进我们在低碳实践方面的思考和行动，为早日实现"碳达峰、碳中和"目标贡献力量。

何建坤

2021 年 4 月 18 日 于清华园

译者前言

一、我国提出碳达峰、碳中和的目标和愿景，具有非常现实和重要的意义

习近平总书记在中央财经委员会第九次会议上指出，实现碳达峰、碳中和是一场广泛而深刻的经济社会系统性变革，要把碳达峰、碳中和纳入生态文明建设整体布局。这是党中央经过深思熟虑后做出的重大战略决策，事关中华民族永续发展和构建人类命运共同体。

在2021年4月16日举行的中法德领导人视频峰会上，习近平主席进一步强调了中国应对气候变化的雄心和力度，用"三个最"来描述这场硬仗：这意味着中国作为世界上最大的发展中国家，将完成全球最高碳排放强度降幅，用全球历史上最短的时间实现从碳达峰到碳中和。

我国提出碳达峰、碳中和的目标和愿景，对国内疫情后加速绿色低碳转型和长期低碳发展战略的实施，以及推进全球气候治理进程都将发挥重要指引作用，具有非常现实和重要的意义。就国内而言，推进目标导向下紧迫的低碳转型，成为国家新时代社会主义现代化建设的重要目标和生态文明建设的核心内容，意味着我国更加坚定地贯彻新发展理念，构建新发展格局，推进产业转型和升级，走上绿色、低碳、循环的发展路径，实现高质量发展，打造现代化大国核心竞争力。从国际上来看，这也将提振各方应对气候变化的信心和行动意愿，引领全球实现绿色、低碳复苏，引领全球经济技术变革的方向，展现对全球环境治理的大国担当，对保护地球生态、推进应对气候变化的合作行动具有非常现实和重要的意义。

二、"十四五"时期是我国实现碳达峰、推进碳中和的关键时期。

2030年前实现碳达峰，是在长期碳中和愿景导向下的阶段性目标。碳排放达峰时间越早，峰值排放量越低，越有利于实现长期碳中和愿景，否则会付出更大的成本和代价。实现碳达峰，核心是降低碳强度，以"强度"下降抵消GDP增长带来的二氧化碳排放增加。

我国还处在工业化和城市化发展阶段的中后期，对未来经济增长，我们还有比较高的预期。尽管不断加大节能降碳力度，我国的能源总需求在一定时期内还会持续增长，碳排放也将呈缓慢增长趋势。2030年前将尽快使碳强度年下降率赶上GDP年增长率，从而实现二氧化碳排放达峰。

实现碳强度持续大幅下降，一方面，要大力节能，降低能耗强度。通过加强产业结构调整和优化，大力发展数字经济、高新技术产业和现代服务业，抑制煤电、

钢铁、石化等高耗能重化工业的产能扩张，实现结构节能；同时通过产业技术升级，推广先进节能技术，提高能效，实现技术节能。

另一方面，要加快发展新能源，优化能源结构。我国提出，到2030年非化石能源占一次能源消费比重达25%左右。也就是说，经济发展对新增能源的需求将基本由新增非化石能源满足。

"十四五"时期应打好转型关键时期工作的基础。确立积极的节能降碳指标，"十四五"规划中继续延续"十二五"和"十三五"规划中节能和减排二氧化碳各项指标，特别要继续纳入并突出单位GDP的二氧化碳强度下降的约束性指标，这是我国兑现《巴黎协定》下自主减排目标承诺的标志性指标，并以此作为落实和实现我国对外承诺2030年单位GDP的二氧化碳排放比2005年下降60%~65%自主贡献目标的阶段性安排，并编制"十四五"时期应对气候变化专项规划，明确阶段目标、主要任务以及政策和行动。开展地区和行业二氧化碳排放达峰行动，推动重点城市和高能耗强度行业二氧化碳排放率先达峰，制订十年达峰计划。严格控制煤电产能和煤炭消费总量反弹，力争"十四五"时期实现煤炭消费达峰甚至负增长。完善全国碳市场建设，扩大覆盖行业。控制甲烷等其他非二氧化碳温室气体排放量，建立MRV体系。

三、把握中欧关系发展大方向和主基调，中欧合作是全球应对气候变化的重要支柱

2019年12月，新一届欧盟委员会发布《欧洲绿色协议》（以下简称"绿色新政"），提出到2050年在全球范围内率先实现碳中和，发出了强烈的绿色低碳转型信号，引起了世界各国高度关注。

欧盟"绿色新政"是欧盟的绿色发展战略，是欧盟的"世纪工程"，致力于建设公平繁荣的社会、富有竞争力的现代经济，到2050年实现温室气体净零排放、经济增长与资源使用脱钩。为实现此战略目标，欧盟将以经济可持续转型为基础，广泛动员各方参与，推动全球绿色转型进程。

欧盟"绿色新政"也强调国际合作，欧盟强调全球应携手应对气候变化和环境退化等挑战，欧盟将坚定支持《巴黎协定》并在此框架下与所有伙伴展开紧密合作，同时借助中欧特别峰会等领导人会晤机制，加强中欧以及与其他国家的双边联系。

中欧合作应对气候变化，早已有之。中国与法国曾携手推动达成和落实历史性的气候变化协定——《巴黎协定》，在全球应对气候变化合作方面发挥了引领作用。2021年4月16日，在中法德领导人视频峰会上，中国国家主席习近平与法国总统马克龙、德国总理默克尔就合作应对气候变化、中欧关系、抗疫合作以及重大国际

和地区问题深入交换了意见。在这当中，合作应对气候变化的议题最为引人注目。三国领导人一致认为，要坚持多边主义，全面落实《巴黎协定》，共同构建公平合理、合作共赢的全球气候治理体系。三国领导人强调，要加强气候政策对话和绿色发展领域合作，将应对气候变化打造成中欧合作的重要支柱。

欧盟"绿色新政"的提出来源于其扎实的研究支撑。2018年11月欧盟发布了"给所有人一个清洁星球"的战略性长期愿景，旨在到2050年建成一个繁荣、现代、有竞争力和气候中性的经济体，为欧盟"绿色新政"的出台做了系统铺垫和全面支撑。面临全球及中国碳中和愿景，本译著希望为国内研究机构系统介绍欧盟"绿色新政"的主要框架、碳中和研究的方法学。

本书内容的专业性非常强，在清华大学气候变化与可持续发展研究院何建坤教授、李政教授的指导下，从翻译初稿到终稿，经过一年的辛勤付出和努力，终于完成了本书的翻译。

我们要感谢参与本书翻译的每一位译者。张健组织李伟起及其团队完成了全书的翻译初稿，周剑组织周玲玲（第3章和第4章）和孟祥宇（第1章、第2章、第5章、第6章和第7章）进行重译和修订，从而大大提高了书稿的专业性。周剑和张健一同再三审校全书。

由于译者水平有限，译文中缺点、错误在所难免，望读者不吝指正。

张健　周剑

目录

第 1 章 引言和背景

　　我们正在经历不断上升、创纪录的气温和极端天气事件，这些事件不断提高治理成本，威胁到人类生计。在有记录的 18 个最暖的年份中，有 17 个年份发生在 21 世纪①。最近政府间气候变化专门委员会（IPCC）《全球升温 1.5℃特别报告》发出的信息比以往任何时候都更加清晰②。到目前为止，人类活动导致全球升温约 1℃。此外，我们正在经历气候变化和极端天气，气温也在持续上升③。如果管理不善，这些影响将严重损害人类健康和安全、发展、经济增长、生物多样性，并可能对移民流动产生影响，并引发全球社会脆弱性进一步恶化、冲突加剧。气候变化是一种威胁倍增（threat multiplier）因素，会破坏欧盟内外的安全与繁荣，包括经济、粮食、水和能源系统④。关于气候变化对欧洲的影响和注意事项的讨论，请参阅本书第 5.7 节。

　　与此同时，在全球人口变化、技术飞速发展以及数字化的"大趋势"下，应对气候变化为欧盟迎接一个安全、繁荣和具有竞争力的 21 世纪提供了前所未有的机遇。逐渐脱离化石燃料的经济转型是可持续发展的重要组成部分，由此可以带来一系列的好处，包括改善人类健康和空气质量，提高能源安全，改进资源利用效率，以及使第三国的经济和政治更加稳定等。这一转型为欧盟保持长期竞争力提供了重要机遇。随着创新步伐加快，低碳技术的成本持续下降，确保欧盟保持工业的领导地位，确保公民在这一过程中享有权利，没有人被遗忘，将变得非常重要。在能源联盟（Energy Union）和数字单一市场（Digital Single Market）中，这些不同维度已

---

　　① European State of the Climate 2017, Copernicus Services of the European Centre for Medium-Range Weather Forecasts (ECMWF)-the Climate Change Service (C3S) and the Atmosphere Monitoring Service (CAMS). https://climate.copernicus.eu/CopernicusESC.

　　② IPCC SR15 (2018), IPCC《全球升温 1.5℃特别报告》。

　　③ 2013—2017 年是有史以来最温暖的 5 年，2018 年将继续这种模式，见 WMO Statement on the State of the Climate in 2017, World Meteorological Organisation (2018)；and Global Climate Report - June 2018, National Oceanic and Atmospheric Administration (2018). Climate change is increasing global average temperatures. 最近的 IPCC 报告 (IPCC《全球升温 1.5℃特别报告》) 得出的结论是，2017 年人为引起的全球变暖达到了工业化前水平约 1℃ (见 FAQ of the report's Chapter 1)，目前每 10 年提高约 0.2℃。

　　④ 另见第 5.6 节。

经融合在一起[1]。

为应对气候变化给全社会带来的紧迫的负面影响,《巴黎协定》约定,所有国家的目标是将全球气温增幅控制在2℃以内,并努力将气温增幅控制在1.5℃以内。为实现这一目标,《巴黎协定》还提出了尽快使全球温室气体排放达峰的计划,并力争在21世纪下半叶实现温室气体人为排放与减排之间的平衡。

《巴黎协定》还邀请所有缔约方国家,在2020年之前,对《联合国气候变化框架公约》的中期(21世纪中叶)以及长期温室气体排放发展战略进行沟通。基于可获得的最佳科学知识,这些战略应能够为社会的长远发展做出规划和准备,并且能够为政策决策提供及时信息。这个为支持长期战略而制定的评估框架,不仅解释了能源和气候政策是如何产生并不断发展的,还强调了为实现能源和气候目标所应采取的措施对产业竞争力的影响,以及必要的技术创新对就业和经济的影响。伴随着循环经济的发展,能源转型正在刺激一系列新技术和实践的发展,并改变能源市场以及经济的运作方式,创造新兴产业以及新的就业和经济增长机会,引导欧盟走向进一步繁荣。

1.1 为实现《巴黎协定》全球及欧盟的行动

《巴黎协定》充分认识到,为实现21世纪全球平均温升幅度(相较于工业化之前的水平)控制在2℃以内,并力争将温升控制在1.5℃以内,全球行动迫在眉睫。

为实现《巴黎协定》的目标,190多个国家做出了减排承诺,即"国家自主贡献"(Nationally Determined Contributions,NDCs)。NDCs对实现巴黎目标的综合效果已在若干研究中得到检验[2,3]。这些研究清楚地表明,与不采取全球气候联合行动的基准情景相比,NDCs可以带来显著进步。但是上述NDCs实施后,2030年全球温室气体排放量仍将高于2℃目标所对应的水平,与3℃减排路径的效果大体一致。此外,根据IPCC报告[4],即使在2030年之后采取非常积极的减排行动,也很难将温升幅度控制在1.5℃之内。联合研究中心(Joint Research Centre)在其《全球

---

[1] https://ec.europa.eu/commission/priorities/digital-single-market_en.

[2] 例如,参见 United Nations Environment Programme(UNEP)(2017),The Emissions Gap Report 2017.

[3] UNFCCC(2016),Aggregate effect of the intended nationally determined contributions:an up-date.

[4] 除非另有说明,否则本文件中对IPCC的引用是指IPCC《全球升温1.5℃特别报告》。

能源与气候展望》[1]（Global Energy and Climate Outlook）报告中指出，即使实现了 NDCs[2]的减排目标，未来10年全球温室气体的排放量仍将持续增长；预计全球潜在的碳排放将于2025年达峰，年排放量约51亿吨二氧化碳当量（GtCO₂eq）。假设保持同等程度的减排水平[3]，到2030年，全球范围内碳排放量将开始下降，但完全没有达到2℃目标所需的减排力度。相反，预测显示，这些措施将导致21世纪末温度上升约3℃（见图1-1）。

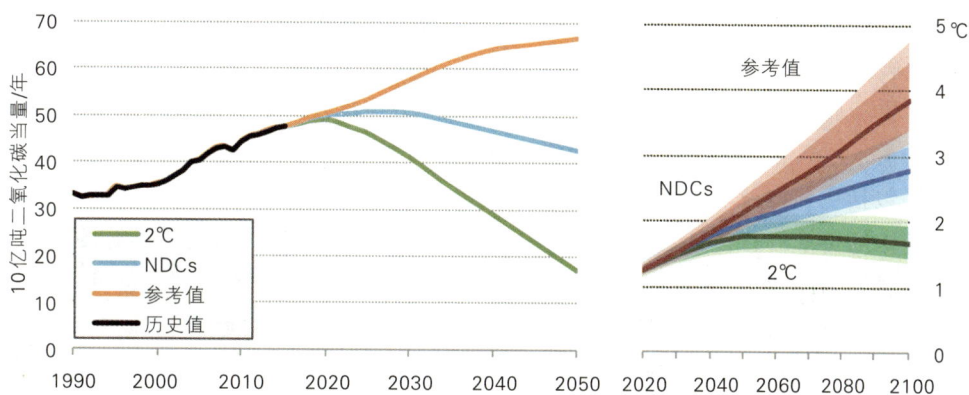

图1-1　左图：全球温室气体排放量（GtCO₂eq）；右图：全球平均气温变化
来源：POLES-JRC model（left），used in combinaion with MAGICC model（right）.

　　显而易见的是，全球行动正在明显地改变温室气体排放路径，但减排力度仍然不够。在二氧化碳排放量连续3年保持稳定水平之后，2017年，能源和工业部门的排放量再次出现增长，增幅达到2%[4]、[5]。

　　全球范围内，温室气体的减排速度必须加快。长期以来，欧盟一直支持全球范围内的联合减排行动，并力争到2050年，全球排放量与1990年相比至少减少

　　[1]　JRC（2017），Global Energy and Climate Outlook 2017：How climate policies improve air quality，http://publications.jrc.ec.europa.eu/repository/bitstream/JRC107944/kjna28798enn（1）.pdf.
　　[2]　这包含了有条件的和无条件的NDCs，还包括了美国NDCs的成就。
　　[3]　如果继续保持同样的努力水平，那么全球温室气体排放强度占GDP的比重将继续以2020—2030年的速度下降。
　　[4]　IEA（2018），Global Energy and CO₂ Status Report 2017，p.3，http://www.iea.org/publications/freepublications/publication/GECO2017.pdf.
　　[5]　Le Quéré et al.（2017）Global Carbon Budget 2017. Earth System Science Data Discussions. https://doi.org/10.5194/essd-2017-123.

50%，以确保全球气温上升幅度在2℃以内[1]。最近的科研结果证实了上述目标[2]，即到2100年温室气体排放量进一步降至接近零的水平或更低，这与到21世纪末保持温升低于2℃的路径的可能性（高于66%的可能性）一致[3]。荷兰环境评估署（Netherlands Environmental Assessment Agency）和联合研究中心（JRC）的研究结果也支持了这一观点[4]。

为实现21世纪末温室气体的净零排放，需要充分利用土地部门的碳汇措施以抵消剩余的最难实现减排的那部分，例如与粮食生产有关的非二氧化碳温室气体排放。这些潜在的措施包括植树造林、再造林，以及应用其他类型的生态系统修复或二氧化碳去除技术（CDR）。

尽快降低全球碳排放水平，将使世界走上更安全的道路，并减少未来对负排放技术的需求。若2050年之前的减排速度不够快，之后将需要采取更为激进的减排措施，包括更快以及更大规模地部署负排放技术。甚至可能需要在21世纪末实现温室气体的负排放，包括直接从大气中吸收二氧化碳以减少之前过量排放的影响，或是在温升幅度超过2℃的阈值后再继续降低。此外，减排行动的延迟也可能导致减排成本上升、基础设施碳排放锁定效应，以及资产搁浅等风险。

而将全球温升幅度控制在1.5℃以内需要采取规模更大且更迅速的行动。在1.5℃温升减排目标下，典型的情景预测显示，需要在2070年之前实现温室气体的净零排放，并在此之后进一步实现负排放[5]。在这些情景下，IPCC证实，在2050年之前，全球二氧化碳已经实现净零排放，见图1-2。

实现能源、工业和土地使用部门的净负二氧化碳排放，不仅可以用于抵减残余的温室气体排放，也可以用于纠正由于超过设定的温控目标所造成的影响。IPCC《全球升温1.5℃特别报告》关于1.5℃减排情景的分析也清楚地表明：鉴于不超过或是小幅超过1.5℃温控目标的减排情景或是净负排放量较低的情景，到2050年，往

---

① European Council Conclusions，29/30 October 2009．

② 以IPCC《全球升温1.5℃特别报告》表2.4为基础，辅以EDGAR数据库和全球碳项目，从2010年回溯至1990年全球排放量。

③ 虽然没有针对"远低于2℃"的官方定义，但研究通常指的是有66%的概率将全球温升幅度控制在2℃以内的路径。因此，这些路径中预期的平均温度变化较低——2100年通常为1.7℃~1.8℃。

④ Esmeijer K.，den Elzen M.G.J.，Gernaat D.，van Vuuren D.P.，Doelman J.，Keramidas K.，Tchung-Ming S.，Després J.，Schmitz A.，Forsell N.，Havlik P. and Frank，S.（2018），2℃ and 1.5℃ scenarios and possibilities of limiting the use of BECCS and bio-energy. PBL report 3133，PBL Netherlands Environmental Assessment Agency，The Hague．

⑤ 特别参见IPCC（2018）Special Report on Global Warming of 1.5℃，Table 2.4.

全球温室气体排放

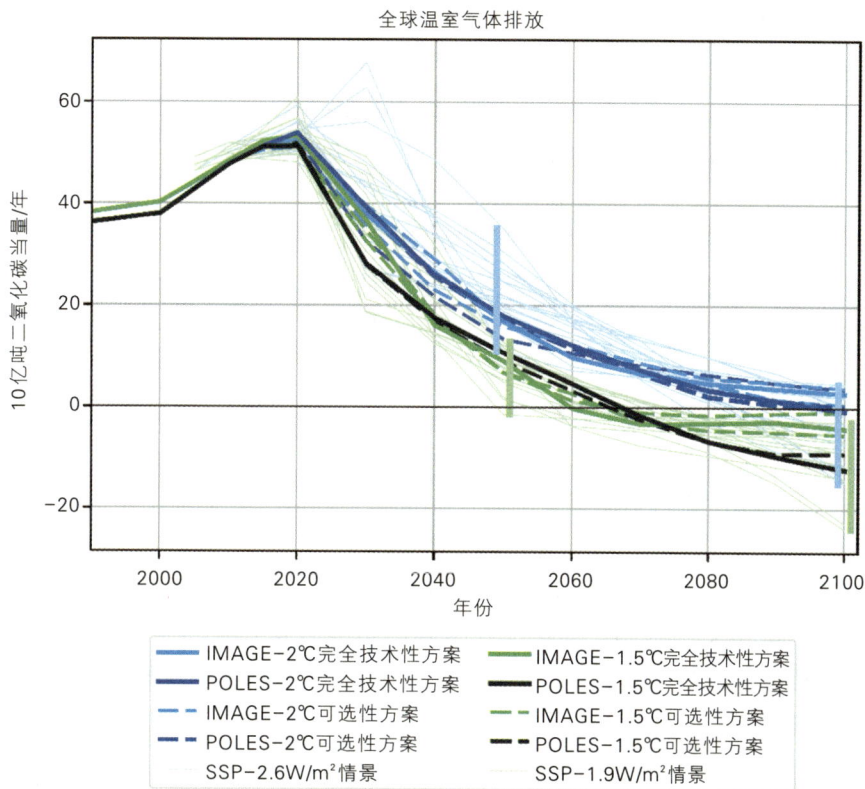

图 1-2　2℃和1.5℃减排目标所对应的碳排放情景预测

　　来源：2°C and 1.5°C runs from POLES-JRC and IMAGE models，and comparable runs from the scientific literature.

往已经接近全球温室气体的净零排放。

　　欧盟制定长期战略需要考虑对这些全球减排路径的可能贡献。在制定自己的气候行动目标时，欧盟已经在充分地考虑全球形势。到2050年碳排放量减少80%~95%的现有目标，已经考虑了政府间气候变化专门委员会（IPCC）的呼吁，即发达国家作为一个整体，采取必要的减排行动[①]。随着《巴黎协定》的生效、2030框架的立法支撑（第2.2节）以及IPCC《全球升温1.5℃特别报告》中关于1.5℃路径的最新科学分析，现在是时候再次评估欧盟在全球减排行动中的可能贡献了。

_____

　　① 2009年10月29日至30日欧洲理事会结论。该目标基于IPCC第四次评估报告的结果，该报告代表了2007年通过时的最佳科学成果。

《2050年低碳经济路线图》[①]表明，到2050年，欧盟实现排放量比1990年减少80%是可行的，也是负担得起的。其中，到2030年实现减排40%是一个里程碑。最近的科学研究证实，欧盟温室气体排放量减少80%的目标，包括土地利用、土地利用变化以及林业部门（LULUCF）的排放和吸收等因素，将与2℃温控目标的全球减排行动保持一致（更多细节见第7.3节）。

为实现1.5℃的减排目标，需要极大地提高减碳措施的力度。在2020年以后，若采取有效的全球行动，并充分利用各种可能的技术，与1990年水平相比，到2050年，欧盟的温室气体排放量（包括土地利用部门的排放和吸收）下降幅度可能在91%~96%（第7.3节）。

这些情景在很大程度上依赖于21世纪后期的净负排放，以降低大气中的二氧化碳浓度。如果期望达到21世纪下半叶对净负排放的要求，需要考虑在2050年之前以−100%的幅度进行更高程度的减排，从而在2050年之前即实现温室气体的净零排放。这也是避免碳锁定的预防措施。

通过这些举措，欧盟将确认其领导地位，根据1.5℃的减排目标促进全球低碳转型，并向其他国家通报未来的机遇和挑战（更多细节见第7.3节）。

为支持欧盟根据《巴黎协定》制定《欧盟长期气候战略》，本报告着眼于评估一系列减排情景，与1990年相比，到2050年，实现温室气体减排80%~100%。

1.2 欧洲采取行动以实现《巴黎协定》的必要性

全球所有地区都面临着重大趋势的颠覆性推动作用。数字化正在迅速改变工业环境，同时允许并激励不断创新。迅速崛起的全球中产阶级将开辟新的市场，同时稀缺资源也面临着竞争。在人口差异化趋势对欧洲构成明显挑战的背景下，资源约束将持续促进经济运行效率的提高以保持竞争力。此外，气候变化及其带来的挑战也会在全球范围内影响社会的发展。

能源转型与上述的许多趋势并不是独立的，能源系统必须适应这些动态变化。同时，能源转型将缓解由于资源稀缺和气候变化所导致的问题。除此之外，无论欧盟的政策走向如何，其中许多趋势都将持续存在。欧洲应该提前为这些潜在的趋势做好准备，而欧盟则为各成员国采取统一行动提供了框架。

[①] Communication from the Commission, A Roadmap for moving to a Competitive Low Carbon Economy in 2050. COM(2011)112 final.

考虑到这些挑战的规模、制定大规模可操作应对方案的必要性、气候和能源外交介入的重要性、能源燃料和技术市场的全球性，以及欧洲消费的全球影响，有必要在欧盟层面采取协调一致的行动。

审视欧盟在过去10年所扮演的角色，这一行动的价值已经显而易见。欧盟的气候和能源政策为全球范围内开展应对气候变化行动以及提高民众参与意识做出了重大贡献，并引领世界，示范如何应对这一挑战。而进一步低碳化将有助于能源安全，同时揭示进一步迈向繁荣和可持续社会的可行的经济和技术途径。

欧盟在促进全球采取一致的应对措施方面可以发挥催化剂的作用，而多边主义在这一过程中将处于核心地位。为实现这一愿景，可以通过研究和创立项目，建立大规模标杆技术项目，制定新的产业战略并进行市场设计，抑或仅仅出于欧盟自身的雄心壮志。在一个技术优势占领先地位的贸易世界中，欧盟需要采取共同的行动。欧盟行动的核心价值，则是通过绘制共同愿景并采取合理的资源配置、融资手段和监管机制，在一个拥有5亿人口的市场上贯彻连续一致的政策行动。这是应对全球挑战所需的规模。欧洲在推动可再生能源技术发展方面的行动证明了这一点：这些措施促进了技术在欧盟和世界范围内的发展，降低了成本，并使整个世界受益。欧盟委员会为实施这一战略而进行的公众咨询发现，无论是个人还是组织，都大力支持欧盟在2050年之前实现温室气体排放与减排（吸收）之间的平衡（见第7.1节）。

第2章 欧盟减排和能源转型行动

2.1 脱碳和能源转换效果现状

自1990年以来，除交通运输部门外，其余所有部门的温室气体排放量都有所减少（见图2-1）。近三年来，排放量变化不大，2015年和2017年排放量略有增加，2016年排放量略有下降。

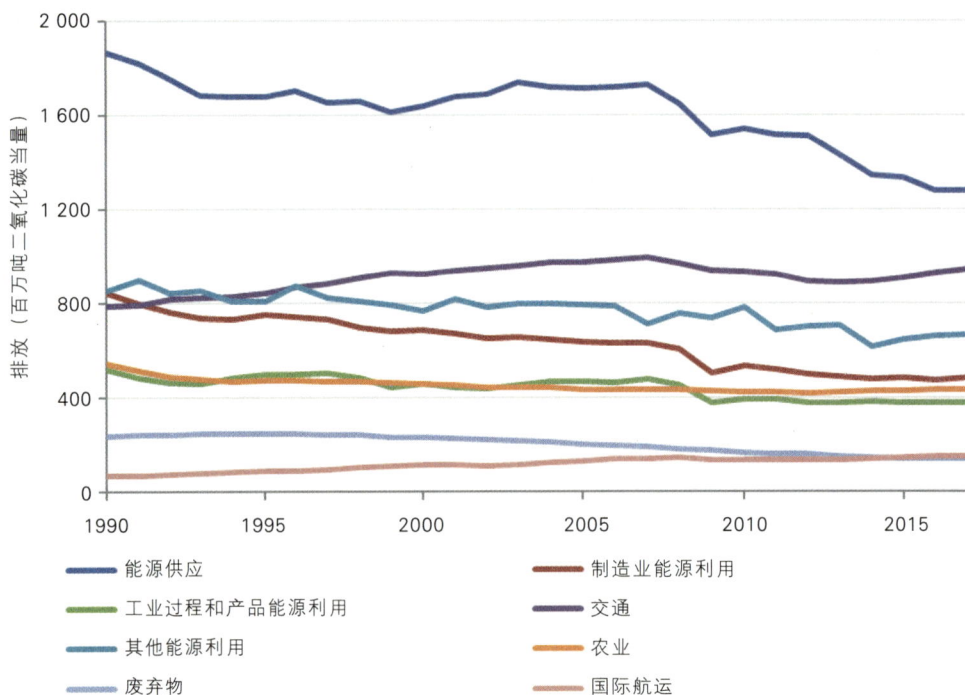

图 2-1 欧盟分部门温室气体排放量（1990—2017年）

来源：EEA.

欧洲经济结构的变化以及支持可再生能源和能源效率的政策导致经济增长、温室气体排放和能源消耗之间的脱钩。欧盟的温室气体排放在几十年前就曾达峰。

1990 年以来，欧盟的经济增长和就业机会的创造与温室气体排放和能源消费之间仍保持脱钩。1990—2017 年间，数据显示，欧盟温室气体排放总量减少了 22%，而总体的 GDP 却增长了 58%：这意味着，在此期间，经济活动导致的温室气体排放强度减少了一半[①]。

在过去几年中，经济增长和能源消费之间也出现了脱钩。而欧盟能源需求的持续下降主要归功于各成员国提高能效的措施。

长期脱钩的趋势也很明显：2016 年，欧盟的一次能源消耗比 1990 年减少 2%，而同期 GDP 增长幅度为 54%。2006 年（峰值年份）至 2014 年之间，欧盟能源消耗总量逐渐下降，其中一次能源消耗在此期间减少了 12%（平均每年减少 1.5%），终端能源需求则减少了 11%（平均每年减少 1.4%）。然而，在此以后，能源消费总量再次开始上升，部分原因在于寒冬的出现、经济的持续增长，以及燃料价格的下降。统计数据显示，2016 年，一次能源消耗比 2014 年高出 2%，而终端能源需求比 2014 年高出 4%。据初步估算，2017 年能源消费量将进一步增加，与 2016 年相比，一次消耗增长 1.4%，而终端消耗增长 1%。很明显，随着经济增长对能源消耗的拉动，为实现 2020 年的能效目标（一次能源和终端能源在 2018—2020 年间分别减少 5.2% 和 3%），还需进一步努力。在这个背景下，需要更严格地执行现行立法。图 2-2 显示了欧盟的能源消耗趋势。

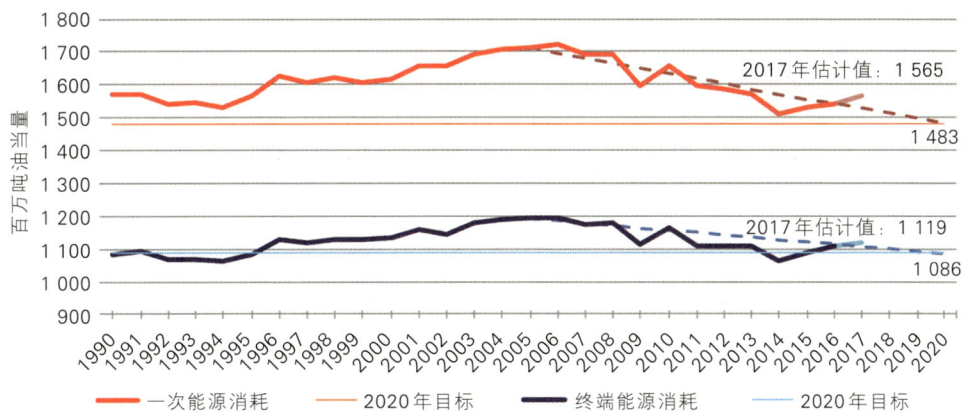

图 2-2 欧盟一次能源和终端能源消耗

来源：Eurostat.

---

① COM(2018)716 final.

2.1.1 可再生能源

在过去10多年中，欧盟和其他在应对气候变化方面处于领先地位的国家所实施的政策，已经促使能源产业实现转型。全球范围的支持计划已经开始大幅降低可再生能源技术的成本（见图2-3）。正如IPCC《全球升温1.5℃特别报告》中指出的那样，能源系统的转型正在进行，太阳能、风能和储能技术的政治、社会、经济和技术可行性在过去几年中已经有了显著提高[1]。

风能、生物质能和光伏发电等可再生能源技术当前已经成为主流市场参与者。2017年，可再生能源投资已占全球发电支出的2/3。可再生能源投资份额的增加部分是由于新化石燃料产能的下降（特别是印度、中国和欧洲的燃煤电厂）[2]。

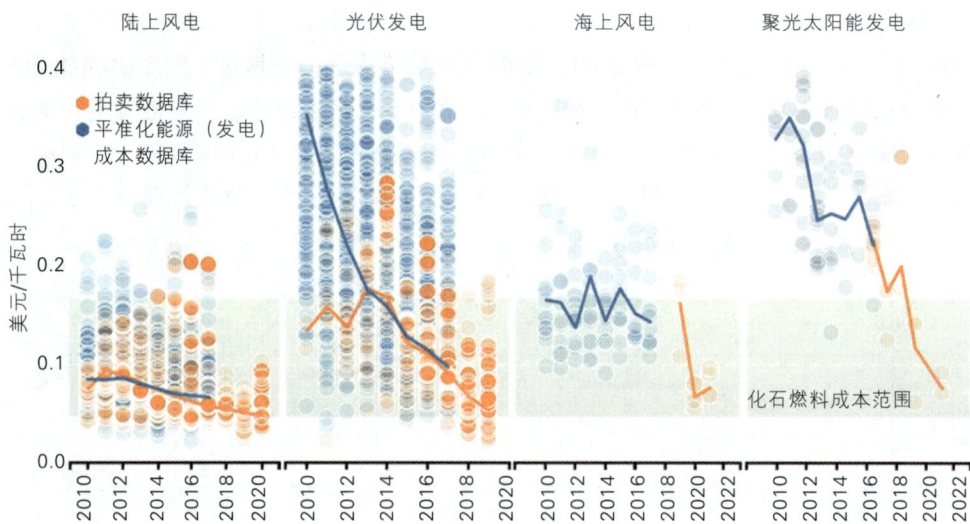

图2-3 项目的平准化电力成本，聚光太阳能发电、光伏发电、
陆上风电和海上风电项目全球加权平均值（2010—2022年）

来源：IRENA[3].

在欧洲支持政策的推动下，欧盟的可再生能源占比不断增长，2004年可再生

---

① IPCC《全球升温1.5℃特别报告》，第四章。

② IEA（2018），World Energy Investment 2018，https://www.iea.org/wei2018.

③ IRENA（2017），Renewable Cost Database and Auctions Database，http://www.irena.org/-/media/Files/IRENA/Agency/Publication/2018/Jan/IRENA_2017_Power_Costs_2018.pdf.

能源仅占终端能源消耗总量的 8.5%；而 2004—2016 年间，可再生能源所占份额年均增长 6.0%，2016 年的份额比 2004 年提高了近 1 倍（见图 2-4）。而在 2011—2016 间，年增长率略微放缓至 5.2%。与 2008 年相比，可再生能源行业的直接和间接就业人数已经增加了 1 倍多，从 66 万增加到 143 万。

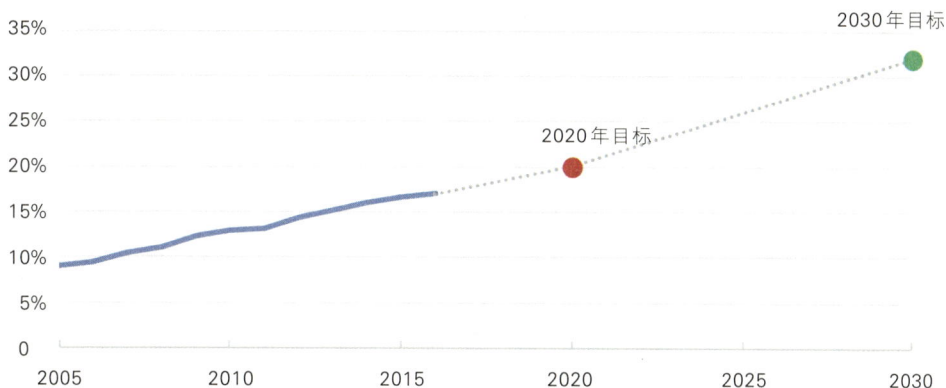

图 2-4　欧盟可再生能源在终端能源消费总量中的占比
来源：Eurostat SHARES tool[①].

2.1.2　电力

电力部门在低碳转型方面已经迈出了关键一步，采取的措施包括关闭大多数低效的火力发电机组，发展可再生能源和核能（2016 年共发电 56% 的零碳电力），实现更好的互连，并创建了更具流动性和灵活性的电力市场。2005—2016 年之间，电力部门的温室气体排放量已经减少了 26%。而电力市场结构的发展使可再生能源的发电量不断增加。通过适当的基础设施建设和跨境贸易规则可以实现电力市场的有效衔接，并显著提高其流动性和供应安全性。当前，欧盟范围内的电力市场已经足以满足约 5 亿人的电力需求。

为了进一步促进可再生电力的发展，欧盟建立了配套的基础设施。例如，实现不同可再生能源区域的优势互补，以及实现海上风电的并网。迄今为止，电力部门已经完成了 30 多项"能源和气候变化政策协同项目"（Projects of Common Interest，PCI），并计划在 2020 年继续建设 47 个左右的项目。

---

① https://ec.europa.eu/eurostat/web/energy/data/shares.

2.1.3　供暖和制冷

欧盟50%的能源需求主要用于建筑供暖和工业生产过程，可再生能源在这方面做出了重要贡献。2004—2016年，供暖和制冷部门的可再生能源占比几乎提高了1倍，从10.3%增加到19.1%，提供了99.3 Mtoe（百万吨油当量）的能源。固体生物质仍然是最大的贡献来源，从2004年的1.8 Mtoe增长到2016年的78.8 Mtoe，占可再生能源供应总量的80%。其他可再生能源供暖系统一开始占比非常低，但在过去10年中快速增长。热泵供暖量从2004年的1.8 Mtoe增加到2016年的9.9 Mtoe，增长5倍多，占可再生热量产量的9.9%。沼气（从0.7 Mtoe增长到3.4 Mtoe，占比3.5%）和太阳能制热（2.1 Mtoe，2016年，占比2.1%）的增长速度同样惊人。垃圾焚烧制热仍然是重要的热源（3.4 Mtoe，占比3.8%），而地热直接利用则在过去5年中实现了快速增长（0.8 Mtoe，2016年，占比0.8%）[1]。

欧盟是可再生能源供暖技术的市场领导者，欧盟光热（solar thermal）装机容量全球排名第二，太阳能区域供暖全球排名第一。西班牙、希腊、葡萄牙、塞浦路斯是独立太阳能供暖装置市场的领导者，因为这些国家规定，在新增建筑中要强制使用太阳能。丹麦、奥地利、法国、德国、瑞典、荷兰和波兰等国则开发了大型太阳能供暖装置。此外，2017年，丹麦（占新增装机容量的46%）、德国、瑞典和法国新增了9个大型太阳能光热系统[2][3]。

2.1.4　交通

2017年，不包括国际航空和国际海运，交通部门排放量占总排放量的近22%；而考虑国际航空和国际海运排放时，该占比将达到26%。因此，在制定能源和气候政策时，应充分考虑交通部门的影响。交通部门的温室气体排放量持续增长，到2017年已比1990年高出20%（不考虑国际航空和国际海运）。减少交通部门的排放仍然是一项具有挑战性的任务。此外，在某些地区，燃料燃烧造成的空气污染对居民健康的影响同样值得关注。

在道路交通领域，轻型和重型汽车是温室气体的主要排放源；2016年，其排放量占欧盟交通部门温室气体排放总量的95%。上述数据不包括国际航空部分，自1990年以来，国际航空温室气体排放量增加了1倍以上，占欧盟温室气体排放总

---

① EurObserver,The State of Renewable Energies in Europe,2017 .

② IEA,Solar Heat Worldwide（2018）,Cost-efficient district heating development.

③ METIS Studies 9（2018）,commissioned by the European Commission.

量的 3%（虽然航空运输部门在能源使用和排放效率方面已经有所改善，但是运输总量的增加导致了排放总量的增加）。

2007—2013 年间，由于车辆燃油效率提高、高油价以及金融危机导致经济活动增长放缓，公路运输的温室气体排放量下降了 10%。但从那以后，在低油价和经济复苏的背景下，交通运输周转量再次复苏，公路运输的温室气体排放量又开始回升。此外，过去 10 年间，各种新技术（电气化）逐渐在市场中渗透，但渗透率相对较低。

交通运输部门温室气体排放的演变遵循其能源使用的演变规律。到 2016 年，交通部门的终端能源消耗量与 2005 年处于同一水平。汽车、卡车和飞机能源利用效率的提高与这一时期交通运输周转量增加的影响相当[①]。出行模式转变的影响则更为有限。其他因素，如行为的改变和道路货运能力利用率低也会产生负面影响，导致能源消耗的小幅增长。

目前市场上占主导地位的运输技术仍然主要依赖于液体化石燃料的使用。液体燃料具有高能量密度，特别适用于交通部门。2016 年，石油消耗占运输部门能源消耗的 95%：航空和水运的能源消耗几乎全部来自石油产品，公路运输中石油产品消耗量占其能源消耗总量的 95%，而铁路运输仅占 30%。

2016 年，欧盟交通运输领域可再生能源所占份额达到 7.1%。生物柴油仍然是运输领域使用最为广泛的可再生能源形式，其 2016 年的消耗量为 11 Mtoe，其次是生物乙醇，消耗量为 2.6 Mtoe[②]。但是生物燃料消耗量自 2014 年以来略有下降，低于 2012 年的峰值水平。2016 年，交通运输领域的可再生能源电力仅为 1.9 Mtoe，但其贡献近年来显著增加，其中绝大部分用于铁路运输（公路运输仅占 2% 左右）[③]。

欧盟及其成员国（EU and Member State）层面的测量结果均显示，欧盟乘用车的平均燃油消耗量已从 2005 年的 7.4 litres/100km（升/100 公里）下降到 2015 年的

---

① ODYSEE-MURE（2018），http://www.odyssee-mure.eu/publications/efficiency-bysector/transport/drivers-consumption.html.

② 根据 Art. 17（1）of the Renewables Directive，未经认证的生物燃料不能计入国家和欧盟可再生能源目标。

③ Eurostat（2018），SHort Assessment of Renewable Energy Sources（SHARES），https://ec.europa.eu/Eurostat/web/energy/data/shares.

6.9 litres/100km[1]。然而，经过几年的稳步下降，欧洲经济区（EEA）[2]公布的初步
数据却显示，2017年欧盟销售的新车平均二氧化碳（CO_2）排放量每公里增加了
0.4克，达到每公里118.5克。自2010年开始，依据现行欧盟立法实施监测，官方
公布的汽车CO_2排放量每公里减少了22克（16%）。然而，为实现2021年达到每公
里95克CO_2的减排目标，欧盟的制造商仍需进一步努力。

欧洲经济区（EEA）公布的数据还显示，电动汽车（BEV）和插电式混合动力
汽车（PHEV）的销售数量在2017年增长了42%，但是在新增销售总量中占比仍然
很低，约为1.5%。2017年，电动汽车的注册量（97 000辆）与2016年相比增加了
51%，而插电式混合动力汽车的销售量也增加了35%。其中，电动汽车注册量最
大的地区为法国（26 100辆）、德国（24 350辆）和英国（13 600辆）。考查各国国
内电动汽车和插电式混合动力汽车的销售量，2017年，瑞典（5.5%）、比利时
（2.7%）和芬兰（2.6%）三个国家的相对份额最高。此外，自开始监测以来，汽油
车销量首次超过柴油车，成为欧洲汽车销售的主导类型，约占销售总量的53%。

2.1.5 工业

工业部门是一个重要的经济活动部门，在欧盟GDP总量中占很大比重，并为
很多居民提供就业机会。此外，工业（尤其是能源密集型工业，EII）提供了对我
们的生活方式至关重要的材料和产品：从作为建筑材料的水泥和钢材，到用于汽
车、电器、包装原材料的塑料和铝。所有这些材料都出自工业生产，消耗大量能源
的同时，直接或间接地排放大量温室气体。

工业活动贡献了欧盟约16%的GDP，并直接排放了约15%的温室气体。2015
年，能源密集型产业部门直接排放了约7亿吨CO_2，与1990年相比，减少了30%以
上。这是仅次于电力部门（包括发电和供暖）的第二大温室气体排放源。与此同
时，工业部门的终端能耗降低了约20%。这一点在能源密集型行业尤为明显。

上述变化是由多种因素共同造成的。一方面，欧盟经济一直在进行结构调整，
服务业比重逐渐增加、能源密集型产业比重不断降低。另一方面，工业界一直非常
积极地降低能源消耗并逐渐增加低碳燃料的使用。工业界对能源效率项目的投资，
以及材料循环利用的增加是驱动工业部门碳减排的两大主要因素，而其中材料的循

---

① ODYSSEE-MURE (2018)，Online energy indicators，http：//www.indicators.odyssee-mure.eu/
onlineindicators.html.

② EEA (2018)，No improvements on average CO_2 emissions from new cars in 2017，https：//www.
eea.europa.eu/highlights/no-improvements-on-average-CO2.

环利用带来更少的能源消耗并产生更少的排放。例如，在过去几十年中，欧洲纸张的平均回收率从1991年的40%大幅增加到2016年的72.5%。此外，1990—2015年间，某些一氧化二氮（N_2O）和氟化气体排放强度极高的化工产业减少了约93%的温室气体排放。

不同工业细分行业的情况并不相同。1990—2015年间，欧盟钢铁和化工行业温室气体排放量减少了约60%；非金属矿物行业（例如，水泥、石灰、玻璃、陶瓷）的温室气体排放量减少了约一半，即同期温室气体排放量减少约30%。同样，在纸浆和造纸工业等行业，低碳能源和可再生能源的使用，仅限于生物质资源。

此外，欧盟委员会正在制定欧洲处理器倡议（European Processor Initiative，EPI）[1]，该倡议汇集了来自10个欧洲国家的23个合作伙伴，旨在推出低功耗微处理器。邀请了来自高性能计算（high performance computing，HPC）研究社区[2]、超级计算中心、计算和硅行业，以及其他潜在的科学界和工业界的专家。该倡议将通过《框架伙伴关系协议》（Framework Partnership Agreement）得以落实。

2.1.6 土地和农业

欧盟土地部门的温室气体排放和吸收量（自然碳汇：定义为人为管理植被和土壤所导致的二氧化碳通量）20多年来保持相对稳定，接近-3亿吨二氧化碳当量/年，占欧盟碳排放交易体系之外的排放量的10%左右。

维持这种20世纪90年代以来的稳定状态的原因主要有：第一，农业生产的土地面积减少，森林面积小幅增长，碳汇量自然也相应增长。第二，随着农作物面积的减少以及技术管理的投入，农业土壤中释放的二氧化碳也相应减少。第三，欧洲的森林相对年轻，森林增长率（增量）保持强劲的势头——尽管这一数值随着森林的老化预计会下降。第四，尽管森林采伐量持续增加，每年的生物质开采量却只占到可开采量的2/3，森林碳汇的封存量可能持续增长，木材产品的产量也持续增长。然而，来自土地利用、土地利用变化和林业部门（LULUCF）碳汇的这些积极趋势则部分被来自居民消耗排放的增长所抵消。

与土地部门相反，欧盟各成员国的农业部门（非二氧化碳）排放量自1990年以来则下降了20%以上，即每年减少排放约1.5亿吨二氧化碳当量。欧盟农业部门

---

① https://ec.europa.eu/digital-single-market/en/news/european-processor-initiative-consortium-developeuropes-microprocessors-future-supercomputers.

② https://ec.europa.eu/digital-single-market/en/high-performance-computing.

非二氧化碳排放的最重要来源是土壤管理过程中所产生的 N_2O，这部分排放占欧盟
农业部门总排放量的一半左右，且主要是由施用矿物氮肥所导致；食物在肠道发酵
所产生的甲烷排放占欧盟农业部门总排放量的 1/3，且主要来自牛羊，牛羊粪便管
理产生的温室气体增长了 16%。尽管实现了历史性的温室气体减排，但应在保持
农产品产量的同时，继续探索如何降低排放强度。到目前为止，排放减少的原因可
能归结于下述因素：一方面，生产力提高，牲口数量结构性减少；另一方面，农场
管理实践总体上有所改善。然而，这一趋势最近出现反弹，这似乎表明，确保未来
温室气体减排在技术上可能比较困难，成本也可能比较高昂。

自 2009 年以来，生物质需求量的增加对欧盟 LULUCF 碳汇量的影响，到目前
为止尚不十分清楚，而这可能是由获取生物质的不同因素相互作用所导致的。而能
源作物在经济边际农业用地上尚未实现规模化，木材的需求也低于 2011 年成员国
的预期。森林增长也可能受益于收成率降低和大气中的二氧化碳改善施肥效果的双
重推动。尽管如此，这种相对良性的趋势可能会受到干扰。到 2050 年，土地碳汇
量可能会显著减少，部分原因是森林的老化，从而对欧盟温室气体排放和吸收的整
体平衡产生负面影响。

总之，土地利用与土地部门温室气体排放和吸收之间的相互作用是复杂的。食
品、饲料、纤维生产和生物质能利用的政策和激励措施，可能会不同程度地支持或
破坏欧盟自然碳汇相对稳定的历史趋势。

2.1.7 废弃物和含氟气体

废弃物产生的温室气体排放量从 1990 年的 236 MtCO₂eq，升至 1995 年的峰值
（344 MtCO₂eq），又回落至 2016 年的 138 MtCO₂eq。其中大部分排放来自甲烷（这是
一种重要的温室气体，其 100 年内的温室效应是 CO₂的 28 倍[1]），2016 年废弃物产生
的甲烷排放量为 124 MtCO₂eq[2]。

废弃物温室气体排放量下降的主要原因是欧盟对废弃物排放的立法。《垃圾填
埋指令》（Landfill Directive）[3]将可生物降解的垃圾从填埋场转移出去，回收并控制
使用过程中所产生的垃圾填埋气。《欧盟废弃物管理框架》（EU Waste Management
Framework）则通过优先支持废弃物和能源的循环利用而不是填埋来进一步支持这

---

[1] IPCC AR5: Myhre et al., 2013.

[2] European Environment Agency data viewer, https://www.eea.europa.eu/data-and-maps/data/
data-viewers/greenhouse-gases-viewer.

[3] Council Directive 1999/31/EC.

一举措。此外，几个成员国的国家政策甚至完全禁止废弃物填埋。

含氟气体（如 HFC 和 SF$_6$）的排放量从 1990 年的 72 MtCO$_2$eq 急剧增加至 2014 年的 124 MtCO$_2$eq，并且自 2016 年以来保持相对稳定（2016 年为 122 MtCO$_2$eq）。这种相对稳定的排放反映了自 2004 年以来所实施的含氟气体法规以及限制高温室效应冷却剂的《汽车空调（MAC）指令》的效果[1]。

2.2 欧盟为落实《巴黎协定》制定的政策

2007 年发布的 "20-20-20 计划" 是欧盟区域内第一个为解决减排问题明确提出的能源和气候政策一揽子计划；同年还颁布了《欧盟碳排放交易体系指令》改进方案、《可再生能源指令》（Renewable Energy Directive）[2]、《能源效率指令》（Energy Efficiency Directive）[3]，以及《能源市场自由化第三方案》（3rd Package of Energy Market Liberalisation）[4]。这些法案的实施，是能源行业实现转型的转折点。

2.2.1 2011 年制定的战略路线图

基于这种方法和结构，2011 年，欧盟委员会提出了三个基于统一分析框架的战略路线图：《迈向具有竞争力的低碳经济路线图 2050》（Roadmap for Moving to a Competitive Low Carbon Economy in 2050）、《能源路线图 2050》（Energy Roadmap 2050）和《欧洲交通领域路线图——迈向具有竞争力和资源高效利用的交通运输系统》（Roadmap to a Single European Transport Area —Towards a Competitive and Resource Efficient Transport System）（通常称为《交通运输白皮书》）[5]。这些路线图介绍了到 2050 年实现低碳经济转型的基本方面，包括到 2030 年创建高成本效益温室气体减排里程碑，"无悔选择"（进一步提高能源效率、可再生能源占比并进一步发展能源基础设施），以确保向更有竞争力、可持续和安全的能源系统转型。这些路线图涵盖了所有的经济部门，并着重强调了能源和交通运输两大部门。这些路线图支撑了欧盟制定的减少温室气体排放目标的一致性、可行性和可信度，到 2050

---

① Directive 2006/40/EC.

② Directive 2009/28/EU.

③ Directive 2012/27/EU.

④ Directives 2009/72/EC, 2009/72/EC, Regulations (EC) 713/2009, 714/2009, 715/2009.

⑤ COM(2011)112, COM(2011)885, COM(2011)144.

年，实现比1990年减少80%~95%的温室气体排放的目标[①]；这也与欧洲理事会2009年制定的规划一致，即发达国家采取必要的行动，将全球温升幅度限制在2℃以内。

《迈向具有竞争力的低碳经济路线图2050》显示了到2050年欧盟将其温室气体排放量降至1990年排放水平的80%以内的各种路径。为实现这一目标，路线图设立了成本效益里程碑：到2030年减少到1990年排放水平的40%以内，这一点也在后来的《2030年气候和能源政策框架》[②]中得到确认（第2.2.2节）。此外，到2040年，排放量进一步减少到1990年排放水平的60%以内。为此，各主要部门都需要做出贡献，包括电力、工业、交通运输、住房、建设和农业部门。

《能源路线图2050》探讨了各能源部门对脱碳目标的贡献（相对于1990年的排放水平，与能源相关的二氧化碳排放量将减少85%）。这份路线图为2050年建立更可持续、更具竞争力和更安全的能源系统提出了四条主要技术路径：提高能源效率、发展可再生能源、发展核能，以及进行碳捕集与封存（CCS）。

《交通运输白皮书》确定了到21世纪中叶交通运输部门的愿景，即在满足经济发展和公民需求的同时，应对未来石油短缺、日益拥挤的交通状况，以及二氧化碳和污染物减排需求的挑战，并实现到21世纪中期，二氧化碳排放量比1990年减少60%的目标。为实现此目标，《交通运输白皮书》提出了政府干预的四大领域：国内市场、创新、基础设施，以及国际合作。其中每一个领域，都对应一个面向2020年的10年方案，具体包含40个行动要点和政策举措。《交通运输白皮书》所制定的战略，很大程度上基于低排放燃料、能源效率、更好的交通运输模式，以及新的行程优化技术[③]。

这些路线图有助于欧盟走上《联合国气候变化框架公约》议程，制定2030年排放目标，并探索更为长远的规划，这也将有助于其他缔约方国家制定自身的减排路线图。

欧盟关于气候信息的立法包括规定各成员国有义务在2015年之前报告其低碳发展战略的制定进展情况。已报道的信息显示，各成员国在文件类型、时间框架、详细程度、方法、减排雄心（ambition level）、部门覆盖面以及立法保障等方面差异很大。即将发布的欧洲经济区（EEA）报告总结了这些提交的信息，其中包含了

---

① 涵盖所有国内排放（包括农业），但不包括LULUCF的排放。

② 欧洲理事会2014年10月23日和24日的结论。

③ 迄今为止，委员会已针对该方案的40个行动点中的大多数行动点发布了提案，超过60%的计划举措可被涵盖。2016年白皮书中期实施报告指出，在实现目标方面仍未取得进展，特别是降低石油依赖率和遏制拥堵加剧方面。

13 项来自各成员国的计划[①]。

2.2.2　2030 年目标和能源联盟

根据路线图中列出的分析以及欧洲理事会的讨论和指导，欧盟委员会于 2014 年提出了 2020—2030 年间的气候和能源政策框架建议[②]，特别是 2030 年的目标建议。在此基础上，欧洲理事会原则上同意了[③]2030 年目标，将温室气体排放量至少降低 40%，可再生能源占比至少提高到 27%，且能效提高至少 27%。2018 年 7 月，暂定的立法修订了两个目标，即能源效率至少提高 32.5%，可再生能源占比至少提高 32%（第 2.2.3 节），并首次通过了《治理条例》（Governance Regulation），以确保能源和气候政策规划的长期性、连贯性。欧盟委员会还在 2014 年发布了《能源安全战略》（Energy Security Strategy）[④]，进一步阐述了在解决脱碳问题和制定能源目标方面可利用的政策与措施及两者具体的相互关系和协同作用，以使能源与气候政策更加紧密地联系在一起。与此同时，欧盟委员会还发布了发展循环经济的未来愿景[⑤]，将环境政策（垃圾与污染）、工业生产政策（例如，回收和开发新材料）以及研究和创新政策结合起来。

此外，能源联盟于 2015 年启动，旨在探索和利用减碳目标与其他能源政策优先事项之间的协同作用。为实现该目标，能源联盟制定了相关政策，涉及相互作用的五个维度：能源安全、国内能源市场、能源效率、减碳措施（包括可再生能源发展），以及研发和竞争力建设。基于这种背景，最新的举措得以被制定。

能源联盟的一个重要原则是确保公民权益处于转型的核心地位。因此，欧盟委员会致力于提供一个新的方案，让信息的获取变得更透明，以帮助能源消费者减少资金和能源消耗。此外，这个方案也应让消费者在参与能源市场时有更广泛的选择，并确保消费者权益受到最大程度的保护。

欧盟委员会已于 2018 年 11 月提交了建立能源联盟所需的大部分立法提案，并正在采取行动加速公共和私人投资，以支持相对公平的清洁能源转型。为确保到 2019 年现任委员会任期结束时能源联盟的全面建成，还需进一步推行一系列工作：

---

① Overview of Low-Carbon Development Strategies in European countries Information reported by Member States under the European Union Monitoring Mechanism Regulation，https://acm.eionet.europa.eu/reports/#tp.

② COM（2014）15 final.2020—2030 年间气候和能源的政策框架.

③ EUCO（169/14），2014 年 10 月 24 日欧洲理事会的结论.

④ COM（2014）330.

⑤ COM（2015）614.

这些工作不仅包括在通过剩余的立法框架方面取得进一步进展，也包括在实施有利框架并确保各方参与方面取得进一步进展。应该注意的是，在这些行动启动时，其时间跨度可能将超过2050年，而确保融资渠道的畅通以及对高碳排放区域的援助是其中的两个关键行动。

能源联盟实施2030年目标的第一个立法可交付成果是经修订的《欧盟碳排放交易体系指令》[1]，该指令规定了大型排放源（主要来自电力和工业部门）以及航空部门的温室气体排放水平。为实现到2030年排放量比2005年排放水平减少43%的目标，指令增加了每年的ETS减排上限；同时，指令也强调了市场稳定储备（Market Stability Reserve），以解决历史遗留的欧盟配额盈余的累积问题。当前，该指令已经对碳价格信号产生了积极影响。此外，第二套立法成果包括《责任分担条例》（Effort Sharing Regulation）[2]和《关于在2030年气候和能源框架中纳入土地利用、土地利用变化和林业部门的温室气体排放和清除的条例》，这些条例规定了欧盟排放交易体系（EU ETS）以外的部门的排放和吸收水平。这套立法考虑了不同成员国温室气体减排能力的差异，通过设定每个成员国各自的排放轨迹和减排目标来实现这一目标。

同样，在能源联盟的减碳方面，根据《欧洲原子能共同体条约》第40条，欧盟委员会于2017年提出了最新的《核能说明性计划》（PINC）。该计划考虑了核能利用的全生命周期评估，总结了核能利用所需的开发和投资。该计划还强调，核能仍然是2050年欧盟能源结构的重要组成部分，并确定了一系列优先领域。例如，不断提高核电站安全性，提高发电效率，以及加强各成员国在现有和新建核电项目审批方面的合作。

此外，在供应侧，对安全性的探讨也已有初步成果：《天然气供应安全条例》（Regulation on Security of Gas Supply）[3]旨在防止天然气供应危机，以确保各成员国之间的天然气供应安全和区域协调；而《液化天然气（LNG）和天然气储存战略》（Strategy for Liquefied Natural Gas （LNG） and Gas Storage）[4]则概述了欧盟未来的行动，特别是通过液化天然气和天然气存储，提高天然气供应的灵活性。

与此同时，2017年4月通过的《政府间协议的决议》（IGA Decision）[5]大大提

---

[1] Directive (EU) 2018/410.
[2] Regulation (EU) 2018/842.
[3] Regulation (EU) 2017/1938.
[4] COM (2016) 49 final.
[5] Decision (EU) 2017/684 of the European Parliament and of the Council.

高了成员国与第三国在能源领域的政府间协议的透明度，委员会已经对该决议与欧盟法律的兼容性进行了强制性的事前评估。

在研发和竞争力建设方面，《战略能源技术计划》（Strategic Energy Technologies (SET) Plan）已经成为连接欧盟、各成员国以及工业界的纽带和关键组成部分。遵循 2015 年公布的最新战略[1]，欧盟和国家层面的公共和私营部门已经展开合作，以确定未来 5 至 15 年内的能源技术研发和创新（R&I）目标。这些宏观计划和战略已经落实为 14 个可具体实施的行动计划，以确定各成员国、工业界以及欧盟委员会为施加研发和创新（R&I）投资的影响而开展合作的具体行动。

作为《欧洲清洁能源》一揽子计划（Clean Energy for All Europeans Package）的一部分（第 2.2.3 节），随后提交了建立能源联盟的大多数立法提案，特别是在可再生能源、能源效率、国内市场运营和供应安全等方面的提案。

2.2.3 《欧洲清洁能源计划》（Clean Energy for All Europeans）

修订后的《欧盟碳排放交易体系指令》（ETS Directive）、《责任分担条例》和《土地利用、土地利用变化及林业法规》已经确定 40% 的温室气体减排目标为立法框架的重要组成部分，《欧洲清洁能源》一揽子计划则着重针对能效和可再生能源这两个目标之间的相互作用，也称为《清洁能源方案》（Clean Energy Package）。2016 年 11 月 30 日，8 项立法提案以及《欧洲智能交通联合系统战略》（the European Strategy on Cooperative Intelligent Transport Systems）[2]作为该一揽子计划的重要部分被提出。这是建立一个强大的能源联盟的重要里程碑，也是欧盟朝着《巴黎协定》设定的减排雄心路径迈进的一个里程碑。

截至 2018 年 11 月，欧洲议会（European Parliament）和欧洲理事会就《欧洲清洁能源》一揽子计划中的 8 项立法提案中的 4 项达成共识：《建筑物节能指令》（Energy Performance in Buildings Directive，EPBD）[3]、《可再生能源指令》（Renewable Energy Directive）、《能源效率指令》（Energy Efficiency Directive），以及《能源联盟和气候行动治理条例》（Regulation on the Governance of the Energy Union and Climate Action）。因此，完成能源联盟建设以及合理应对气候变化正处在良性发展轨道。

新的、强有力的《能源联盟和气候行动治理条例》将确保各成员国自身长期能源和气候政策规划的一致性和更好的合作，并预测报告、审查和密切监测进展情

---

[1] C(2015)6317 final.
[2] COM(2016)766 final.
[3] 修订后的 EPBD 于 2018 年 7 月 9 日生效。

况。根据《能源联盟和气候行动治理条例》，成员国将在2019年底之前完成并提交各国10年期的《国家能源和气候规划》（NECPs），内容涉及能源联盟所强调的所有五个方面。这些规划将探讨和确定各成员国的贡献与能源联盟目标之间的相互作用，特别是《责任分担条例》中规定的非碳排放交易体系部门的排放目标，以及各国对欧盟发展可再生能源和能源效率的贡献，并力争在2030年之前实现这一目标。这将有利于欧盟实现其2030年温室气体排放量减少40%以上的目标，并迈入脱碳轨道。将于2020年1月提交的《国家能源和气候规划》也必须与欧盟以及各国长期战略保持一致。《国家能源和气候规划》可进行更新，第一次是2024年，着重修正国家目标、指标和贡献（例如，进一步减少温室气体净排放量），或制定同等或更积极的措施（如提升能源效率以及开发可再生能源资源）。

2030年欧盟能源效率和可再生能源目标方案考虑了过去10年的经验：具体的能源行动目标的确可以通过规模经济影响新技术的开发及其成本降低的步伐，并给行业、企业和公民带来利益。

到2030年，欧盟总能耗中可再生能源所占的比例至少达到32%的目标获得了积极的支持措施，这些措施考虑了在供暖、制冷和交通运输等领域发展可再生能源尚未开发的潜力。此外，各成员国也将采取措施，通过鼓励自用和能源社区建设，促进公民参与到能源转型过程中来，并提高生物质能利用的可持续性。而对电力市场规则的更进一步评估也将推动欧盟普及可再生能源的应用。

在能源效率方面，最新的《能源效率指令》提出，到2030年，欧盟将实现能效至少提高32.5%的目标。该指令还设定，2021—2030年间，每年终端能源消耗实现0.8%的节能目标[①]，这也将促进私人投资逐渐涉入终端用能部门，特别是建筑、工业和交通运输等部门。另一项重要变化是进一步发展热能的计量和计费规则，特别是对集中供暖公寓。修订后的《建筑物节能指令》引入了改善建筑物节能性能的措施，尤其是加快了建筑节能改造的速度，以挖掘建筑行业能效提高的巨大潜力。该指令还进一步鼓励信息和通信（ICT）以及智能技术的应用，以确保建筑节能措施的有效实施，并支持电动汽车基础设施的推广。《能源联盟和气候行动治理条例》还确立了"能源效率优先"的原则，并应用到能源联盟的五个方面。这表明了能源效率措施对能源规划、政策制定以及投资决策解决方案的重要性。

---

① 它代表了实际的年度储蓄率，以实现最终能源消耗的节能义务(其中还包括运输中的能源使用)，0.8%的速度比1.5%更加雄心勃勃(设定为当前时期2014—2020年)，因为它被设定为计算2021—2030年所需节能量的最低费率，灵活性只能在此最低限度之外使用。这项储蓄义务(0.8%)将在2030年之后继续适用，除非委员会在2027年之前进行的审查得出相反的结论。马耳他和塞浦路斯的税率(0.24%)要低得多。

关于供应安全，委员会提出《电力风险防范条例》（Electricity Risk Prepared-ness Regulation）①。该条例针对领域内现有的不足，例如，各国家政策存在差异且并不透明，以及缺乏跨界合作。拟定的风险应对措施包括：（1）如何评估风险；（2）风险防备计划应该是什么样的；（3）如何应对危机情况；（4）如何监控供应安全。

关于国内市场，基于对现有法规的进一步分析，电力部门提出了监管改进措施，以确保欧盟拥有适当的市场构架，以承担多项未来任务，特别是制定措施，将可再生能源电力纳入电力系统。这些建议的愿景是，通过设定适当的基础设施和跨境贸易规则来连接国内市场，从而大大降低消费侧的能源转型成本，增强供应侧的安全性。如果需要进一步上升到国家层面，则需要考虑更为深入的协调机制以及政策的一致性。如在电力交易方面发电充足性和供应安全性的观点和要求达成一致，则市场运作可以更有效且更公平。需要考虑这种一致性和协调性，以促进脱碳和能效目标的实现。

《欧洲清洁能源》一揽子计划非常关注消费者权益，这也是 2050 年脱碳战略的主旋律。该计划确定消费者为未来能源市场的核心参与者，从而为欧盟所有消费者提供更多的选择、可靠的能源价格比较工具，以及生产和销售自发电的可能性。该方案还提出了进一步提高透明度的举措，以及欧盟范围内的监管原则，以促进公民更多地参与到能源系统的运作和价格信号的响应中来。此外，该方案还包含另一个关键点，旨在制定一系列保护最脆弱消费者的措施。

2.2.4　产业战略政策和战略价值链

2017 年 9 月，欧盟委员会通过了"欧洲工业战略：投资智能、创新和可持续产业"的通信文件。这份战略报告列举了增强欧洲工业基地竞争力的主要策略和关键行动，具体包括：更加公平的单一市场，数字时代的产业升级，确定欧盟在发展低碳和循环经济中的领导地位，投资基础设施和新技术以推动产业转型，支持工业创新实践，促进开放和基于规则的贸易，以及增强地区和城市应对挑战的能力。这些战略的实施需要工业界以及欧盟、各国家和区域所有利益相关方的共同承诺。

作为《欧盟工业政策战略更新》（Renewed EU Industrial Policy Strategy）的后续

---

① 这是欧洲议会和理事会关于电力部门风险准备的规定的提案，并废除指令 2005/89/EC,COM/2016/0862final-2016/0377（COD）.

行动，欧盟委员会还建立了欧盟共同利益重点项目（Important Projects of Common European Interest，IPCEI）的战略论坛。该专家组在2019年夏季之前确定了一系列关键价值链，这需要公共当局与若干成员国的主要利益相关方之间采取协调一致的行动，推荐价值链具体行动，并推进关键的新价值链的联合投资，包括可能的新IPCEI。

自2008年《原材料倡议》（Raw Materials Initiative）启动以来，原材料一直是欧盟产业政策的重要组成部分。2017年9月，欧盟委员会针对欧盟价值链最重要的原材料发布了最新评估结果，包括经济性和供应风险方面的评估[1]，其中也包括了能源系统节能减排很重要的几项关键技术的评估（例如，发展电动汽车、储能等技术）。

2.2.5 欧盟交通战略及其一揽子计划

交通部门也是能源消耗、温室气体排放以及整个经济运作至关重要的部门。欧盟也一直努力并着手筹备重大举措以改善交通部门的运作，并将其纳入欧洲脱碳和能源部门战略的整体框架。《欧洲低排放交通战略》（European Strategy for Low-Emission Mobility）[2]于2016年7月通过，该战略的目标是确保欧盟有足够的竞争力，在满足日益增长的居民和货物的交通运输需求的同时，应对向低排放交通转型带来的挑战。该战略确认了2011年白皮书[3]的目标，即"到21世纪中叶，交通部门的温室气体排放量必须比1990年至少降低60%，并且必须坚定地走向零碳排放，必须立即采取行动大幅减少交通部门排放的危害身体健康的空气污染物"。

为此，该战略提出了三方面的综合行动计划：（1）更高效的交通运输系统；（2）交通领域的低排放替代能源；（3）低排放、零排放车辆，包括立法和非立法行动。

欧盟委员会迅速采取行动，采纳了《战略行动计划》（Action Plan of the Strategy）中列出的大多数行动方案，特别是2016年11月通过的《欧洲清洁能源》一揽子计划，其中包括《欧洲智能交通联合系统战略》、2017年5月推出的《第一个交通一揽子计划》、2017年11月推出的《第二个交通一揽子计划》，以及2018年5月推出的《第三个交通一揽子计划》。

---

[1] COM(2017)490 final,13.09.2017.
[2] COM(2016)501 final.
[3] COM(2011)144.

《第一个交通一揽子计划》提出了 8 项立法举措，重点关注公路运输[1]。这些提案旨在改善公路运输的市场运作，改善工人的就业和生活环境，以及促进智能道路收费系统在欧盟的应用。委员会还提出了一项建议，即现已通过的关于 HDV（卡车和公共汽车）二氧化碳排放和燃料消耗监测、报告系统，以促进节能性能最佳的车辆的市场应用[2]。此外，一些暂时无法律效力的建议文件提出了大量政策支持措施，旨在加速欧盟向可持续、数字化的综合移动系统转型，特别是通过对基础设施、研究和创新以及协作平台的投融资。

《第二个交通一揽子计划》[3]主要针对公路运输车辆、道路基础设施，以及货运交通的发展转型。这些举措包括制定汽车和货车的二氧化碳排放标准、发展公共采购和替代燃料基础设施，以及降低温室气体和空气污染物的排放等。这些措施旨在促进市场已有的低排放替代燃料车辆的应用。

《第三个交通一揽子计划》[4]则旨在确保交通系统顺利转型到安全、清洁、互联以及自动化程度更高的系统。该方案采纳的举措包括关于卡车应用、互联和自动化移动通信[5]，以及汽车电池开发的政策倡议。通过这些措施，委员会力图营造一个促进欧盟公司发展最优质、清洁和最具市场竞争力的交通产品的环境。

2.2.6　循环经济政策

2015 年 12 月，欧盟委员会发布了《欧盟循环经济行动计划》（EU Action Plan for the Circular Economy）[6]，旨在驱动欧盟向循环经济转型，提升全球竞争力，并促进经济可持续发展和新就业机会的创造。该计划建议的措施涵盖整个生命周期，包括从生产和消费，到废弃物管理和二级原材料市场，并修订了废弃物的立法提案。

---

① https://ec.europa.eu/transport/modes/road/news/2017-05-31-europe-on-the-move_en.
② Regulation（EU）2018/956.
③ https://ec.europa.eu/transport/modes/road/news/2017-11-08-driving-clean-mobility_en.
④ https://ec.europa.eu/transport/modes/road/news/2018-05-17-europe-on-the-move-3_en.
⑤ 正如在"关于使用先锋频谱进行 5G 大规模测试、网络安全和数据治理框架的建议书"中所宣布的，该计划能够实现数据共享，与 2018 年数据包保护的举措吻合，数据保护和隐私立法将在 2019 年初到来。
⑥ COM（2015）614 final.

利益相关者和相关文献①已经认识到循环经济在确保社会向低碳经济转型过程中的作用。作为《欧盟循环经济行动计划》中已公布措施的一部分，欧盟委员会于 2018 年启动了"欧盟塑料循环经济战略"（EU Strategy for Planstics in a Circular Economy）②，其目标是为塑料生产和塑料焚烧提供政策指导（每年排放 4 亿吨二氧化碳）。

2.2.7 共同农业政策

目前的《共同农业政策》（Common Agricultural Policy，CAP）为减缓和适应气候变化提供支持，并通过以下手段确保自然资源和气候行动的可持续管理：i）交叉合规机制（cross-compliance mechanism），规定了为在第一支柱下获得全额直接付款而必须满足的环境要求和义务的基本层面；ii）覆盖欧盟范围内广泛的农业区域的"绿化"，预计将改善农业生产的整体环境绩效；iii）使得第二支柱下的农村发展在实现 CAP 环境目标和应对气候变化方面发挥重要作用。

2.2.8 协同发展政策

协同发展政策历来是欧盟支持成员国、地区和城市发展、转型的关键政策之一。多年来，在该政策支持下，已有的投资覆盖了环境基础设施建设，特别是在欧盟欠发达地区。在 2014—2020 年间，它与欧盟 2020 年战略的智能、可持续和包容性增长优先事项保持一致，并考虑了一些气候和可持续发展的法律要求（例如，专用资金、资助前提条件、伙伴关系原则等）。所有这些都导致了对可用资金和非资金支持（例如，技术援助、合作和能力建设）的重新关注。此外，协同发展政策将在 2014—2020 年间提供约 690 亿欧元，用于与能源联盟所涉及的五个方面相关的投资。截至 2017 年底，这些拨款中的近 50%，约 320 亿欧元，已经承诺用于实际项目。基于自下而上的行业、研究人员以及民间组织有针对性的分析，协同发展政策还将支持各地区自身在其具有竞争优势的领域的研究和创新。对 2020 年之后的情景，协同发展政策建议继续支持能源、气候和创新领域的项目，并更侧重跨部门解

---

① 例如，根据国际资源小组（International Resources Panel）的数据，到 2050 年，资源效率政策可使全球采掘量减少 28%。再加上雄心勃勃的气候法案，这些政策可以减少 63% 的温室气体排放，并将经济增长提高 1.5%。Material Economics 和 Sitra 的另一项研究重点关注能耗高、排放高的行业，如钢铁、塑料、铝或水泥。据估计，循环经济模式每年可将欧洲排放量减少 56%（3 亿吨），直到 2050 年，在全球范围内，每年减排量可达到 36 亿吨二氧化碳当量。更重要的是，研究表明，即使实施能效和低碳措施，未来对这些材料的需求也会导致排放超过这些部门的碳预算。

② COM（2018）28 final.

决方案，以及促进欧盟各地区实现转型的创新方案。

2.2.9 废弃物政策、含氟气体法规

欧盟的废弃物政策[1]限制垃圾填埋场的数量，同时促进垃圾填埋气体的回收和循环利用。预计到2020年，大多数欧盟成员国会将可生物降解的废弃物填埋量减少65%。进一步对可生物降解和不可生物降解的废弃物进行分类，这些管理方案将进一步改善该领域的减排潜力。2018年6月通过的《废弃物修订法案》规定，到2035[2]年，城市垃圾填埋量将减少到废弃物总量的10%，这个截止日期最晚可延迟到2040年[3]。

依据2014年修订的《氟化物气体条例》（F-gas Regulation）[4]，在欧盟境内销售的氢氟烃（HFCs）总量将逐渐下降；到2030年，其销售量将降低至2015年水平的1/5。该法规预计将会引导欧盟含氟气体排放总量减少到目前水平的2/3。

此外，2019年1月1日生效的《基加利修正案》（Kigali Amendment），进一步要求含氟气体排放从2030年的21%（基准线），降到2036年的15%。

2.2.10 多年度资金框架（MFF）和主要的气候融资

10多年来欧洲的政策制定一直关注可持续发展和气候变化。随着脱碳重视程度的提高，欧盟已经采取了更为复杂的措施来实现此目标。这些目标和相应的措施提供了明确的政策信号，对指导投资决策至关重要。例如，全球清洁能源投资随着时间逐渐增加（2015年全球产值为3 603亿美元），新技术逐渐涌现，技术成本在能源领域也逐渐降低。尽管需要调动私营部门以提供大部分必要的资本，潜在的市场失灵和其他障碍决定了欧洲公共干预的必要性，并呼吁欧洲公共财政发挥作用。

欧洲战略投资基金（European Fund for Strategic Investments，EFSI）就是这种公共干预的一个典型例子。EFSI于2015年启动以应对经济衰退，其目标是在3年内实现至少3 150亿欧元的额外投资，并提供160亿欧元的总担保；其中50亿欧元由欧洲投资银行提供，用于企业的基础设施项目。鉴于其成功案例，EFSI将启动

---

① Council Directive 1999/31/EC of 26 April 1999 on the landfill of waste.

② Directive（EU）2018/850 of the European Parliament and of the Council of 30 May 2018 amending Directive 1999/31/EC on the landfill of waste.

③ Directive 2018/850 of 30 May 2018.

④ 2014年4月16日欧洲议会和理事会关于氟化温室气体的法规（EU）No 517/2014并废止条例（Ec）No 842/2006。

第二轮资本金扩张，当前的目标是筹集 5 000 亿欧元，用于战略基础设施建设和企业投资，以推动缩小主要的市场差距，克服结构性弱点，建立一个更具竞争力、可持续和繁荣的欧盟经济体。EFSI 为与能源联盟相关的投资做出了巨大贡献，定期监测数据表明，能源领域是 EFSI 资助的最大运营领域之一，占 EFSI 总支持额度的 20%。

基于 EFSI 的成功经验，《投资欧盟计划》（Invest EU Programme）是联盟为下一个计划周期提供新的投资工具。该计划的担保规模约 380 亿欧元，预计将带动约 6 500 亿欧元的投资，而其中的 30% 将用于实现气候目标。特别是在"可持续基础设施"窗口下，50% 的投资应有助于实现气候和环境目标。

欧盟长期预算对实现脱碳具有重要作用。通过对减缓和适应气候变化项目的投资，以及相关投资资金的带动，该预算将有助于研究和创新、能源效率、可再生能源和网络基础设施目标的实现。2014—2020 年间，在其多年度资金框架（MFF）中，欧盟决定将总预算的 20%（超过 2 060 亿欧元）用于应对气候变化。该目标在将气候因素纳入欧盟主要支出计划方面非常有用，与其他政策一起，加大对能源部门的年度投资。而对交通部门，欧盟研究计划《Horizon2020》[1]在 2018—2020 年期间将部署超过 20 亿欧元，重点支持四个关键的能源和气候领域，包括城市电动交通设施的发展[2]。

根据欧盟对实施《巴黎协定》和《联合国可持续发展目标》（SDG）的承诺，并反映应对气候变化的重要性，委员会提出制定一个更加雄心勃勃的综合目标，将欧盟 25% 的支出（约 3 200 亿欧元）用于支持下一个 MFF 周期（2021—2027 年）的气候目标。委员会还提出了具体的预期贡献，包括用于研发、协同发展（见第 2.2.8 节）、共同农业政策、战略基础设施以及外部行动的预算。这一承诺体现了欧盟的目标，即成为低碳技术的全球领导者，并确保实现制定的气候和能源目标。此外，支持伙伴国家共同实现全球气候目标是这一雄心勃勃的内部目标的外部延伸。而促进战略投资，如能源和交通运输部门的战略投资，则是通过采取具体行动来实现的，并且也被确定为横向计划的政策目标（例如，通过 Horizon Europe[3]、Cohe-

---

① 欧盟最大的研究和创新项目,2014—2020 年将达到近 800 亿欧元,https://ec.europa.eu/programmes/horizon2020/en/.

② COM(2017)688 final,Horizon Europe is the next EU programme on research innovation that will succeed to Horizon 2020: https://ec.europa.eu/info/designing-next-research-and-innovation-framework-programme/what-shapesnext-framework-programme_en.

③ 2014 年 4 月 16 日欧洲议会和理事会关于氟化温室气体的法规(EU)No 517/2014 并废止条例(Ec)No 842/2006。

sion Policy、InvestEU 等计划具体实现）。对存在巨大投资缺口的领域（建筑节能）、市场空白领域（跨境可再生能源项目）或尚未获得快速技术和市场发展的领域（能力建设、政策实施）提供预算支持和技术援助，将为脱碳投资提供额外的财政动力。上述计划无论在过去还是将来，对于构建安全、清洁和一体化的欧洲能源系统都至关重要。《欧盟对外投资计划》（EU External Investment Plan）旨在跨越国界，利用私人投资以扩大气候融资，并协助伙伴国家重要部门的融资需求，以推动低碳发展道路顺利转型。

2.2.11　航空和海事部门

2.2.11.1　国际航运

为实现《巴黎协定》的温控目标，所有经济部门都应为实现必要的减排做出贡献，包括国际航运部门。欧盟已采取若干措施来解决航空排放问题。进行空中交通管制（air traffic management，ATM），以及对可持续替代燃料的研发和创新，有可能有助于减少航空部门的排放[1]。欧盟的"单一欧洲天空"（Single European Sky，SES）政策旨在改造欧洲的空中交通管制机制，使其容量增加2倍，并将空中交通管制成本减半，环境影响降低10%。此外，《清洁天空欧盟联合技术倡议》（Clean Sky EU Joint Technology Initiative，JTI）则旨在发展和完善具有突破性的"清洁技术"。

自2012年以来，航空行业已被纳入欧盟排放交易体系。迄今为止，航空行业推动欧盟排放交易体系配额总量于2012—2018年间减少了约1亿吨二氧化碳排放。目前，欧盟已将欧盟排放交易体系的范围限制在欧洲经济区（EEA）[2]内的航班，以支持国际民航组织（ICAO）正在制定的全球措施——《国际航空碳抵消和减排计划》（Carbon Offsetting and Reduction Scheme for International Aviation，COR-SIA）[3]。CORSIA的主要目的是要求航空公司通过购买其他地方减排的国际信用额度或通过采取行动限制排放来抵消2020年后排放量的增长，从而稳定2020年的二氧化碳排放量，排放量的抵消规则手册目前仍在制定中。

---

[1]　European Environment Agency（EEA），European Aviation Safety Agency（EASA），EUROCON-TROL.（2016）. European Aviation Environmental Report.

[2]　Regulation（EU）2017/2392 of the European Parliament and of the Council of 13 December 2017 amending Directive 2003/87/EC，以继续目前对航空活动范围的限制，并准备从2021年开始实施全球市场措施.

[3]　ICAO.（2016c）. Resolution A39-3：Consolidated statement of continuing ICAO policies and practices related to environmental protection. Global Market-based Measure（MBM）scheme.

关于欧盟排放交易体系中航空的下一次审查则必须考虑如何修改欧盟排放交易体系立法，以将CORSIA的发展纳入考虑范围之内。在没有新的修正案的情况下，欧盟排放交易体系的"减损条款"将于2024年结束。

在世界范围内，国际民用航空组织（International Civil Aviation Organisation，ICAO）已开展与减少航空活动相关的二氧化碳排放的工作，主要目标为：到2050年，每年燃油效率提高2%；并通过市场抵消机制把国际航空二氧化碳排放量稳定在2020年的排放水平。为实现这些目标，国际民航组织商定了一揽子措施。除CORSIA外，还包括与飞机相关的技术和标准，改善运营和空中交通管制，开发和部署可持续航空燃料[1]。国际民航组织于2017年采用新的飞机二氧化碳排放标准，也将于2019年初在欧盟法律中实施。

此外，应该指出的是，国际航空业最初提出的"2020年碳中和增长"目标也设定了相似的愿景，即到2050年，航空部门净排放量与2005年水平相比减少50%[2]。

2.2.11.2 国际海运

继2011年欧盟发布交通白皮书之后，欧盟委员会于2013年通过了一项关于航运脱碳的战略，呼吁在欧盟采取渐进方法，并首先从欧盟的监测、报告和核查（MRV）计划开始。因此，欧洲议会和理事会于2015年4月通过了关于监测、报告和核查海运二氧化碳排放的法规（EU）2015/757。自2019年6月起，MRV计划将开始向相关市场提供有关船舶效率的信息。

与此同时，国际海事组织（International Maritime Organization，IMO）于1997年开始致力于减少温室气体排放，但直到2011年才通过第一项措施，设定新船的强制性最低能效标准（能效设计指数，EEDI）以及实施船上能效管理计划。2016年，在《巴黎协定》生效和通过《欧盟监测、报告和核查条例》之后，国际海事组织（IMO）通过了对MARPOL公约的修订[3]以及数据收集系统（IMO DCS）的具体指导方针，自2019年起，向船旗国报告航运燃料消耗量。经过两年的谈判，国际海事组织（IMO）于2018年4月通过了关于减少船舶温室气体排放的初步战略，目标是到2050年温室气体排放比2008年减少50%，同时努力在21世纪尽快实现净零排放。

---

[1]　ICAO. (2016a). Resolution A39-1: Consolidated statement of continuing ICAO policies and practices related to environmental protection-General provisions, noise and local air quality.

[2]　Air Transport Action Group（ATAG），https://www.atag.org/our-activities/climate-change.html.

[3]　International Convention for the Prevention of Pollution from Ships.

2.2.12　需要新愿景

能源联盟通过将所有不同的政策主线汇总在一起，包括《巴黎协定》以及过去10年中的经济技术、社会变化和进步等，并开展更新分析以制定完全纳入委员会政治优先事项的脱碳战略，特别关注就业和增长，国内市场的进一步整合，更公平、更可持续的经济方面，以促进欧盟在全球行动中扮演更重要的角色。技术发展已占据主导地位，重塑了能源供应结构并影响消费行为。不断增长的消费者意识和由此带来的消费模式变化也将影响未来市场的发展方式；同时，不断增长的消费者影响力和数字化经济带来的新商业模式也将影响未来市场的发展。此外，可重塑需求侧，以推动能源使用智能化，主要措施有优化消费者和企业选择，推广自动化和数字化、获取准确和有用的消费者信息、针对现有市场设定雄心勃勃的标准、制定有针对性的政策来消除监管障碍和行为偏差。

而在能源供应侧，对比过去10年的技术发展，一方面是成本低于预期的可再生能源（RES）技术，另一方面是难度高于预期的二氧化碳捕集与封存（CCS）技术，这些发展改变了欧盟对未来能源系统脱碳的预期。此外，技术快速发展使一些参与者更愿意关注未来低碳能源的替代载体。例如，发展氢能和 e 燃料（脱碳合成燃料）。

储能作为一种关键的支持技术，可用于解决可再生电力并网的灵活性需求问题，并为电气化交通、工业和建筑部门提供绿色电力，从而提供进一步可能并帮助部门整合。此外，大量可变 RES（可再生能源）实际上可以以氢和 e 燃料的形式存储，并能够显著提高电力系统的灵活性，以实现其他部门的减碳目标。《巴黎协定》本身很好地说明了对这些新技术的期望；协定的制定与创新使命计划（Mission Innovation）[①]的推出相呼应，并补充了哥本哈根 COP15（2009 年）会议期间提出的清洁能源部长级会议方案（CEM[②]），这两项全球政府间举措旨在加速清洁能源创新技术的发展，使清洁能源普遍被负担得起。

值得注意的是，一些技术的部署（例如，电动汽车）引起了人们对未来的原料供应的关注。这些问题使实施循环经济更加令人信服：实施循环经济不仅减少了直接排放[③]，而且避免了在新技术的部署中出现类似的障碍。

相比能源技术，近年来其他方面也发生了重大变化，并且已经或者将会对脱碳

[①]　Mission Innovation（2018），http://mission-innovation.net/.

[②]　Clean Energy Ministerial（2018），http://www.cleanenergyministerial.org/.

[③]　回收利用通常比开采能源的消耗少。

路径产生影响。值得注意的是，移动连接（Mobility Connected）和自动驾驶领域正在将已有范式转向"移动即服务"、"可访问"和"可连接"模式，这将对系统安全、效率和排放性能产生巨大的潜在影响。而现在考虑行为的改变也是可能的，部分原因是技术进步使得消费者可以更轻松地获得某些解决方案（例如，可再生能源发电，或更好地实现对室内温度的控制，或制定更有效的减少碳足迹的旅行计划）。此外，消费者参与意识也越来越强，可以通过某些消费侧选择，减少碳足迹，并产生良好的影响，特别是在改善健康方面。控制食物浪费，积极参与活动或选择更健康的饮食现已成为欧洲消费者考虑的主要因素；其他选择也可能会随之而来，包括限制长途旅行的快速增长，以及转向更具可持续性的运输模式，如铁路运输，或限制购买新的消费品。这些方面将在第5.5节中详细讨论。更重要的是，随着市民、有组织的公民社团、地方及区域当局管治水平的不断提升，消费者意识及消费者选择的作用也将会进一步影响新愿景的推行。

2.3　国家层面的政策举措

2.3.1　欧盟法律的实施

欧盟各成员国迅速而全面的角色转换和实施欧盟法规，辅以适当的国家行动，是实现欧洲人所寻求的低碳、更具竞争力和更有活力的经济的首要前提。本章接下来说明欧盟在气候和能源方面所关注的不同领域，并以国家措施为例对此进行补充。

能源供应安全也涉及重要的欧盟法规，其基础是制定电力、石油、天然气和交通等领域的国家措施。这些措施包括石油库存指令、基础设施规划和发电充足性协调，在所有这些领域的信任以及区域合作将改善欧盟及其成员国的现状。目前正在通过"预防行动计划"和"应急计划"来促进这项工作，这些计划将于2019年3月1日前通知委员会并定期更新；而"协同安排"（solidarity arrangements）的结论将包括技术、法律和经济方面的具体内容，以及国家风险防范计划的编制。

在能源生产和输电基础设施领域，成员国分别制定并相互协调国家基础设施发展计划，以保证充足的能源生产，以及必要的设备维护和扩建。这些计划是与"跨欧洲能源网络"（TEN-E）政策一起制定和实施的，具体包括共同利益项目（Projects of Common Interest，PCI）的识别和共同融资。大约77个PCI将在2020年之前完成，并从欧盟获得20亿欧元。欧盟还制定了最先进的核能法律框架，确保选择核能的成员国遵守最高的安全标准。

关于能源效率，《能源效率指令》要求在国家层面采取能效政策措施，并在《国家能效行动计划》（NEEAPs）中进行报告。这些措施应针对经济的每个部门，包括住宅、服务、工业、交通和能源供应。措施还包括法规、标准、基金、财务和财政等，具体包括税收、激励措施以及其他基于市场的工具。此外，所应采取的措施还包括提高认识、增长知识和提出建议，以及提供适当的教育、资格认证和培训。

而住宅和服务部门受益于各种国家政策措施支持，在提高能效方面获得了有力的支撑。除了与《建筑物节能指令》和具体的生态设计法规直接相关的监管措施外，还制定了一些措施，以应对建筑的分散激励或强化建筑物能效要求。典型做法包括捐款、低息贷款和财政激励措施，或其他创新计划，如能源绩效合同、担保设施、捐款和技术援助相结合的措施、票据追回、财产评估清洁能源（PACE）等，并建议将低成本的长期资金作为常规地方财产税的额外付款予以偿还。此外，还实施了信息和提高认识的措施，重点是住宅和服务部门。最后，这些措施还包括各成员国在其《国家能效行动计划》中提到过的正进行或计划中的与缓解能源匮乏有关的努力。

而到2020年，实现每年完成1.5%的节能义务（包括从年度能源销售到客户的国家措施），将是实现2020年能效目标的关键。能源效率义务计划（即由能源分配运营商或能源零售公司承担义务）是一个关键工具，例如它们通过安装更有效的加热或冷却系统以及墙壁或屋顶的隔热材料来激励住宅或服务部门的私人投资。鉴于要在2021—2030[①]年间实现新的节能义务，能源效率义务计划仍将是一项重要的以市场为基础的政策工具。

关于脱碳，《欧盟碳排放交易体系指令》和《责任分担条例》涵盖非ETS部门，形成了实现连续减排目标的核心监管框架。此外，欧盟还通过立法确保土地利用、土地利用变化和林业部门的净零排放，并为乘用车和货车设定二氧化碳排放标准，规范含氟气体的排放，并增加可再生能源的部署。

特别是在可再生能源方面，成员国正在实施自身的《国家可再生能源行动计划》（NREAP），并且几乎都在按计划实现各自在2020年具有约束力的目标。通过实施这些可再生能源计划，成员国试图减少排放，增加本地能源供应，创造新的就业机会，并努力推动创新、技术及工业发展。与此同时，可再生能源需要建立更"智能"的过渡基础设施，并且实现欧盟能源系统更大规模的集成，这反过来要求

---

① 对于2020年后的时期，每年的节能义务为最终能源消耗的0.8%，见2.2.3节。

各成员国之间更多的协调和同步，以确保内部市场正常运作和成员国之间的能源资源有效流动。而可再生能源的高比例消纳，则要求在能源供应和需求部门整合方面采取额外行动，包括运输部门、供暖和制冷，以及工业流程设计等各方面。这种整合将通过开发零碳能源（包括电力）以及更新的载体（例如氢能）来实现。由奥地利总统发起的于2018年9月在林茨签署的氢能倡议①反映了成员国对这一领域的兴趣。

在研究和创新方面，虽然欧盟的私人投资占研发支出的80%左右，但国家和欧盟的研发计划补充并施加了指导，也促进了利益相关者在开展能源转型（所需的新技术、新材料和工艺）的大型项目和示范项目时的效率和合作。

更好的治理和政策规划：《国家能源和气候计划》（National Energy and Climate Plans）将简化许多的规划、报告和监测要求，以促进欧盟在实现各层面目标和政策时获得进展。从2020年起，国家计划将以更透明的方式处理能源联盟制定的五个维度的目标。而《国家能源和气候计划》还将包括为支持实现这些目标所制定的政策和措施，从而允许不同目标和进展在不同政策之间的相互作用，并进行密切的政治监测。应该探索一个可靠的分析框架，并说明拟议目标政策和措施的影响。该计划还将促进欧盟一般公众和利益相关方更广泛地参与各成员国的长期能源和气候优先事项，并加强各成员国在政策规划工作中的协调。

2.3.2 其他国家政策

有些国家政策并不是欧盟法规中明确要求的，尽管这些政策与欧盟的气候和能源政策非常一致，但它们在很大程度上取决于各国的考虑。最显著的例子是逐步淘汰煤炭、部署/逐步淘汰核电、征收碳税并进行城市规划。在交通部门，国家采取了大量措施鼓励交通出行模式的转变和替代燃料的使用，包括电动汽车的购买补贴、登记税收优惠、所有权税收优惠、公司税收优惠、增值税优惠、地方优惠和基础设施优惠。此外，作为脱碳战略重要组成部分的森林和土地政策主要由各成员国自己负责。

逐步淘汰煤炭

10个欧盟成员国已经宣布逐步淘汰煤炭，欧洲电力公司的公用事业实体最近

---

① 这项不具约束力的倡议仍然显示出对氢作为能源转型推动者的大力支持：存储、部门耦合、天然气网络投入、工业用途或用于合成燃料的生产：https://www.hydrogeneurope.eu/sites/default/files/2018-09/The%20Hydrogen%20Initiative.pdf.

宣布，计划在2020年[①]之后不再投资新的燃煤电厂。虽然脱碳对它们来说是一个非常重要的考虑因素，但也有其他的驱动因素。在欧盟，煤炭消费量自1995年以来已经下降了34%，而产量却下降了53%。因此，尽管煤炭在欧盟能源结构中所占的比重已降至15%，欧盟对煤炭进口的依赖程度却增加至40%。俄罗斯仍然能够提供欧盟30%的硬煤进口，其中包括爱沙尼亚和立陶宛的100%，希腊的97%，拉脱维亚的94%，而波兰的占比则较小。因此，欧盟减少煤炭消费不仅有气候原因，也有供应安全原因。这些欧盟国家宣布逐步淘汰燃煤电厂，并预计进一步降低煤炭需求会对天然气、可再生能源和核能产生影响，也有助于减少发电系统的产能过剩。而"转型期煤炭区域"平台[②]将促进减少社会影响，特别是与国家煤炭开采活动相关的社会影响，这一政策工具将支持拟定过渡期所需的相应战略。

加快核电发展

《欧盟条约》（The EU Treaty）允许每个成员国决定其能源结构[③]，包括核能在内（其2016年占欧盟电力生产的26%[④]）。计划保持或发展核能以作为其能源供应之一的国家都认为，核能可以促进能源安全，也是一种有竞争力和更清洁的电力。《能源联盟战略》[⑤]和《欧洲能源安全战略》[⑥]都强调，决定使用核能的成员国需要采用最高标准的安全、监管、废物管理和不扩散措施，并使核燃料供应多样化。

截至2017年底，欧盟范围内已有14个成员国投入使用126个核动力反应堆[⑦][⑧]。预计10个成员国将开展新的建设项目，芬兰、法国和斯洛伐克正在建设4个反应堆。芬兰、匈牙利和英国的其他项目则正在取得许可证，而其他成员国（保加利亚、捷克共和国、立陶宛、波兰和罗马尼亚）的项目则正处于不同的筹备阶段。此

---

① EURELECTRIC（2017），European Electricity Sector gears up for the Energy Transition，https://cdn.eurelectric.org/media/2128/eurelectric_statement_on_the_energy_transition_2-2017-030-0250-01-e-h-E321F960.pdf.

② European Commission（2017），https://ec.europa.eu/energy/en/events/conference-coal-regions-transition-platform.

③ Lisbon Treaty，Article 194，paragraph 2，https://eur-lex.europa.eu/legal-content/EN/TXT/HTML/?uri=CELEX:12012E194&from=EN.

④ European Commission（2018），Statistical Pocketbook 2018，https://ec.europa.eu/energy/en/data-analysis/energy-statistical-pocketbook.

⑤ COM(2015)80.

⑥ COM(2014)330.

⑦ IAEA（2018），Nuclear Power Reactors in the World，Edition 2018，https://www-pub.iaea.org/books/IAEABooks/13379/Nuclear-Power-Reactors-in-the-World.

⑧ 这些成员国是比利时、保加利亚、捷克共和国、芬兰、法国、德国、匈牙利、荷兰、罗马尼亚、斯洛伐克、斯洛文尼亚、西班牙、瑞典和英国。

外，英国已宣布打算在 2025 年前关闭所有燃煤发电厂，并主要以新建天然气、生物质和核电站填补能源缺口。另外，一些国家的能源政策已经规定了各自能源结构中核能份额的上限（例如法国），一些国家则决定逐步淘汰核能（如德国和比利时），而其他成员国则从未使用过核能。

预计未来几年，核电长期运营的重要性将会增加。其中，到 2030 年，大多数机组的寿命将超出其设计寿命。预计长期运营将在短期和中期占核电投资的大部分。另有一些成员国，例如匈牙利和捷克共和国，已经批准延长某些核反应堆的使用寿命。而关于核电运行寿命的决定则取决于当前和预测的电力市场状况，有时还取决于社会和政治因素。这些决定必须经过国家独立监管机构严格、全面的安全审查，并作为一项基本要求，执行最高安全标准[①]。

实施碳税制度

一些成员国已经采用了与二氧化碳排放相关的税收制度，而各成员国在这些政策的范围和实施方面存在很大的不同。最常见的是，针对交通部门征税，要么根据车辆排放征收登记税或流转税，要么根据碳含量或燃料效率征收运输燃油税。目前，一些成员国已将碳税的范围扩大到除交通运输之外的其他部门。

2.4　区域合作

在许多政策领域，区域合作促进了成员国以及邻国之间的协同和互补。在能源和气候政策方面，这一点非常重要。例如，需要共同提供资源来资助相关的研究和创新，建设基础设施，开发如北波罗的海的可再生能源等大型项目，并提高资本密集型项目融资的可能性。因此，它与能源联盟高度相关，并必将有助于中长期阶段的清洁能源转型。而存在的问题是，单一的计划是否适用于整个欧盟？例如，欧盟碳排放交易体系需要通过立法或促进和协调能源监管机构之间的合作，在欧盟范围内和各自区域集团中就电力交易和电网运营达成必要的规则。而根据欧盟网络规范和指导方针所获取的经验，所采取的协调、合作和整合等措施则可能带来明显的共同利益。

在这种背景下，《能源联盟条例》要求，各成员国在制定和执行国家能源和气候计划时，应进行区域协调。在基础设施规划和共同关心的项目的联合开发方面，也需要进行区域协调。目前，欧盟已经建立了一些专门针对能源问题的区域合作论

---

① COM（2017）237 final.

坛，毫无疑问，这将在清洁能源转型过程中发挥作用。此类论坛还包括波罗的海能源市场互联计划（BEMIP）、中欧和东南欧互联互通计划（CESEC）、中西部地区能源市场（CWREM）、北海国家海上电网倡议（NSCOGI）、五边能源论坛、西南欧互联互通和欧洲-地中海伙伴关系等。

此外，还应充分利用宏观区域战略（macro regional strategies）等跨国倡议的贡献，特别是需要形成扩大规模所需的政治动力。目前有4个欧盟宏观区域战略，涉及19个欧盟成员国和8个非欧盟国家，涵盖波罗的海地区、多瑙河地区、亚得里亚海和爱奥尼亚地区，以及阿尔卑斯地区等广泛区域。这些宏观区域战略表明了加强成员国之间合作的重要性，以便通过在跨国层面采取行动集中资源，并最大限度地发挥协同作用以提高效率。与非欧盟伙伴的合作也在进行中，包括与能源共同体缔约方①、欧洲自由贸易联盟成员国②，以及在适当时与其他第三国的合作。

2.5 各地区、工业界和民间社会的行动议程

在斐济主办的第23届缔约方会议的一项主要成果是"所有利益相关方大联盟"的概念。这一概念超越了第20届巴黎-利马（Paris-Lima）缔约方会议呼吁全球气候行动利益相关方记录其自愿行动③。大联盟包括各州、地方政府、企业、宗教组织和公民，他们将联合起来共同应对气候变化。联合国环境规划署（UNEP）《排放差距报告2018》④预先发布的一章表明，迄今为止，非国家行为者所贡献的额外减排仍然十分有限：到2030年，与完全实施国家自主贡献（NDCs）相比，每年实现减排 $0.2GtCO_2 \sim 0.7GtCO_2$。可用数据水平低，与已有报告结论并不一致，这进一步限制了更全面的概述。然而，如果充分发挥全球气候联合行动的潜力，在现有政策基础上，到2030年，每年可额外实现减排 $15GtCO_2 \sim 20GtCO_2$：这对实现减排目标是一个相当大的贡献。欧盟利益相关者一直走在这些发展路径

---

① 包括（截至2018年9月）阿尔巴尼亚、波斯尼亚和黑塞哥维那、马其顿、格鲁吉亚、科索沃、摩尔多瓦、塞尔维亚和乌克兰，https://www.energy-community.org/.

② 包括冰岛、列支敦士登、挪威和瑞士，http://www.efta.int/.

③ UNFCCC（2017），UN Climate Change Conference 2017 Aims for Further，Faster Ambition Together，https://unfccc.int/news/un-climate-change-conference-2017-aims-for-further-faster-ambition-together.

④ UNFCCC（2017），Yearbook of Global Climate Action 2017，https://wedocs.unep.org/bitstream/handle/20.500.11822/26093/NonState_Emissions_Gap.pdf? sequence=1&isAllowed=y&stream=top.

的最前沿①。

2.5.1 区域/地区行动者

区域政府和城市在经济、空间、环境规划和能源供应方面所面临的挑战，正日益成为能源转型的驱动力，并变得越来越可靠。《全球气候和能源市长盟约》（Covenant of Mayors for Climate and Energy Initiative）②是由地方政府发起的，自愿承诺实施气候与能源目标的协议。截至2018年10月1日，已有7 383个签署城市，代表了约1.98亿欧盟公民的减排承诺。对其中885个具有代表性的城市气候计划进行的最新分析表明，近66%的城市制定了气候变化减缓计划，另有26%的城市制定了适应计划③。而《全球气候和能源市长盟约》的制定④则进一步反映了欧盟的减排倡议在全球范围内的影响。

此外，《欧盟城市议程》⑤使城市、成员国、欧盟委员会，以及其他欧盟机构和行动者在政府间框架内进行合作，并加强相关政策在城市层面的落实。目前，该议程正在通过伙伴关系得以落实，旨在为欧盟城市实现更好的监管、融资和了解提供支撑。通过商定的联合行动，《气候适应伙伴关系》（Partnership on Climate Adaptation）旨在提高欧盟城市应对和适应气候变化影响的能力，而《能源转型伙伴关系》（Partnership on Energy Transition）将有助于在欧盟发展更智能、综合、安全、弹性、价格合理、清洁和可持续的能源系统。其他几个伙伴关系，如《城市交通和空气质量伙伴关系》，也将有助于应对气候和能源挑战。

对地区政府而言，《2℃以下联盟》（Under 2 Coalition）⑥等倡议非常重要，因为这些倡议寻求与全球各国积极主动地接触，着手起草面向2050年的发展路径，并设定了相应的减排目标，即到2050年，实现人均二氧化碳排放当量低于2吨，相当于1990年水平的80%。此外，全球200个司法管辖区已经做出承诺，以实现这一长期目标。在此背景下，欧盟的治理条例促进了区域和地方参与者积极参与到国家

① UNFCCC（2017），Yearbook of Global Climate Action 2017，http://unfccc.int/tools/GCA_Yearbook/GCA_Yearbook2017.pdf.

② https://www.covenantofmayors.eu.

③ D. Reckien et al.，How are cities planning to respond to climate change? Assessment of local climate plans from 885 cities in the EU-28，Journal of Cleaner Production，26 March 2018，https://www.sciencedirect.com/science/article/pii/S0959652618308977? via%3Dihub.

④ https://www.globalcovenantofmayors.org/.

⑤ https://ec.europa.eu/futurium/en/urban-agenda.

⑥ https://www.under2coalition.org/.

能源和气候优先行动中来。

2.5.2　行业/部门行动者

　　欧洲的工业及其部门代表已经认识到可持续发展的重要性，并力争到 2050 年实现温室气体排放的大幅降低。而私营企业、大公司和行业协会也就未来几十年如何显著减少温室气体排放发布越来越多的报告（第 6.3 节），并在 2018 年上半年创下了发行 740 亿多美元的绿色债券（Green Bonds）记录[①]。当前，许多公司已提出自愿实施减排措施。例如，为了实现喜力（Heineken）的供应链可持续发展目标，奥地利啤酒厂戈斯（Goss）已经完全转向使用可再生和可重复利用的能源，并成功避免了二氧化碳的排放[②]；Eni 集团创造了世界上第一个绿色炼油厂；而在 2013 年[③]，DHL 也成功推出了自己的电动货车[④]；西门子公司则制定目标，到 2030 年，实现全球范围内的净零排放[⑤]。而各行业对公众质询的回应（第 7.1 节），则显示它们的态度在过去 10 年中发生了相当大的变化。例如，43% 的私营企业支持，到 2050 年实现欧盟范围内的均衡排放，并实现减排 80%~95%。此外，与 2011 年路线图的准备工作相反，不同行业部门在各种途径上也进行了大量情景研究：利益相关者倾向于制定 80% 的减排目标。而进一步发展电气化、氢能、循环经济以及倡导生活方式的改变是更受关注的解决方案。

2.5.3　公民和民间组织

　　各国公民已经开始在应对气候变化问题上采取个人或集体行动，而且非常果断：这反映出气候变化已经成为绝大多数公民所关注的问题，例如对最近的欧洲晴雨表的关注[⑥]。长期以来，为保证子孙后代有足够的自然资源以及一定的生活质量，应对气候变化一直是欧盟大部分区域所关注的问题。最近，随着对科研结果认

---

① UN Environment（2018）.

② Heineken（2018），Carbon-neutral brewing dream a reality for Göss，https://www.theheineken-company.com/sustainability/case-studies/carbon-neutral-brewing-dream-areality-for-goss.

③ ENI（2018），From oil to biomass，https://www.eni.com/en_IT/innovation/technological-plat-forms/bio-refinery.page.

④ DHL（2018），StreetScooter opens second manufacturing facility in Düren，http://www.dhl.com/en/press/releases/releases_2017/all/streetscooter_opens_second_manufacturing_facility_in_dueren.html.

⑤ Siemens（2018），Siemens is going carbon neutral，https://www.siemens.com/global/en/home/company/sustainability/decarbonization/carbonneutral.html.

⑥ 2017 Eurobarometer survey，https://ec.europa.eu/clima/citizens/support_en.

识的不断提高，消费者对自身行为的碳足迹更加关注。很明显，消费者的选择可以
产生影响，并可能创造新的市场；消费者的选择也可能对工业施加压力，使其调整
价格，生产更可持续的产品。德国已有150万户家庭通过太阳能电池板生产能源，
供自家使用①。此外，消费者的期望②和市场前景的巨大推动，促使各行各业的公司
逐渐引入可再生能源抵押品、碳抵消计划或低碳产品（就其生产链而言）。

在城市交通领域也可以找到多个例子。当然也是因为在这种情况下，脱碳具有
快速可见的协同效应。例如，更好的空气质量、更少的噪声和更"宜居"的城市：
这就是公民会自发采取行动并支持地方一级倡议的原因。例如，米兰市在2018年4
月采取了《可持续城市交通规划》（Sustainable Urban Mobility Plan），其中包括将减
少交通和共享交通等措施作为核心要素，并集成了由汽车、自行车和踏板车组成的
"自由漂流"（free floating）共享系统，支持个人移动和当地公共交通。因此，私家
车替代品的数量有所增加：近3 000辆共享汽车（27% 全电动）和超过60万名订
户，4 650辆自行车，12 000辆"自由漂流"共享自行车，以及100辆全电动共享摩
托车③。很多措施现已成为欧盟许多城市采用的战略，诸如减少城市中心的交通运
营甚至整体交通运营量，禁止污染车辆进入市中心，发展自行车租赁服务，以及开
发安全的自行车道和共享移动服务/"移动即服务"（mobility as a service）。

很显然，欧洲经济中的清洁能源转型和净零温室气体排放的目标只能在公民参
与的情况下才能实现。消费者的选择将日益成为技术变革的补充，并且通常是技术
变革的先决条件。需要进一步开展工作，提高产品和服务碳足迹的透明度，从而充
分利用当前的消费者意识。有组织的公民社会将在进一步提高消费者意识方面发挥
关键作用，并为改变生活方式提供动力。

---

① Eurobserver（2018），Photovoltaic barometer 2018.
② https://ec.europa.eu/clima/citizens/support_en.
③ ELTIS（2018），Shared mobility enabling MaaS in Milan's SUMP，http://www.eltis.org/discover/case-studies/shared-mobility-enabling-maas-milans-sump.

第 3 章　2030 年后现行政策的影响

3.1　政策和假设

欧盟及其成员国制定了一系列政策，这些政策将对欧盟到 2030 年的能源转型产生重大影响，并将在此之后继续推动最近达成的雄心勃勃的能源和气候目标（第 2.2 节）。本节将评估这些政策到 2030 年及以后的影响。

为了进行这项评估，我们设定基准情景，以反映当前欧盟的减碳轨迹，该情景主要基于商定的欧盟政策，或欧盟委员会提出但欧洲议会和理事会仍在讨论的政策。

评估主要基于《参考情景 2016》（以下简称"REF2016"）[①]，但也对附件 7.2.2 中详细描述的一些关键要素进行了更新。基准情景保留了 REF2016 中的宏观经济预测、化石燃料价格走势以及 2015 年前成员国政策。同时，它包含了更新的 ASSET 项目[②]所做的技术假设，以及最近通过的几项主要立法和委员会提案。基准情景还包含了一个新的元素，即一直到 2070 年的预测，作为开始反思 21 世纪下半叶潜在途径的一种方法。最重要的是，基准情景还预测了 2018 年 6 月通过的能源和气候 2030 年目标[③]以及延续当前非二氧化碳排放政策的实现情况。

[①]　"EU Reference Scenario 2016-Energy, transport and GHG emissions-Trends to 2050"报告详细描述了所采用的分析方法，所采取的假设和详细结果，https://ec.europa.eu/energy/sites/ener/files/documents/ref2016_report_final-web.pdf.

[②]　开发能源系统模型情景高度依赖于对技术发展的假设——在性能和费用方面都是如此。虽然这些假设已由建模顾问根据广泛和严格的文献综述进行开发，欧盟委员会也在不断寻求利益相关者评估这些技术，使它们能够代表当前的项目，以及专家和利益相关者的期望。这就是为什么在 2018 初启动一个专门项目，以确保技术假设模型的鲁棒性和代表性，通过与有关专家、业界代表和利益相关者联系，掌握不同行业的最新数据。该项目已于 2018 年 7 月完成运行，其最终报告（包括最终确定的技术假设）可在此查阅：https://ec.europa.eu/energy/en/studies/review-technology-assumptions-decarbonisation-scenarios.

[③]　2030 年的目标是：与 1990 年相比，温室气体减排量至少减少 40%；与 2005 年相比，ETS 部门的温室气体排放量减少了 43%，与 2005 年相比，努力的结果是共享部门减少了温室气体排放量的 30%；与 2007 年基准情景（2030 年预测）相比，可再生能源在最终能源消费中至少占 32%，一次能源消耗和最终能源消耗量至少减少 32.5%——请参阅第 2.2 节中有关欧盟政策的更多详情。

基准情景的目的是阐明当前气候和能源政策、目标对长期能源及温室气体演变
的影响。因此，它为比较不同的长期路径提供了基础，这些路径与全球温升幅度远
低于2°C或1.5°C的目标相一致。需要指出的是，基准情景是专门为制定长期战略
而设定的；它无法反映截至2015年各成员国通过的具体政策，也无法与成员国协
商，以核实是否完全覆盖了各成员国国家能源和气候计划中现行或最新的政策。

3.2 能源供应和需求

3.2.1 能源供应

欧盟能源供应预测在能源系统总体水平和能源结构方面均有所发展。将预测的
一次能源消耗量（PEC）与其2005年历史水平进行比较，在基准情景下，2030年能
源消耗量减少26%（表示实现了2030年目标），到2050年减少35%，而到2070年没
有进一步减少，原因是能效政策的持续影响被经济增长对能源消费的影响抵消了。

欧盟能源供应的第一个组成部分——能源生产量，预计到2050年将下降28%
（与2005年相比）。在2030年可再生能源目标和具有竞争力的可再生能源技术成本
的推动下，化石燃料产量下降88%，可再生能源产量（主要来自风能、太阳能、
生物质能和垃圾回收）同期增加1倍以上。核能产量虽然略有下降，但在能源结构
中仍将保持在10%以上。

欧盟能源供应的第二个组成部分——燃料净进口量，预计将减少约33%，从2005
年的980 Mtoe降至2050年的670 Mtoe。基准情景中该值的下降主要是因为化石燃料略
有减少，并且2030年之后可再生能源（生物质）进口量也略有减少。虽然能效措施主
要针对天然气消费，但风能和太阳能技术的竞争力推动了其较高的普及率，从而减少
了对生物质（包括进口）的需求。因此，欧盟的化石燃料进口依存度适度下降（从
2005年的52%降至2050年的50%）。基准情景下的一次能源产量见图3-1。

展望能源转换部门，在整个预测周期内，发电量都在强劲增长。需求电气化主
要是由供暖和制冷的电气化（特别是热泵），以及住宅和第三产业的IT、休闲和通
信设备的不断增加所带动的。随着铁路的进一步电气化和电动汽车的逐步普及，预
计交通运输部门将推动电力需求增加[1]。

---

[1] 联网和自动化移动的出现也将导致更多的IT部署，从而增加对电力的需求，但这将在服务部门得到
反映。

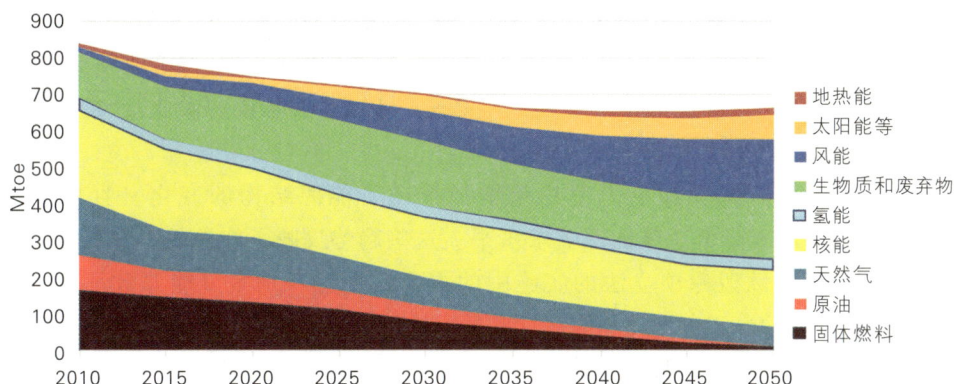

图 3-1 基准情景下的一次性能源产量

来源：Eurostat（2010，2015），PRIMES.

欧盟发电结构发生了相当大的变化，更倾向于使用可再生能源，其中风力发电量的增长最为显著。到 2050 年，73% 的电力来自可再生能源，核能和天然气仍在发电组合中占据重要地位。相比之下，石油和燃煤发电占比微不足道（见图 3-2）。

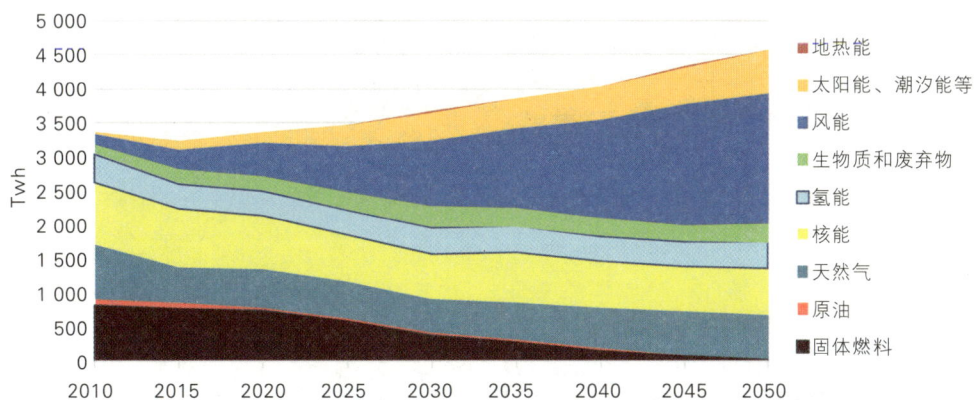

图 3-2 基准情景下的总发电量

来源：Eurostat（2010，2015），PRIMES.

3.2.2 能源需求

由于终端能源需求减缓，2005—2050 年，基准情景下的终端能源消耗量（FEC）下降了 26%。在住宅领域，需求放缓最为显著，其 2050 年能耗比 2005 年减少了38%。在工业领域，2050年比2005年减少了23%，但在2030年后进入了节能平台期。在交通领域，2050年较2005年减少了24%的能耗，但与工业领域相反，2030年后的节能速度有所加快。最后，在第三产业（含服务业和农业），2050年较2005年减少幅度最小（为10%）。

化石燃料需求减少和电力使用量增加推动了能源结构的变化（见图3-3、图3-4），也有助于降低总体能源需求水平。这些趋势反映了能源效率在雄心勃勃的2030年目标和欧盟专项立法的实施中的重要作用，特别是《能源效率指令》、《建筑物节能指令》、生态设计和能源标签的立法，用于轻型车辆和重型货车的二氧化碳排放标准的制定，以及最近采用的其他提高交通运输系统效率的举措。

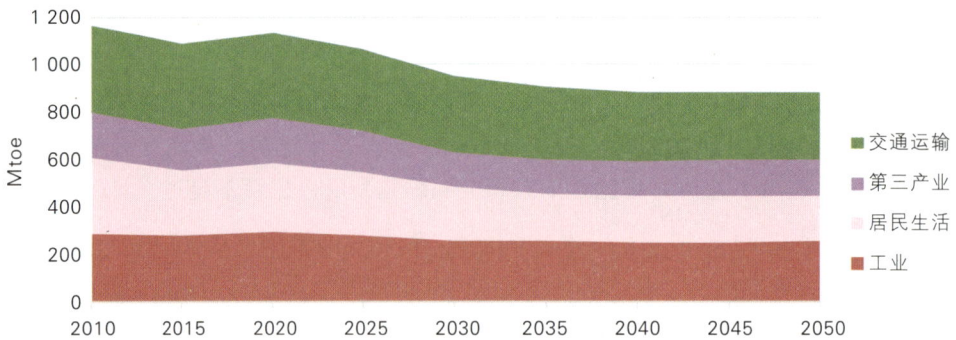

注："第三产业"包括农业部门的能源消费。

图3-3 分部门终端能源需求量

来源：Eurostat（2010，2015），PRIMES.

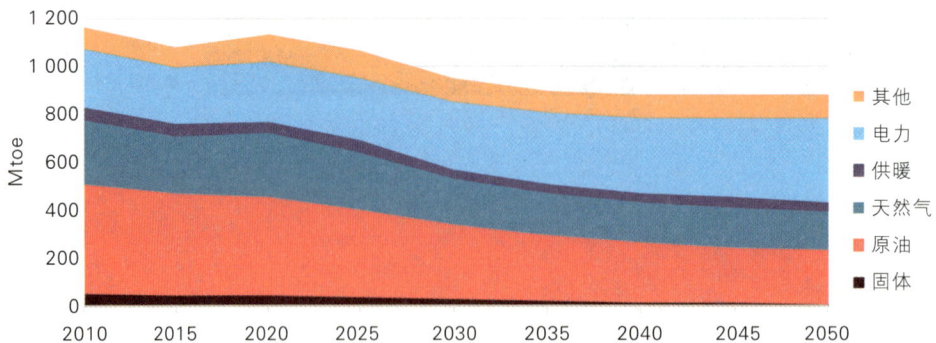

注："其他"包括生物质和废弃物利用。

图3-4 分燃料/能源载体的终端能源需求量

来源：Eurostat（2010，2015），PRIMES.

3.3　二氧化碳排放

2050年二氧化碳排放量预计将进一步下降，这主要得益于电力部门排放的大幅减少和欧盟排放交易体系覆盖部门更广泛。依照现有的法律，基准情景下假定ETS配额总量每年下降2.2%。到2050年，二氧化碳排放量将降至1 600 $MtCO_2$以内（见图3-5），与1990年相比减少了65%。

分部门二氧化碳排放的发展情况（$MtCO_2$）　　　　分部门二氧化碳排放份额

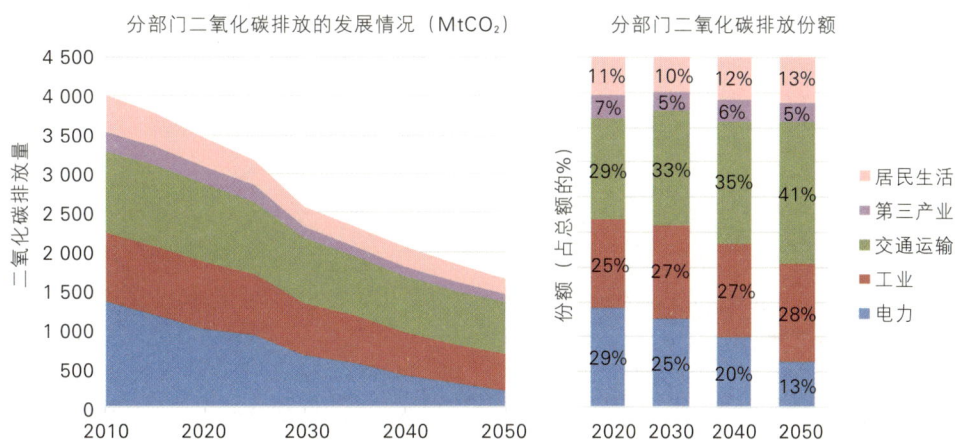

注："第三产业"包括农业部门的能源消费。

图3-5　分部门二氧化碳排放量及份额

来源：PRIMES.

总体而言，减碳的主要驱动因素是，所有部门尤其是工业部门能源效率的提高，以及可再生能源的普及。尽管从2020年起，交通部门成为最大的二氧化碳排放源，但在2005—2050年间，由标准和交通政策推动的燃料效率提高显著地减少了交通碳排放（38%）。

3.4　非二氧化碳排放

与1990年相比，预计2050年非二氧化碳排放量将减少50%。由于大多数与非二氧化碳排放有关的立法针对的是2030年之前，因此2030年后的碳排放水平将趋于平缓，也可能在2050年之前略有增加（见图3-6）。

分部门非二氧化碳排放量

分气体非二氧化碳排放量

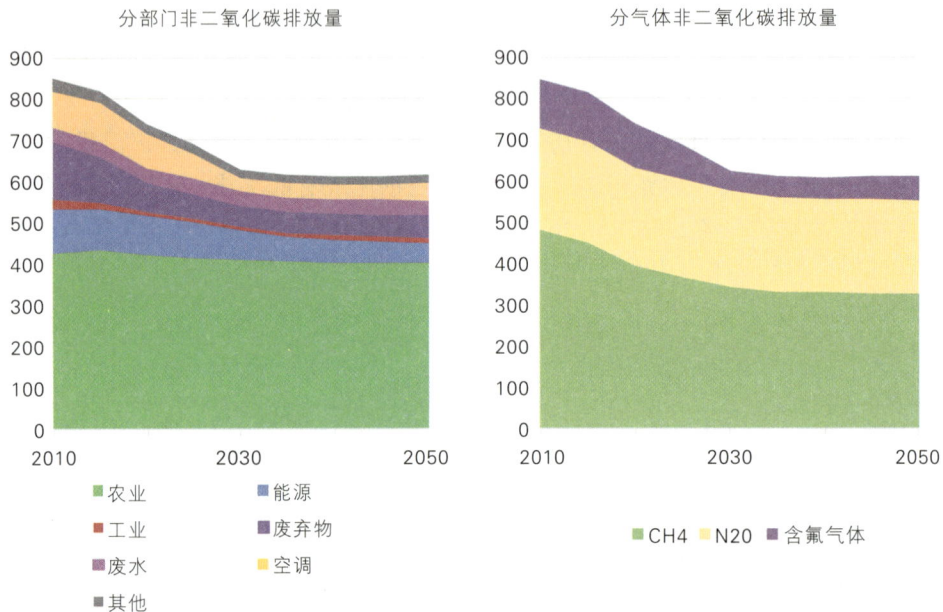

图3-6　基准情景下分部门和分气体类别的非二氧化碳气体排放量预测（MtCO₂eq）
来源：GAINS.

与2005年（215 MtCO₂eq）相比，在绝对量上2050年甲烷的减排量最大，占比也显著下降，是2005年排放水平的40%。由于严格的空调使用和制冷规定，到2030年，含氟气体的排放量将大幅减少，较2005年减少50%。

分部门来看，目前排放非二氧化碳气体的大多数经济部门（农业除外），其排放量预计将大幅减少，特别是到2030年。随着对天然气的需求和煤炭开采活动的减少，与能源相关的非二氧化碳气体排放量将继续减少[①]。此外，欧盟废弃物立法的全面实施将使垃圾排放量继续减少。同样，含氟气体排放量也呈下降趋势，主要是由于新颁布的含氟气体法规，然而在2030年之后由于制冷需求的进一步增加将抵消执行法规带来的效果。农业部门如果没有进一步的激励措施或农产品数量和类型的变化，排放量预计将保持稳定。

[①]　除此之外，减排还需要采取具体的措施，以进一步减少低碳能源系统中的甲烷泄漏。事实上，由于甲烷导致全球变暖的可能性提高，天然气供应链中只有3%的泄漏可以抵消天然气与煤炭发电的温室气体排放效益，另见IEA, World Energy Outlook, https://www.iea.org/weo2017/.

3.5　土地利用和林业

　　土地利用和林业部门在基准情景中起到净碳汇的作用（见图 3-7）。然而，由于森林的老化和森林生物质使用量的不断增加（主要包括材料用的工业圆木、锯木、木板、纸张、纸板），预计碳汇将从 2015 年的约 300 $MtCO_2$ 减少到 2050 年的约 260 $MtCO_2$[①]。

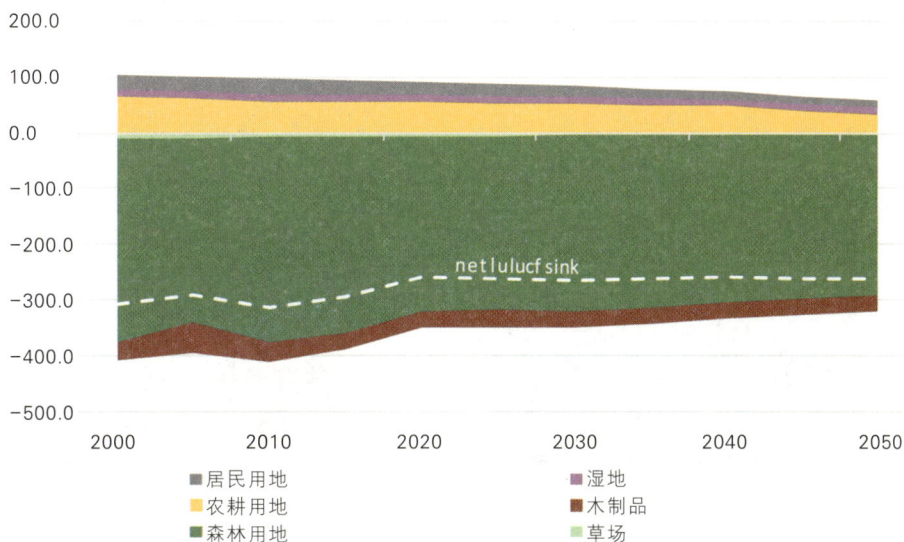

图 3-7　土地利用、土地利用变化和林业部门的排放和碳汇演变

3.6　温室气体排放总量

　　不包括土地利用、土地利用变化和林业部门的碳汇，2030 年基准情景的温室气体排放总量估计比 1990 年水平减少 46%，到 2050 年，进一步减少 62%。若包括土地利用、土地利用变化和林业部门的碳汇[②]，则温室气体净排放量到 2030 年将比

---

　　①　虽然尚未对此评估的分析工作进行调查，但气候变化的影响（干旱、森林火灾）也可能对森林作为碳汇的可行性产生一些影响。

　　②　根据欧盟向《联合国气候变化框架公约》（UNFCCC）提交的温室气体清单报告，温室气体排放增加了温室气体净排放量，即所谓的未计入的土地利用、土地利用变化和林业部门的排放量。

1990年减少48%，到2050年将比1990年进一步减少64%。

为实现2030年的可再生能源和能效目标，排放贸易体系和非排放贸易体系目标在2030年都将超额完成（温室气体排放分别为2005年排放量的49%和36%，见图3-8）。到2030年，超额完成ETS的目标将导致配额富余量的增加。市场稳定储备（MSR）实际上是为了解决这种情况而设计的，吸收超过阈值的富余配额（在立法中设定为8.33亿吨）。在2030年之后，由于设置持续的线性减排系数，配额缺口将再次增加。碳价演变将取决于许多变量，包括对未来稀缺性的预期。在基准情景中，2030年每吨二氧化碳价格预计为28欧元/吨（2013年价格），这将有助于实现能效和可再生能源目标。

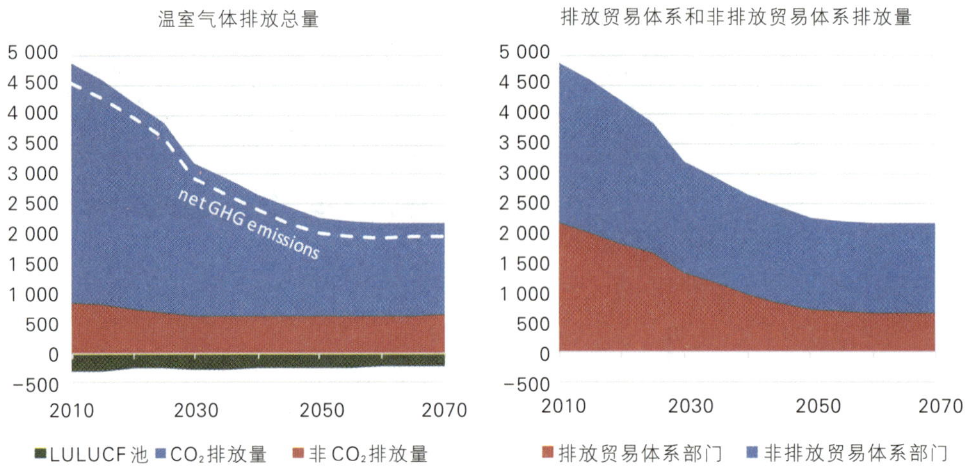

温室气体排放总量   排放贸易体系和非排放贸易体系排放量

注：非排放贸易体系排放的温室气体不包括土地利用、土地利用变化及林业部门的排放

图3-8　温室气体排放总量和排放贸易体系/非排放贸易体系排放量（MtCO₂eq）

来源：PRIMES.

2030年之后，在非ETS部门，基准情景假设除了市场驱动力（例如未来化石燃料价格上涨，出现更具竞争力的可再生能源等）以及当前政策的持续影响外，没有其他驱动因素。目前采纳的政策包括车辆二氧化碳标准、产品和电器以及2021年新建筑的能源性能标准，以进一步降低能源消耗和排放。同样，一些与非二氧化碳排放有关的政策，也将继续影响2030年后的碳排放，如废弃物和含氟气体的立法。

第4章 部门和经济层面的低碳化及能源转型路径

4.1 概述及情景设定

第4章着眼于各部门以及整个经济体如何实现低碳化。第4.2至4.5节讲述如何通过技术以及其他手段，特别是生活方式的变化和消费者的选择，来推动能源系统转型，并减少温室气体排放量。第4.6至4.8节关注能源以外的其他部门，以及自然或技术手段，以减少和封存大气中的CO_2。第4.9节从整体经济的层面讨论排放水平的总体影响，第4.10节给出了与转型相关的经济要素。

各小节在全面综述现有文献的基础上，详细讨论了不同的技术、手段以及相关的机遇和挑战，同时也探讨了有关减缓方案的一些其他观点。相关技术可以在学术界或利益相关者的主流研究及创新中找到，但不包括一些极具创新性但技术成熟度较低的方案。我们的分析结果是通过建模来完成的，主要使用PRIMES-GAINS-GLOBIOM模型套件，并设置了多种不同的情景。特别是在工业上，使用了第二种模型——FORECAST——作为PRIMES的补充。

需要强调的是，技术进步的长期不确定性非常大。文中所涉及的基准情景和各种低碳情景，也都只是我们所构想的情景而已。技术进步、消费者选择以及监管力度等方面的变化，均可能导致不同的结果。虽然模型运行依据的是最高质量标准，但其结果需谨慎进行解释，同时需要牢记：所有模型，无论其复杂程度如何，均不过是计算机程序对现实情况的近似模拟。关于所用模型、情景、假设及模型运行的局限性，详见附件7.2。

PRIMES-GAINS-GLOBIOM模型包含了所有部门和各种温室气体，不仅有与能源燃烧相关的CO_2排放量，还有涉及CO_2过程排放（化学反应引起的排放）、土地利用部门（主要是林业和农业部门）的CO_2吸收量和排放量，以及所有部门的非CO_2排放量（包括含氟气体应用），其中最大的部门为农业、能源、废物处理和工业部门。

这一模型特别有助于详细了解各能源部门之间的相互联系，以及能源系统与工

业、废物处理、农业和土地利用等其他相关部门之间的相互联系①。评估还考察了
低碳和能源转型对国际航空和海事部门的影响，假设转型对这两个部门的影响与其
他能源消耗部门一样。标准的 PRIMES-GAINS-GLOBIOM 模型包括了国际航空部门，
且当提及整体经济维度的计算结果时均包含国际航空部门，详见第 4.4 节。但在此
分析中，国际海事部门则尚未完全包含在模型中。虽然在所有的低碳情景中覆盖了
包含内陆水道和国家海事在内的内陆航运部门，但国际航运做了单独处理。第 4.4
节对国际海事部门单独进行了评估，其中包括该部门和/或欧盟出售船用燃料如何
实现低碳化。

委员会根据最新修订的技术假设和可靠的建模工具进行专门建模，使得模型能
够展示整个经济维度，以及各具体部门和技术路线的温室气体排放影响，如第 4.9
节所述，同时关注具体的手段和途径，并考虑了各部门之间的相互依赖关系。模型
结果也与全面的文献综述进行了对比。同时还利用 GEM-E3、E3ME 和 QUEST 三种
模型进行了相关的宏观经济分析，详见第 4.10 节。

总的来说，这种基于模型的定量分析探讨了整个经济维度下八种情景所实现的
不同的减排水平。这些情景涵盖了欧盟要达到《巴黎协定》下"将全球温升幅度控
制在 2℃以内"（以下称"2℃目标"）与"尽可能将全球平均温升幅度控制在 1.5℃
以内"（以下称"1.5℃目标"）所需的潜在减排范围。如第 1.1 节所述，这就意味
着到 2050 年，相比 1990 年水平欧盟的减排量要达到 80%（不包括 LULUCF）至
100%（实现温室气体净零排放）。

本章探讨了各部门减少温室气体排放的可能途径，包括减缓需求（例如，通过
提高能源效率②、发展循环经济，或者改变生活方式）、通过技术手段实现能源供应
低碳化（例如，通过改用零碳或碳中和的替代燃料，如发展可再生能源（RES）发
电、使用氢气以及电制燃料③等），以及利用负排放技术。这些情景与第 3 章中基本
情景进行了对比。

这些情景预测了与目前的情况相比，未来可能会逐步发生但却十分重要的变化。
各情景提出一整套涉及面广，内容又有所不同的减缓方案。考虑到能源系统，乃至
整体经济的惯性，每一种情景对 2050 年的情况有不同的预测，且之后愈发不同。

在此探讨了三类情景。

---

① 模型中体现了海上发电技术,但没有反映从藻类中提取第三代生物燃料以及来自海洋资源的食品生
产技术。
② 数字化是一个强有力的促成因素。
③ 本书也译成合成燃料。

第一类针对的是"2℃目标",即到2050年,温室气体排放总量相比1990年减少约80%[①]。这一类别评估了五种不同的情景,分别考虑了不同的低碳化组合方案。其中所有情景都假设能源效率极大改善、可再生能源得到发展,并且运输系统效率提高:这些假设都远超过基本情景。除此之外,在这些情景中,有三种情景考虑使用低碳能源,研究为满足既定目标,从直接使用化石燃料转为使用零碳/碳中和能源,具体包括"2℃目标/电气化情景"(ELEC)、"2℃目标/氢能情景"(H2)和"2℃目标/电制燃料情景"(P2X)。其他两种情景分别是"2℃目标/能源效率强化改善情景"(EE),或"2℃目标/循环经济强化情景"(CIRC),以实现预期减排效果。

尽管对任何技术或燃料没有任何限制,每种情景的假设都在促进某些特定技术方面具有一定的优势。例如,"2℃目标/循环经济强化情景"假设了可回收材料标准化,以及改进废物收集系统,而"2℃目标/氢能情景"则假设了及时利用必要的氢能基础设施和气网供氢。

第二类分析包括一个情景,作为探讨另外两类主要情景的桥梁。它结合了第一类中五个情景的行动和技术,得到第六个情景,即"2℃目标/综合情景"(COMBO),但没有达到它们在第一类中的利用水平。然后假设所有这些途径都是可用的,并且都能够实现温室气体减排。其结果预计,到2050年,温室气体净减排量(包括LULUCF)(相比1990年的排放水平)将接近90%。该情景旨在较少依赖负排放技术且不改变消费者偏好的情况下,结合80%温室气体减排情景中评估的相关技术方案和手段,确定我们能够在减排方面取得怎样的进展。

第一类和第二类的所有情景均继续致力于2050年以后的减排,使得温室气体排放量朝着零排放目标逐步减少。

第三类情景的减排力度更大,该情景旨在到2050年实现温室气体净零排放,进而实现"1.5℃目标"。在这一类情景中,到2050年仍无法减少的剩余排放量(包括来自LULUCF碳汇的排放量)需要与负排放进行抵消。第七个情景,即"1.5℃目标/低碳技术情景"(1.5TECH)进一步强调各种技术的贡献,主要通过利用生物能源结合碳捕集与封存技术,在2050年达到净零排放。第八个情景,即"1.5℃目标/低碳生活情景"(1.5LIFE),与"1.5℃目标/低碳技术情景"(1.5TECH)相比,减少了对技术的倚重,并从欧盟的商业模式和消费模式着手,力图实现更具循环性的经济。与之类似,该情景考虑了提高欧盟公民的气候意识,改变生活方式,做更有利

---

① 在分析中,如果排除LULUCF,温室气体减排量为80%。如果不排除LULUCF的碳汇,则总体减排量平均增加4个百分点。

于气候的消费者选择。而这包括欧盟消费者如下趋势的延续：减少高碳饮食、共享
交通、限制航空运输需求增长，以及更合理利用供暖及制冷所需的能源。这两个情
景都涉及了额外的LULUCF碳汇激励措施，但这种激励在"1.5℃目标/低碳生活情
景"（1.5LIFE）中的力度更大。

之后，我们进行了敏感性分析（见第4.7.2节），研究对生物量需求的影响。此
分析以"1.5℃目标/低碳生活情景"（1.5LIFE）为基础（即已经有更具循环性的经
济、变化的消费者偏好，以及更大力度的LULUCF增汇激励措施），同时也非常关
注以生物量为基础的方案之外的技术方案。此分析试图了解如何在限制生物质需求
增加的同时，实现温室气体的净零排放。这一情景称为"1.5℃目标/低碳生活-限制
生物质需求情景"（1.5LIFE-LB）。如果没有明确说明，第4章所述的所有结果均对
应"1.5℃目标/低碳生活情景"（1.5LIFE）的结果。

表4-1对上述情景做了汇总，并说明了各情景的主要特征。有关建模设置的更
多详细信息，以及与情景相关的描述和假设，可参考第7.2节的讨论。

4.2　能源供应部门

4.2.1　能源供应选择

欧盟的能源系统所排放的温室气体占总排放量的近80%[1]。这些排放的大部分
来自化石燃料的燃烧，约占2015年温室气体排放总量的75%，若加上国际燃料舱
排放量，该比重增加至77%。

因此，减少能源系统的温室气体排放是欧盟实现《巴黎协定》承诺的必要条
件。如第2章和第3章所述，能源系统已经开始转型；这将对经济增长与能源消耗、
温室气体排放之间的脱钩产生积极影响。

在很大程度上，能源部门进一步脱碳的技术选择在市场上是可行的。在不需要
突破性技术的情况下，可以通过用无碳能源替代化石燃料或通过碳捕集与封存以及
利用技术（Carbon Capture，Sequestration and Utilization，CCSU）[2]来实现碳减排。

4.2.1.1　关键的无碳能源

目前的无碳能源是可再生能源以及基于核裂变的核能。

---

[1]　当包括国际航空和航海时,能源部门占温室气体排放总量的近80%(当不包括国际航空和航海时,占
温室气体排放总量的75%以上)。
[2]　二氧化碳捕集与封存正被用于加强石油开采相关活动中,但尚未应用到电力部门。

表4-1　主要情景要素概述

要素	长期战略方案							
	"2℃目标电气化"情景（ELEC）	"2℃目标氢能"情景（H2）	"2℃目标电制燃料情景"（P2X）	"2℃目标/效率改善情景"（EE）	"2℃目标/循环经济强化情景"（CIRC）	"2℃目标综合情景"（COMBO）	"1.5℃目标低碳技术情景"（1.5TECH）	"1.5℃目标/低碳生活情景"（1.5LIFE）
主要推动因素	所有部门实现电气化	工业、交通和建筑部门使用电制燃料氢能		在所有部门中追求高效的能源效率	更高的资源和材料效率	2℃情景方案下成本效益最高的方案组合	基于COMBO情景，加以BECCS和CCS技术的运用	基于COMBO和CIRC情景，改变生活方式
2050年温室气体减排目标	温室气体减排80%（不包括碳汇）["2℃目标"]					温室气体减排90%（包括碳汇）["1.5℃目标"]		温室气体减排100%（包括碳汇）
主要的共同假设	• 2030年后能源效率更高 • 利用先进的可持续性生物燃料 • 适度的循环经济措施 • 数字化					• 市场协调基础设施的利用情况 • 在2℃情景下BECCS技术仅出现在2050年之后 • 通过实践学习低碳技术 • 运输系统效率显著提高		
电力部门	到2050年，电力基本实现低碳化。通过系统优化促进RES的强大渗透（需求侧响应、储存、相互关联、生产型消费者的角色）核电仍然在电力部门中占有一席之地，CCS技术的利用存在限制							
工业	工艺电气化	在目标应用中使用电制氢能		通过提高能源效率降低能源需求	更高能源材料替代以及循环措施	将大多数"2℃目标"情景下具有成本效益的方案与目标应用相结合（不包括CIRC）	COMBO，但更强大	
建筑业	增加热泵的利用	利用氢能进行加热	利用电制气体进行加热	提高翻新率和翻新深度	可持续性建筑		COMBO，但更强大	
交通部门	加快所有交通方式的电气化速度	所有重型车辆（HDV）和部分轻型车辆（LDV）改用氢能作为燃料	所有交通方式改用电制燃料	更多的运输方式转换	出行即服务		CIRC + COMBO，但更激进	• CIRC + COMBO，但更激进 • 航空旅行的替代方案
其他推动因素	配气网中的电制气体	配气网中的氢能				有限扩大天然碳汇	有限扩大天然碳汇	• 膳食结构变化 • 扩大天然碳汇

可再生能源已广为人知，无论是以电力、热能还是燃料的形式，可能的来源包括风能、太阳能光热和光伏、地热能、潮汐能、波浪能和其他海洋能、水能、生物质能、垃圾填埋气、污水处理气和生物质气体等。已有研究达成一个强烈的共识，即可再生能源将在低碳能源系统中发挥关键作用，当在公众咨询中要求对清洁能源转型中能源技术的重要性进行排序时，利益相关方表示可再生能源是最重要的技术（第7.1节）。

太阳能是最大的可再生能源来源[1]，可用于发电和供暖[2]。近年来，太阳能发电容量大幅增长，从2000年的装机容量几乎为零，到2016年发电容量接近100GW，占欧盟电力生产的3.4%（预计到2017年，该占比将达到3.7%）。而在系统集成方面，欧盟已经处于全球领先水平；希腊和意大利作为两大电力消费国，太阳能光伏发电量达到或超过年发电量的7%。太阳能光伏发电是自2011年以来发展最快的技术之一，其成本在全球范围内降低了约70%。目前，太阳能光伏发电已经成为具有成本竞争力的电力来源，正在建筑、基础设施、消费产品以及新研发的车辆中获得应用。太阳能光伏发电可为当地提供电力，欧盟太阳能电池板安装量在全球范围内处于领先地位，人均太阳能屋顶占有率最高。随着光伏电站的产品寿命和容量增加（如太阳能跟踪板），生产和运营效率不断提高。集中太阳能发电是另一种太阳能利用方式，欧盟是该项技术的全球领导者，具备生产热量和电力的潜力[3]；欧盟也是全球第二大太阳能供暖市场，也是区域安装太阳能供暖和制冷系统的全球领导者。

2017年，欧盟风电发电量约占总发电量的11.5%，占新装机容量的55%[4][5]。风电的装机总量已处于所有发电机组装机容量的第二位，迅速逼近燃气发电[6]。风电行业的持续创新使其提高了发电容量装机因子[7]（涡轮机可以在较低的风速下工作），且生产成本也逐渐降低。欧盟是风电一体化发展的全球领先者：2016年，丹

---

① 可参见：Moriarty，P.，Honnery，D.（2012）. What is the global potential for renewable energy？ Renewable and Sustainable Energy Reviews. Volume 16，Issue 1，January 2012，Pages 244-252，https://doi.org/10.1016/j.rser.2011.07.151.

② JRC（2018），Potential of solar energy in Europe.

③ 全球太阳能热点展望表明，到2030年欧盟装机容量在5GW~35GW。SolarPaces，Greenpeace，ESTELA（2017）. Solar thermal electricity. Global outlook 2016.

④ WindEurope（2018），Wind in power 2017.

⑤ EUROSTAT（2018），Gross electricity production from all fuel sources（GWh）.

⑥ 2017年，太阳能光伏和风能占欧洲新增发电量的76%（其他可再生能源新增发电量仅占9%）。

⑦ 可参见：the DOE Wind Technologies Market report 2017：美国2014—2016年建设的项目中，2017年平均发电容量因子为42%，2004年至2011年间为31.5%，1998年至2001年间是23.5%。https://emp.lbl.gov/sites/default/files/2017_wind_technologies_market_report.pdf.

麦、葡萄牙和爱尔兰风电占比分别达到 44%、21% 和 20%[①]，其次是欧盟 10 个成员国。此外，欧盟几乎是独家开发了海上风电项目，并且该项目生产的电量已迅速发展成为具有竞争力的可再生能源，其 2017 年安装容量达到 3.1GW。此外，来自欧盟以外的竞争也正在加剧，制造商不得不在未来几年提高其竞争力，以保持领先地位。欧盟的风能资源潜力也非常大。WindEurope 的研究显示，海上风电可以满足欧盟的全部电力需求[②]，陆上风电可以满足近两倍的电力需求[③]。然而，风电在长期开发后，其实际装机容量能否达到理论值，很大程度上还取决于与其竞争的陆地和海床的应用，如农业、林业、渔业、生物多样性保护、旅游、运输活动，或其他军事用途。此外，为了使海上风能建在更深的水域中，如伊比利亚海岸和地中海，涡轮机需要漂浮而不是固定在海底。目前这方面的项目正稳步推进[④]，到 2021 年，在欧盟水域将建成一系列海上漂浮风电项目，届时装机容量将达 350GW，在此之后，海上漂浮风电项目还需继续加速发展。

在过去几年的全球发电技术中，太阳能和风能的发电量增长率最高。但是太阳能光伏发电和风电仍然是不稳定的能源，只有在太阳能或风能资源可用时才能发电。

生物质发电近年来则呈现显著的增长趋势，占可再生能源发电量的一半以上。此外，正在开发的技术解决方案，将扩大生物质发电在建筑和工业加热以及运输中的应用。生物质发电厂则完全可以配合电网实现电量调度，其 2017 年发电量约占欧盟总发电量的 6%[⑤]。生物质也是主要的可再生供暖能源，其 2017 年占欧盟所有商业供暖的 24%；2016 年交通用生物燃料约占总运输燃料量的 3.8%。2015 年，欧盟还有超过 17 000 个沼气装置和约 450 个生物甲烷装置，装机容量已超过 8GW。此外，生物质发电与 CCS 结合，可实现二氧化碳负排放（第 4.2.1.2 和 4.8 节）。此外，在全球层面作为碳中和能源，生物质能在能源部门所占比重预期在各低碳情景

---

① European Commission (2018). Energy statistical datasheets. https://ec.europa.eu/energy/en/news/get-latest-energy-data-all-eu-countries.

② 根据 WindEurope (2017 年) 的数据，在 65 欧元/兆瓦时以下的 2 600 太瓦时到 6 000 太瓦时之间。

③ JRC (2018)，Wind potentials for EU and neighbouring countries，http://publications.jrc.ec.europa.eu/repository/bitstream/JRC109698/kjna29083enn_1.pdf.

④ 葡萄牙漂浮风电已经运营了 5 年，苏格兰已安装新的海上风电场，法国工业合作伙伴将在大西洋上建设漂浮涡轮机。

⑤ 欧盟统计局 (EUROSTAT) (2018)。所有燃料来源的总发电量 (GWh)。

中将大幅上升[1][2]。但是生物质能利用引发了有关可用性、平衡空气污染影响与土地利用冲突等问题，以及对粮食安全、生物多样性及其作为材料可用性的影响等问题，因为生物质越来越被认为是具有吸引力的原料（第4.7.1.3节）。

水电是欧盟最古老的可再生电力生产形式，约占当前电力生产总量的10%。当电力供应超过需求时，水电站可利用生产的多余电力，用水泵将水抽入水库来进行储能。由于地理条件的原因，除了小水电之外，水电在欧盟的增长潜力有限[3][4]。当然，涡轮机效率及再供电技术的改进有助于提高发电量。水电长期是否可靠将取决于气候条件。

当前，地热能用于发电和供暖是欧盟能源结构的一个边缘化的选择，约占发电量的0.2%和商业热力生产量的0.4%。当前，欧盟正在进行一些示范项目，在先进的区域供暖网络中使用低温热量，或使用超深地热钻井进行发电。但是目前对地热发电未来潜力的估计仍然非常不确定（尽管可能性非常高[5]），技术上的挑战和较高的成本可能会降低其吸引力。虽然从长远来看，地热能可能会为低碳能源系统做出潜在贡献，预计未来几十年，这项技术仍然难以进行大规模应用。

由于全球有71%的地表和定期的潮汐、海流，海洋能未来可能会成为一种能源资源，特别是在拥有最大专属经济区的欧盟。波浪能、海流能、潮汐能、海水温差能或盐差能等，可生产大量的电力[6]，且其中一些技术正处于商业开发的尖端。

① IPCC（2018），Special Report on Global Warming of 1.5℃，http://www.ipcc.ch/report/sr15/. 报告认为，与2010年相比，到2050年，在大多数1.5℃的情景下，生物质对一次能源的全球贡献率将增加（温室气体浓度低于或非超于稳定目标情景的四分位区间为+123%至+261%）。

② 从现在的50 EJ/年到2050年的75-280 EJ/年甚至更高，这取决于情景和模型，参见：Bauer, N., Rose, S.K., Fujimori, S. et al. Climatic Change (2018). Global energy sector emission reductions and bioenergy use: overview of the bioenergy demand phase of the EMF-33 model comparison. https://doi.org/10.1007/s10584-018-2226-y.

③ K. Bódis, F. Monforti, S. Szabó (2014), Could Europe have more mini hydro sites? A suitability analysis based on continentally harmonized geographical and hydrological data, Renewable and Sustainable Energy Reviews, Volume 37.

④ Stream Map (2012), Small Hydropower Roadmap, Condensed research data for EU-27, http://www.5toi.eu/wp-content/uploads/2016/11/HYDROPOWER-Roadmap_FINAL_Public.pdf.

⑤ WEC (2016), World Energy Resources 2016, https://www.worldenergy.org/wp-content/uploads/2017/03/WEResources_Geothermal_2016.pdf. This report sees a potential of between 10 to 100 current capacity worldwide, equivalent to a production between 750 to 7500 TWh.

⑥ JRC (2016), Ocean Energy Status Report 2016, https://ec.europa.eu/jrc/en/publication/eur-scientific-and-technical-research-reports/jrc-ocean-energy-status-report-2016-edition. Apart from the mature tidal range technology, ocean energy concepts are still in the demonstration phase. Currently announced projects sum up to about 1 GW for the early 2020s.

此外，欧盟最外层地区也可以考虑使用海水进行空调制冷。欧盟是海洋能源技术的全球领导者，但若加快这一进程仍然需要克服一些障碍，比如降低成本，且与海上风力利用类似，预期在海洋、海底和沿海地区资源使用上将存在潜在冲突。欧盟的海洋能源论坛制定的路线图，聚集了行业、监管机构和研究人员，并确定了从示范到生产启动等四步骤行动：（1）欧盟子系统和原型验证方案；（2）2.50 亿欧元投资支持基金；（3）0.5 亿~0.7 亿欧元的保险和担保基金；（4）降低风险规划措施的综合计划。

基于核裂变的核能，是发电技术中较为成熟的大规模零碳技术。尽管存在建设成本高（严格的安全法规）、一些成员国存在公众接受问题（公众咨询的结果也印证了这点）、其他能源的竞争力不断增强等问题，欧盟已有 26% 的电力源于核电。预期在全球层面的减排情景中核电将是至关重要的。又如，国际原子能机构（2018）[1]认为，到 2050 年，全球核电装机容量可能翻一番；IPCC（2018）[2]基于 2010 年的 1.5°C 情景也对到 2050 年的核电装机容量增长做了相似的预测，但认为其增长速度将低于其他零碳可再生能源。核电常被用作基础负荷，且随着可再生能源发电的作用日益增强，核电的经济收益也会受到影响[3]。在一些国家，核电厂则可能以更为灵活的方式运行。例如，基于负荷跟踪和调频控制[4]、[5]、[6]。

核能可以减少欧洲对化石燃料能源进口的依赖。尽管大多数核燃料是从欧盟区域以外进口的，但供应呈现多样化，且可以储备 2~3 年所需的燃料量，从而可以将

---

[1] IAEA(2018)，Climate change and nuclear power，https：//www-pub.iaea.org/books/IAEABooks/13395/Climate-Change-and-Nuclear-Power-2018.

[2] IPCC(2018)，Special Report on Global Warming of 1.5°C，http：//www.ipcc.ch/report/sr15/Interquartile range(for low or no overshoot scenarios)is +91% to +190% in 2050 compared to 2010.

[3] NEA，OECD(2012)，Nuclear energy and Renewables – System Effects in Low-carbon Electricity Systems，https：//www.oecd-nea.org/ndd/pubs/2012/7056-system-effects.pdf.

[4] IAEA(2018)，Non-baseload Operations in Nuclear Power Plants：Load Following and Frequency Control Flexible Operations，https：//www-pub.iaea.org/books/iaeabooks/11104/Non-baseload-Operation-in-Nuclear-Power-Plants-Load-Following-and-Frequency-Control-Modes-of-Flexible-Operation.

[5] 此外，发展小型模块化反应堆(SMR)可以提高核能发电的灵活性。小型模块化反应堆是指电力输出低于 300MWe 的反应堆。核工业领域最初考虑将小型模块化反应堆用于商业部署，目的是确保向几乎无法获得其他能源的社区提供能源，或解决大型核电站融资的困难。然而，近年来，随着新的大型核项目的缓慢进展、能源结构中可变能源的增加以及电网的逐步分散，小规模核电反应堆的可能性被再次纳入考虑范围。在小型模块化反应链设计中，反应堆对所需功率输出变化的快速响应能力被给予特别关注。

[6] FTI Energy(2018)，Pathways to 2050：role of nuclear in a low-carbon Europe，https：//www.foratom.org/2018-11-22_FTI-CLEnergy_Pathways2050.pdf.

短期中断的影响降到最低。尽管核电可以为那些选择核电的成员国做出贡献，实现电力系统有效脱碳，但一方面由于前期投资成本较大，另一方面因电力市场价格的不确定性，目前核电投资仍然是欧盟所面临的挑战[1,2]。

4.2.1.2 碳捕集与封存以及利用

另一种在低碳路线中扮演重要角色，并能维持能源结构中化石燃料比重的技术是碳捕集与封存以及利用（CCS 和 CCU）[3,4]。对大多数大型企业（包括电力和 CO_2 排放密集型企业）而言，CCS（CO_2 Capture and Sequestration）和 CCU（CO_2 Capture and Utilization）在技术上都是可行的[5]。到目前为止，在全球范围内，大约有 37 个大型 CCS 项目（主要涉及石油和天然气项目）[6]以及其他一些商业试点 CCU 项目[7]正在运行，而这些项目当前正处于不同的发展阶段，另有一些计划中的项目因为经济的不确定性而被放弃。而 CO_2 长期封存的不确定性，以及公众接受度的不确定性（通常基于公众咨询的结果），也阻碍了欧盟对这种技术的正确使用。一些成员国已经在其国土领域内禁止了这种技术。最后，技术上似乎很难实现捕获率高于 90%，且成本非常高[8]，这意味着，化石燃料采用 CCS 技术后仍然难以实现完全低碳化。

截止到目前，CCS 技术主要应用在电力部门，但最近其在工业部门中的减碳潜力也逐渐得到了认可。CCS 技术的优势在于，可以很容易地将碳集中到现有的能源系统中，从而显著地减少温室气体排放，这也是其通常被称为桥接技术（bridging

---

① MIT（2018），The Future of Nuclear Energy in a Carbon-Constrained World, an interdisciplinary study, http://energy.mit.edu/wp-content/uploads/2018/09/The-Future-of-Nuclear-Energy-in-a-Carbon-Constrained-World.pdf.

② OECD NEA（2018），The Full Costs of Electricity Production, https://www.oecd-nea.org/ndd/pubs/2018/7298-full-costs-2018.pdf.

③ Bui et al,（2018），Carbon Capture and Storage（CCS）: the way forward, Energy & Environmental Science, This article provides a detailed overview of the role of CCS in meeting climate change targets.

④ ZEP（2017），Future CCS technologies, http://www.zeroemissionsplatform.eu/news/news/1665-zep-publishes-future-ccs-technologies-report.html.

⑤ Global CCS Institute（2018），Projects Database, https://www.globalccsinstitute.com/projects/large-scale-ccs-projects.

⑥ Global CCS Institute（2018），Projects Database, https://www.globalccsinstitute.com/projects/large-scale-ccs-projects.

⑦ SCOT project（2016），Database of CO_2 utilisation projects, http://database.scotproject.org/projects.

⑧ Global CCS Institute（2018），CO_2 capture at gas fired power plants, https://hub.globalccsinstitute.com/publications/CO_2-capture-gas-fired-power-plants/.

technology）的原因。此外，在许多低碳情景中，从长远来看，在未来几十年化石燃料在能源结构中仍占有一定比例的情况下，CCS 技术也将继续发挥重要作用。在很大程度上，这将归因于作为一种过渡燃料的天然气，以及为平衡电力部门在发电厂使用或在工业过程中用作原料的天然气和石油使用。而将二氧化碳捕集量作为碳基产品、饲料甚至电制燃料的原材料的价值，也可能对工业部门的成本效益有所贡献。

更重要的是，尽管这些技术目前缺乏大规模实施的激励[1]，但 CCS 和 CCU 仍然是实现二氧化碳负排放的关键技术路径。第 4.8 节进一步讨论了负排放情景，以及通过集成 CCS 技术到生物质项目中以实现负排放的可能性（BECCS）[2]。

然而碳捕集与封存以及利用技术仍然面临着投资成本、市场选择以及是否符合标准和规范等诸多挑战。特别是对 CCU 而言，到目前为止，研究结果[3][4]证实，应用场景和实际条件不同，项目存在复杂性，减排潜力具有不确定性。

4.2.1.3　电力和热

无碳能源在发电厂的应用使电力成为无碳能源载体。而电力是一种可用于大多数终端能源使用的多功能载体，在许多情景下所有行业的终端能源需求电气化程度都在不断提高，如工业、交通和建筑部门。

预期的电气化和更分散的可再生能源发展应用，需要强化电网并使之更智能，以实现欧洲可再生资源发电的最佳调度[5]。

而对分布式能源系统，则需要采用更为灵活的方式来组织电力的消费和储存。一些长期情景表明，欧盟大约有 83% 的家庭积极支持可再生能源的使用，通过自给自足或通过灵活的服务[6]来实现，由此需要配套分散式的网络。与此同时，在能源生产侧（如可达到与常规能源相当容量的海上风电场）及消费侧（如能源

①　另见 IPCC《全球升温 1.5°C 特别报告》，第 2.4.2.3 节。

②　负排放可以通过使用生物能源和 CCS（"BECCS"）获得。见 Luderer et al.（2018），Residual fossil CO2 emissions in 1.5 2 ℃ pathways，Nature Climate Change，Volume 8，pages 626 633（2018），https://doi.org/10.1038/s41558-018-0198-6.

③　Group of Scientific Advisers（2018），Novel Carbon Capture and Utilisation Technologies，https://ec.europa.eu/research/sam/index.cfm？pg=ccu.

④　Ramboll（2018），Identification and analysis of promising carbon capture and utilisation technologies，including their regulatory aspects，即将出版，https://ec.europa.eu/clima/events/stakeholder-event-carbon-capture-and-utilisation-technologies-technological-status-en.

⑤　COM（2017）718.

⑥　CE Delft（2016），The potential of energy citizens in the European Union，https://www.cedelft.eu/publicatie/the_potential_of_energy_citizens_in_the_european_union/1845.

密集型产业）很可能是相对集中的。这表明未来电网将不得不满足集中和分散式的需求。

为了满足不断增长的可再生能源发电并实现越来越远的电力输送需求，需要增加的不仅是电网网络密度，还需要增加电网间的互连容量。而高压直流电（HVDC）可以减少电力运输过程中的损失，这种输送技术可以在接入海上风电中发挥越来越大的作用，并有助于建立泛欧电力"超级电网"[①]。

此外，根据风能和太阳能的特点，系统其余部分的响应需要更具灵活性。这包括在供应侧、存储或需求侧有相应的快速反应发电资源。而欧盟的经验表明，市场机制提供了电力市场所需的流动性和灵活性；而基于市场的工具，如拍卖则可以显著降低可再生能源的发电成本。此外，能源网络数字化更有助于激活这类分布式的、灵活的资源[②]。

电力和蓄热系统解决方案在实验室和市场上都在快速发展。而对不同的技术解决方案，其电力存储的时间在几分之一秒和几个季度之间（见图4-1）。

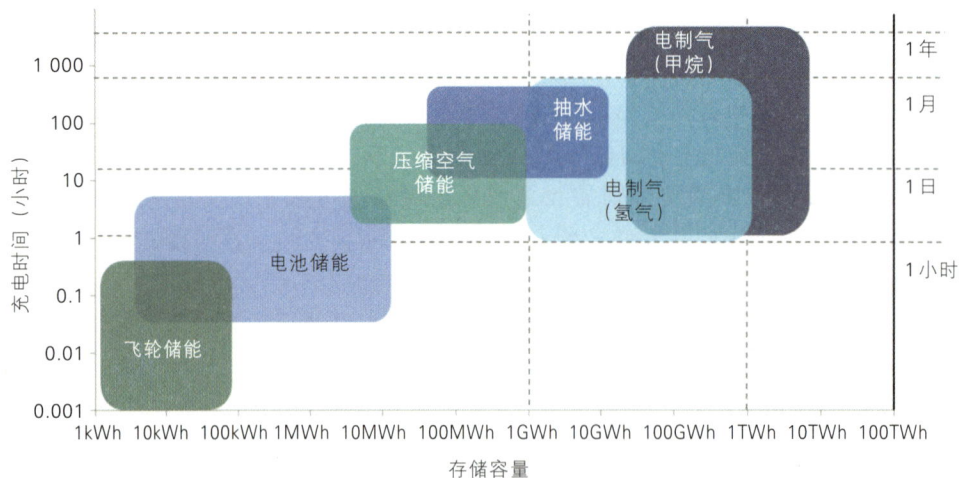

图4-1 不同电力存储技术概述

来源：欧洲委员会（2017年），Energy storage-the role of electricity.

---

① Friends of the Supergrid(2016)，Roadmap to the Supergrid Technologies Update Report，https：//www.friendsofthesupergrid.eu/wp-content/uploads/2013/07/Supergrid-Technological-Roadmap-2016-FINAL1.pdf.

② SWD(2017)425 and 3rd PCI list，smart grid projects.

而近期更为引人注目的进展是电池存储技术的快速改进，特别是锂电池[1][2]。一系列替代品正在开发，包括储存在含水层中的电转热[3]、储存在专用水库中的电制氢，以及重新转化为电力或直接用作燃料的电转气、电转液体燃料技术[4]，甚至电制氨[5]，均可在发电厂或海运中作为燃料储存和使用（详见第4.4节）。

分布式供暖则是另一种能源载体，占终端能源消耗的4%。目前，区域供暖主要由基于使用化石燃料的大型热电联产电站提供。它只占供暖最终能耗的10%左右[6]，而90%的热力来源于自采暖，在能源统计中并没有直接计算。自2000年以来，热力生产水平总量相对稳定，但热力行业中可再生能源的比例从2005年的11%增加到2010年的15%，到2015年增长到19%。研究估计，分布式供暖和制冷的潜力可增加至热力总需求的50%[7]，其中25%~30%源于使用大型电热泵提供热量[8]。

4.2.1.4 新能源载体

除了电力外，在能源和工业应用中很难取代化石燃料，特别是由于其化学和物理特性，因此正在考虑使用新的载体。通过合成燃料技术（电转甲烷（e-CH₄））和电制液体燃料（e-liquids）技术，与 CO_2 反应可得到氢（H_2）和其碳衍生物，这被视作在交通、建筑、工业中脱碳的可能选择。而这些新的载体本身则被认为是无碳的，但该无碳性特别依赖于所用的无碳电力。公众咨询的结果表明，这些新燃料技术被公民认可，可在清洁能源转型中发挥作用。

氢气可以超越其作为电化学储存的潜在作用，并逐渐发挥其能量载体的作用。

---

[1] 锂离子电池已成为一个电力运输的关键选择，也越来越多地被用于固定电力存储。它们既可以在电表中存储长达数小时的光伏电能，也可以以提供频率控制的大型集中装置的形式出现。

[2] JRC（2018 upcoming），Li-ion batteries for mobile and stationary storage applications – Scenario assessment on growth and costs.

[3] Liuhua Gao et al.（2017），A review on system performance studies of aquifer thermal energy storage，Energy Procedia，Volume 142，https://doi.org/10.1016/j.egypro.2017.12.242 .

[4] SWD（2017）61. 本委员会工作文件更详细地讨论了不同的储存选择.

[5] Institute for Sustainable Process Technology（2017），Power to Ammonia，Feasibility study for the value chains and business cases to produce CO₂-free ammonia suitable for various market applications，http://www.ispt.eu/media/ISPT-P2A-Final-Report.pdf.

[6] 据估计，供暖占欧盟最终能源消耗的50%。

[7] Paardekooper et al.（2018），Heat Roadmap Europe 4：Quantifying the Impact of Low-Carbon Heating and Cooling Roadmaps，http://vbn.aau.dk/files/288075507/Heat_Roadmap_Europe_4_Quantifying_the_Impact_of_Low_Carbon_Heating_and_Cooling_Roadmaps..pdf.

[8] David et al.（2018）. Heat Roadmap Europe：Large-Scale Electric Heat Pumps in District Heating Systems，https://doi.org/10.3390/en10040578.

它可以取代天然气作为能源燃料（虽然其通常有能量效率损失），用于供暖或作为交通运输燃料（用于燃料电池），也可以作为工业应用的原料（如钢铁工业、炼油厂、肥料）。氢气已经成为某些工业过程（特别是生产某些化学品）的常用原料，但目前获取氢气的途径则是通过使用化石燃料作为原料（主要是天然气），由蒸汽转化而来，这样会导致二氧化碳排放。在未来的碳减排情景中，可优先选择低碳电解技术获得氢，包括从可再生能源中获得"绿氢"。如果CCS的技术瓶颈得到解决，那么通过CCS与天然气的蒸汽重整技术结合则可以获得"蓝氢"。特别是在主要基于可再生能源的电力系统中，可以在用电负荷较低的时候制氢，以实现提供电力的灵活性。如果需要大量的氢，也可以通过核电生产，甚至可以从可再生能源生产成本较低的区域进口[1,2]。

混合动力（氢气与天然气混合）被充分用于当前的交通基础设施，使用量占比达到15%（未来甚至可以达到20%）[3]。目前需要对这种基础设施网络进行升级以适应掺混更多氢气，如果混合气全部为氢气，对基础设施网络更新的要求则更高[4,5]，氢气也可以大规模储存，如储存在盐洞和其他设备中。

电力可以使氢与CO_2反应转化为合成烃。这种"电制燃料"（e-fuels）的碳排放将取决于电力来源，并且完全被视为碳中和，二氧化碳则来源于生物质或直接空气捕获（DAC）[6]。

电制燃料的优点在于，一旦产生，它们将与天然气或油完全相同，并且可以通过现有的传输或分配系统分配到现有装置/应用中。

最后，正在探索的另一种技术是将氢气加工成氨，氨作为一种通用产品，更易于运输和储存，并可用于工业或作为能量储存和能量载体（如可能在交通

---

① BCG & Prognos（2018），Climate paths for Germany，https://www.bcg.com/en-be/publications/2018/climate-paths-for-germany-english.aspx，https://bdi.eu/publikation/news/klimapfade-fuer-deutschland/（full study in German）.

② Prognos（2018），Status und Perspektiven flüssiger Energieträger in der Energiewende，https://www.mwv.de/wp-content/uploads/2018/06/Prognos-Endbericht_Fluessige_Energietraeger_Web-final.pdf.

③ 见the FP6 EC research project NaturalHy，https://cordis.europa.eu/project/rcn/73964_en.html.

④ 参见NREL报告（2013）"Blending Hydrogen into Natural Gas Pipeline Networks：A Review of Key Issues"，https://www.energy.gov/sites/prod/files/2014/03/f11/blending_h2_nat_gas_pipeline.pdf.

⑤ 另一种"分散"氢气分配系统的可能性是使用卡车——更准确地说是用钢管运输压缩氢气（180~250巴）的氢管拖车。每辆拖车可运输约280千克~720千克氢气。

⑥ 如果二氧化碳来自化石来源（例如从天然气或燃煤发电厂捕集），那么电制燃料的燃烧将导致二氧化碳排放，即使能源链的总体碳足迹减少（例如，相同单位的二氧化碳将与电力和电制燃料的生产相关联）。

中应用）[1]。

然而，这些技术还没有为大规模应用做好准备，并且仍然存在效率低和耗电高、生产成本高的问题[2]。

4.2.1.5 部门耦合

部门耦合是指以增加可再生能源配比并实现经济碳减排为目的，将能源（包括电力、燃气和热力）、交通和工业基础设施耦合在一起。能源储存和部门的整合将有可能使能源替代过程更快，更具成本效益。众所周知，许多能源技术、基础设施和部门系统在耦合或集成时，可进一步优化其对碳减排的贡献，从而最大限度地利用现有资源，以避免搁浅资产和最佳的投资决策信息。系统集成可能在几个层面影响能源系统：包括物理和通信（如技术、基础设施），功能和服务（如商业、消费），市场（监管、交易）。而此耦合还意味着一个部门很大程度上依赖于其他部门。例如，除非发电过程中就实现了碳减排，否则通过电气化的供暖过程将不会发生碳减排。

部门耦合将建立在能源转换部门（包括电力、供暖、新燃料的生产）与工业、交通、建筑部门和其他能源使用部门之间相互依赖的基础上。部门耦合可能存在的几种模式详见图 4-2。

除能源部门外，经济系统也将越来越依赖于与其所使用的自然资源、工业和农业的进一步整合。数字化和智能监管框架将成为系统管理的关键推动因素。能源部门的耦合将特别有助于整合可再生能源，使这些可再生能源在转型后能够以新能源载体的形式储存和分配。

部门与电制燃料耦合的另一个论点是，当前大部分能源基础设施（包括电力、燃气、供暖、制冷、液体燃料）将持续运行到 2050 年。在过渡期间，应充分利用现有的大型天然气（和石油）基础设施，这些基础设施能够运载和储存大量能源，包括通过可能的升级，将其用于沼气或氢能。从长远来看，进行能源系统集成时，是同时管理多个网络，还是只运行其中一个扩展电网，这需要更为仔细的权衡[3]。

---

① Science(2018)，Ammonia—a renewable fuel made from sun，air，and water—could power the globe without carbon，DOI：10.1126/science.aau7489.

② 电制甲烷接近 2 500 欧元/吨，电制汽油远高于 3 000 欧元/吨，是化石燃料替代品的 5 倍以上，另见：https://www. transportenvironment. org / sites / te / files / publications / 2017_11_Cerulogy_study_What_role_electrofuels_final_0.pdf.

③ PÖYRY(2018)，Fully decarbonising Europe's energy system by 2050，http://www.poyry.com/news/articles/fully-decarbonising-europes-energy-system-2050.

供应   电网   储存

电力

电力

燃气   热力

动力-动力

动力-燃气

动力-热力

需求

住宅   流动性   工业   农业

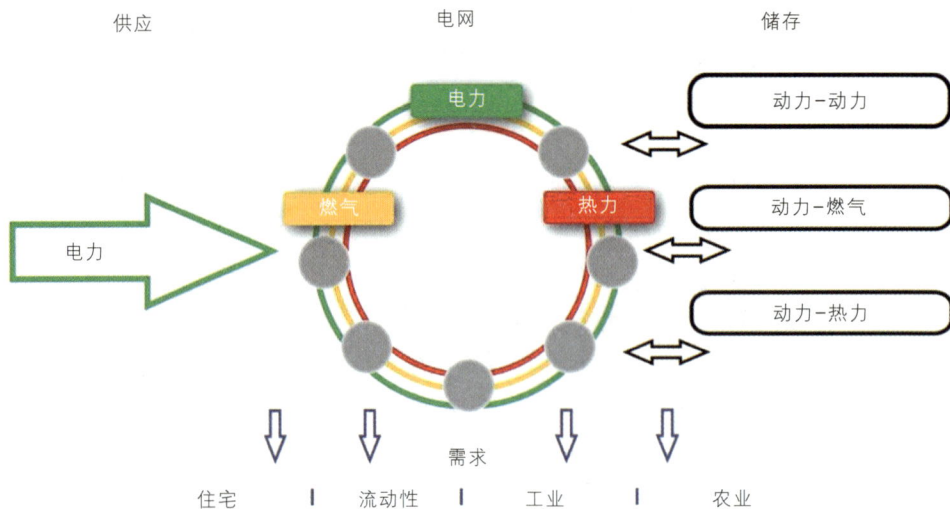

图4-2　能源流的整合

来源：欧洲委员会（2017年）[1].

4.2.1.6　能效的作用

虽然能源系统供给侧碳减排技术的发展是能源系统实现低碳转型的关键和直接因素，供给侧的转型仍然必须与需求侧的演变协同一致。

首先，供给侧技术部署的实际能力将受到未来终端能源需求量的影响。一方面，低水平需求可能会阻碍技术在较低需求水平上达到降低成本所需的规模。另一方面，在试图满足高水平需求时，供给侧技术无论是与原始资源（如土地或新材料），还是系统管理（如电网稳定性）相关，都可能实现其最大的经济潜力。更可能的是，低碳能源载体将具有较高的投资成本（特别是合成燃料），因此减少对它们的需求将具有直接的经济效益。

其次，减少终端能源需求，提高能源系统整体效率（减少一次能源需求），通常是减少温室气体排放的一种具有成本效益的措施。而如何应用现有的和可接受的方式来进一步实现社会经济和环境目标，将成为经济部门实现低碳转型的重要考量因素。

这也是为什么在清洁能源转型的背景下，"能效优先"是适用于各能源部门决策、规划和投资的核心原则。该方案要求，在能源系统开发的所有决策中考虑投资

---

[1]　SWD(2017)61 final. Energy storage-the role of electricity.

能效的潜在价值，不仅体现在供应方面，也体现在家庭、办公室、工业或运输方面。该原则旨在将能源效率视为"第一燃料"，其本身就是一种能源，政府可以在其他更复杂或更昂贵的能源之间进行投资，并遵循"节能优于建设"[①]的逻辑。而应用这一原则将有助于提升欧洲建设成本低、就业机会多的低碳能源系统的能力。

因此，在具有成本效益的情况下实施能效改善措施将是"无悔措施"或"第一"选择。而后续章节将专门讨论该问题在终端能源部门的发展情况（详见第4.3、4.4和4.5节）。

4.2.2　能源供应结果

前文第4.2.1节概述了清洁能源转型的各种能源供应方案[②]。为了展示各种技术的作用和潜力，以及它们之间的相互作用，委员会采用了能源系统建模的定量分析方法。本节仔细讨论各项建模结果，并与文献调研的结果进行对比。

4.2.2.1　一次能源消耗量和能源结构

在分析各种能源作用之前，重要的是要注意所有情景中都存在"能效优先"的原则并降低终端能耗（第4.2.2.2节），反之，也会降低一次能源消耗量。事实上，根据基准情景的政策假设，一次能源消耗量[③]将实现大幅下降（2050年与2005年相比，下降35%，基于2030年目标，2030年下降26%）。

除终端能源消耗外，由于可再生能源发电技术（包括风能和太阳能等）的发展，化石燃料所占比例会逐渐减小，一次能源结构的演变也将对一次能源整体消耗量产生影响。此外，（在某些情景中）碳中和电制燃料（电制燃料、电制液体燃料）和氢能，它们的生产是能源（电力）密集型的，也将对一次能源消耗产生重要影响。

与2005年相比，EE情景和CIRC情景预测，2050年将实现一次能源消耗量最大幅的下降，分别为50%和45%，这主要得益于运输和工业等所有部门终端能源利用效率的发展，以及发展循环经济对能源消耗的影响；同时，P2X情景预测了大量电制燃料的使用，这需要消耗大量电力（终端能源消耗量仅下降22%）；而其他

[①]　European Climate Foundation(2016),Efficiency First:A New Paradigm For The European Energy System Driving Competitiveness,Energy Security And Decarbonisation Through Increased Energy Productivity. https://www.raponline.org/wp-content/uploads/2016/07/ecf-efficiency-first-new-paradigm-eruopean-energy-system-june-2016.pdf.

[②]　由于一些长期方案尚未讨论(例如,见第5.4.1节中对聚变能的讨论),因此不完全详尽。

[③]　不包括非能源消耗的内陆总消费量。

情景，包括温室气体深度减排的情景，则实现了能耗降低幅度位于32%～42%区间，与基准情景相当（详见图4-3）。最后，在1.5℃的情景中，综合考虑了终端能耗的大幅下降与因制备电制燃料和氢气而增加的电力需求的关系。

图4-3　2050年一次能源消耗的变化（%）

来源：欧洲统计局（2005年），PRIMES．

这些结果很好地说明了需要在电力损失与发展替代化石燃料的脱碳电制燃料之间做出权衡，同时也导致了电制燃料/氢气消耗量的适度规模如何权衡的困境，即规模太小会影响技术进步，而规模太大则需要供给侧投资大量的额外费用。

能源结构预测的结果（内陆消费总量，图4-4）清楚地显示了基于可再生能源的新能源系统的部署，而这种部署的结果则是逐渐远离化石燃料。最后，能源系统中的那部分化石燃料在很大程度上将用作非能源，即用作工业原料（如用于生产塑料）。

值得注意的是，到2050年，包括在基准情景下，固体燃料几乎将从能源系统中消失。

在实现温室气体减排80%的系列情景中，石油消耗占比（不包括非能源使用的部分）已经显著下降，即从2015年的30%下降到2030年的25%；到2050年，继续下降到8%（P2X）～12%（EE）之间。此外，EE情景的石油消耗量将略低于实现80%温室气体减排的其他情景，但石油消费占比较高，这主要是因为EE情景能源效率较高，终端能耗总量比其他情景低。在1.5℃的两种情景中，由于使用了多种零碳或碳中和燃料或能源载体，特别是在交通部门，温室气体排放量出现最大降幅（第4.4.2节），这是因为这些情景包括了具有最大力度二氧化碳减排效率的轻型

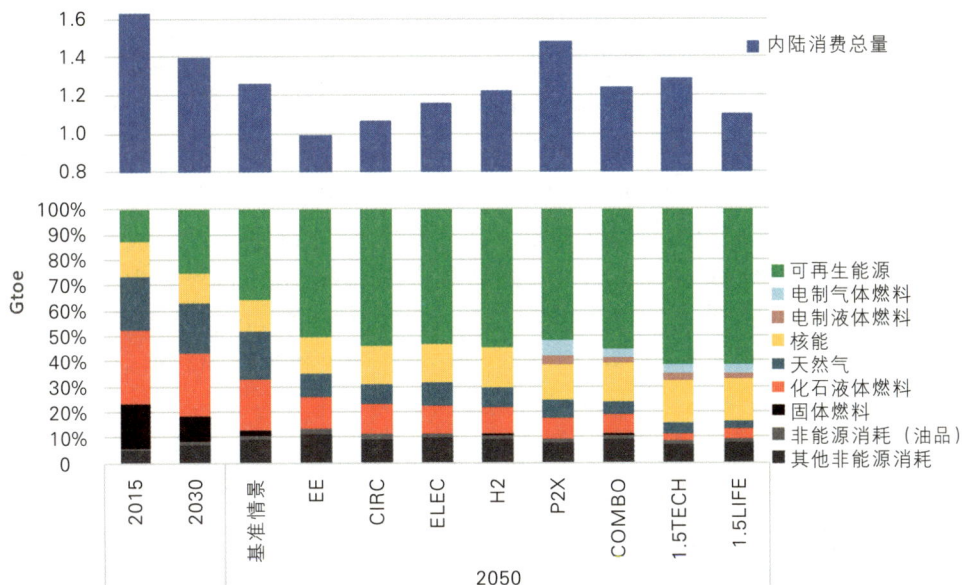

图 4-4　内陆消费总量

来源：欧洲统计局（2015年），PRIMES.

车辆[①]；在 1.5LIFE 情景中，生活方式的改变等也会影响运输方式的转变，从而促进向能耗更低的方向转型。此外，在温室气体排放量减排 80% 的脱碳情景中，一半的石油被用作工业中的原材料，并且在温室气体减排力度最强的情景中，剩余的大部分石油将被用作原材料。在这几种情况下（P2X、COMBO、1.5TECH 和 1.5LIFE），用作能源的那部分石油将被电制气体燃料所取代，占内陆消费总量的 2%~4%[②]（详情见第 4.2.2.4 节）。

　　而天然气（不包括非能源用途）的消费占比，从 2015 年的 21% 缓慢下降到 2030 年的 20%；到 2050 年，在温室气体减排 80% 系列情景中，天然气占比急剧下降到 7%~9%；而在减排力度更强的情况下，天然气消费占比则下降至 3%~4%。更重要的是，天然气在几种情景中（P2X、COMBO、1.5TECH 和 1.5LIFE 情景），将部分被合成燃料所替代，约占 2050 年内陆消费总量的 4%~6%。

　　总体而言，石油和天然气在能源结构中的作用越来越小，而这将有助于提高欧

---

　　① 已经假设 2040 年新型车的二氧化碳排放量为零。

　　② 按照惯例，电制气体燃料和电制液体燃料被计算在内陆总消费量中，因此，它们的发展就减少了"传统"能源的一次能源的相对比重（例如，特别是在 P2X 情景中）。

盟能源供应的安全性（另见第 4.2.2.4 和 4.2.2.5 节）。

第三方机构对天然气在欧洲未来作用的研究则给出了非常复杂的评估情景。其中，天然气在一次能源需求的占比区间为从 Equinor Renewal[1]情景的 19% 到 Shell Sky[2]情景的 15%，再到 IEA ETP B2DS[3]情景的 10%，以及欧盟 Öko Vision Scenario[4]情景的 1%。Trinomics（2018）[5]研究结果给出了天然气基础设施在能源碳减排目标中的作用，并明确了欧盟能源结构中低碳气体取代天然气的各种可能。

核能在内陆消费总量中的占比（2015 年占比 14%）在基准情景中相对稳定；而 2050 年，脱碳情景中核能占比略微提高到 14%~17%，相当于能源供应接近或略低于 2015 年的水平（2015 年约 213 Mtoe，2050 年，EE 情景中 144 Mtoe，1.5TECH 情景中为 213 Mtoe）。

相比之下，可再生能源的占比以惊人的方式继续增长：基准情景中，从 2015 年的 13% 提高到 2030 年的 25%，到 2050 年达到 36%。所有脱碳情景中，到 2050 年，可再生能源占内陆能源消费总量的一半以上，即从 EE 情景的 51% 到两种 1.5℃ 情景的 62%。

4.2.2.2　能源需求是能源供应的驱动因素

在基准情景中，终端能耗已然大幅下降，与 2005 年相比，2030 年的能源效率目标（与基准情景中 2007 年相比下降 32.5%）相对下降 20%（在所有脱碳情景中得以实现），2050 年下降 26%。2050 年，在温室气体减排 80% 系列情景中，终端能源需求下降区间为从下降 30%（P2X 情景）到下降 44%（EE 情景）；在更大减排力度的 1.5LIFE 情景中，终端能源需求下降 47%。在零碳或碳中和能量载体替代情景中（ELEC、H2 和 P2X），终端能源需求减少量最少，从而能够以较低的能源需求实现碳减排的目标。最后，在 EE 和 CIRC 情景下，分别实现民用住宅和工业部门终端能源需求的大幅降低。在实现更高温室气体减排目标的情景中，仅 1.5LIFE 情景中的

①　Equinor（2018），Energy Perspectives，Long-term macro and market outlook，https://www.equinor.com/en/news/07jun2018-energy-perspectives.html.

②　Shell（2018），Sky scenario，Meeting the goals of the Paris Agreement—an overview，https://www.shell.com/energy-and-innovation/the-energy-future/scenarios/shell-scenario-sky.html.

③　IEA（2017），Energy Technology Perspectives 2017，https://www.iea.org/etp.

④　Öko-Institut（2018），The Vision Scenario for the European Union 2017 Update for the EU-27，http://extranet.greens-efa-service.eu/public/media/file/1/5491.

⑤　Trinomics（2018），The role of Trans-European gas infrastructure in the light of the 2050 decarbonisation targets. http://trinomics.eu/wp-content/uploads/2018/11/Final-gas-infrastructure.pdf. 这项研究确定了三条线索：运输和加热的电气化、通过生物甲烷和合成甲烷的气体脱碳和通过"绿氢"的气体脱碳.

终端能源需求下降幅度（47%）高于 EE 情景，因为该情景建立在所有技术解决方案的基础上，而且也会将消费者选择与进一步降低能源需求相结合。其他研究显示，到2050年，终端能源需求总量将会减少，从下降19%（Shell Sky 情景）发展到与该分析结果类似的下降幅度43%（IEA ETP B2DS 情景），甚至下降56%（Öko-Institut 情景[①]）。

终端能源需求的显著减少证实了能源需求放缓的巨大潜力，并为工业和服务业提供了发展的机会。但是，必须注意尽早对终端能源消耗量实施削减，以避免遇到瓶颈（如在获得资金或劳动力方面，特别是建筑物翻新方面，详情见第5.1.2节），将更不利于2050年实施全面部署（见图4-5）。

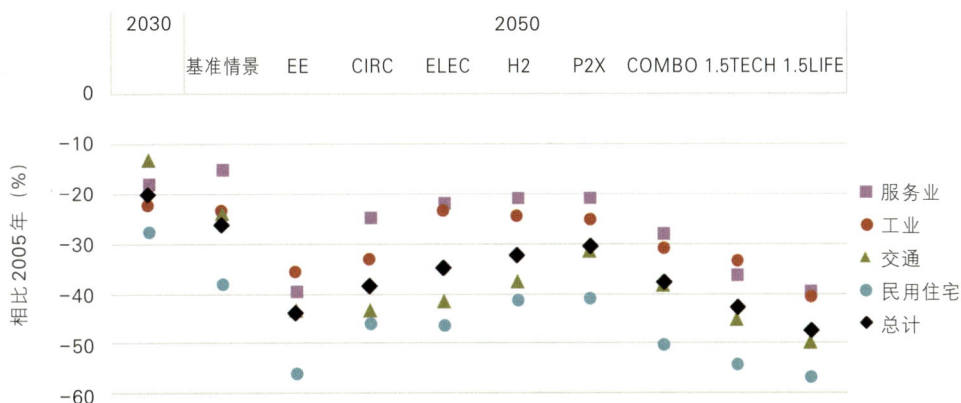

注："服务"包括农业部门。

图4-5　部门终端能源消耗量的变化

来源：欧洲统计局（2005年），PRIMES.

在多数情景中，民用住宅的能耗降幅最大（2050年与2005年相比）；交通行业的能耗降低幅度仅次于民用住宅，且主要是通过电动汽车取代效率极低的内燃机汽车，使得系统能效提高；由于工业和服务业这两个部门宏观经济增长，行业呈增长趋势，其能源减少幅度较低。

建筑部门（包括民用住宅和第三产业，详情见第4.3.1.6节）、运输（详情见第

[①]　Öko-Institut（2018），The Vision Scenario for the European Union，2017 Update for the EU，Project sponsored by Greens/EFA Group in the European Parliament，https://www.greens-efa.eu/en/article/document/the-vision-scenario-for-the-european-union-7659/.

4.4.2节）和工业（详情见第4.5节）等部门的终端能耗需求情况将在后续相应章节进行更详细的分析。

此外，在终端能源需求总量中，燃料结构也发生了显著变化，各章均描述了各部门的具体驱动因素。从整体情况来看，可以看到以下趋势：首先，2030年占比较少的固体燃料在2050年将消失，基准情景中也是如此。液体化石燃料和天然气仍然存在，但其数量大大减少。在合成燃料发展情景下（如P2X、COMBO、1.5TECH和1.5LIFE），合成燃料将部分替代液体化石燃料和天然气：到2050年，电制液体燃料将占终端能源需求总量的3%~7%，电制气体燃料则将占到7%~10%（见图4-6）。

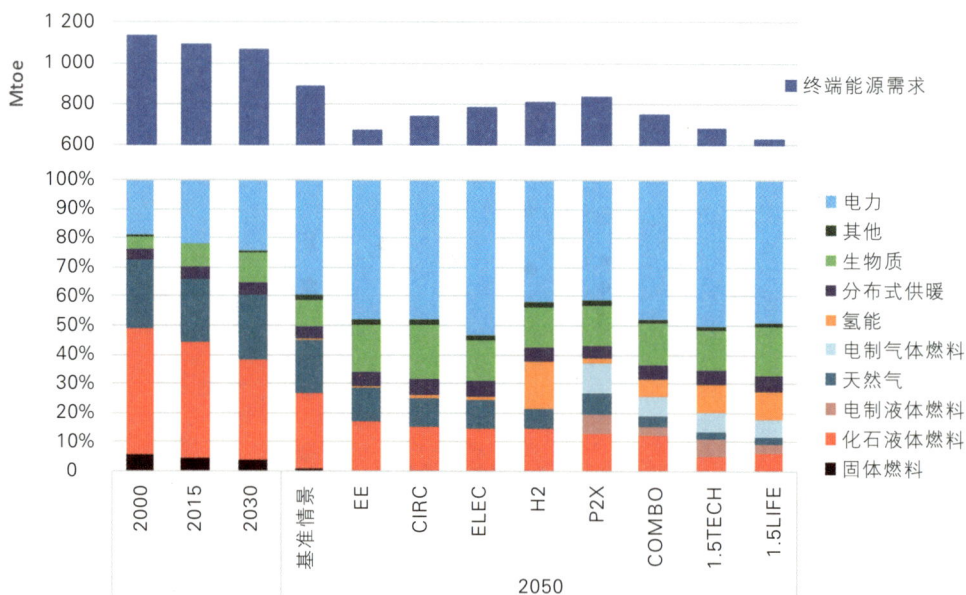

图4-6 能源载体在终端能耗中的份额

来源：欧盟统计局（2000年、2015年），PRIMES.

电力是主要的能源载体，其在所有情景下的占比增长趋势强劲，从2015年的22%提高到2030年的29%；2050年，电力占比区间提高到41%（P2X）～53%（ELEC），实现温室气体最大减排量的情景就处于该区间。在ELEC情景中，电气化建设驱动电力占比将达到最高；在P2X情景中，电力占比与电制燃料占比相同。在上述情景中，电力在终端能耗中的占比与其他研究的主要结论一致，如Eurelectric（2018）①研究预测，2050 年终端部门的电气化率区间从 38%（减排 80%）到 60%（减排 95%）不等。

在所有的脱碳情景中，生物质及废弃物在终端能耗中的占比也相应增加，部分原因是先进的生物燃料和沼气的使用。因此，到 2050 年，生物质及废弃物在终端能耗的占比区间是 14%（H2 情景）～19%（CIRC 情景），实现温室气体最大减排量的情景就处于该区间。在 H2 情景中，氢气在燃气分配、工业及货运的高温应用中占了一定份额（否则均依赖于生物质能），因此，生物质及废弃物占比最低；在 CIRC 情景中，生物质及废弃物占比高，一方面是终端能耗总量较低所导致，另一方面主要是由于生物质在工业生产（作为原材料）中具有更高的利用率，有机废物、生物质的管理和收集的改进，以及生物质用作当地生物炼油厂生产沼气的原料。其他类型的可再生能源直接生产的热量，特别是光热、地热能和环境能源②，在所有脱碳情景中的占比则非常有限③。

分布式供暖在终端能耗的占比，2015 年（为 4%）到 2050 年期间相同；2030 年之后，化石燃料占比将降低，生物质能、地热能将逐渐广泛地应用到建筑物供暖和分布式工业供暖（主要来自热电联产区域的供暖和电力）。值得注意的是，在大多数脱碳情景中，通过区域供暖和工业部门热电联产供暖的占比增加了约 50%，尽管绝对供应水平仅适度增长。在建筑领域，分布式供暖随着能源效率和电气化程度的提高而降低（与 2030 年相比）。

根据《可再生能源指令》④，在实现 80% 的温室气体减排情景下，可再生能源在终端能耗的占比将从 2030 年的 32% 增长到 2050 年的 67%～84%，在 1.5℃ 两种情景中，到 2050 年其占比将达到 100%。使用可再生电力生产的电制燃料和氢气也被视为可再生能源。

4.2.2.3　电力部门

根据委员会的早先分析，到 2050 年，在所有脱碳情景中电力需求都会大幅增加。在温室气体减排 80% 的系列情景（ELEC 情景）中，电力需求增长最快；电力终端需求比 2015 年的水平高出 75%；EE 情景中电力需求增长最少（增长 36%），而这主要是因为能源效率的提高抵消了电气化的影响（见图 4-5）。温室气体进一

---

① Eurelectric(2018)，Decarbonisation pathways for the European economy，https://cdn.eurelectric. org/media/3172/decarbonisation-pathways-electrificatino-part-study-results-h-AD171CCC.pdf.

② 以前是液热和气热的。

③ 在脱碳方案中，地热能和太阳能的单独或区域供暖和制冷开发尚未被深入探讨。

④ Directive 2009/28/EC.

步深度减排情景也在这个区间，1.5LIFE情景除外，由于电制燃料和消费者选择效
应，1.5LIFE情景中2050年电力需求仅增加了30%。

与2030年达到的水平相比，大多数部门的电气化程度都在提高。到2050年，
交通运输部门看到了最引人注目的用电发展，与2015年相比，ELEC和1.5TECH情
景中增加了10倍，与2030年相比增加了4倍（详情见第4.4节）。此外，民用住宅
和工业部门电气化程度也在增加：与2030年相比，2050年住宅用电量增加了31%，
而工业用电量更是高达50%（ELEC）。但是，第三产业的用电量占比增速则较为有
限，在ELEC情景中，其用电量高达24%；甚至在EE和1.5°C情景中略有下降，三
产中电气化程度被部门的能效改进抵消了（见图4-7）。

各项研究一致认为，欧洲的用电量将进一步增长。2030—2050年间的增长在
IEA ETP B2DS情景中为12%，而在Shell Sky情景中则为66%。

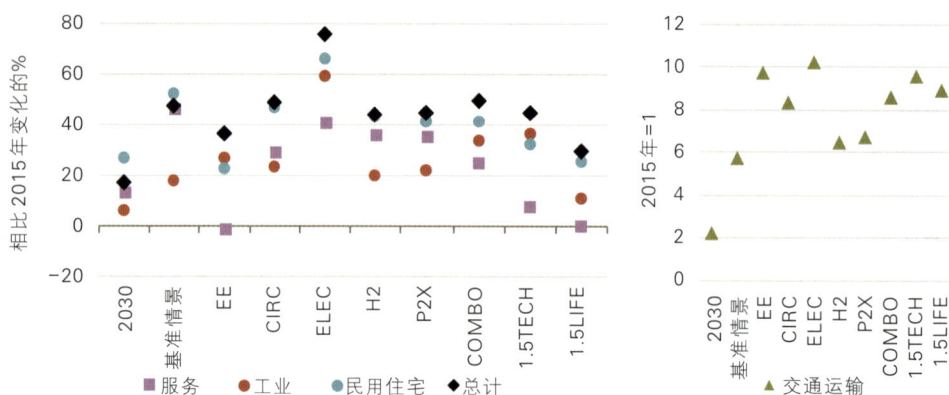

注：左图：与2015年相比，民用住宅、服务和工业总量变化百分比；右图：2015年至2050年间电力
需求在交通运输行业的份额。

图4-7 与2015年相比，2050年用电量的变化

来源：欧盟统计局（2015年），PRIMES.

除了增加终端电力需求外，合成燃料发展也创造了新的电力需求。由于终端能
源需求的变化（在一些情景下）和电制燃料的生产，2050年的总发电量相比2030
年增长强劲，温室气体减排80%的系列情景，EE情景中增长了18%，ELEC情景中
增长了57%，P2X情景中则增长了109%（反映出巨大的电制燃料产能）。温室气体
深度减排情景中，电制燃料的使用量越高，对电力的需求越多，特别是1.5TECH情
景下电制燃料、氢能和电力三者总和增长最快，导致总发电量需求增长116%，与
2015年相比，发电量需求增长更为显著，变化情况如图4-8所示。

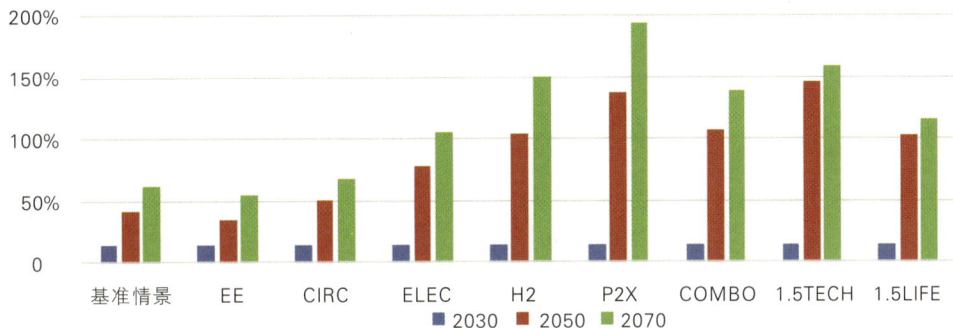

图 4-8　与 2015 年相比,总发电量增长情况

来源:欧盟统计局(2015 年),PRIMES.

在所有情景中,欧盟使用来自本土的资源来满足额外的电力需求,主要是当地的风能和太阳能,还有核能——通常被认为是安全的能源[1,2]。在某些情况下,生物质(主要在欧盟种植,参见第 4.7.2 节)也发挥了作用。但值得注意的是,建模工作并没有涉及土地的可用性、公众接受度或欧盟所在地与进口电力、氢能、电制燃料间的竞争力等可能相关的问题,而这些问题可能会导致电力生产规模扩大。

在如上所述的电力生产总体增长的背景下,发电结构的变化表明,能源系统正在向净零排放系统快速转变(详见图 4-9)。

2015 年化石燃料发电占发电总量的 43%,成为低碳电力系统的边际贡献者。事实上,到 2050 年,天然气是电力结构中唯一的化石燃料;其比重从 2015 年的 16% 下降到 2030 年的 12%[3],最后,在 2050 年更进一步下降到 5%(P2X 情景)和 1%(EE 情景和 CIRC 情景),温室气体深度减排情景也位于该区间。可以看到,脱碳情景中电力系统使用的是沼气[4],2050 年消耗量在 22Mtoe~45 Mtoe,这与几种脱碳情景中的天然气消耗量相近,见第 4.2.2.4 节。

---

① 虽然铀是进口的,但燃料可以提前 2~3 年储存,以尽量减少任何短期中断的影响。

② 该模型没有充分考虑到对原材料进口的影响。本书第 5.6.1.2 节详细讨论了这些问题。

③ 从中期来看(到 2030 年),发电中使用的天然气量取决于电力需求、可再生能源的部署和其他政策的相互作用。例如,一些成员国宣布的逐步淘汰煤炭政策。在长期战略的背景下,这些政策在建模中不作为外生假设,而由 ETS 碳价格内在驱动,这导致到 2030 年和 2035 年固体燃料发电量显著减少。逐步淘汰燃煤电厂对天然气需求的影响可能与 2025 年和 2030 年模型预测的不同,但预计这对 2050 年的脱碳影响不大。

④ 在能量平衡中,沼气被视为生物量(可再生)。

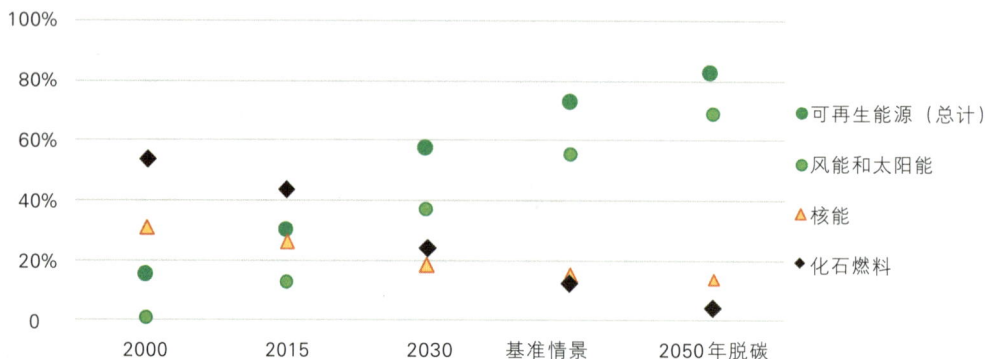

注：1.可再生能源、核能和化石燃料的份额总和为100%。风能和太阳能是可再生能源的一个组成部分。
2."2050年脱碳"点是每个类别所有碳减排情景的平均值。这些情景在2050年提供了非常相似的能源组合，可再生能源从81%到85%不等（风能和太阳能从65%到72%不等），核能从12%到15%，化石燃料从2%到6%不等。

图 4-9　发电份额

来源：欧盟统计局（2000年，2015年），PRIMES.

　　与化石燃料相反，可再生能源越来越具有竞争力，并且通过储存在液压泵、静止和移动（EV）电池中，间接地存储在氢能和合成燃料中，以及通过需求侧响应来促进推广。随着热力发电的份额随时间推移而下降，储能越来越成为将可再生能源集成到电力系统中的主要方式。与2015年相比，到2050年，每年储存的电量在情景中增加了约10倍；同时电力需求，包括生产电制燃料（如果适用），增加了1/3到近1.5倍；而可再生能源电力在同一时期增加了大约3至6倍。因为可再生能源在电力富余时充电，并在电力匮乏时放电，这就需要大大增加电力存储系统，包括从电制X燃料（或产品），并按照有助于增加可再生能源占比的模式运行。

　　在2050年，可再生能源在总发电量中占比相当，为81%~85%（2030年为57%，2015年为30%），并在之后保持在这一水平。这一预测结果与其他研究机构分析的范围一致，对欧盟而言，其占比从2050年的略高于75%（IEA ETP B2DS和SHELL SKY方案），到几乎100%的可再生份额的电力系统（IRENA的全球能源转型[1]、绿色和平能源革命[2]、Öko-Institut Energy Vision）。这也与IPCC《全球升温

　　[1]　RENA（2018），Global energy Transition　A Roadmap to 2050，http://www.irena.org/publications/2018/Apr/Global-Energy-Transition-A-Roadmap-to-2050.
　　[2]　Greenpeace，GWEC and Solar Power Europe（2015），energy［r]evolution-a sustainable world energy outlook，https://elib.dlr.de/98314/1/Energy-Revolution-2015-Full.pdf.

1.5℃特别报告》中的数据一致。该报告认为，在全球范围内，全球电力可再生能源占比在2050年将达到69%~87%[1]。

在所有可再生能源中，风电是主导技术，在2050年，所有脱碳情景中风电在可再生能源电力生产的占比为51%~56%。这是一个惊人的增长，2015年该占比为9%，2030年该占比为26%。根据WindEurope的"高情景"，海上风电占比也从2017年的12%上升到2030年的36%，这意味着，海上装机容量增速达到了20%。其他脱碳的研究认为，风电在可再生能源发电的占比低于30%（Shell Sky）或高于60%（Öko-Institut Vision EU28）。在所有脱碳情景中，太阳能发电在可再生能源发电的占比[2]从2030年的11%和2015年的3%增长到2050年的15%~16%。2050年，太阳能在欧盟发电中可能的贡献比例为10%（IEA B2DS）~33%（Shell Sky[3]）。其中，风能和太阳能都推动了可再生能源的发展，并且在所有脱碳情景中，到2050年，两者发电之和占电力生产总量的约70%，2030年约为37%。

此外，一些研究还考察了家庭、集体、中小型企业（SMEs）和公共实体在可再生电力生产中可能发挥的作用。其中一项研究表明，到2050年，这些利益相关方可以生产高达1 500 TWh（相当于基准情景中电力生产的32%）的太阳能光伏和风能[4]。

在各种情景和各期间，生物质及废弃物在可再生能源发电的占比都比较稳定，在温室气体减排80%的系列情景中，该占比为7%~8%；而在显著发展生物质的1.5TECH情景中，该占比则高达10%。这些数据与其他研究的结论一致，生物质发电占比在8%（Shell Sky）和12%（绿色和平能源革命）之间。

在所有情景中，2050年的核电占比极为相似（2015年占比为12%~15%，2030年预测为18%，而2050年则达到26%）。其他研究预测的结果认为，核电的规模将停留在当前占比和没有贡献之间。核电安装计划（PINC）认为[5]，核电占比将略高于此分析；在照常发展情景下，2050年核电发电量将占总发电量的17%~21%。FTI Energy代表欧洲核贸易协会FORATOM进行的一项研究显示，到2050年，在三种情景下，核电装机容量将介于36GW~150GW之间。在Shell Sky和IEA ETP B2DS

---

① 无或略超过1.5℃情景下的四分位范围。

② 在本报告中与潮汐能和其他类型的可再生能源相结合。

③ Breyer et al.(2018)，Solar photovoltaics demand for the global energy transition in the power sector，https://doi.org/10.1002/pip.2950 . 这份出版物详细分析了选定的欧盟国家情况，发现光伏的份额从26%到35%不等。

④ CE Delft(2016). The potential of energy citizens in the European Union.

⑤ COM(2017)237.

的情景预测中，核电发电的绝对值大致稳定；而在 Shell Sky 情景中，核电发电将占总发电量的 11%（由于发电量的高速增长），国际能源署 B2DS 认为，该占比可达25%。Greenpeace 和 Öko-Institut 的研究排除了再投资核能的可能性，并认为在 2050 年之前将逐步淘汰该技术。

最后，必须指出的是，氢气在发电系统中使用较少（在 H2 情景中约为 15 Mtoe）；此外，电制气体燃料或电制液体燃料几乎不会用于发电部门。而氢气作为化学储能提供了重要的服务（见图 4-10）。

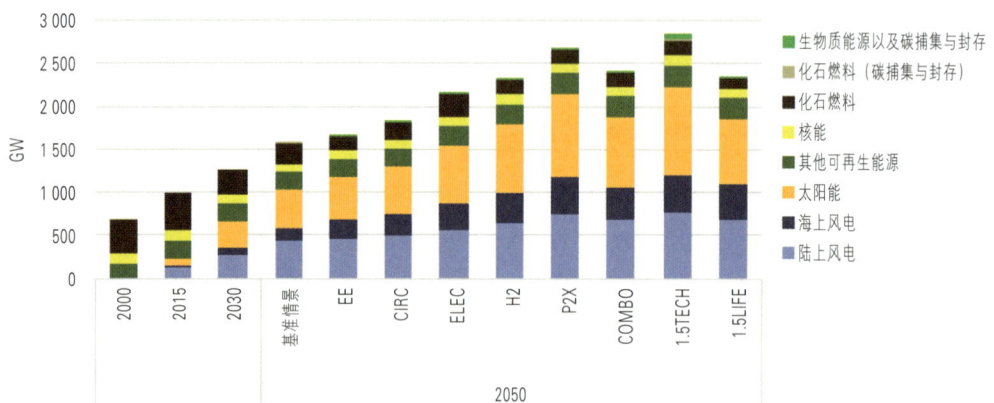

图 4-10　发电能力

来源：欧盟统计局（2000 年，2015 年），PRIMES.

此外，2050 年的电力净装机总容量将达到约 1 700GW（EE 情景）至约 2 700GW（P2X 情景），甚至约 2 800GW（1.5 TECH 情景），这几乎是 2015 年装机总量（985GW）的两倍甚至更多。与 2030 年相比，2050 年的装机容量也将显著增加，EE 情景中增长了 30%，P2X 情景中增长了 110%，1.5TECH 情景中增长了 120%。如此大规模的增长无疑将成为投资挑战，也为发电基础设施复兴，以及欧洲经济活动和供应链发展提供了机遇。

除了更高的电力需求，无论是终端能源需求还是电制燃料的生产，可再生能源装机容量的增长都推动了电力总装机容量的增长，尤其是风电和太阳能发电，它们的装机容量因子要低于传统发电机组。

从发电净装机容量来看，可再生能源发电装机占比更为明显（详见图 4-10）。在部署了氢气和电制燃料的情景中，可再生能源发电装机容量增长最快。

2015 年风电装机容量约 140GW，一些情景中 2030 年的风电装机容量约

350GW，温室气体减排80%的系列情景，2050年的风电装机容量增长到700GW（EE情景）和约1 200GW（P2X情景）；1.5TECH情景中，2050年风电装机容量将略高于1 200GW，这意味着，与2030年相比，装机容量增加了两倍到三倍，相当于2030年至2050年间每年安装约30GW（EE情景），超过50GW（1.5TECH情景）（详见图4-11）；因此，在大多数情景下，2000—2015年间电力装机总量平均增速为31GW/年。其中，2050年陆上风电将占总风力发电量的近2/3（2015年为92%）：从460GW（EE）到760GW（1.5TECH）。

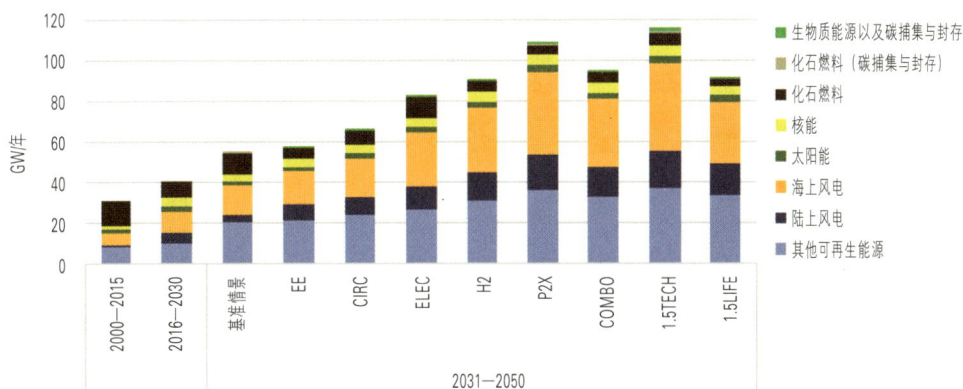

注：2031—2050年间使用化石燃料的新装机容量几乎全部是燃气。

图4-11　新装机容量

来源：PLATTS（2000-2015），PRIMES.

　　太阳能发电装机容量占比从较小开始，容量增长也显示了惊人的速度，2015年为95GW，2030年约为320GW。温室气体减排80%系列情景中，2050年太阳能发电装机容量增长到500GW（EE情景）~970GW（P2X情景）；1.5TECH情景中，2050年太阳能发电装机容量高达约1 000 GW。因此，与2030年相比，容量增加分别高出50%~200%，甚至达到220%。在2030—2050年间，相当于每年安装太阳能发电机组近20GW（EE情景），超过40GW（1.5TECH情景）。2030年，仅风能和太阳能发电装机占到2030年发电净装机容量的53%，而到2050年装机占比区间为：71%（EE，CIRCC情景）~80%（P2X，COMBO和1.5℃情景）。

　　其他可再生能源（主要是水能和生物质能），发展较为平稳。2030年，生物质发电装机容量稳定增长到60GW（EE情景），或者非常稳定地增长到83GW（P2X情景）。

　　随着时间的推移，在总电力结构中，化石燃料燃烧的发电机组的权重会减少。

与2015年相比（220GW），燃气发电机组（可同时使用天然气或沼气）的装机容量
则会逐渐减少：在温室气体减排80%系列情景中，2050年，燃气发电机组装机容
量的区间为141GW（P2X情景）～226GW（ELEC情景），并逐渐减少到1.5LIFE情
景中的100GW，其中约30%的机组使用了碳捕集与封存技术（CCS）。而燃煤产能
则逐步降低，在1.5TECH情景中，降低到38GW，而在其他情景中，则会继续降低
至约20GW。此外，将于2050年投产的固体燃料发电厂，将燃烧生物质并应用CCS
技术，而未改造的燃煤电厂则主要作为后备机组。燃油机组产能在2030年将几乎
完全消失，在所有情景中，仍然安装的燃油机组容量将不足5GW，这些情景既可
用于工业的特定应用（如燃烧工业副产品），也可用于备用目的。在所有脱碳情景
中，化石燃料发电机组的平均运行时间也会显著下降。

到2050年，核电装机容量将仅略低于目前水平（2015年核电装机容量为
122GW，2050年装机容量为99 GW~121GW）；并且在所有情景中，这些装机容量
都将高于2030年的预测情景（97GW）以及2050年的基准情景（87GW）。

2050年，因为具有市场竞争力的风能和太阳能，以及沼气、氢气、电池和生
物质能的数量都足以平衡电力系统的供需，所有情景中CCS在发电方面的作用都非
常有限。本章所考虑的模型显示，2050年CCS仅在1.5TECH情景中发挥显著作用，
其应用率达到净发电总量的5%（且主要是由于生物质发电所产生的负排放）；而其
中的66GW的总装机容量则配备了CCS装置。在其他情景中，CCS技术在净发电容
量中的占比约为0.1%~0.5%，且其装机容量在1GW～5GW之间。预计到2070年，
随着该技术在电力部门的进一步应用以及BECCS技术可能的减排作用，电力部门
可能实现完全脱碳。后面第4.8节将更详细地讨论用于生产电制燃料和碳捕集与封
存以及利用技术之间的平衡。

由于上述变化，电力部门[①]到2050年将仅剩下非常小的排放，介于10 $MtCO_2$
（EE情景）～110 $MtCO_2$（P2X情景），甚至在1.5TECH情景下进一步实现负排放
（约140 $MtCO_2$）。而对P2X（以及其后的H2情景），电力部门二氧化碳排放量将较
大，这是由于如果没有应用CCS的天然气电厂（将排放少量的CO_2），电制燃料的
生产将需要消耗大量电力，并难以平衡这样一个大型系统。到2070年，除了
1.5LIFE情景，在其余所有脱碳情景中，电力部门都需要继续探讨可持续发展的路
径以实现向负排放转型。其他相关研究也表明，电力部门的排放量将接近于零
（Shell Sky情景），甚至实现负排放（IEA ETP B2DS情景）。这说明，尽管CCS减排

---

① 结合区域供暖计算温室气体排放量。

技术目前在成本上可能吸引力不足，但为实现《巴黎协定》1.5°C目标，在不久的未来，CCS技术对实现净零排放仍将发挥至关重要的作用。

之前已经提到，当电力供应增长时，在所有脱碳情况下，电能存储也可能发挥越来越突出的作用（详见图4-12）。

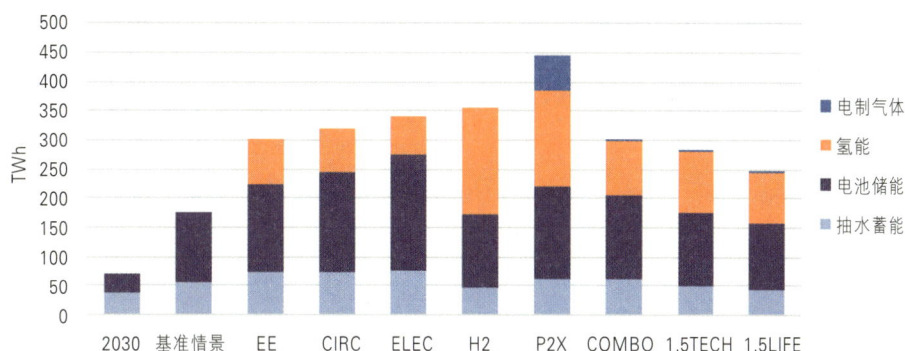

图 4-12 2050年的电力储存

来源：PRIMES.

2050年，传统或"直接"的储能（如通过抽水蓄能或通过电池储能）在所有情景中都将增长，当前储能约30 TWh，2030年一些情景中约70 TWh。温室气体减排80%的系列情景中，2050年储能区间为170 TWh（H2情景）～270 TWh（ELEC情景）；在温室气体深度减排情景中，储能为160TWh～200TWh。对于所有情景，大约只有不到30%的存储来自抽水蓄能，而其余的大约70%则来自电池储能。传统或"直接"储能程度最高发生在最终需求部门未部署电制燃料的情景中（包括ELEC情景、EE情景以及CIRC情景）。

销售给终端需求部门的电制燃料则可能存储在传统基础设施中，这使得可再生能源得以在其最高可用时进行开发，并且通过这种方式减少系统对储能的需求。这也是一种"间接"的电力存储方式，不易测量，且不包括在总存储量中。

但是，也可以利用氢气或者电制燃料来测量电力存储的总量，而这也将继续包括在各项情景预测中。这种存储方式（所谓的电化学存储方式），在能量充足时（通常来自风能和太阳能）生产氢气和电制燃料，并在能量不足时被利用（来自风能和太阳能）。此外，在明确化学品存储的背景下，电力系统和非终端需求可以继续使用氢气和合成燃料。2050年，化学品的储存规模将介于65TWh（ELEC情景）～220TWh（P2X情景），温室气体深度减排情景也在此范围内。此外，电力系统中明确使用的总存储方式（液压泵、固定电池和化学品存储，包括为终端消费者生产电制燃料的间接存储效应），其范围区间为250 TWh（1.5LIFE情景）～450 TWh（P2X情景）。此外，大规模部署电动车，见第4.4节，也将起到提高电力储存能力的作用。

图4-13显示了存储能力和电制燃料生产能力的发展。对传统以及"直接"电力存储而言，2030年抽水蓄能电站装机容量为51GW（接近2015年水平），2050年缓慢增长至70GW（ELEC情景）。固定电池储能在未来将可能发挥更大的作用，从今天的可忽略不计的数量发展到2030年的29GW，2050年继续增长到54GW（1.5LIFE情景）～178GW（ELEC情景），而通常在这些情况下，更广泛利用电制燃料的情景中（EE情景、CIRC情景和ELEC情景）没有显著的发展。在温室气体深度减排的三种情景中，这种类型的储存需求最低，因为它们在氢气和电制燃料方面都有很好的发展。详细分析请见下文。

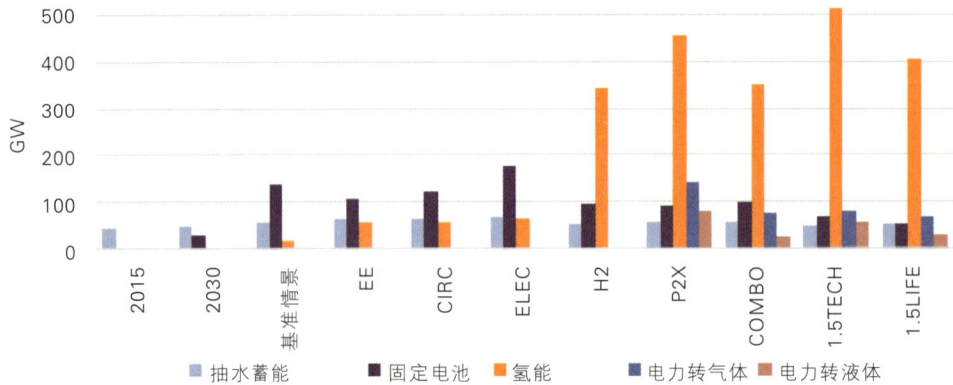

图4-13　电力储存和新燃料生产能力（2050年）

来源：欧盟统计局（2015年），PRIMES.

新能源载体的生产将导致电解装置的大量部署以产生直接使用的氢，以及将氢作为电制燃料的原料。在温室气体减排80%的系列情景中，其容量范围区间为57GW（EE情景、CIRC情景）～454GW（P2X情景）；在温室气体深度减排的情景中，容量范围将达到511GW（1.5TECH情景）。在终端需求中利用电制燃料，可开发电制燃料（71GW~142GW）和电制液体燃料（28 GW~79GW）的能力，这两种能力在P2X情景中是最高的，而在温室气体深度减排的三种情景中则更为温和。

4.2.2.4　天然气部门和新能源载体

脱碳分析表明，从长远来看，天然气的作用存在很大的不确定性。这种不确定性无疑是规划能源转型面临的挑战，尤其是在规划未来天然气基础设施时。

从长远来看，天然气无法避免的排放与气候目标越来越不相容。根据行业不同，碳中和气体（沼气，电制燃料）或氢可能代替天然气，这可以替代一些传统的天然气用途（如在建筑物供暖中），但并不能全部用于工业应用。

首先，预计到2050年，在所有情景中的天然气消耗量（不包括非能源消耗）将大幅减少（详见图4-14），2015年为345 Mtoe，2030年为273 Mtoe。在温室气体减排80%的系列情景中，2050年天然气消耗量区间为87 Mtoe（EE情景、CIRC情景）~109 Mtoe（P2X）；在温室气体深度减排情景中，2050年天然气消耗量进一步减少到54 Mtoe。最后，在大多数情景中，EE情景和CIRC情景除外，电力部门仍是使用天然气的关键部门（在强力减排情景中配套CCS）。有趣的是，从总体内陆消费量来看，脱碳情景中天然气消耗仍占比显著，这实际上与非能源需求（有机化学）有关。

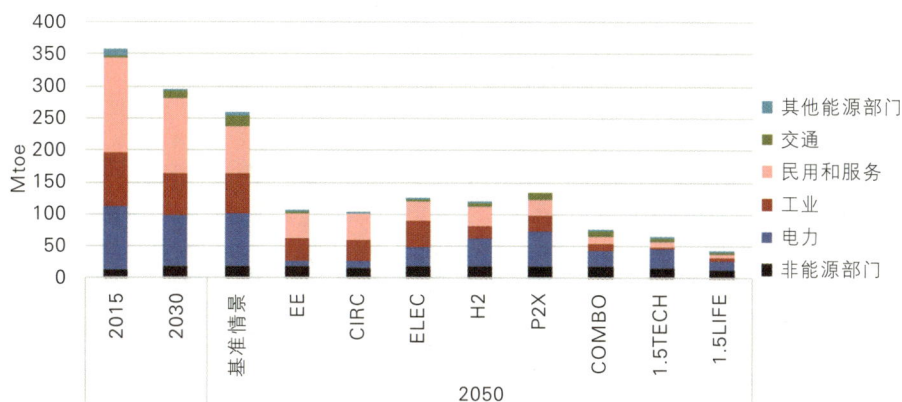

注："民用和服务"还包括农业。

图4-14　按部门分列的天然气消费量

来源：欧盟统计局（2015年），PRIMES.

欧盟天然气产量在2015年为108 Mtoe，在温室气体减排80%的系列情景中，预计2050年将下降至30 Mtoe，甚至在1.5℃情景中低于15 Mtoe[1]，并且仍然可以满足大部分需求。由于化石燃料需求下降，天然气净进口量预计将从2015年的247 Mtoe降至2030年的约220 Mtoe，然后在2050年进一步下降（第4.2.2.5节）。温室气体减排80%的系列情景要求，2050年净天然气进口量（从98 Mtoe到120 Mtoe）要高于温室气体深度减排情景的要求，即天然气净进口量限制在47 Mtoe（1.5 LIFE情

① 假设在天然气需求下降的情况下，进口价格将更具竞争力，因此基准情景中预测的产量水平将无法维持。

景）以下。而天然气进口量的减少，将对供应安全以及减少化石燃料的进口产生重大影响，而这将在第4.10.4节进一步说明。

　　除天然气生产外，在脱碳情景中，沼气[①]将会获得越来越广泛的使用（详见图4-15），因为它可与天然气实现完全互换，且其燃烧被认为是碳中和的[②]。沼气[③]的总消费量[④]将从2015年的16 Mtoe增加到2030年的约30 Mtoe，然后，2050年继续增加到45 Mtoe（EE情景）～79 Mtoe（P2X情景），并主要应用于电力和工业部门。这些预测与其他研究一致，这些研究也指出了欧盟能源系统中沼气贡献增加的潜力。例如，Green Gas Grid Project[⑤]预计48亿~50亿立方米的沼气生产量，即接近45 Mtoe[⑥]（包括粗沼气、升级的沼气和合成气），2030年进一步实现151亿立方米的技术潜力（接近135 Mtoe），这将比当前的生产水平增加两倍多。此外，气体气候研究（Gas for Climate）[⑦]预计，到2050年沼气生产将达到98亿立方米/年（接近 Mtoe），约占目前天然气消费量的20%~25%。

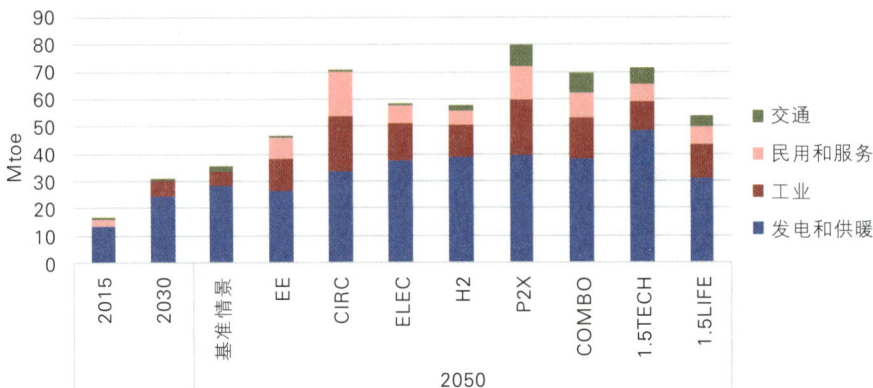

注："民用和服务"还包括农业。

图4-15　按部门列示的沼气和废气

来源：欧盟统计局（2015年），PRIMES.

---

① 在这种定量分析中，"沼气"实际上包括沼气和生物甲烷气。
② 在能量平衡中的分类与生物质和废物一样。
③ 假定沼气完全在欧盟生产。
④ 也包括少量废气。
⑤ Green Gas Grids project(2014),http://www.greengasgrids.eu/index.html.
⑥ 使用从bcm到Mtoe0.9的转换系数。
⑦ ECOFYS(2018). Gas for Climate – How gas can help to achieve the Paris Agreement target in an affordable way. https://www.gasforclimate2050.eu/files/files/Ecofys_Gas_for_Climate_Feb2018.pdf.

在温室气体减排 80% 的系列情景中，电制气体燃料只在 P2X 情景中有所发展（2050 年为 91Mtoe，2070 年为 130Mtoe）。在温室气体深度减排情景中，使用量相对温和（约 40 Mtoe ~50Mtoe）。在这些情景中，主要用于建筑物中（以替代基准情景中对天然气的大量需求），紧随其后的是工业部门需求，能够无缝地满足现在只能使用天然气的处理过程。交通运输对电制气体燃料的使用量较少，尽管它占重型货车能源使用量的 21% 左右，约占内陆航运燃料结构的 4% 左右，但它在客用车中的使用是有限的（详见第 4.4.2 节），见图 4-16。

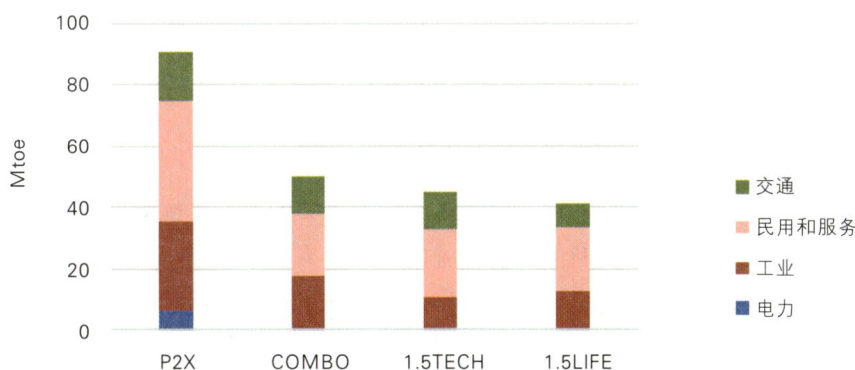

注 1：其他情景（基准情景、EE 情景、CIRC 情景、ELEC 情景、H2 情景）不会产生电制气体。
注 2："民用和服务"还包括农业。

图 4-16 2050 年按行业消费的电制气体燃料

来源：PRIMES.

总结天然气、合成燃料和沼气的发展，在基准情景中，气体消耗总量（涵盖所有气体类型）在 2030 年达到约 320 Mtoe，之后略有下降（相比之下，2015 年约为 370 Mtoe，2005 年达到峰值约 450 Mtoe）。在脱碳情景中，2050 年气体消耗总量（详见图 4-17）区间为 300Mtoe（P2X 情景，预测电制气体燃料最大量）~ 150 Mtoe（EE 情景，以能效措施减少整体能源需求）。温室气体深度减排情景的气体消耗量也在该区间，因为电制气体燃料替代天然气较温和，为控制 1.5LIFE 情景中的总能源需求，这意味着还需要辅以沼气的发展、高水平的能源效率、充分发展循环经济和引导消费者选择等措施。这些预测表明，电制气体燃料和沼气的发展在能源系统的低碳转型过程中都可能发挥重要作用，可以充分利用欧盟现有的天然气基础设施。

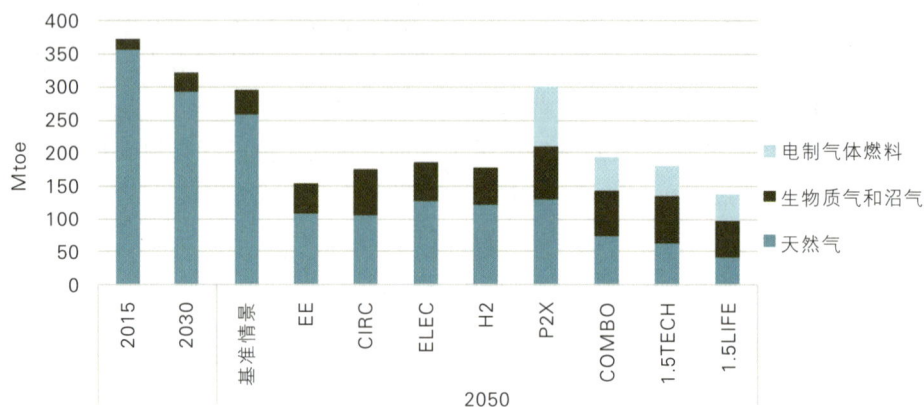

图4-17　分气体类别的气体消耗总量

来源：欧盟统计局（2015年），PRIMES.

此外，作为甲烷分子的补充，氢能也有望在未来的能源系统中发挥作用。虽然在过去的数十年中，氢能的利用技术没有实现重大突破，但是，技术应用的成本有所降低，新的试点项目也在启动，业界也在逐渐发掘氢能在低碳转型中可能发挥的作用。这也是为什么在不同的低碳转型情景中，对氢能技术角色的部署有不同的假设。

在基准情景中，氢能仅仅是作为公路运输的辅助角色（相当于几个Mtoe）。在EE、CIRC、ELEC等情景中，其作用进一步强化（至大约15Mtoe），并作为电力储存选项，以消纳更多的可再生能源电力（详见图4-18），促进交通运输部门的技术发展。然而，一旦氢能技术可行（如燃料电池汽车技术），在具有竞争力（在终端能源需求中）以及需要各种选项组合进一步示范落实的情况下，如1.5℃情景假设，将大规模使用氢能（H2情景中，2050年部署规模将达到150Mtoe，2070年将达到210Mtoe；1.5TECH情景中，2050年部署规模将达到80Mtoe）。

此外，氢能技术在工业（详见第4.5.2节）、交通（主要是重型车辆，而小型汽车，除非是短距离运输，否则很难实现电气化，详见第4.4.2节），以及一定程度上在建筑部门中已经获得应用（如加热设备中消耗的氢气及其气体混合物）。

欧盟也被认为是氢能生产的主要地区。显然，从产业政策角度分析，为建立必要的生产设施，无论是发展氢能还是电制气体燃料，都需要对天然气基础设施进行升级改造（例如大量氢气的输送），而鉴于目前的高成本和有限的市场需求，这将是一个潜在的挑战。研究表明欧盟内部的一些地区可能非常适合生产氢气或电制气体燃料，因为在当地，可再生能源资源可能非常丰富（如在北海海上地区，又或者

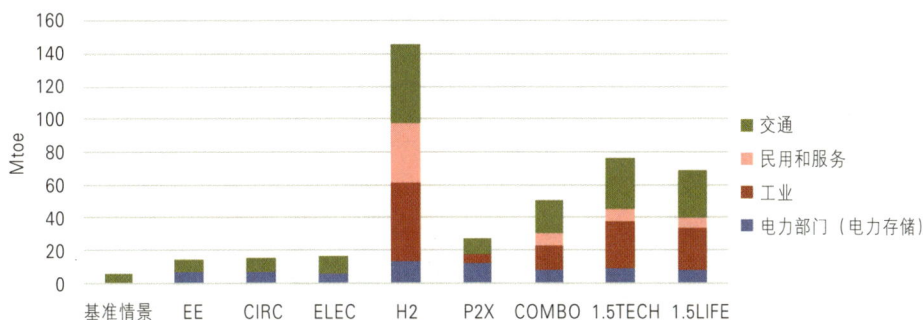

注："民用和服务"还包括农业。

图 4-18　2050 年分部门的氢消费量

来源：PRIMES.

在靠近电网的地区，以进一步输送大量各种类型的可再生能源），或者在靠近核电站或工业买家的地区。

当考虑所有气体燃料（如天然气、沼气、电制气体燃料以及氢气）时，图 4-19 显示了两种截然不同的模式：一方面，氢气和电制气体因缺乏消费市场而难以发展，气体燃料与今天相比大致会减半；另一方面，在氢气获得大规模使用的情景下，及在发展新燃料链的情景下，气体燃料的总消耗量实际上已经非常接近当前的水平（H2 情景、P2X 情景）。此外，在 1.5℃和 COMBO 情景中，能源效率和新的消费习惯限制了进一步的能源需求，而气体燃料的消耗量则将介于−250Mtoe ～ 200Mtoe。

而比较气体燃料的总需求，这些结果与 Trinomics 关于在 2050 年实现欧洲天然气基础设施低碳化的作用大致相符；在更为激进的电气化的情景下（"情景 1"），预计这些燃料的需求[①]将比今天减少；而在脱碳情景（"情景 2"）或是氢能情景（"情景 3"）下，这些燃料的需求将趋于稳定（甚至小幅上升）。

而未来的低碳能源系统也可以考虑更充分利用各种电制液体，合成各种更复杂的碳氢化合物，还可以考虑采用与电制气体燃料相同的方式从氢气中获得，并应用来自净零排放系统所附产的二氧化碳。而这些低碳燃料可能会应用于特别难以实现减排的交通运输部门。在 P2X 情景中，这类燃料到 2050 年应用量将达到 54Mtoe（然后保持稳定）（而在温室气体减排 80% 的其他情景中，这类燃料并没有显著发展）。最后，在温室气体深度减排情景中，电制液体燃料可获得一定程度的发展（约 20Mtoe ～

---

① 一个明显的区别是，Trinomics（2018）的研究预测了天然气的消失，完全被其他气体燃料取代。这与本书的建模分析不同。

40Mtoe），见图4-20。

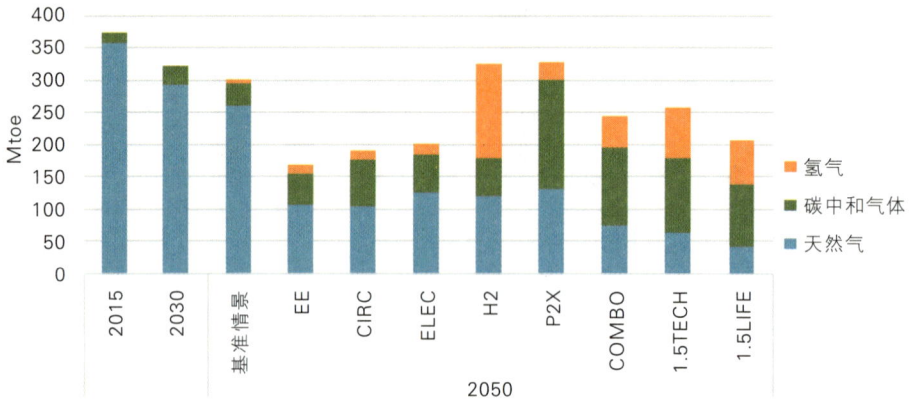

注意："无碳"气体是指电制气体、沼气和废气。

图4-19　气体燃料的消耗量

来源：欧盟统计局（2015年），PRIMES.

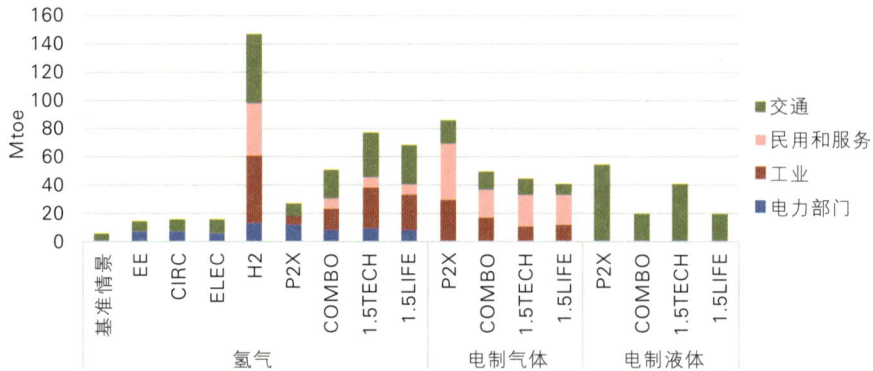

注：基准情景，EE、CIRC、ELEC和H2情景中不产生电制气体或电制液体。

图4-20　2050年按行业分新燃料消费量

来源：PRIMES.

4.2.2.5　能源进口

　　能源供应安全涉及政治优先原则，也是能源联盟的五个战略方向之一。虽然燃料进口不一定涉及安全问题，但石油和天然气的进口规模和特性不同（有时来源于有限的供应商或运输路径），会引发特定的能源安全问题，有时也会涉及广泛的地缘政治问题。而能源效率，以及其他减少能源需求的方法（如发展循环经济和改变生活方式），以及进一步发展国产的低碳燃料，都将有助于减少能源进口①。

2015年化石燃料进口量为接近900 Mtoe，预计2030年前降低到近730 Mtoe。这一趋势在基准情景中获得验证，预计到2050年化石燃料进口量将减少至650 Mtoe，比当前水平低约28%。在温室气体减排80%的系列脱碳情景中，各类化石燃料进口量进一步减少，达到370 Mtoe（CIRC情景）～410 Mtoe（P2X情景）（与2015年相比，化石燃料净进口量将减少54%～58%）。在COMBO情景中，化石燃料进口量接近350 Mtoe，1.5℃情景中约为250 Mtoe，与2015年相比，化石燃料进口量减少了70%以上。显然，更为雄心勃勃的能效措施和强有力的脱碳政策与能源进口的进一步降低密切相关，见图4-21。

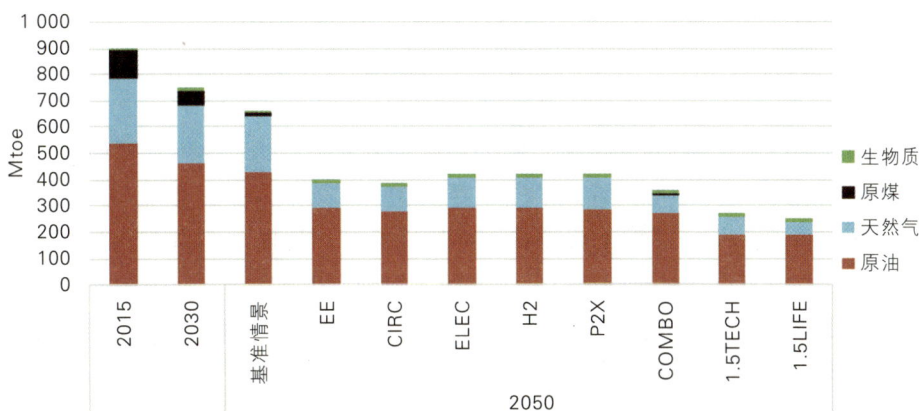

图4-21　能源进口

来源：欧盟统计局（2015年），PRIMES.

接下来进一步分析各类燃料的发展趋势。

● 基准情景中，2050年的欧盟能源系统中，煤炭消费实际上已经消失，不再需要进口。

● 在基准情景中，石油进口的下降速度则非常缓慢。但是在温室气体减排80%的脱碳情景中，与2015年相比，2050年石油进口量下降了近50%；在1.5℃减排情景下，更是降低了近65%。这些情景中，各类净零排放替代燃料获得应用和发展，在1.5LIFE情景中，生活方式的改变导致了交通运输模式的变化（作为循环经济举

---

① 减少进口的总体规模也会降低由于供应中断或价格冲击而可能对经济造成的破坏。

措的一部分）。

• 基准情景中，天然气进口量略有减少；所有脱碳情景中，天然气进口量都有大幅下降。实际上，与2015年相比，在温室气体减排80%的系列情景中，2050年天然气进口量减少了51%（P2X情景）～60%（EE情景）。此外，由于用于电力平衡的天然气消耗量较高，在P2X情景（以及紧随其后的ELEC情景）中，天然气减少额度为最小。温室气体深度减排情景中（COMBO情景、1.5TECH情景和1.5LIFE情景），天然气进口大幅度减少，而这主要是由于各类技术结合和消费者选择发生变化，预计在1.5LIFE情景中，天然气进口量将比当前减少多达81%。

• 2050年，各类（可持续性）固体生物质的进口量在所有情景中都较为有限，占所有生物能源消费的4%～6%。此外，该评估并没有考虑为满足欧盟需求，增加生物质需求所导致的对欧盟以外温室气体的减排效果和影响。

在不同减排情景下，对欧盟能源进口情景的各种货币价值的详细分析见第4.10.4节。

欧盟能源消费总量[①]对能源进口的依赖度（主要是对化石燃料进口的依赖性），将从2015年的55%降至2030年的52%，在温室气体减排80%的情景中，能源进口依赖度更是降至27%～38%（EE情景下降最为显著，从根本上降低了对化石燃料的需求）。COMBO情景对应的进口依赖度约为27%；在各类净零排放情景中，只有约20%的能源需求来自进口（见图4-22）。

本章所探讨的各类脱碳情景，假设各类低碳能源载体（电、氢、电制气体燃料、电制液体）都产于欧盟内部。然而，正如今天的石油、天然气和生物燃料的生产情况，氢和电制燃料实际上可以是全球贸易商品，并可以以相对便宜的价格从可再生能源丰富的地区进口。

如果将这些燃料作为欧盟在低碳转型过程中能源需求的主要贡献者，不同的进口选择则可能有助于降低转型所需的成本，并减少大规模部署可再生能源所需的相关的国内资源（陆地、海洋）。因此，充分考虑这些净零排放/碳中和燃料的全球贸易，可能会提供一个经济机会，但这也可能会产生新的依赖风险，并可能影响欧盟的能源安全。

最后，必须提到的是，该分析并未详细探讨能源安全的其他方面。需要考虑的其他因素，包括燃料存储或相互关联性[②]，以及预测能源供应可能存在的潜在威胁

---

① 包括国际燃料存储。

② 未来，内部市场基础设施除电力外，还可能涉及氢、二氧化碳和电制燃料,因为成员国拥有不同的可再生能源,在欧盟分享新燃料的资源和生产将具有成本效益。

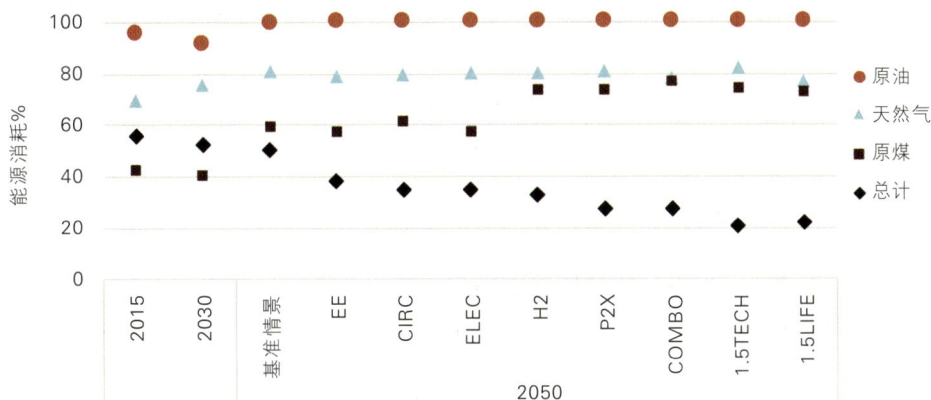

注：该费率的计算方法是将每种燃料的净进口额除以内燃机总消耗量与该国际燃料的能源使用量之和。总数据系列对应于进口与国内消费总量的比率。

图 4-22　能源进口依赖性

来源：欧盟统计局（2015年），PRIMES.

（如对关键能源基础设施的网络恐怖主义袭击，不可预测的天气模式）以及各类新产生的依存关系等，如由于对新技术生产的原材料进口依赖（详见第5.6.1.2节），或外商利用所投资的关键资产或关键技术来损害欧盟安全（详见第5.6.1.3节）。

4.2.3　转型的动力、机遇和挑战

前文所描述的选项和结果清楚地表明，依照现有的技术是可以实现能源供应系统的低碳转型的。当然，这些技术必须在性能和成本方面获得进一步发展，以进一步扩大其部署，这也强调了专门的产业政策的重要性。需要进一步确保开发这些技术所需的原材料供应的安全性（例如电池、电网、数字化或风力发电）（详见第5.6.1.2节），同时也需进一步确保气候变化在产品生命周期内不会衍生其他负面效应[①]。

技术发展（无论是新的碳中和燃料，还是能源效率技术的发展）显然是实现低碳转型的主要推动因素，与大规模技术部署相关的成本和制约因素则是其中的关键挑战。成为快速扩张的低碳技术和服务市场的重要参与者也是欧洲工业界最有潜力的机会之一，且开发规模化的生产能力也将避免通过依赖新技术取代依赖进口化石

---

① 见 the EU Raw Materials Initiative，https://ec.europa.eu/growth/sectors/raw-materials/policy-strategy_en.

燃料。欧盟目前在许多低碳技术的开发方面已经处于领先地位，但对其他一些技术而言则并非如此，例如，太阳能光伏和电池技术。在竞争日趋激烈的全球市场上，如何重塑领导地位并抓住新技术，特别是氢、电制燃料、先进生物燃料生产的先发优势，需要得到国内技术进一步研发的支持，并为实现进一步创新和加强技术开发合作创造必要的条件（详见第5.4节）。虽然许多脱碳技术本身具有一定的市场竞争力，但其他一些小规模和新兴的技术仍需要获得融资的支持。

该分析表明，电力在终端能源需求和替代燃料供应方面的作用日益强化是能源系统低碳转型最重要的驱动因素，这主要通过发展可再生能源，尤其是通过风能和太阳能电力来满足。因此，作为一项关键挑战，其部分取决于技术，部分取决于监管，需要电力部门从需求驱动的模式转型为气象驱动的模式。而未来的能源系统将不得不继续发展更高水平的平衡能力，具体包括：

• 在所有层面实现电网更好的互连，扩展泛欧电网、国家电网以及具有高可再生能源潜力的欧盟以外的地区的连接，这将改善供需之间的匹配，并释放大型海上风电场（例如北海风电场）或太阳能（例如欧洲南部区域）的开发潜力；

• 发展更多的能源存储装备，有助于在多个时间框架内实现需求和供应的匹配；

• 发展更深入的需求侧响应装置；

• 发展更灵活的发电机组。

电力生产、运输和储存将需要进行适当的融资和可能的关税计划调整，特别是考虑到一些基础设施的利用率可能会下降，但同时仍然在保证供应安全方面发挥关键作用。一旦技术发展到足够成熟的程度，初始支持方案将可能在欧盟范围内逐步被淘汰，而投资决策将取决于市场信号。

核能的未来还将取决于技术和监管领域的未来发展。核能也将面临诸多挑战，例如：在经济生命周期结束时退役，开发核废料处置的永久解决方案，以及按照最高安全标准来建造新发电设备。

重要的是，仍存在集中式存储的机会（包括探讨电制燃料存储的新解决方案），鉴于消费者选择的灵活性（例如，单个消费者可能创造大规模需求，又或者多个消费者可能集合在一起形成大规模需求），生产商可以通过越来越广泛的数字化网络整合起来，以实现点对点的电力交易。热电联产的转化和存储的选项有很多，但都需要对相关基础设施进行更优化的集成。欧盟营造公平竞争的财政环境将有助于此类解决方案的部署。

对电力部门之外的其他部门的电力存储，例如交通运输部门，则被认为是考虑部门耦合的一个非常有前景的例子。关键是各部门不能孤立地工作。例如，能源消耗部门可以考虑依靠供应方来提供低碳燃料（如生物燃料、电力、氢气以及电制燃料）。

发电装机容量的显著增加，以及进一步发展基础设施的需求，以实现能源载体的跨区域运输，意味着跨时空规划可能成为一项重要挑战。公民和地方当局合作协同解决其他潜在的环境挑战，对这些配套基础设施的及时部署可能至关重要。

此外，促进能源市场结构和运营重大变革的监管框架正在开发建设中，但是还需要更进一步的工作，新能源系统规模的进一步扩大可能会带来一些新挑战。欧盟将需要在传输系统和配电系统运营商之间现有合作制度的基础上，以最具成本效益的方式，促进必要的投资和市场开放。此外，欧洲制造商和服务提供商需要为能源和IT行业之间的持续融合制定标准，在欧盟范围内率先制定此类标准可能给欧盟带来成为全球领导者的机会。

最后，需要进一步考量天然气的作用，该分析所考虑的各类情景，对2050年天然气消费的预测结果存在巨大的差异。天然气目前在电力系统调峰方面起着重要作用，并且在能源消费侧也具有诸多应用。而能源系统的低碳转型将对这一角色产生进一步影响，因为只有与碳捕集与封存技术相结合才能实现这一目标，而CCS技术当前还面临一些挑战。将来，低碳气体燃料（如沼气、氢气以及电制燃料）可以为工业、建筑和运输部门提供清洁能源，而不会造成效用损失，现有天然气基础设施可得到更长时间的应用。而在今日，发展这类能源载体的经济性是不确定的，投资成本较高，可预测性以及监管确定性也需要进一步提高。与之相反，这类产品的开发与欧洲现有的基础设施非常吻合，并且也可以依托对欧盟现有（化工）产业的开发，为欧盟企业进一步获得技术领先地位创造机会。

4.3 建筑部门

4.3.1 建筑方案

建筑部门，包括住宅（占成员国60%~85%的建筑面积）和服务部门，目前在欧盟终端能耗中占比最高。建筑部门的能源消耗有多种来源：供暖和制冷、电器运行、热水供暖以及烹饪。由于大部分能源需求仍然由燃烧化石燃料（主要是天然气）来提供，该部门的温室气体排放量下降速度非常有限。

接下来将探讨为实现长期减少能源利用和相关CO_2排放的方案。

4.3.1.1 建筑围护结构的能源性能

长期以来，隔热的作用被认为是未来建筑能耗演变和实现温室气体减排目标的关键[①]。

首先，新建建筑可以利用高性能隔热材料设计。然而，目前已建成的建筑物仅占2050年建筑存量的10%~25%[②]，因此既有建筑的整体能源性能，将在很大程度上取决于翻新和（显著）改善既有建筑能源性能的潜力。虽然新建建筑将随时间推移稳步提高效率，但欧洲现有的大部分既有建筑尚未提高保温性能，这必须通过以提升能源性能为目标的改造。

目前，欧盟大约35%的建筑物已有50多年的历史，且近75%的建筑物在能源性能标准出现之前就已建成。据估计[③]，高达97%的建筑（即2010年之前建造的建筑）需要进行局部或深度翻新，以符合长期战略目标。这意味着到2050年既有建筑的翻新率将不止翻一番，即从今天的1%~1.5%的年增长率上升至至少3%。利用技术进步（例如信息通信技术（ICT）和智能建筑技术）和相关政策以加大翻新的力度。相关措施（包括拆除并以新建筑替代）应针对国家既有建筑中能源性能最差的那部分。

建筑的平均房龄以及新建建筑的占比，实际上是既有建筑整体效率的良好指标。图4-23给出了欧盟各成员国既有建筑的房龄等级分布，该分布表明大部分既有建筑建于1990年之前。

在建筑的所有能源消耗中，大多用于室内供暖、热水生产和制冷。在欧洲的既有住宅中，71%的能源仅用于室内供暖。建筑的热量需求实际上取决于建筑围护结构的保温性能。建筑围护结构及其不同构件的性能可以用U值[④]表示，见图4-24。

[①] 在这方面，2010年是欧盟的一个转折点，因为：(i)EPBD被采纳；(ii)可以促进经济增长，全球金融危机使住房部门（尤其是现有存量房屋的翻新）成为政治焦点，见：Housing Europe position paper，http://www.housingeurope.eu/resource-1096/decarbonisation-of-the-building-stock-a-two-front-battle. 此外，《2011年路线图》已经对建筑存量的能源性能改进起到了关键作用.

[②] BPIE（2017），State of the building stock，http://bpie.eu/wp-content/uploads/2017/12/State-of-the-building-stock-briefing_Dic6.pdf.

[③] ECOFYS，Politecnico di Milano / eERG，University of Wuppertal，Towards nearly zero-energy buildings，Definition of common principles under the EPBD（2012），https://ec.europa.eu/energy/sites/ener/files/documents/nzeb_full_report.pdf.

[④] U值（传热系数的简称）用于测量热量通过建筑外壳构件损失的量。其单位为 W/m²℃，即用(内、外部间每度温差)每平方米的瓦特数表示建筑围护结构的热传递值。低U值表示低热损失和高保温水平。

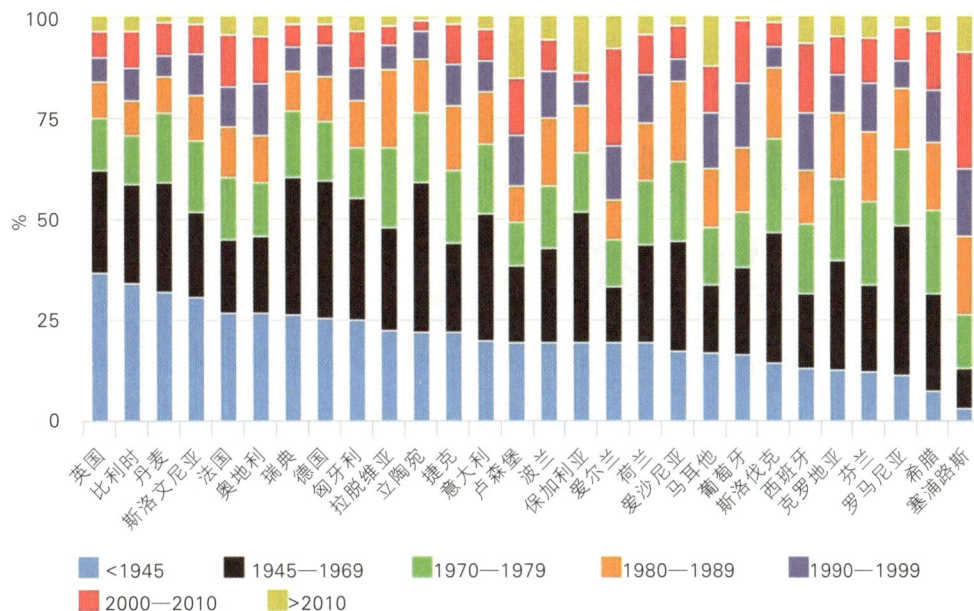

图4-23　按房龄划分的住宅建筑细分（2014年）

来源：Building Stock Observatory.[1]

　　保温材料可能会严重影响建筑物的整体能源性能。尽管多年来传统建筑保温材料的热性能已显著改善，但未来市场仍将采用具有相似或更高性能的新型保温解决方案。预计欧洲保温市场平均每年将以2.8%的速度增长，2019年中欧和东欧国家的材料保温率更高[2]。如今，建筑应用保温材料的最大潜力主要来自矿物（石头和玻璃）、毛料以及有机化石燃料衍生的塑料泡沫（如聚苯乙烯和聚氨酯）等材料。至于窗户，估计欧洲建筑物中85%的带玻璃区域（无论是单层玻璃还是早期无涂装的双层玻璃）已经不合时宜[3]。

　　关键挑战在于翻新具有极大的多样性和分散性，并且面临着多重市场失灵。主要障碍包括建筑价值链中的多样性和分散性、房东和租户间的激励措施分离、对翻

---

[1]　https://ec.europa.eu/energy/en/eu-buildings-factsheets.

[2]　JRC(2018)，Competitive landscape of the EU's insulation materials industry for energy-efficient buildings，https://ec.europa.eu/jrc/en/publication/competitive-landscape-eu-s-insulation-materials-industry-energy-efficient-buildings.

[3]　TNO(2011)，Built Environment and Geosciences Glazing type distribution in the EU building stock TNO reportTNO-60-DTM-2011-00338.

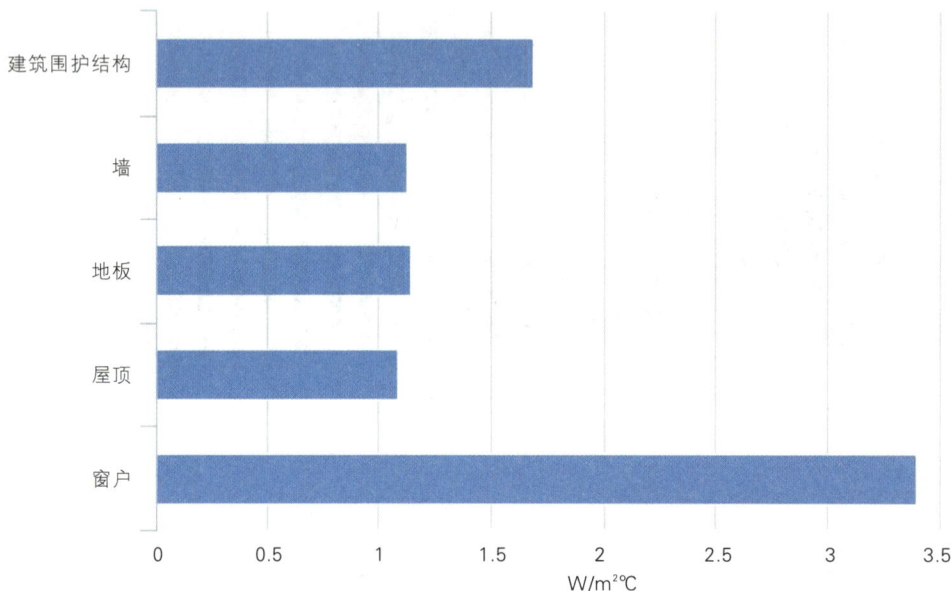

注：基于建筑存量的平均值。

图4-24　每栋建筑构件的平均U值（2014年）

来源：Building Stock Observatory.[1]

新优势的认识不足、低效复杂的翻新过程、深度翻新方案的缺乏、融资方案不完善且成本高、翻新补助金或采购程序中的能源或环境要求不明确，以及性能保证的进展缓慢。

4.3.1.2　节能设备

长期以来，建筑物（供暖/制冷、水加热和烹饪以及所有家庭和第三产业的电器）中高效耗能设备的使用是减少能源需求的有力驱动力，最近的分析证实了这一趋势[2]。

第一部专门针对设备性能水平的生态设计法规可以追溯到20世纪90年代初，并定期修订，以便在不断增加新型产品的同时引入更高的性能标准。生态设计法规由其他政策（特别是能源标签）促进，这些政策确保准确、有用的消费者信息，同时解决市场障碍和行为偏差。与能源标签一起，生态设计法规目前涵盖25个以上产品组，且估计到2030年每年可节省超过600 TWh的能源。这相当于比2020年之

---

① https://ec.europa.eu/energy/en/eu-buildings-factsheets.

② IEA（2018），Energy Efficiency 2018，Analysis and outlooks to 2040.

前已实现节能量（1 918 TWh）还多节省了30%，相当于意大利的年度一次性能源消耗量。

最近在照明以及冰箱、冰柜、洗衣机等大型电器方面取得了相当显著的单位能耗的改进，这要归功于技术和法规的不断发展[1]，但仍存在未开发的潜力[2][3][4]，并且一些终端能耗还在增长。

虽然在全球范围内家电和空调制冷能耗仍然是建筑物中增长最快的两种终端能耗[5]，但在欧盟的趋势则有所不同，这是因为，一方面，大型家电和照明的能耗[6]正在下降，且随着用电产品数量的增加和功能的增多[7]，小型家电和设备[8]的相对重要性总体而言也在不断提高；另一方面，由于天气比平时更热，并且由于制冷设备的更广泛应用，欧盟的空调用电需求也在增加。

供暖和制冷装置[9]的效率也值得特别关注，因为室内供暖不仅占建筑物能耗的最大份额，也是提高效率从而向更可持续和更低碳化的解决方案转变的具有最大潜

---

① 例如，当1995年推出第一个烘干机能效标签时，根据最高性能水平（即"A"级）所设定的水平，当时市场上所销售的产品根本无法达到。这个理想的水平，加上财政激励，促使制造商将新的热泵干燥技术引入欧洲市场，因此16年后热泵烘干机占据了40%的市场份额（IEA；2016），Achievements of appliance energy efficiency standards and labelling programs. A Global Assessment.

② IEA（2016），Achievements of appliance energy efficiency standards and labelling programs. A Global Assessment.

③ Climate Tracker（2018），A Policy Spotlight On Energy Efficiency In Appliances & Lights Could See Big Climate Gains.

④ 例如，在CLIMACT（2018）的"低碳化建筑情景"中，到2020年，家电的平均能源效率每年提高2.0%，然后到2030年每年提高2.9%。从2030年到2050年，年度提升仅为0.1%。参见Climact（2018），Net Zero By 2050：From Whether to How，https://europeanclimate.org/wp-content/uploads/2018/09/NZ2050-from-whether-to-how.pdf.

⑤ IEA（2018），Energy Efficiency 2018，Analysis and outlooks to 2040.

⑥ 更多地关注照明，光源技术不断发展，从而提高能源效率。2008年，在现行生态设计和能源标签法规生效之前，在欧盟28国中有92亿个光源，耗电量为330 TWh/a。最节能的LED技术几乎适用于所有的照明技术，在欧盟市场上得到了迅速的应用：灯的销售从2008年的0到2015年的22%。此外，LED的平均能效在2009—2015年间翻了两番，价格大幅下降；与2010年相比，2017年家用常规LED灯便宜75%，办公室用常规LED灯便宜60%。

⑦ Thomas S.（2018），Drivers of recent energy consumption trends across sectors in EU28 - Energy Consumption Trends Workshop Report.

⑧ 例如：电脑、电视和显示器、咖啡机、手机和平板电脑以及家庭安全系统等。

⑨ 根据生态设计和能源标签框架，许多法规涵盖了供热和制冷设备。这些法规旨在通过设定最低能效要求以及对声音和排放（如CO_2、NO_x、OGC、PM）提出相关要求，来改善这些设备的环境影响。生态设计和能效标签措施涵盖的供暖产品约占欧盟建筑负荷的70%，未涵盖的产品为区域供暖和超大型设备。

力的方面①。

由于用高效替代品（冷凝锅炉、热泵等）替代效率最低的部分，以及由于更好的控制和更智能的加热器组合（例如几个加热系统的组合），加热器消耗的能量可以逐步并显著降低。与2015年相比，根据现行政策，估计2030年年度能耗可降低48%，其中一部分电器（主要是热泵）预计将增加到28%②。

4.3.1.3 供暖和制冷中的燃料转换

欧盟已经开始通过使用更有效的保温材料和更高效的设备来降低能耗，并使用可再生能源来供暖，同时，近年来也使用低碳能源（电力以及新的载体，如氢气或气体燃料）来供暖和制冷。

如今，利用可再生能源为建筑物供暖和制冷的最常见技术有：光热、地热、生物质锅炉和环境能。民调结果清楚地表明，大众熟悉并愿意转而采用这些方案③。欧洲各地都可以获得地热能，地热部署的程度仅受热量需求的影响。一些评估表明，到2050年，地热能可以解决大约45%的热量需求④，且约25%的欧洲人口居住在适合地热区域供暖和制冷⑤的地区。太阳能是南欧生活热水广泛采用的一种低成本技术，太阳能供暖建筑和太阳能区域供暖系统已在中欧（独栋住宅和联排住宅中）得到成功应用。一些评估表明，地热能和太阳能在2050年可供应133 Mtoe（百万吨油当量）能量，从而节能217 Mtoe⑥。高性能系数（CoP）热泵是利用地热和环境能源（气动热和水热）的关键，且在欧洲的几个国家已经拥有巨大的市场份额⑦。这些技术可用于小容量的单个装置，也可用于更大容量的区域供暖和制冷装置⑧。如果其日趋高效和低碳化，则区域供暖和制冷网络将具有巨大的潜力，且可

---

① 供暖设备的一次能效范围，从明火场所的约30%到最高效热泵的300%不等。所安装供暖产品的平均一次能源效率在2010年为60%，并在2015年增加至66%。中央空间加热器是最常见的供暖设备，2015年欧盟装机达1.2亿个，比1990年增加5 000万个。这些锅炉的平均一次能源效率为67%，消耗了1 850 TWh/a的一次能源，以满足1 240 TWh/a的供暖负荷。能源投入包括化石燃料（84%）和电力（16%）。

② European Commission(2017), Ecodesign Impact Accounting, Overview Report 2017.

③ 就提高建筑物的温度还是使用可再生能源展开调查，结果发现：少部分人表示其已经在使用可再生能源，但更多的人却表示两者均可。

④ European Technology Platform on Renewable Heating, Common Vision for the Renewable Heating and Cooling Sector in Europe, 2011.

⑤ GEODH, Developing geothermal district heating, page 21, http://geodh.eu/.

⑥ European Technology Platform on Renewable Heating, Common Vision for the Renewable Heating and Cooling Sector in Europe, 2011.

⑦ European Heat Pump Market and Statistics Report, 2017, EGEC Geothermal Market Report, 2017.

⑧ IEA (2018) Renewable heat policies, https://www.iea.org/publications/insights/insightpublications/Renewable_Heat_Policies.pdf.

促进各种可再生热源和冷源的整合，包括通过向电网提供存储和平衡服务，来实现充分的可再生能源发电。

可再生热量的部署率目前在欧盟为19%（包括工业部门），但在各成员国的情况却各不相同，所部署的技术也各不相同。例如，在克罗地亚和保加利亚，生物质解决了建筑物和城市基础设施中超过50%的供暖和制冷需求，在葡萄牙和拉脱维亚则解决了超过40%的供暖和制冷需求；热泵在瑞典建筑中提供27%的供暖，在芬兰和意大利提供超过10%的供暖；在塞浦路斯，建筑部门29%的供暖需求则通过太阳能解决[①]。

必须仔细研究从化石燃料到零碳/碳中和能源的特定燃料转换方案，因为最佳供暖和制冷供应方案取决于当地的具体情况，包括当地可再生资源的可用性、能源基础设施的存在或可行性、建筑物的技术系统及其与更广泛能源系统的联系。可再生能源可单独使用，也可在混合系统中使用，这些混合系统在单体建筑或在基于可再生能源的分散区域系统中综合运用多种类型的燃料。如果电力供应实现低碳化，则热泵式建筑物供暖的电气化将成为供暖和制冷低碳化的重要组成部分。

同样，区域供暖和制冷网络也有将大量可再生能源（包括富裕的可再生电力）输送到建筑物中的示范潜力，特别是城市的建筑物中。区域供暖转型需要专门的基础设施并经过部门整合，且区域供暖需要日趋高效和低碳化。区域供暖和制冷系统目前解决了约10%的欧盟供暖及制冷需求，将有可能会解决50%的供暖需求，其中25%~30%的热量可能通过大型电热泵供应[②,③]。低温、高效区域供暖和制冷基础设施的创新，甚至可以进一步拓展低碳方案的潜在用途[④]。

如果建筑物使用氢气和电制气体，则也需要做一些改变，这些气体的供应机遇和挑战如第4.2节所述。

---

① Eurobser'ER(2017)，Solar thermal and CSP barometer，https://www.eurobserv-er.org/category/all-solar-thermal-and-concentrated-solar-power-barometers/.

② JRC(2016)，Efficient District Heating and Cooling systems in the EU，Case studies analysis，replicable key success factors and potential policy implication，http://publications.jrc.ec.europa.eu/repository/handle/JRC104437.

③ 丹麦南日德兰半岛的格拉姆镇，便是开发太阳能区域供暖的一个范例。那里的热量生产能力达20 GWh/年，(在季节性存储的帮助下)解决了2 500名居民62%的热量需求，而其余的热量则由热泵、电热锅炉、热电联产以及气体备用锅炉供应。

④ Lund(2018).Comparison of Low-temperature District Heating Concepts in a Long-Term Energy System Perspective，https://doi.org/10.5278/ijsepm.2017.12.2.

正如"部门整合"[①]的详细研究所表明的,以氢气为基础的供暖技术,迄今尚未成为欧洲供暖低碳化争论的焦点。然而,已有多种技术应用于国际市场(主要是亚洲市场):燃料电池微型热电联产、直燃式燃烧锅炉、催化锅炉和气源热泵。在欧洲,燃料电池计划已经开展了首个示范项目,目标是安装5万套系统,然后进行商业推广。对于当今的这项技术,较高的投资成本仍然是一个挑战,而且其目前使用天然气的事实也不利于低碳化。未来氢燃料供暖可以发挥更大的作用,特别是在离网区域,那里有一定数量的灵活性来源,可以确保供暖系统的平衡。

电制气体一旦产出便与天然气完全相同,同样可以通过现有输送系统进行配送,并用于现有装置。因此,从终端消费者的角度来看,电制气体与天然气的唯一区别很可能是成本:一方面是天然气供应成本和可能的相关CO_2排放定价,另一方面是电制气体的生产成本。

鉴于供暖和制冷预计仍将是欧洲终端能源需求的最大来源,因此所有这些方案都应当可用且需要进行开发。供应部门脱碳对于未来几十年内欧盟更广泛的气候和能源目标仍然至关重要。

4.3.1.4 智能建筑

数字化正在塑造欧洲的能源系统转型,使其能够转向高度分散、网络化且动态的网络,从而创建技术丰富的平台,比如综合的分布式能源和智能连体建筑。

智能建筑能够有效满足居住者的需求,同时确保能源性能最佳,并与能源网络相互作用[②]。信息和通信技术(ICT)融入技术性建筑系统,特别是楼宇自动化和控制系统,将与影响建筑物能效和质量的其他措施(如房屋保温)相辅相成。建筑物中的智能技术有助于优化技术性建筑系统的运作(特别是,但不仅仅是,供暖和空调系统的运作),促进可再生能源的使用,并在保证舒适性和环境品质的同时改善需求侧管理。多项研究及示范项目已经证实:对于能源效率以及技术性建筑系统的

---

① ASSET project (2018), Sectorial integration long-term perspective in the EU energy system, https://ec.europa.eu/energy/en/studies/asset-study-sectorial-integration.

② Directive (EU) 2018/844 of the European Parliament and of the Council of 30 May 2018 amending Directive 2010/31/EU on the energy performance of buildings and Directive 2012/27/EU on energy efficiency.

有效维护和运作，智能化具有巨大的潜力[1][2][3]，且民调结果表明消费者青睐这些技术。最近的评估显示，智能技术可以显著降低室内供暖和室内制冷的能耗[4]。

智能建筑还可以与能源系统动态交互，并通过动态管理需求来优化本地现场能源生产（如光伏板发电）的使用，同时在条件允许的情况下依靠现场（固定式以及电器和车辆嵌入式）存储能力，来为能源网络提供灵活性。因此，建筑物成为转型期能源系统的一个活跃且可管理的部分，有助于提高灵活性。

智能建筑还可为建筑用户和消费者带来额外的好处：

• 通过支持建筑物和系统提供反馈，智能建筑使建筑用户能够在室内参数管理和设备及系统使用方面做出更好的决策，从而有助于实现用户需求解决与能耗最小化间的最佳平衡。

• 通过优化能源管理，可以降低能耗，减少能源费用[5][6][7]。利用智能建筑的更多灵活性，对以时间为基础的动态定价方案中能源费用的影响尤为明显[8]。

• 通过精确的室内环境监控和便利的用户交互（如支持老年人独立生活），可

---

① 欧洲标准 EN 15232 区分了 A 到 D 的四个效率等级，并定义了楼宇自动化和控制形成的节能潜力。此类系统可以在非住宅建筑中减少高达 30% 的热量消耗和 13% 的电力消耗，并在住宅建筑中减少高达 20% 的热量消耗和 8% 的电力消耗。

② iSERV 项目（2011—2014）的结果显示，"某些建筑物的节能潜力超过 33%，平均节省可超过 9%，且非电能消耗方面的节省还将更多"。2018 年 8 月，参考了 http://www.iservcmb.info/sites/default/files/results/overview/iSERV-factsheet_FINAL.pdf.

③ "楼宇智能就绪"这一研究表明，由于智能技术在建筑物中的进一步推广，2030 年可以实现 4.3Mtoe~5.2Mtoe 的节能量，https://smartreadinessindicator.eu/milestones-and-documents（2018 年 8 月查询）.

④ 对于供暖，节能高达 30%。见（SWD(2016)414 final）.

⑤ D. Lee, C.-C. Cheng(2016), Energy savings by energy management systems：A review, Renewable and Sustainable Energy Reviews 56, p 760-777. 最近的这篇评论分析了超过 300 个能源管理系统案例的结果，认为建筑能源管理系统平均每年节能 16% 以上，而设备能源管理系统平均节省 39% 的照明和 14% 的供暖.

⑥ A.J.Morán et al(2016), Review and analysis of results from EU pilot projects, Energy and Buildings 127, 128-137. 这项研究以对来自 18 个欧洲项目的 105 座试点建筑的评估为基础，强调了 ICT（针对建筑物能效的信息和通信技术）方案在实现节能 20% 以上这一方面的作用。

⑦ American Council for an Energy-Efficient Economy(2017), Smart Buildings：Using Smart Technology to Save Energy in Existing Buildings, http://aceee.org/research-report/a1701. 美国能源理事会提出：引入智能建筑技术（照明控制及远程暖通空调控制系统）后，办公楼平均节能 23%。

⑧ 能源灵活性是能否从此类定价方案中受益的关键。特别是可再生能源和电力储存的结合可以显著降低电网电力的消耗。最近的一项研究表明，对于一幢两层住宅楼，光伏板与电动车的结合可以平均降低 68% 的电网电力消耗，从而减少高达 62% 的电费开支，见 M. Alirezaei, M. Noori, O. Tatari(2016), Getting to net zero energy building：Investigating the role of vehicle to home technology, Energy and Buildings 130, 465-476.

以提高舒适度和幸福感[1,2]。

● 得益于处理楼宇自动化、控制以及技术性建筑系统监控数据的分析算法，维护也变得更容易、更可靠且更具成本效益[3]。

最后，智能建筑还有利于交通运输部门的低碳化，因为其可促进停车场（特别是有智能充电设施处）充电基础设施的管理[4]，这反过来又可促进电动车（电池或插电式混合动力汽车）的使用。

4.3.1.5 近零能耗建筑

借助于所有技术解决方案，从2021年开始，欧盟的所有新建筑都必须是近零能耗的建筑（NZEB）。也就是说，这些建筑必须具有非常高的能源性能，且其（有限的）能耗需求大多可以通过可再生能源提供[5,6]。为实现这一性能，NZEB将必须结合最佳的能效和智能，依靠节能的围护结构组件、高性能的技术性建筑系统、智能技术以及信息和通信技术。

4.3.1.6 社会和消费者的选择

除了上面提到的建筑物低碳化技术方案之外，得益于最近的技术进步，特别是数字化技术的发展，消费者选择的多样性也功不可没。例如，更好地控制室内温度或房屋的局部供暖。其他类型的行为变化涉及一系列"循环经济"措施，如共享办公空间或同样由于共享而减少设备数量。最后，虽然不同的城市规划会对流动性产生较大的影响（例如，减少日常通勤线路），但也会对每栋住宅的节能产生影响。

① Y. A. Horr et al(2016), Occupant productivity and office indoor environment quality: A review of the literature, Building and Environment 105 369-389. 室内环境质量(IEQ)对建筑用户的幸福感有很大影响。例如，其对三级建筑的生产力有重大影响。这一案例研究还表明，在实现节能目标的同时，智能能源和舒适度管理策略使得每人每年的生产力可提高1 000美元.

② R. Al-Shaqi, M. Mourshed, Y. Rezgui(2016), Progress in ambient assisted systems for independent living by the elderly, Springer Plus 2016 5:624. 根据这项研究，智能家居还可以支持老年人的独立生活.

③ 施耐德电气根据联邦能源管理计划(美国)的报告进行的一项研究强调，目前的做法倾向于采用反应性维护方法，而预测性维护方法才最高效，每年可节省高达20%的维护和能源成本，见Schneider Electric White Paper, Predictive Maintenance Strategy for Building Operations: A Better Approach, https://www.fmmagazine.com.au/wp-content/uploads/2015/03/Predictive_Maintenance-SE_asset.pdf.

④ 修订后的《建筑物节能指令》，提到了有关在建筑物停车场安装电动车充电点的要求。

⑤ The revised Energy Performance of Buildings Directive 提出了这一要求，其将在欧盟适用，见https://ec.europa.eu/energy/en/topics/energy-efficiency/buildings/nearly-zero-energy-buildings.

⑥ ECOFYS, Politecnico di Milano / eERG, University of Wuppertal, Towards nearly zero-energy buildings, Definition of common principles under the EPBD(2012), https://ec.europa.eu/energy/sites/ener/files/documents/nzeb_full_report.pdf.

4.3.2 建筑部门的结论

建筑部门能源需求（住宅和第三产业[①]）的演变体现出各情景的显著差异，这取决于该途径的重点是供应低碳化还是进一步减少能源需求。

4.3.2.1 能源需求的减少

建筑部门的能源需求（住宅和服务业）目前是欧盟终端能耗中占比最大的部门，占2015年总量的40%左右。建筑保温，特别是针对室内供暖能耗，即建筑物中最重要单一能耗的建筑保温技术的采用，有望使这种能源需求下降。

一方面，建筑部门的社会经济活动驱动因素预计会随着时间的推移对能源的需求增加。预计住宅数量及其平均规模将逐步增加和扩大[②]，服务业预计将有助于未来经济的增长，到2050年，其在欧盟GDP中的占比将增加至71%（2015年为68%）。

尽管这些趋势增加了能耗，但得益于将在2030年前带来显著成果的政策行动，建筑部门的终端能耗实际有望降低，住宅和服务业的终端能源需求有望分别减少28%和12%（与2005年相比）。从基准情景来看，2050年住宅的能源需求将减少38%（与2005年相比），但由于服务业的经济增长将成为主要的抗衡力量，2050年服务业的能源需求仅减少8%，见图4-25。

在住宅部门，温室气体减排80%的系列情景中，2050年的能耗低于2005年水平，下降区间为41%（P2X、H2情景）～56%（EE情景）。EE情景由于在建筑翻新和设备性能方面采取了最强的行动，实现了更大程度的节能量，而H2和P2X情景的节能量较少；在这些情景中，能源脱碳允许有较高水平的能源需求。温室气体深度减排情景中节能量最大，1.5 LIFE情景中节能量高达57%，这也得益于与消费者选择相辅相成的技术部署。

重要的是，不同的终端消耗显示出截然不同的模式。在所有脱碳情景中，除EE情景和两个1.5℃情景外，由于家庭消费品的增多，电器能耗随着时间推移而增加，这在EE情景和1.5℃情景中通过严格的能效措施（在实践中，要求更严格的生态设计或类似措施）得到了调节。必须指出的是，就家电的有用能源需求而言，分析所假设的各情景间的差异很小，因为从原则上讲，所有情景均需要同等级别的服

[①] 这里的第三产业范围较窄,剔除了建筑部门和交通部门,与我国的第三产业有区别——译者注。

[②] 但是,还应考虑到欧盟1~2人家庭的趋势也将日趋明显,从而限制了住宅面积的扩大。见 OECD (2012),The Future of Families to 2030 and GFK 2014 IFA Press Conference Home Appliances 25-04-2014.

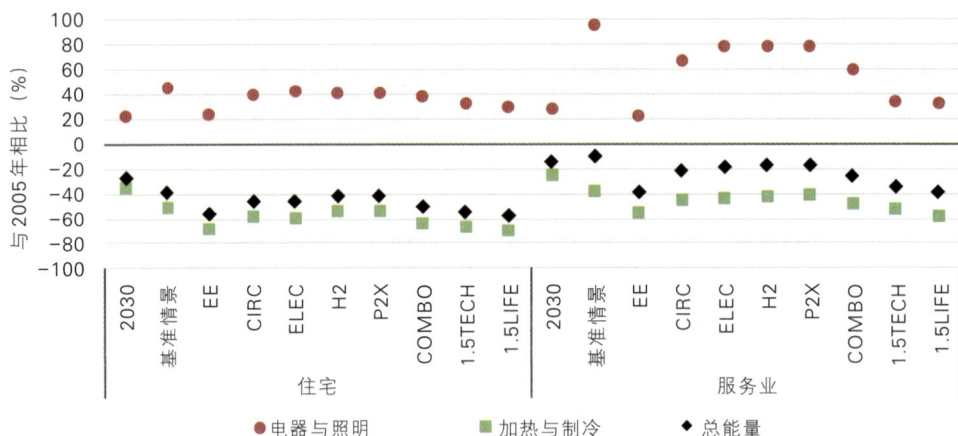

注："供暖和制冷"包括空间加热、热水供暖、烹饪和风冷。

图4-25　2050年建筑能耗的演变（与2005年相比）

来源：欧洲统计局（2005年的部门能耗总量），PRIMES.

务（如洗衣、烹饪以及ICT应用）[1]。在基准情景中，与2005年相比，2050年住宅电器的终端能源需求将增加46%（与2030年相比增加20%）；EE情景的增长为其一半（或仅比2030年增加1%）；1.5℃情景增长了30%~32%（与2030年相比增加率为6%~8%）；其他情景的增幅约为40%（与2030年相比增幅为15%），虽然增幅低于基准情景，但仍增长显著。服务业的终端电器能源需求增速也适度放缓：在基准情景中，与2005年相比，2050年服务业电器能耗将增加96%（与2030年相比增加54%）；在EE情景中，与2005年相比则减少22%（与2030年相比减少5%）；1.5℃情景的增长为34%（与2030年相比减少5%）；其他情景显示，与2005年相比，增幅在60%~80%（与2030年相比，增幅在25%~40%）。

相反，室内供暖[2]的有用能源需求[3]（详见图4-26）在所有脱碳情景以及住宅

---

① 宏观经济和人口驱动与有用能源需求间的关系在各种情景中都相同。然而，因情景而异的能效工作程度却对必须满足的最终有用能源需求产生影响，对住宅电器的影响很小，但对服务业电器和电气设备的影响却较大，其中存在通过控制系统优化可用能源的潜力。尽管如此，情景差异对可用能源的影响仍然很小。

② 分析是在恒定的气候下进行的。气候变暖对供暖和制冷能源需求的可能影响尚未体现。例如，见：JRC（2014），欧洲气候影响，JRC PESETA II项目（数字对象标识：10.2791/7409）；以及JRC（2018），欧洲气候影响，JRC PESETA III项目的最终报告（数字对象标识：10.2760/93257）。https://ec.europa.eu/jrc/en/publication/eur-scientific-and-technical-research-reports/climate-impacts- europe.

③ "用于空间加热的有用能量"是能量的实际最终使用量，估计为空间加热的最终能量，扣除不同加热器的效率损失，从而消除了变化的燃料混合物的影响。

和服务部门都有所减少，这主要是由于建筑保温性能更佳，以及在 1.5LIFE 情景中，考虑了一些注重合理使用能源的行为。

通过与性能更好的设备相结合，与 2005 年相比，住宅部门的供暖和制冷能耗将显著降低，节能范围为 53%（H2、P2X 情景）~ 67%（EE 情景），且在 1.5LIFE 情景中甚至达 69%。可以注意到，在开发了大量能源脱碳的情景中，供暖和制冷需求减少量较少。

而服务业供暖和制冷的实际能源需求（详见图 4-25）减少程度低于住宅部门，但与 2005 年相比，减少程度范围在 41% ~ 57%（与 2030 年相比，在 22% ~ 43%）。

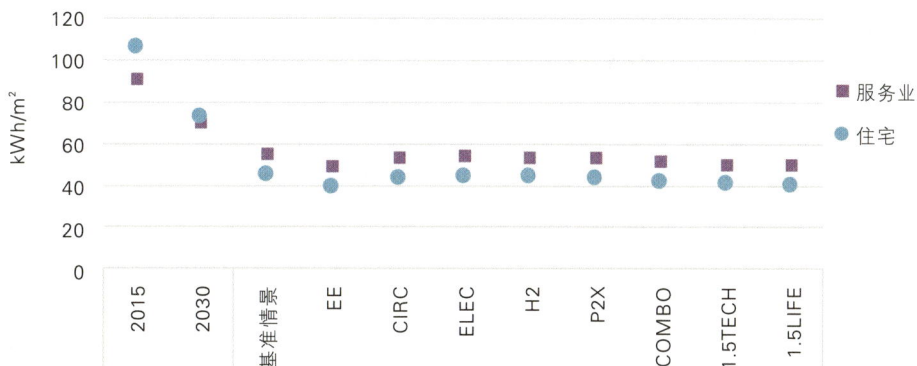

图 4-26 建筑物空间供暖有用能源消耗

来源：PRIMES.

这些预测清楚地表明，能源效率仍然是所有情景下建筑脱碳的关键要素。有关节能量的结论高于其他研究预测结论：Öko-Institut Vision EU 情景、IEA 能源技术展望（B2DS 情景）以及 Shell Sky 研究报告显示，在 2030 年和 2050 年之间，建筑部门的终端能耗节能量分别为 37%、21% 和 13%。

供暖和制冷用能的改善在很大程度上得益于建筑围护结构热完整性的提升以及供暖设备关于节能、高效产品的升级。根据欧盟法规的要求，节能将通过高效的新建建筑实现，也可主要通过翻新老建筑来实现。纵观历史，由于新建建筑的占比很少，而且在此分析的情景中并没有增加，因此第二种趋势的影响更大。

实际上，基准情景和所有脱碳情景都适用于 EPBD 指令所述的现有措施，该指令要求新建建筑在 2021 年时达到近零能耗水平。但是，2021 年至 2050 年间建造的此类建筑物预计仅占 2050 年既有住宅的 23%，占服务业既有建筑面积的 28%。因此，既有建筑总量的巨大影响将主要来自翻新计划，而这些计划适用于绝大多数建筑并可大幅提升能源性能。实际上，鉴于大多数理想的情景要求，如果建筑部门必须在短时间内显著增强其活动并广泛翻新，那么便会面临多重障碍，特别是融资渠道和激励分离方面的障碍以及一些可能的瓶颈。模型融入了此类非市场的翻新障碍，但相关情景假设2030年前后的政策也将有意消除障碍。因此，在这些情景中，预测结果呈现出了比纵观历史所得结论更高的翻新率和更大的能源相关翻新深度。

预计的翻新率（详见图4-27）因情景而异。通过构建[1]，EE情景给出了温室气体减排80%系列情景中的最高翻新率：2031—2050年间，住宅部门为1.8%，第三产业部门为1.6%，而在温室气体减排80%的其他情景中，则分别接近1.5%和1.4%。对于温室气体深度减排的情景而言，翻新率范围为：住宅部门为1.7%~1.8%，服务部门为1.5%~1.6%。

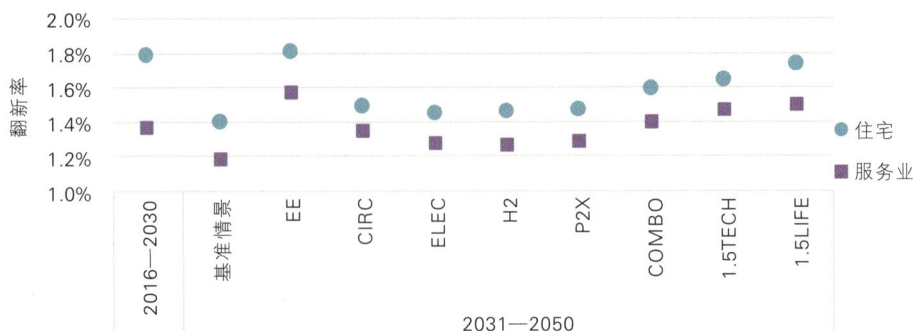

图4-27　平均每年翻新率

来源：PRIMES.

如上所述，在所追求的与能源相关的翻新深度方面，各情景情况也有所不同，其预测的结果也各不相同。与轻度和中度翻新（即对窗户和屋顶进行干预）占更大份额的其他情景相比，EE情景和温室气体深度减排的情景主要谋求中度和深度翻新，包括对墙壁、窗户、屋顶和地下室进行干预。不同的翻新深度使得翻新所致的节能效果不尽相同：就住宅部门而言，EE情景中住宅部门的节能（2031—2050的年平均值）范围为55%（ELEC情景）~ 62%（EE情景），温室气体深度减排情景的节能效果与EE情景差不多；服务业的节能范围为51%（ELEC情景）~ 58%（EE

---

① 翻新率和翻新深度(如下文所述)是建模的结果,并且由能效(阴影)值驱动。这些值为标准建模技术,能够反映未来能效政策的强度(尚未定义)。

情景），温室气体深度减排情景的节能效果也与 EE 情景差不多。

更高的翻新率和更深程度的翻新意味着 EE 情景中建筑物的投资需求高于其他情景，见第 4.10.1 节的表 4-10。

除了翻新率以及供暖和制冷设备能源性能的提升之外，楼宇自动化以及控制和智能系统（BACS）（或"智能建筑"）也将有助于减少需求。在所分析的情景中由 BACS[①] 实现节能，推动了有用能源需求的减少，特别是如上所述服务业需求的减少。然而，与表明更大节能潜力的一些研究和示范项目相比，关于住宅部门类似影响的预测则更加保守。这些研究表明，"智能建筑"因此可以部分减少耗资巨大的严格翻新的需要。这也是进一步吸引并便利消费者的机会，"智能建筑"与（可再生能源式）自身生产管理以及可能的电量存储（如电动车）相结合更是如此。

最后，消费者的选择也会对建筑部门的能源需求产生重大影响，并进一步减少 1.5LIFE 情景中建筑部门的能源需求。其他研究也表明可以实现更大的影响，但那就需要对生活方式产生更大影响的一些变化，以及因此可能更低的可接受性，比如：共享办公空间、不同的商用建筑、调节室内温度、共享公寓楼的公共空间、住宅面积上限以及不同的城市规划[②]。

与日俱增的家电和建筑物内置智能化，将有助于自动化并优化能耗决策和行动。例如，根据时间和存在模式关灯或调节室温设定点，从而提高建筑物的整体能效。然而，尽管这些辅助技术得到了改善，但同样明显的是，提高消费者的"能源意识/素养"，对于确保充分开发效率潜力仍然至关重要。

4.3.2.2 供暖和制冷中燃料混合物的变化

关于燃料组合，最明显的趋势（基准情景中亦是如此）是建筑物快速电气化。到 2050 年，服务业中建筑物的电力比例将从今天的 50%，增加到 83%（ELEC 情景），所有其他脱碳情景则增长到 80% 左右；住宅建筑的电力比例也增长了 1 倍多，甚为惊人，即从今天的 25% 增长至 2050 年的 53%（P2X 情景）～68%（ELEC 情景），1.5℃ 情景中增长到 63%（见图 4-28）。

---

① 情景中的假设尤其基于智能就绪指标的第一项技术研究，其分析了 BACS 对标准 EN-15232 所定义的这一类建筑能效的影响。

② 尤其参见欧洲气候基金会的研究"到 2050 年实现零能耗：从能否做到走向如何做到"。

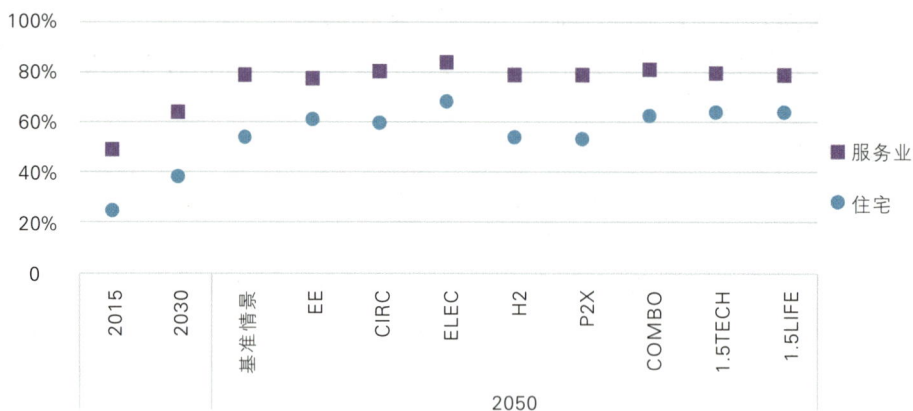

图 4-28　最终能源需求建筑中的电力比例

来源：欧洲统计局（2015），PRIMES.

　　很明显，室内供暖的电气化，特别是通过使用不同热泵技术以发挥更大作用，是这种趋势的重要驱动因素，在住宅建筑中尤为如此。此外，前几章提到的电器逐步普及，仅在一定程度上受到能效措施的调节，也会增加电力需求。

　　为了将这两种趋势分开，我们只关注电力在室内加热中的普及（目前的制冷已经主要由电力驱动）。在住宅部门，供暖中的电力比例将从 2030 年的 14% 增长到 2050 年的 22%～44%。服务业建筑的这种趋势更为明显，室内供暖的电力比例从 2030 年的 29% 增长到 2050 年的 44%~60%，这在很大程度上取决于技术途径。在这两个部门中，ELEC 情景以及温室气体深度减排情景达到了最高水平。在 ELEC 情景中，配有电加热系统（特别是热泵）的住宅数量，与 2015 年相比增加了 10 倍，并且占所有住宅的 2/3 左右；在替代能源得到发展的情景（H2 情景以及 P2X 情景）中，供暖的电气化程度最小（但与目前已知的水平相比，仍有大幅增长），见图 4-29。

　　其他研究发现的建筑物电气化范围则相当广泛。例如，Shell Sky 情景（74%）接近此分析结果，而 IEA ETP B2DS 情景则较悲观，电力供应只达到住宅终端能源需求的 35%。欧洲电力（2018）[①]显示的比例范围为 45%（温室气体减排 80% 情景）～63%（温室气体减排 95% 情景）。

----

　　① Eurelectric(2018),Decarbonisation pathways for the European economy,https://cdn.eurelectric.org/media/3172/decarbonisation-pathways-electrificatino-part-study-results-h-.AD171CCC.pdf.

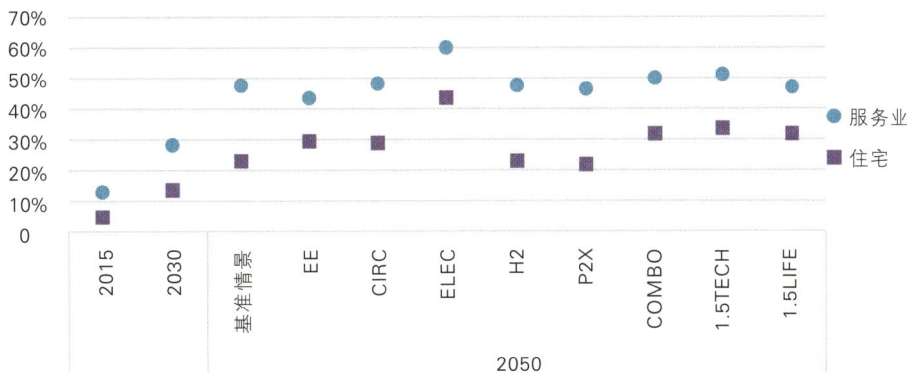

图 4-29　建筑物空间供暖中的电力比例

来源：PRIMES.

　　其他燃料的消耗也相应下降（见图 4-30）。这些燃料仅用于加热：室内供暖、水加热或烹饪。

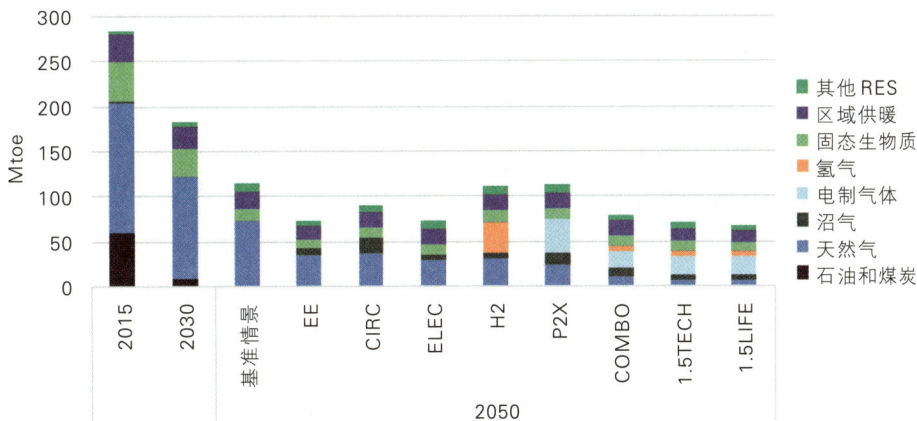

图 4-30　建筑物的非电力燃料消耗

来源：PRIMES.

　　尽管气体燃料（包括天然气、沼气、电制气体和氢气）在终端能耗中的占比从2030 年的 31% 下降到 12%（ELEC 情景）～23%（H2 和 P2X 情景），但气体燃料占据了终端能耗中的大部分非电力消耗，1.5℃情景预测的比例也在此范围内。在温室气体减排 80% 的系列情景中，天然气维持了一定的消耗：建筑物终端能耗的 8%（P2X 情景）～15%（EE 情景），1.5℃情景中的边际份额（3%）。在部署有此方案的所有情景（P2X、COMBO、1.5TECH 和 1.5LIFE）中，天然气在很大程度上为电制气体所取代，并根据具体情景的不同，在较小程度上为沼气和氢气所取代。其他研究发现：天然气对建筑物能源需求的贡献为 10%（IRENA 的全球能源转型）～21%（IEA ETP B2DS）不等。到 2050 年，那些认为能源系统将完全基于可再生能源的人，将不再使用天然气。

从 2030 年开始，在所有脱碳情景中，分布式供暖大致占建筑总能源需求的 5%～6%。用于现代炉灶（以限制相关空气污染）的固态生物质和沼气也起着相应作用。与 2030 年的 9% 相比，在各脱碳情景中，生物质总量占有相当稳定的份额，占建筑总能源需求的 8%～12%。其他研究发现，建筑物中生物质的比例更高，达 10%（Shell Sky 情景）～25%（Öko-Institut Vision EU）。最后，太阳能和地热能代表了能源消耗的边际份额，煤和石油都从建筑物的能源消耗中消失。

在所有情景中，可再生能源在供暖和制冷中的份额都大幅增加。如《可再生能源指令》（以及涵盖工业热量的内容，详见第 4.5.2 节）所述，"RES H & C"份额将从 2015 年的 19%[①]增加到 2030 年的 32%，温室气体减排 80% 情景中的占比将提高到 55%（ELEC 情景）～68%（P2X 情景）。在两个 1.5℃ 情景中，甚至占有了明显更高的份额，即 1.5TECH 情景中占 79%，1.5LIFE 情景中占 78%。相比之下，在 IRE-NA 的全球能源转型中，可再生能源在供暖和制冷领域的份额，在工业部门增长至 65%，在建筑部门增长至 75%。如第 4.2.2.1 节所述，用可再生电力生产的电制气体和电制氢气，也算是可再生能源。

由于能源需求的显著放缓和燃料向无碳能源的转换，建筑物中的温室气体排放量大幅下降。在住宅领域，与 2005 年相比，2050 年温室气体排放量减少了 87%（CIRC 情景）～91%（P2X 情景），而在 1.5℃ 情景中则几乎完全没有了。在服务业，与 2005 年相比，2050 年温室气体排放量减少了 88%（EE 情景）～93%（P2X 情景），而在 1.5℃ 情景中也几乎完全没有了。未减少的排放来自混合在气体输送的剩余天然气。总之，现有技术方案使建筑物能够在 2050 年以前适应温室气体减排 80% 的目标，尤其是在生活方式适度改变的情况下，进而超越并促成实现 2050 年的净零排放目标。

---

① Eurostat(2018),SHort Assessment of Renewable Energy Sources(SHARES),https://ec.europa.eu/Eurostat/web/energy/data/shares.

4.3.3　转型促成因素以及机遇和挑战

建筑部门的能源效率改善首先有一个坚实的基础：EPBD 和 EED 提供恰当的监管基础和激励措施，以确保跨部门建设近零排放建筑，并推动 2030 年以后雄心勃勃的翻新计划（因为并不会有关于能效义务的"日落"条款）。此外，欧盟能源标签和生态设计规则引导消费者和工业界在其能耗选择以及在其商业性工业设计和战略产品开发中，更加关注电器和建筑的能源消耗。

虽然基本方法已经落实，但未来发展仍然面临诸多挑战。同时应考虑（推动消费者寻求更高舒适度）人口和福利变化对能源需求产生的影响。

首先，翻新的速度必须加快，这对建筑部门及其所用材料的生产来说可能是一个挑战。民调结果显示，大多数人显然都希望看到与能源相关的翻新。但在以所有消费者都能负担得起的价格提供更有效的材料方面存在着技术挑战。此外，对于低收入业主或房东来说，目前的翻新投资回收期仍然令人沮丧，且随着人口老龄化，这很可能更加困难；同时，一般而言，正如民调结果所示，对租户来说，翻新往往更难以设想。最后，如果要提高翻新率并节省能源，将需要大量非常高效且（于施工和保温而言）价格适中的材料。

建筑物的监管要求在许多方面（不仅是能源消耗，还包括城市、社会、文化、安全、资源效率、噪声等）日趋严格，这将对投资水平和运维成本产生综合影响。此外，当地市场在服务供应和接触新进入者方面的成熟程度，也将影响业主和建筑物居住者的投资和运营成本。

在建筑物内部，电器仍需要提高效率从而减少能耗，同时仍需要以所有消费者能够负担得起的成本，整合先进的 IT 解决方案，以获得所有好处。

一个既是挑战又是机遇的关键将是如何通过物联网使建筑物、电器和能源系统彼此"对话"。智能建筑的最终目标是将消费与消费者和当地能源系统的需求同步，特别是交通需求和电动汽车的发展（详见第4.4节），这将需要足够的充电基础设施并适当整合建筑的能源流。

在这方面，欧盟也已经开始着手解决这一问题：家庭智能电表或建筑物智能指示器的使用，不仅仅将技术引入家庭，还提高了消费者对自身在管理能源需求方面能够发挥的新作用的认识。虽然作为数字化浪潮的一部分，节能（以及存储）的机会和技术发展的潜力是巨大的，但这些解决方案的采用将在很大程度上取决于它们的易用性。因此，智能技术，例如在智能手机上进行最低限度的管理，将需要随着用户的接受而发展。

除了技术发展之外，说服消费者着手实现这些可能性并成为能源市场更积极的参与者仍然是一项关键挑战。如今,智能建筑技术被认为是有前途的,但成本高昂,取决于基础设施和网络的改善,甚至只是负担过重,而且仅从长远来看才有回报。公众咨询显示,在所有允许降低建筑能耗和相关二氧化碳排放的方案中,对智能电表方案的支持率最低。

4.4 交通部门

4.4.1 交通部门技术选择

交通部门的能源消费总量占欧盟终端能源消费总量的1/3左右,当前主要的交通技术依赖于液体化石燃料的燃烧。依据目前的趋势和政策,预计到2050年,这种情况将逐渐发生变化。交通部门的温室气体(GHG)排放量,包括海运和航空舱载燃料的排放量,将一直呈上升趋势。除在2007—2013年间,由于各种因素的综合作用(能源效率的提高、经济危机的影响以及随后的高油价等),整体排放量有所减少。

《2011年交通白皮书》和《2016年欧盟低排放机动化战略》显示[1][2],需要采用综合系统方法使交通部门走上可持续发展的道路。这种方法的核心要素包括提升整体车辆效率,推广低排放、零排放交通工具和基础设施,而从长期来看转向替代燃料和零碳燃料。在提高交通部门效率的背景下,还可以充分利用数字技术、智能定价的方式,进一步鼓励多模式整合,转向更加可持续的交通模式。本节将重点介绍综合系统方法的核心要素,并介绍不同交通模式下可能的选项。

4.4.1.1 低排放和零排放车辆、车辆效率和基础设施

低排放交通战略需要充分挖掘传统和替代燃料提高车辆效率的潜力。发动机效率的提升、空气动力学的改进、减阻、混合动力、插电式混合动力以及增程技术也将继续发挥作用。通过重新考虑车辆和船只的设计,包括车辆的轻量化,或在航运中使用帆作为辅助动力源,仍然可以取得重要的成果,在航空飞行效率方面也可能取得重大进展。

在未来几年甚至几十年内,需要加速推广低排放和零排放交通技术的应用。纯电动汽车是提升车辆能源利用效率的有力推动者,并且可以提供新颖的车体设计。

---

① COM(2011)144,White Paper Roadmap to a Single European Transport Area-Towards a competitive and resource efficient transport system.

② SWD(2016)244,A European Strategy for Low-Emission Mobility.

电池价格的下降将有助于这类车辆的推广使用，但前提是需要保证必要的原材料供应，这一点将在第5.6.1.2节进一步提到。在电池和燃料电池技术不断发展的同时，需要加速发展相应的配套设施。例如，在欧盟内建立跨欧洲交通网络（TEN-T）并在其他地区推广充电和加油的基础设施，以确保全面覆盖所有交通网络。电力也可以通过悬链线和受电弓系统进行传输，如铁路、有轨电车和地铁系统，或者可能通过道路来实施电气化[①]。整个电力系统的加速减排，包括氢气的生产，将进一步体现低排放和零排放交通工具的效益（第4.2节）。

4.4.1.2　使用替代燃料和零碳燃料

关于低排放交通的未来，没有单一的燃料解决方案，但所有主要的替代燃料在每种交通模式下不同程度上都将成为可能的选择。从长期来看，车辆动力系统和燃料之间的相互作用将变得更加多样化。电力和氢气将用于专用动力系统。此外，对于由于能量密度或技术成本要求而无法使用的零排放交通工具的交通模式，可以在传统的发动机中使用碳中和燃料（即发展先进的生物燃料、生物甲烷，以及电制燃料）。例如，在过渡阶段，利用天然气作为航运燃料，有助于逐渐实现低碳转型。

如果使用先进的生物燃料和生物甲烷，所产生的碳排放将被生物质生长过程中吸收的部分所抵消。但是，如第4.7节所述，土地资源的限制意味着生物燃料应当只用在必须使用的运输模式中。

电制燃料（包括电制液体和电制气体燃料）是一种很有前途的替代品，但它们的全生命周期二氧化碳排放量也将取决于生产该燃料的二氧化碳来源。如果这部分二氧化碳来源于生物质或直接从空气中捕集，则将形成碳中和燃料（另见第4.2.1.4节）。由于合成燃料生产需要消耗大量电力，而且未来成本降低的速度存在不确定性，因此在交通模式中使用这种燃料需要慎重考虑。

此外，合成燃料和先进生物燃料的一个重要优势是它们可以直接用于传统的发动机，而且可以利用现有的加油基础设施。

4.4.1.3　提高交通运输系统的效率

除了车辆和燃料外，通过优化人员和货物的运输方式，还可以大幅度减少排放。互联、协调和更加自动化的交通解决方案对此提供了前所未有的机会，同时也可以进一步完善公共交通服务。受到智能交通系统和多联运旅行信息服务的支持，无缝的、以用户为中心的门到门多模式解决方案已成为可能。发展合作式智能交通

---

① Siemens（2017），eHighway-Innovative electric road freight transport. https://www.siemens.com/content/dam/webassetpool/mam/tag-siemens-com/smdb/mobility/road/electromobility/ehighway/documents/ehighway-2017.pdf.

系统具有巨大的潜力①。更一般地说，数字化已经开始重塑交通部门，大大改进了跨交通运输模式的物流方式②。而数据共享，加强交通管理以及加强有关部门和私人单位之间的合作，也有助于进一步提供低排放运输服务。这些创新能够产生多大程度的影响将取决于服务的提供方式以及它们对用户行为的影响。

在货运方面，也可以寻求公路运输的有效替代方案（如铁路、水运等），以实现多模式联运和模式转换③。与公路货运相比，铁路货运需要通过消除国家网络之间的运营和技术障碍，以及通过促进创新和效率提升来变得更具竞争力。此外，延误率最低化、货运列车优先级提高以及总体时间成本的减少，大大提升了铁路货运业务的国际协调能力，这将在降低成本方面产生重要影响。支持多模式联运、数字化和航运自动化，也有可能进一步提高水上运输的竞争力。而充电技术继续扩展到所有交通工具和运输网络，也将有助于提高整个交通系统的效率。

随着铁路和水上运输对欧盟中等距离城市间的旅客出行以及国际货运变得更具有吸引力，构建一个全面并且核心的完整跨欧运输网络，特别是到2030年的核心网络和到2050年的综合网络，将带来运输方式的最优化使用。此外，由于各种运输模式的转换需要时间，因此需要进行优化选择，使用污染最小的模式。而铁路需要快速增加容量，这也可以通过有效部署欧洲铁路交通管理系统（ERTMS）来获得支持。它将促进通勤、长途旅行和有效货运走廊的发展。由于空运更难脱碳，所以中短距离的飞行中（典型的有高速铁路连接），有替代运输模式的地方就有减少排放的潜力。最后，多模式联运中最后一英里的物流可通过零排放运输模式（如电动汽车、货运自行车、电动驳船等）来降低二氧化碳排放量，并推动利用城市联运中心联合交付货物。

4.4.1.4 社会和消费者的选择

消费者的选择影响了交通运输模式的发展。虽然选择最终由消费者做出，但消费者也会受到政府政策和商业产品的极大影响。

就政府未来的政策设计而言，通过公路收费将交通外部性内部化会增加社会福利。有效实施用户、污染者付费原则和公共激励措施，包括补贴，将促进基础设施

---

① 欧盟合作智能交通系统战略的通过实现了第一个里程碑(COM(2016)766 final).

② Proposal for a Regulation on electronic freight transport information (COM/2018/279 final) and Proposal for a Regulation establishing a European Maritime Single Window environment and repealing Directive 2010/65/EU(COM/2018/278 final).

③ Proposal for a Directive amending Directive 92/106/EEC on the establishment of common rules for certain types of combined transport of goods between Member States (COM (2017) 0648 final); Shift2Rail Initiative.

的可持续发展，在经济可行的范围内进一步实现资产绿色化，并促进模式转变。此外，为了营造不同的运输模式之间的公平竞争环境，需要在所有运输模式中内部化外部成本。动态定价也可以减少公路和铁路运输的拥堵，同时对减少二氧化碳排放产生积极影响。

欧盟政策框架①的加速实施及其合作智能交通系统（C-ITS）技术的进一步发展，标志着欧盟将迈向互联、合作和自动化交通的第一步，数据代表了某种"新的交通方式"。公共部门需要确保综合的、长期可持续的以及合理的城市②和空间移动规划③，以提高主动模式（步行和骑自行车）以及公共交通的便利性和可用性④。公共采购清洁车辆解决方案也将有助于为低排放和零排放运输解决方案提供市场动力。此外，消除国家铁路网络之间的运营和技术障碍，以及提高水上运输的竞争力将有助于增加模式转变的可能性。

对企业来说，数字化将提供越来越多的解决方案，用更先进、更安全、更易于使用的视频会议和远程呈现工具取代物理传输需求。虽然面对面接触在所有情况下都无法被取代，但在节省时间和金钱以及减少企业碳足迹方面有很大的机会，这在商务航空旅行中尤为重要。此外，大型车队运营商将在很大程度上形成向零排放移动的过渡，这既考虑到零排放车辆的加速普及，也考虑到车辆到电网和电网到车辆的创新解决方案。

从消费者的角度来看，将流动性作为一项服务来发展需要以真正的多模式方法为基础，包括集体/公共交通、共享车辆和自行车。它将需要使用零排放车辆，车辆的平均占用率较高（目前每辆车只有 1.5 名乘客）。在这种情况下，它将导致更高的能源效率和更低的排放。同时，它可以减少汽车不使用的时间，从而减少汽车数量，提高整个道路运输系统供应链的材料效率。

车辆自动化正在迅速发展。然而，需要确保方向是正确的，也就是要有利于交通部门的减排，并遏制反弹。例如，车辆自动化可能会增加消费者对交通的需求或者愿意在交通中花费时间，因此具有不利的环境影响。在其他方面，例如，网上购物可能减少交通需求，但也可能增加交通需求；远程办公可以减少交通需求，但也

---

① COM（2016）0766 Final.

② International Resources Panel（2018）The Weight of Cities: Resource requirements of future ur-banization. http://www.resourcepanel.org/reports/weight-cities.

③ 由委员会推动的可持续城市交通规划的概念，是提高城市交通运行效率的工具。欧盟委员会的欧洲交通周通过提高认识和宣传的方式对此进行补充，以支持消费者选择公共交通、步行、自行车等。

④ 更宽的人行道，更好、更安全的自行车道和更多、更好的公共交通选择。

可能导致频率更低但距离更长的通勤。因此，自动化和相互联通需要齐头并进，以提高系统的整体效率。

消费者也可以有意识地选择考虑交通对环境的影响。在城市里，可以鼓励民众选择积极的交通模式，如步行和骑自行车，以及共享交通和公共交通。对于长途旅行，高速铁路（如果可用）和长途汽车则可以取代短/中距离（1 000公里以内）的航空运输。机场与庞大的铁路网络的整合将进一步使乘客通过高速铁路展开部分或全部旅程[1][2]。然而，也需要采取适当的激励措施，因为航空往往在经济性和速度上比其替代方案更具吸引力。此外，如果消费者意识到环境影响，长途旅游访问则可以延迟但不那么频繁，这样也不会降低旅行的价值。

4.4.1.5 现有技术的分领域分析

未来的低排放交通不能依靠单一方案来解决，不同的需求对应不同的模式。所有的技术都将在未来几年内占据一席之地。寻求交通中各种主要的替代能源时，必须结合每种运输方式的具体需求。

道路交通是最适合电气化的，特别是轿车、货车、公共汽车、动力两轮车、电动自行车以及城市快递。电动汽车也是很有前景的电气化选项，未来必将快速发展。但是，其先决条件是大规模建设充电基础设施。最近的一些研究预测[3]，电动汽车的竞争力将会有大的突破[4]，但是也存在更为保守的预测。然而，人们普遍认为，在中期内仍然需要采用过渡方案来发展电动汽车，如通过发展混合动力车和插电式混合动力车，以及车辆设计的改进。除了减少污染排放所带来的社会经济效益，电动汽车还存在重要的协同效益。这些车辆能够作为工具来满足在电网中管理间歇性可再生能源的需求，从而帮助欧盟实现正在进行的能源转型。基于电动汽车的新型高效电池和完全数字化的智能电网，电动汽车可以在可再生能源电力便宜且可用时存储电力。相反，当电力稀缺且昂贵时，电动汽车可将电力反馈给电网。在此情况下，新的商业模式和消费者激励机制就尤为重要。如果考虑电动汽车更广泛的环境影响，电池生产和资源使用，关键原材料的再利用和再循环可能会变得越来

---

[1] European Environment Agency(EEA).(31 January 2018). 'Aviation and shipping — impacts on Europe's environment' TERM 2017: Transport and Environment Reporting Mechanism (TERM) report. EEA Report No.22/2017. https://www.eea.europa.eu/publications/term-report.

[2] 305 COM(2011)144 final.

[3] Bloomberg New Energy Finance(2018),Electric Vehicle Outlook.

[4] BEUC, ElementEnergy(2016): Low Carbon Cars in the 2020's: consumer impacts and EU policy implications. https://www.beuc.eu/publications/beuc-x-2016-121_low_carbon_cars_in_the_2020s-re-port.pdf.

越重要[1]。根据 EEA 的研究[2]，电动汽车全生命周期下的气候变化影响将取决于电力生产的来源，如果电力生产实现净零排放，则会带来更大的好处。

氢能和燃料电池可以在实现低碳道路交通系统中发挥重要作用，特别是在长途运输系统中，例如长途重型货车和长途汽车，但需要部署必要的加氢站基础设施。氢能可使用电解或天然气配套 CCS 的碳中和能源生产获得，提供了环境友好的转型路径，实现了零排放或近零排放。

先进的生物燃料、生物甲烷和电制燃料具有不需要专用发动机技术和加油基础设施的优势；但正如第 4.4.1.2 节所述，需要注意它们部署的位置。

对于比公共汽车行驶更长距离的长途重型货车和长途汽车来说，可以考虑各种燃料和动力系统：电动机、氢燃料电池、在传统内燃机（ICE）[3]中添加生物燃料和生物甲烷[4]、在燃气车辆中使用电制燃料、使用不需要任何动力系统调整的插入式电制液体，也可以使用混合动力等中间技术。而对于重型货车和长途汽车，在短期和中期内，由于功率和里程要求，完全实现电池充电似乎更具挑战性。然而，目前的一些研究者非常看好其潜力[5]，也有一些纯电动重型货车的项目被启动，包括斯堪尼亚公司的路线图[6]。然而，充电基础设施的发展将比汽车更具挑战性，因为电动重型货车和长途汽车需要实现超快速充电，或者努力构建悬链线和受电弓基础设施。氢气在未来则可以以分散的方式输送，但未来燃料电池的成本仍然不确定。先进的生物燃料和生物甲烷在技术上是可行的，但需要必要的土地。电制燃料的开

---

[1] European Parliament(2018)：Research for TRAN committee：Battery-powered electric vehicles：market developments and life-cycle emissions，http://www.europarl.europa.eu/RegData/etudes/STUD/2018/617457/IPOL_STU(2018)617457_EN.pdf.

[2] EEA(2018)EEA Report no13/2018 Electric vehicles from life cycle and circular economy perspectives.

[3] 如果使用先进的可替代生物燃料,则不需要让发动机进行适应。第一代生物燃料只能通过在液体化石燃料中掺入一定量进行利用。

[4] 欧盟委员会已经表示,到 2020 年以后,将逐步限制粮食和饲料作物生产的生物燃料以及生物液体和生物质燃料。正如目前在《可再生能源指令》的修订中所商定的那样,这些生物燃料的使用将受到限制(考虑到2030 年可再生能源目标的实现),并应逐步淘汰,以先进的生物燃料取而代之,其中包括:纤维素乙醇、柴油和藻类燃料以及可再生电力燃料。

[5] Earl et al.(2018),Analysis of long haul battery electric trucks in EU - Marketplace and technology,economic,environmental,and policy perspectives,https://www.transportenvironment.org/sites/te/files/publications/20180725_T%26E_Battery_Electric_Trucks_EU_FINAL.pdf.

[6] SCANIA(2018),Achieving fossil-free commercial transport by 2050,https://www.scania.com/group/en/wp-content/uploads/sites/2/2018/05/white-paper-the-pathways-study-achieving-fossil-free-commercial-transport-by-2050.pdf.

发不需要改变动力系统并且可以使用现有的加油基础设施，但应考虑成本和能耗问题，以及 CO_2 的来源在未来可能受到的限制。因此，长途重型货车和长途汽车的未来主导技术尚无法预测。而应用场景、里程范围或当地环境需求将会导致多种技术和燃料的共同发展。

铁路是一种低排放的重要交通模式。正如 4.4.1.3 节所述，需要寻求更有效的道路运输替代方案，以充分挖掘多式联运和模式转变的潜力。对于铁路来说，在所有情景下低碳电力是可持续的能源载体。而铁路的进一步电气化需要投资建设更多的铁路车辆以及基础设施网络。欧盟铁路局（ERA）开发了一个数据库，显示了铁路网络电气化的方向[1]。而生物燃料也可以作为补充选项。此外，氢气也是一种潜在选项。

海上和内陆水路运输在很大程度上依赖于石油衍生物（例如，远洋运输将比短途海运和内陆水道运输更为重要）。此外，国际航海业增长也很快。短途海运和内陆水道是使电气化成为可能的领域，目前的示范工程包括荷兰 CEF 资助的 Port-Liner 项目和丹麦 Horizon2020 资助的 E-ferry 项目。虽然可以在大型船舶上使用太阳能、风能或其他可再生能源技术来减少高能量密度燃料的使用，但是这些能源不具备合适的能量密度来为这些船舶提供动力，以作为其主要推进源。因此，该部门的进一步低碳转型将需要其他能源载体的发展，例如氢和氨[2]、先进的生物燃料、生物甲烷和电制燃料，而这些能源载体的使用仍需要研究。混合动力则可以用作过渡解决方案。此外，水路运输也可以通过发动机优化、船体设计和尺寸改进来实现利用效率的显著提高。

欧盟国际海运组织设计不同减排力度的方案

虽然涵盖内河航道和国家海运的内河航运部门是分析中所有情景的一个组成部分，但欧盟国际海运组织已作了单独处理。欧盟国际海运组织使用 PRIMES 模型开发了三种方案，基于 H2 和 1.5LIFE 情景进行设置。这些方案包括：（i）基于H2 情景（下文称为 H2Mar50 情景），到 2050 年，欧盟温室气体排放量比 2008 年减少 50%；（ii）基于 H2 情景（下文称为 H2Mar70 情景），到 2050 年，欧盟温室气体排放量比 2008 年减少 70%；（iii）基于 1.5LIFE 情景（下文称为 1.5LIFEMar），其中海事部门将纳入 2050 年全球温室气体净零排放目标的一部

---

① 　该数据库的名称为 RINF(Rail Infrastructure Register)，https://rinf.era.europa.eu/RINF/Search.

② 　根据 OECD/ITF 2018，到 2035 年，在脱碳 80% 的情景下，氨可能占据全球航运运输燃料的 70%。
https://www.itf-oecd.org/decarbonising-maritime-transport.

分，到2050年，欧盟温室气体排放量比2008年减少约88%。

此外，JRC还利用POLES-JRC模型在全球范围内对国际海运进行了建模。POLES-JRC 2C情景指出，与2008年相比，到2050年，全球（即不仅是欧盟）国际海运温室气体排放量将减少50%。

最后，对于航空而言，因为未来需求的增长，且可用的选项较少，脱碳将是最大的挑战，这也需要多管齐下的方法。

电制燃料以及其他先进的生物燃料在技术上是更直接的选项，因为它们与现有的基础设施和运输工具兼容，但只有在其成本达到可接受的程度时才能进入市场。电动混合和飞机设计改进将有助于进一步提高燃油效率。此外，目前正在开发纯电动飞机，并且第一批小型非商用飞机已经投入运行，但大型纯电动飞机的潜力尚未经过测试，目前仍处于探索阶段。

4.4.2 交通部门模型结果

4.4.2.1 交通活动量预测

客运活动量

在基准情景下，预计2015—2030年间的旅客运输量将增加16%，到2050年将增加35%。尽管与其他交通方式相比增长速度较慢（2015—2030年为12%，2015—2050年为26%），乘用车和货车将在2030年占到69%的客运量，到2050年仍将占到约2/3。在这种情景下，较低的增长是由于汽车拥有量的增长放缓，许多EU15成员国的汽车拥有量已接近饱和水平，并符合EuroVignette指令修订版的更广泛且具有差异化、基于距离的道路收费标准，这使得公路运输转向铁路。铁路运输活动的增长速度明显快于公路运输，尤其是国内客运铁路运输服务市场开放，以及TEN-T指南的有效实施。这个项目主要是由CEF提供资金支持，旨在完成到2030年的TEN-T核心网络和到2050年的综合网络。2015年至2030年间客运铁路运输量增加36%（2015—2050年为72%），到2030年铁路客运量占比将增加1.5个百分点，到2050年将再增加1个百分点。

在基准情景下，欧盟内部的航空运输将会显著增长（到2030年增长41%，到2050年再增长94%），并增加其在整体运输需求中的占比（到2030年增加2个百分点，到2050年再增加2个百分点）。总体而言，欧盟以外的国际航班的航空活动预计到2030年将增加43%，到2050年将增加101%，这使得欧盟的天空和机场基本饱和。然而，也存在一些不确定性：考虑到对国际航空排放实施单一的全球市场化措施[1]，欧盟排放交易体系评审中的影响评估使用了更高的增长预测值（来自 AERO 模型）以及 PRIMES 预测值，来估算因航空而引起的欧盟排放交易体系配额的需求范围。

图 4-31 展示了 2050 年在基准情景（每年平均增长率）、温室气体减排 80% 系列情景、净零排放情景（相对于基准情景的百分比变化）下客运交通活动量的演变情况。

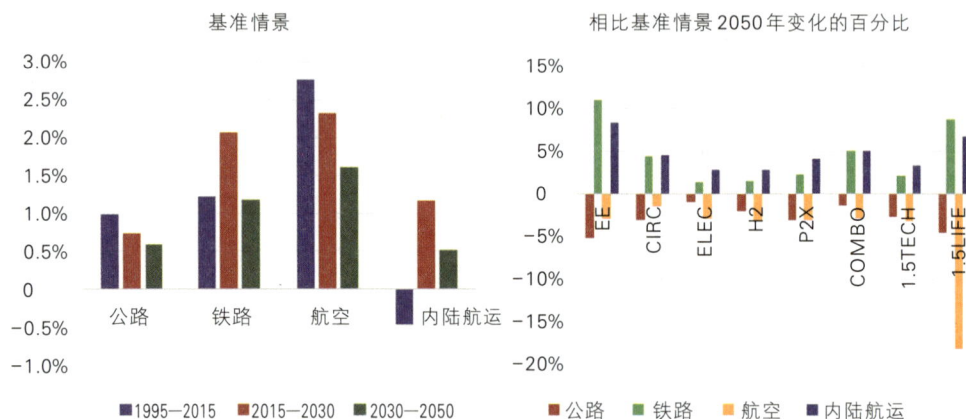

图 4-31　基准情景（每年平均增长率）和温室气体减排 80% 系列情景、净零排放情景（相对于基准情景的百分比变化）下的客运交通活动量[2]

来源：PRIMES.

温室气体减排 80% 系列情景、净零排放情景中，预计到 2050 年客运量将在 2015 年的基础上继续增长（到 2050 年增加约 29%~34%）。然而，与基准情景相比，促进交通运输系统转变和提高效率，温室气体减排 80% 系列情景、净零排放情景都将采取积极政策抑制客运活动量的增长。温室气体减排 80% 系列情景中，EE 情景的客运活动量减少最为显著（2050 年相对于基准情景下降幅度将超过 3%）；净零排放情景中，1.5LIFE 情景中客运活动量减少最为显著（与基准情景相比，2050 年客运活动量降低将近 5%）。相对于基准情景而言，逐渐内部化的外部成本（"智能"定价）、多模式联运旅行信息的支持、单一欧洲铁路区域的政策支持（市场和协同性）以及铁路运输的自动化和数字化，支持多模式和综合运输模式联运，使得

---

① SWD（2017）31 final.
② 欧盟内部航空业相关活动需要报告，以保持与历史时期报告的统计数据的可比性。

所有情景中交通模式都会显著地向铁路转移。铁路客运活动量增加最为显著的是 EE 情景（2050 年相对于基准情景的增幅为 11%）和 1.5LIFE 情景（2050 年相对基准情景的增幅为 9%）。在这两种情景中，高铁的份额将进一步增加，预计到 2050 年将比 2015 年增加 2 350 亿公里的客运里程。此外，在所有情景中，抑制污染物排放和提高运输效率的城市政策措施推动了从私人交通到公共交通模式（公共汽车、电车和地铁）的重大转变；在 EE 情景和 1.5LIFE 情景中，公交车和客车的客运活动量在 2050 年相对于基准情景增加了 10%～11%。

CIRC 情景和 1.5LIFE 情景还表明，将共享经济、互联协调和自动化技术结合在一起，并且充分利用数字化、自动化和移动性来提供服务（包括共享/公共交通）可以带来很大的收益。总体而言，在温室气体减排 80% 系列情景、净零排放情景中，提高运输系统效率的大量措施，包括推广协同智能运输系统（C-ITS），将导致 2050 年乘用车和货车运输量比基准情景减少 2%～7%（CIRC 情景中减少约 4%，1.5LIFE 情景减少约 6%）。

最后，1.5LIFE 情景假设欧盟内部和欧盟以外的航空运输活动（2015—2050 年欧盟内增加 59%，欧盟外增加 70%）的增长将显著低于基准情景（2015—2050 年欧盟内部增长 94%，欧盟外部增长 104%）。欧盟内部由于休闲和个人原因，一部分航空客运将转移到铁路（高速铁路，若有）和客车，并且欧盟以外旅行的距离也将减少；由于更多地采用了视频/电话会议，商务旅行的次数将减少。并没有明确的政策工具来引导人们改变行为，这种结果可以被解释为民众环境意识的提高，或者与强有力的政策相关。

内陆货运活动量

在基准情景中，内陆货运活动量增长速度将快于客运活动量，2015—2030 年增长 29%，2015—2050 年增长 53%。到 2030 年，内陆公路货运所占份额预计将减少至 69%，到 2050 年将减少至 68%。在基准情景中，2015—2030 年间，预计重型货车运输量将增长 26%（2015—2050 年间增长 46%），轻型货车运输量将增长 25%（2015—2050 年间增长 52%）；2015—2030 年间铁路货运量将增长 45%，2015—2050 年间将增长 88%，比铁路客运量增长快，这也将导致到 2030 年铁路货运量的份额将增加 2 个百分点，到 2050 年再增加 2 个百分点。受益于 TEN-T 核心和综合网络的建设、内陆水路运输的推广以及经济复苏，内陆水上货运量①到 2030 年将增长 28%，2015—2050 年将增长 46%。内陆水上货运量和铁路货运量的显著增长也得益

---

① 内河航运包括内河航道和国家海运。

于道路收费政策的实施、联合运输指令的修订以及货运电子文件的实施。

图4-32展示了2050年在基准情景（每年平均增长率）和温室气体减排80%情景、净零排放情景（相对于基准情景的百分比变化）下的内陆货运量的演变。

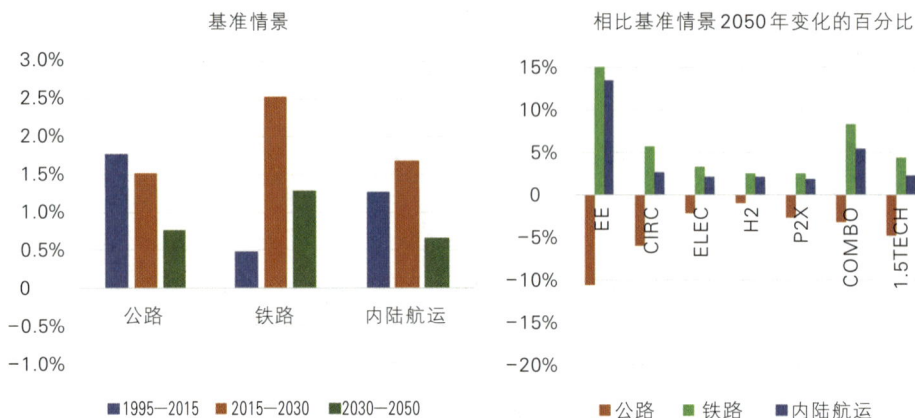

图4-32　2050年基准情景（每年平均增长率）和温室气体减排80%情景、净零排放情景
（相比基准情景2050年的变化百分比）下的内陆货运量[①]
资料来源：PRIMES.

温室气体减排80%情景、净零排放情景在2050年达到-80%甚至净零排放情景，对货运总量的影响是有限的，EE情景和CIRC情景中的影响最为显著（2050年相对于基准情景货运总量减少约2.5%）；所有其他情景（包含温室气体深度减排情景）中，货运总量的影响也较小。总体而言，在所有温室气体减排80%情景、净零排放情景中，相对于2015年的货运量预计都将持续增长（到2050年增幅为49%~53%），增幅低于基准情景。外部成本的逐步内部化（"智能"定价）、单一欧洲铁路区域的政策支持（市场和协同性）、铁路货运走廊（RFC）、铁路数字化和自动化、多模式联运以及自主航运和内陆水运竞争力的提高，将大大提高交通系统的效率，使得其相对于基准情景发生明显的转变，即转向铁路和内陆航运（内陆水运和国家海运）模式。

温室气体减排80%系列情景中，2050年铁路货运量与基准情景同期相比预计将增长3%~15%；COMBO情景中增长8%；净零排放情景中增长4%~9%；最高增幅出现在EE情景（15%）和1.5LIFE情景（9%）中。在强有力的政策激励下，这

[①]　为保持与历史时期统计数据的可比性，国际海事预测单独列报。

两个情景中 2015—2050 年铁路货运量将分别增加 116% 和 105% 左右。内陆水运和国家海运的货运量相对基准情景也将显著增加（到 2050 年，温室气体减排 80% 系列情景中同期增幅为 2%~13%，COMBO 情景中同期增幅为 6%，净零排放情景中同期增幅为 2%~7%）。与铁路货运类似，相对于基准情景，EE 情景（13%）和 1.5LIFE 情景（7%）中的增速将最为显著。

与基准情景比较，2050 年公路货运量在温室气体减排 80% 系列情景中将减少 1%~11%，在 COMBO 情景中将减少 3%，在净零排放情景中将减少 5%~6%。所有情景中都采取显著提高运输系统效率的相关政策。此外，推广协同智能运输系统（C-ITS）、将物流从长途货运改为就近采购也将在 CIRC 情景和 1.5LIFE 情景中发挥重要作用。尤其是在 CIRC 情景和 1.5LIFE 情景中，尽管 2050 年的公路货运量相对于 2015 年仍然增长了 37%，但相对于基准情景将下降约 6%。

国际海运运输量

根据 PRIMES 模型的计算结果，基准情景中欧盟的国际海运运输量将继续强劲增长，2015—2030 年间增幅为 21%，2015—2050 年间增幅为 51%，原因是原材料和集装箱运输的需求增加。正如第 4.4.1.5 节所述，欧盟国际海运的建模尚未纳入所有脱碳情景的主要分析。为欧盟国际海事开发的所有三种不同减排力度的方案显示，以吨公里衡量，相对于基准情景的运输量增长较慢（2015—2050 年间，在 H2Mar50 和 H2Mar70 情景中的增幅为 43%，1.5LIFEMar 情景中的增幅为 37%）。这是因为在温室气体减排 80% 情景、净零排放情景中，进口量下降，因此化石燃料的运输需求将减少，见图 4-33。

JRC 及 POLES-JRC 模型对全球范围内的国际海运进行了进一步分析。在煤炭、天然气、石油、化学品、集装箱、谷物和其他工业产品贸易的推动下，参考情景中预计 2015—2030 年间全球国际海运将增长 51%，2015—2050 年将增长 113%。POLES-JRC 2C 情景是一个包括所有经济部门在内的全球碳减排情景，与参考情景相比，2050 年全球海运量增长率较低（2015—2050 年为 68%），其原因还是贸易量和化石燃料的运输需求降低，见图 4-34。

4.4.2.2 分交通方式的技术发展预测

公路用车动力传动系统技术

在基准情景中，替代（内燃机）的动力系统越来越多地用于公路运输，这是因为 2020 年后对于新购置的小汽车和货车将实施更严格的二氧化碳排放标准，对新购置的重型货车实施二氧化碳标准以及《清洁车辆修订指令》。在基准情景中，2030 年后并没有进一步收紧二氧化碳排放标准，而是与委员会关于 2030 年的建议

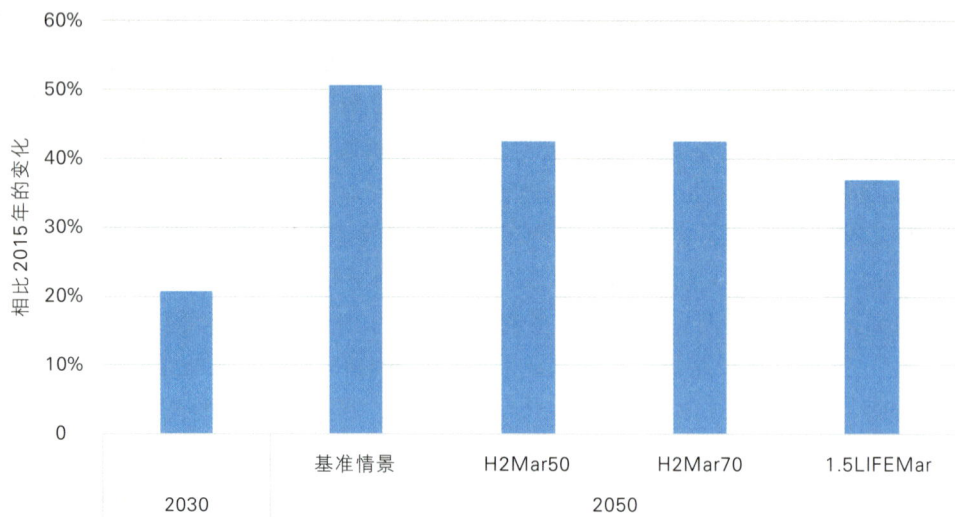

图 4-33　基准情景和系列情景中的欧盟国际海事活动

来源：PRIMES.

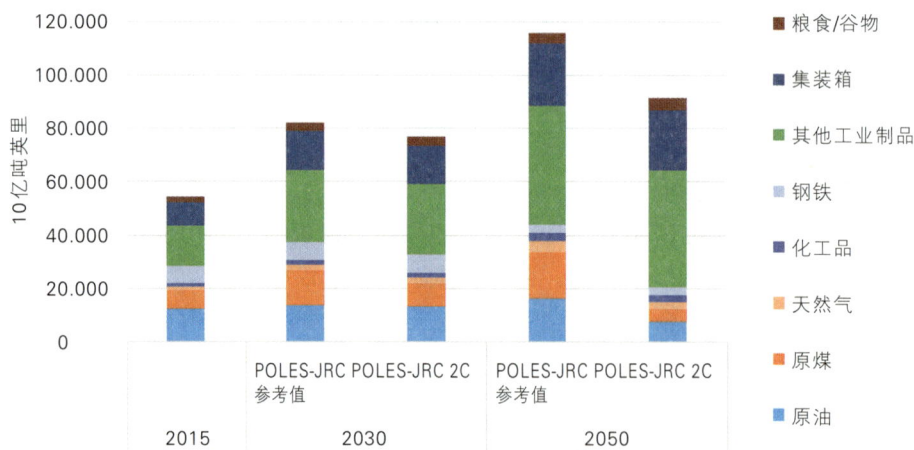

图 4-34　全球国际海运运输量的预测

来源：POLES-JRC.

保持一致。从长远来看，替代动力系统的占比增加主要是由于保有车辆的周转、技术进步，以及电动汽车充电基础设施和燃料电池汽车燃料供应基础设施的部署。

乘用小汽车

在基准情景中，传统柴油乘用小汽车的占比将从 2015 年小汽车保有量的 42%

下降到 2050 年的 20% 左右，而传统汽油汽车的占比将从 2015 年的 54% 下降到 2050 年的 18% 左右。到 2050 年，内燃气体（液化石油气和压缩天然气）汽车的占比将保持相对稳定，约为 4%。由于充电系统更低的成本对消费者更有吸引力，传统的柴油和汽油动力系统（包括混合动力系统）逐渐被可充电系统（纯电动、插电式混合动力和燃料电池车辆）所取代。从长远来看，纯电动小汽车变得越来越重要，2050 年占比将达到 35%，插电式混合动力汽车将占汽车保有量的 19% 左右。燃料供应基础设施的增加将促进氢能的使用，但由于基准情景中缺乏额外的政策激励措施，其应用仍然有限，到 2050 年，燃料电池汽车将占汽车保有量的 4% 左右。

温室气体减排 80% 系列情景、净零排放情景中，到 2050 年，汽车保有量中替代动力系统的使用率要比基准情景高很多。在温室气体减排 80% 系列情景中，2050 年纯电动、插电式混合动力和燃料电池动力系统的比例在 65%~89%：P2X 情景中，这些技术路线的占比最低（2050 年为 65%），这是因为电制液体使乘用车能够在不改变动力系统的情况下减少排放；ELEC 情景中，替代动力系统的占比最高（2050 年为 89%）；温室气体减排 80% 系列的其他情景中，由于化石燃料中混合了先进的生物燃料，到 2050 年，剩余的内燃机（ICE）汽车使用的燃料碳强度显著降低。P2X 情景中，额外引入混合电制液体将使 ICE 汽车的碳强度更低。到 2050 年，EE、ELEC 和 CIRC 情景中替代动力系统中纯电动（57%~58%）、插电式混合动力（24%~25%）和燃料电池（4%~7%）占比很接近。在 EE、H2 和 ELEC 情景中，二氧化碳标准更为严格，2050 年对于新车的 WLTP 测试周期碳排放标准为 23gCO$_2$/km ~ 16gCO$_2$/km。CIRC 情景中尽管没有那么严格的二氧化碳排放量标准，但受益于共享经济以及互联、协作、自动化交通，并充分利用数字化、自动化和移动性服务，有利于可充电系统的普及。在 H2 情景中，由于假设燃料电池技术进步更快以及加氢站的大规模建设，燃料电池动力系统得到了更多的应用（2050 年达到汽车存量的 16%），从而使插电式混合动力车份额下降（2050 年为 17%）。相对于 EE、ELEC 和 CIRC 情景，对纯电动汽车的影响（2050 年为 51%）则更为有限。在 COMBO 情景中，汽车保有量中纯电动、插电式混合动力和燃料电池动力系统的比例与 EE、CIRC 和 CIRC 情景类似，在 2050 年约为 87%（纯电动为 56%，插电式混合动力为 24%、燃料电池为 7%）；内燃机（液化石油气和压缩天然气）车辆的份额将低于汽车存量的 2%。

2050 年净零排放情景中，纯电动和燃料电池动力系统的比例将达到 96%（纯电动约为 80%，燃料电池约为 16%），这是由于新车的二氧化碳排放量标准从 2040 年起为 0gCO$_2$/km，以及充电站和加氢站的大规模建设。结果还显示，电制燃料和生物燃料将在能源系统的其他更难脱碳的部门优先使用，包括公路货运、航空和海运等部门。这意味着，到2050年的几十年内，乘用车要迅速被零排放车辆取代。
插电式混合动力车的份额将低于2%，内燃机（液化石油气和压缩天然气）车辆将
低于1%，见图4-35。

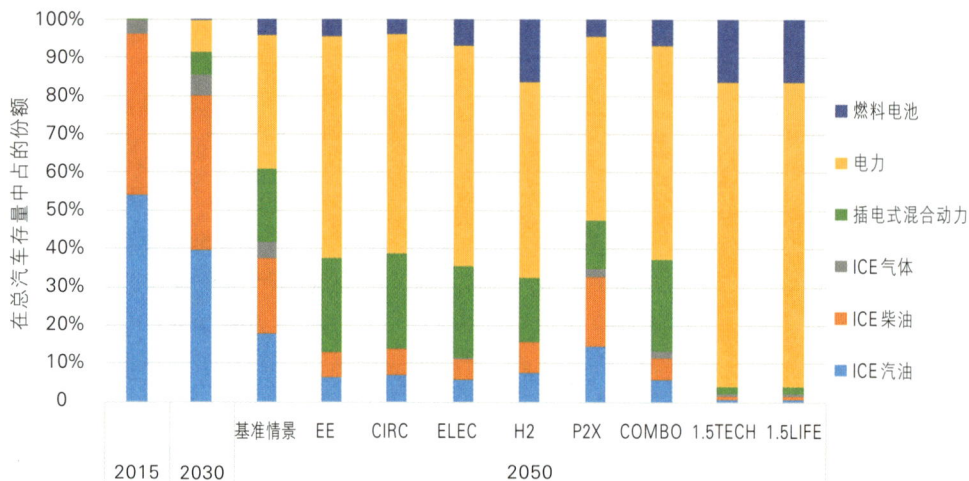

图4-35　基准情景和2050年达到-80%甚至净零排放情景中车辆动力系统技术结构
来源：PRIMES.

轻型商用车

目前主要使用的是传统柴油动力系统（约占90%）。在基准情景下，纯电动、
插电式混合动力和燃料电池汽车预计到2050年将占据相当大的份额（占46%），这
得益于欧盟委员会关于2030年新轻型商用车二氧化碳标准的提议以及充电站和加
氢站的建设。包括混合动力在内的传统动力系统在2050年仍将占据约54%的份额。

在2050年实现温室气体减排80%系列情景中，可充电系统（包括燃料电池）
占轻型商用车总量的58%~80%。在CIRC、EE和ELEC情景中，份额也比较相近，
占70%~75%（纯电动为41%~44%、插电式混合动力为22%~25%、燃料电池为
6%~7%）。在H2情景中，燃料电池车在2050年占总量的45%，而纯电动和插电式
混合动力车分别占19%和16%。随着电制液体燃料的使用，P2X情景下可充电系统
的份额较低（2050年为58%）。在所有2050年温室气体减排80%系列情景中，生物
燃料的引入，P2X情景中引入了电制液体燃料，降低了剩余ICE轻型商用车辆燃料
的碳强度。COMBO情景在2050年与ELEC情景有类似份额（纯电动为44%、插电
式混合动力为25%、燃料电池为6%），见图4-36。

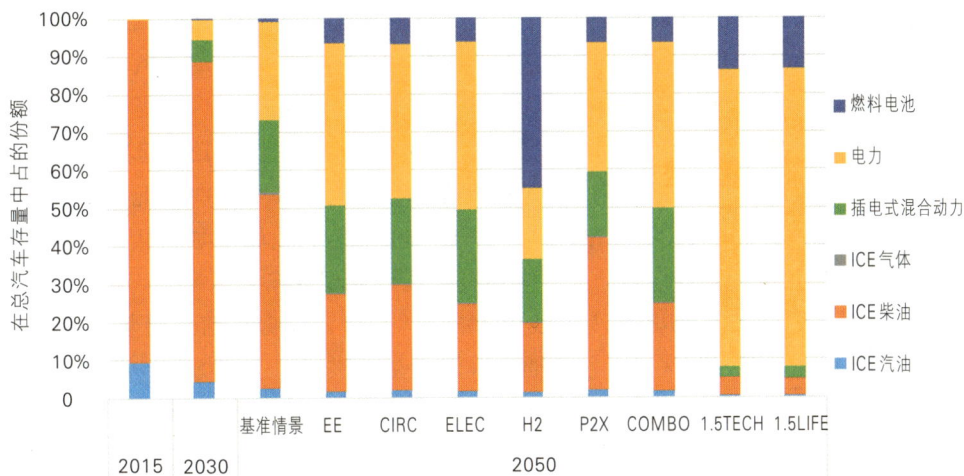

图4-36　基准情景、2050年温室气体减排80%系列情景、净零排放情景中
轻型商用车动力系统技术结构

来源：PRIMES.

在1.5TECH和1.5LIFE情景中，纯电动车和燃料电池车将在2050年占据约92%的份额，这是由于轻型商用车的二氧化碳排放标准从2040年开始为0gCO₂/km，并且充电站和加氢站得以大规模建设。如上所述，在2050年实现净零排放的情景中，电制燃料和生物燃料将在能源系统的其他更难脱碳的部门优先使用，包括公路货运、航空和海运等部门。这意味着轻型商用车车队需要在直到2050年的几十年内迅速被零排放车辆所取代，而插电式混合动力车的份额将低于3%。

两轮动力车

两轮动力车也将受益于电气化，在2050年温室气体减排80%系列情景和COM-BO情景下，大约82%的车将变成电动车。唯一的例外是P2X情景，其电气化程度将较低（2050年为41%），主要是因为使用了电制液体燃料以代替传统燃料。在1.5TECH和1.5 LIFE情景中，电动两轮车将占到2050年存量的94%。

由于技术发展存在不确定性，很可能会出现与上述情景不同的结果。但对于汽车和轻型商用车而言，目前的"传统看法"认为，电气化（燃料电池汽车的份额相对有限）从长期来看将是低碳转型的可行选择。这与上述PRIMES情景预测的结果一致。该结果显示，到2050年，轻型车辆（汽车和轻型商用车辆）的可充电动力系统的份额非常高。

其他研究也表明，电动汽车数量将显著增加。IEA（国际能源署）《全球电动

汽车展望2018》^①中的"新政策情景"显示，根据现有和计划的政策，预计到2030
年，在欧洲新销售的所有车辆（除了两轮车和三轮车）中，纯电动和插电式混合动
力车的比例为23%。IEA更乐观的EV@30情景显示，到2030年，轻型车辆、公共
汽车和卡车占新销售车辆的份额将达到35%。相比之下，中国的销售份额预计将高
于欧洲，分别在"新政策情景"和EV@30情景中达到26%和40%。此外，IEA预
计，在"新政策情景"中，电动两轮车和三轮车的数量将大幅增加，从2017年的3
亿辆增加到2030年的4.55亿辆，主要分布在中国、印度和东盟国家。

彭博社《新能源财经电动汽车展望2018》^②预测，根据目前的趋势，到2040
年，将有超过5亿辆电动汽车（包括插电式混合动力汽车）上路行驶，占全球汽车
市场的1/3。到2030年，电动汽车在全球销售新车的占比为28%，到2040年，该占
比为55%。中国有望引领此转型，欧洲紧随其后。分析还表明，公交车可能比汽车
更快实现电气化。

欧佩克《世界石油展望》^③参考案例提出了更为保守的观点，认为到2040年欧
洲经合组织的电动汽车（包括插电式混合动力汽车）将会达到新销售车辆的33%。
欧佩克还进行了敏感性分析，其中到2040年欧洲销售的5辆汽车中有3辆将是电动
汽车。

而英国石油公司在《能源展望2018》^④演变过渡情景中（假设政府政策、技术
和社会偏好继续以过去的速度发展）预计，到2040年全球汽车的15%将是电动车，
但是所有车辆行驶里程的30%将由电力驱动，这是由于共享汽车的增多。更激进
的"ICE禁令"情景也将有所考虑。

相比之下，里卡多（Ricardo）最近对Concawe^⑤的一项研究为长期来看应该电
气化的"传统看法"提供了一套替代方案。除了纯电动汽车高渗透率的情景之外，
该研究还提出了插电式混合动力汽车份额更高的情景，以及低碳燃料（生物燃料和

---

① IEA(2018). IEA全球电动汽车展望——向跨模式电气化发展,https://www.iea.org/gevo2018/. 该报
告分析了技术、消费者行为、基础设施需求和政策,以实现所有道路运输的电气化,包括两轮车或三轮车、公共
汽车和重型车辆。

② Bloomberg NEF(2018),Electric Vehicle Outlook(EVO),https://about.bnef.com/electric-vehicle-
outlook/.

③ OPEC(2017),World Oil Outlook.

④ BP(2018),World Energy Outlook,https://www.bp.com/en/global/corporate/energy-economics/
energy-outlook/demand-by-sector/transport.html.

⑤ Ricardo for Concawe(2018)Impact analysis of mass EV adoption and low carbon intensity fuels
scenarios,https://www.concawe.eu/publication/impact-analysis-of-mass-ev-adoption-and-low-car-
bon-intensity-fuels-scenarios/.

电制燃料）对于碳减排发挥主要作用的情景。这两种情景下 2050 年轻型车辆的温室气体排放将显著减少（约 85%）。在高比例插电式混合动力车情景中，这些动力系统将占到 2050 年乘用车的 91% 左右。在低碳燃料情景下，插电式混合动力车占据了大约 47% 的份额。从燃料结构来看，低碳燃料情景预计到 2050 年生物燃料使用量约为 54%，电力使用量为 23%，电制燃料使用量为 14%。然而，低碳燃料情景依赖于 ICE 技术持续快速进步的假设，更重要的是全球充足的土地资源。另一方面，高比例插电式混合动力车的情景依赖于全球锂材料或其他电池材料产量增加的假设。

虽然技术发展的步伐当前并不确定，但人们普遍预期替代动力系统的渗透率会提高，尤其是电动车的普及。此外，向低碳交通的成功转型不仅取决于技术成本的持续下降，还取决于监管行动、财政激励措施以及充电站和加氢基础设施的大规模部署。

重型货车

如第 4.4.1.5 节所述，对于重型货车，结果反映了不确定以及多样化的技术预期：在不同情况下所采用的各种不同的 HGV 技术，具体取决于技术偏好、行驶距离、负载和可用的基础设施选择，参见下面关于燃料结构预测的章节。

重型货车目前几乎完全使用传统的柴油动力系统。在基准情景中，由于新的二氧化碳排放标准的制定，预计其份额将显著下降（到 2050 年将下降到 51% 左右，不包括混合动力车）。预计 2050 年燃气车辆占 HGV 总量的 18% 左右，混合动力车辆占 29% 左右。总体而言，电动和燃料电池汽车在基准情景下到 2050 年仅占约 2%。值得注意的是，基准情景中 2030 年后新重型货车的二氧化碳排放标准将保持不变，这与欧盟委员会 2030 年的建议一致。因此，进一步的演变主要是因为现存汽车的更新换代、技术进步和液化天然气基础设施的进一步发展。

2050 年温室气体减排 80% 系列情景中，混合动力将占 2050 年 HGV 总量的 22%~33%。电驱动系统（全电动和带有受电弓的 HGV[①]）将在 EE 和 ELEC 情景中占据 17%~20% 的份额，但在 P2X 和 CIRC 情景中分别只有 3% 和 6%。由于燃料电池更快的技术进步和加氢站的大规模可用的假设，燃料电池预计到 2050 年在 H2 场景中占车辆总数的 15%。到 2050 年，天然气燃料汽车在 H2 情景中占 14%，P2X 情景中占 35%。与此同时，在 2050 年温室气体减排 80% 系列情景中，传统的柴油动力

---

① 这些方案中未考虑接触网和受电弓基础设施的投资成本。用于装备 1 公里的道路(例如 Schleswig-Holstein)的投资成本可高达 200 万欧元。

系统（不包括混合动力车），预计到2050年仍将占据37%~58%的份额。但是，由于柴油和先进生物燃料的混合使用，以及P2X情景中的电制液体燃料的使用，燃料的碳强度会降低。同样，生物甲烷和合成气的混合使用也减少了以汽油为燃料的重型货车的碳排放[①]。因此，低碳燃料减少了卡车的温室气体排放，即使是用于传统的动力系统。例如，到2050年卡车中液体生物燃料的使用比例在H2情景中为21%，在ELEC和EE情景中为26%~27%，在CIRC情景中高达34%。在P2X情景中，液体生物燃料仅占能源需求的8%，因为电制液体燃料占约21%的份额，气体燃料提供了另外44%（其中21%是合成燃料，9%是生物甲烷，14%是天然气）。在2050年温室气体减排80%的其他情景中，几乎没有使用电制液体和电制气体燃料，而气体燃料（包括生物甲烷）将在H2情景中约占7%的份额。

COMBO情景显示，到2050年电驱动系统和燃料电池（约占总量的10%）适度增长，而混合动力汽车约占19%，燃气汽车占32%。在2050年温室气体减排80%系列情景中，燃料结构在推动温室气体减排方面发挥着重要作用。例如，电制燃料预计约占卡车能源需求的11%，氢气占14%，液体生物燃料占16%，气体燃料约占33%（其中15%以上是电制燃料，8%是生物甲烷，9%是天然气）。在1.5TECH和1.5LIFE情景中（详见图4-37），到2050年动力系统的发展与COMBO情景大致相似。然而，低碳燃料，特别是电制燃料和生物燃料的使用率更高。COMBO情景和2050年净零排放的情景都需要大量部署加注氢气和气体燃料的基础设施。

通常，对于重型货车来说，PRIMES情景显示使用具有极低碳强度（液体或气体）燃料的ICE和混合动力系统将成为主流技术。然而，氢气也将在长途公路运输和电力方面发挥重要作用，尤其是在城市配送中。由于存在高度不确定性，应当谨慎对待这些结果。

IEA分析了未来卡车发展情景[②]。在参考案例中，替代动力系统的渗透率仍然有限。现代卡车情景很大程度上实现了系统效率的改进以及车辆技术改进。到2050年，动力系统仍然存在多样化，电动化对轻型卡车尤为重要，尤其是城市配送。而传统柴油机、混合动力系统、LPG/CNG以及电气化在内的技术适合用于中长途重型卡车。虽然报告指出燃料电池的价格可以降低至具有竞争力水平，但不确定性仍然很大。正如在支持这一战略的PRIMES情景中，卡车方面没有明显的技术赢家。

[①]　这些设想假设，到2050年，小规模液化和气化将以具有竞争力的成本得以应用，从而使换料枢纽得到广泛发展，液化站也将在天然气配送中混合沼气和电制燃气。

[②]　IEA（2017），The Future of Trucks. https://www.iea.org/publications/freepublications/publication/TheFutureofTrucksImplicationsforEnergyandtheEnvironment.pdf.

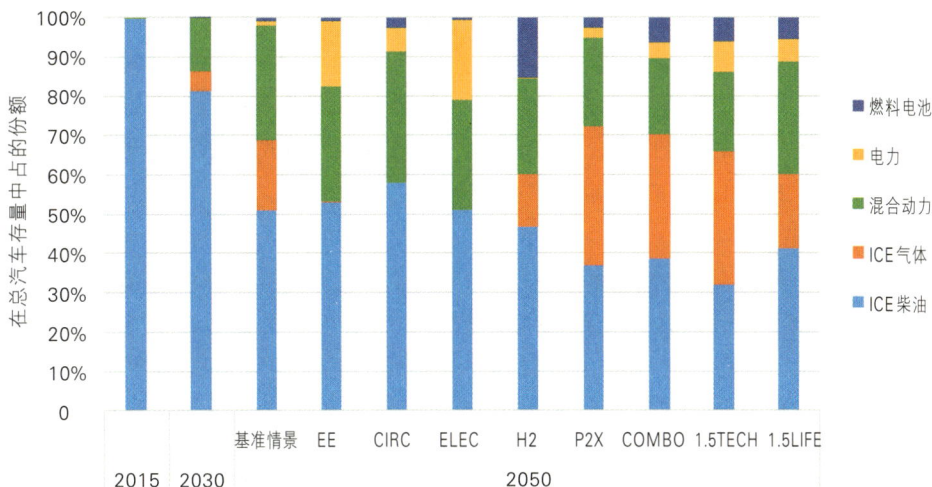

图 4-37　基准情景、2050 年温室气体减排 80% 系列情景、净零排放情景中
重型货车动力系统技术结构

来源：PRIMES.

　　然而，正如第 4.4.1.5 所述，Scania 最近的一份报告[①]显示，电池电气化是最具成本有效性的选择，这提供了另一种观点。

　　对于公共汽车和长途汽车而言，基准情景预计到 2050 年，混合动力车（占36%）和燃气车辆（占 21%）将显著增长，电动车（电池和有轨电车）约占总量的5%。然而，在 2050 年温室气体减排 80% 系列情景、净零排放情景中，由于它们的用途和技术可行性不同，情况亦有所不同。虽然公共汽车主要用于城市环境中，电气化也是一种可行的选择，但是长途汽车的行驶距离较长，并且面临着与重型货车相似的限制。对于公共汽车[②]，EE、ELEC 和 CIRC 情景显示，到 2050 年车辆几乎完全电气化。在 H2 情景中，燃料电池占主导地位（84%），而电动汽车（电池和有轨电车）在 2050 年占 16% 左右。然而，在 P2X 情景中，传统的柴油动力系统仍然占到约 26%，燃气车辆占 24% 左右，而电动公交车到 2050 年将达到 41% 的份额。在P2X 情景中，低碳燃料，像电制气体、电制液体、液体和气体生物燃料在温室气体

[①]　Scania（2018）Achieving fossil-free commercial transport by 2050，https://www.scania.com/group/en/wp-content/uploads/sites/2/2018/05/white-paper-the-pathways-study-achieving-fossil-free-commercial-transport-by-2050.pdf.

[②]　国际能源署《全球电动汽车展望》指出，在柴油税较高的地区，城市电动公交车的运营成本已具有竞争力。

减排方面发挥着重要作用。而 COMBO 情景和到 2050 年达到净零排放的情景显示，
电动公交车的份额在 79%~88%，而燃料电池将占 3%~14%，燃气车辆占 6%~8%。
此外，电制气体、电制液体、液体和气体生物燃料在降低 ICE 动力系统中使用的燃
料碳强度方面发挥着重要作用。对于长途汽车来说，与重型货车的结果相似，燃料
电池在 1.5 TECH 和 1.5 LIFE 情景中占据了显著的市场份额。

铁路运输

对于铁路运输，所有情景都显示，电气化将是主要选择。在基准情景中，预计
到 2050 年，用于客运的铁路车辆中约有 87% 为电动车，而在货运铁路车辆中这一
比例则为 77%。这需要付出巨大的努力，在 2030 年完成核心 TEN-T 网络建设，到
2050 年建成完整的 TEN-T 网络。在 2050 年温室气体减排 80% 系列情景中，2050 年
电动车辆将占客运铁路车辆的 93%~95%，占货运铁路车辆的 85%~88%。2050 年铁
路基础设施也需要在很大程度上实现电气化，以支持这种重大变革[1]。在 COMBO
情景和到 2050 年净零排放的情景中，电动车辆的份额与 EE 情景中的份额相似（客
运铁路车辆中为 95%，货运铁路车辆中为 88%~89%）。

内陆水运

在 PRIMES 模型中，内陆水运涵盖内陆水道和国家海运[2]。在基准情景中，预
计到 2050 年，大部分船舶（87%）将由液体燃料提供动力。到 2050 年，由于 CEF
资金的支持、LNG 基础设施的建设以及与国家海运相关的指令，液化天然气船将
占约 13%。

而在所有 2050 年温室气体减排 80% 系列情景、净零排放情景中，能效提高将
为减少温室气体排放做出重大贡献。在 2015—2050 年间，由于技术和运营措施
（例如发动机优化、船体设计、速度优化、容量利用、航行优化等）的推动，2050
年温室气体减排 80% 系列情景中的能源强度将下降 11%~13%，在 COMBO 情景中
将下降 12%，在达到净零排放的情景中将下降 13%。而到 2050 年，电气化只占有
小部分市场（在 EE 情景和 ELEC 情景中占 3%，在 COMBO 情景中占 1%，在 2050 年
净零排放情景中则为 3%），燃料电池在 H2 情景中占 2% 左右。由液体燃料驱动的
推进系统将在 2050 年发挥主导作用（在 2050 年温室气体减排 80% 系列情景中占据
84%~87% 的份额，在 COMBO 情景中占 86%，在 2050 年净零排放情景中占 81%~
84%），其次是气态燃料驱动的推进系统（在 2050 年温室气体减排 80% 系列情景和

---

① 建模过程不包括铁路网电气化的投资成本，而仅包括与机车车辆相关的投资成本。
② 这是因为目前还没有这两个国家的能源统计数据。

COMBO 情景中占 13%，在 2050 年净零排放情景中占 13%~16%）。然而，由于液体生物燃料（在 2050 年温室气体减排 80% 系列情景中占总燃料消费的 16%~34%，在 COMBO 情景中占 29%，在 2050 年净零排放情景中占 34%~44%）和电制液体燃料（在 P2X 情景中占 37% 的能源需求，在 COMBO 情景中占 19%，在 2050 年净零排放情景中占 29%~48%）的推广使用，液体燃料的碳强度相对于基准情景将显著降低。此外，气态燃料在 2050 年温室气体减排 80% 系列情景中将提供 5%~9% 的燃料份额，在温室气体净零排放情景中将占据 7%~9% 的份额，而在 P2X 情景中电制气体燃料约为 4%，在 COMBO 情景中约为 3%，2050 年净零排放情景中为 4%~5%。

国际航空

考虑到欧盟的地理范围，如第 4.4.2.1 节所述，在基准情景中，包括欧盟以外的国际航班在内的航空运输活动预计将大幅增加（2015—2030 年期间增加幅度为 43%，2015—2050 年期间增加幅度为 101%）。能效改善是基准情景的强大推动力，包括飞机技术和设计、空中交通管理和运营、提高运载率等相关措施。广义上的航空运输能源强度，以每百万客运公里油当量吨数来衡量，预计在基准情景中将显著降低，2015—2030 年间将减少 25%，2015—2050 年间将减少 39%。在 2050 年温室气体减排 80% 系列情景甚至净零排放情景中，能源效率预计将比 2015 年提升 42% 左右（见图 4-38）。

目前，航空运输完全依赖于石油产品。在基准情景中，到 2050 年，液体生物燃料（生物煤油）预计将提供约 3% 的航空运输能源需求。在 2050 年温室气体减排 80% 系列情景甚至净零排放情景中，液体生物燃料和电制液体燃料是降低航空运输燃料碳强度的主要替代方案，因为长距离飞行需要一定的能量密度，所以到 2050 年电气化仍然仅占小部分市场份额。在 2050 年温室气体减排 80% 的大多数情景中，生物煤油将在 2050 年提供 21%~25% 的燃料份额（ELEC、EE 和 H2 情景中为 21%，CIRC 情景为 25%）。在 P2X 情景中，电制液体燃料将大量使用，到 2050 年达到航空燃料消耗的 14%，而液体生物燃料的份额预计将更加有限（9%）。尽管在实现 80% 减排的情景中大量采用液体生物燃料和电制液体燃料，但到 2050 年，大约 3/4 的航空燃料仍将是化石燃料。

在 COMBO 情景中，生物煤油将在 2050 年提供约 20% 的能源需求，电制液体燃料将提供约 5%，而在 2050 年实现净零排放的情景下生物煤油和电制液体燃料的渗透率更高，在 2050 年实现燃料份额的 55%~57%（其中生物煤油为 23%~45%，电制液体燃料为 10%~34%）。由于运输活动增速的降低和能源效率的提高，在 1.5 LIFE 情景中，将大量使用液体生物燃料和电制液体燃料，同时相对于 2015 年能源需求有所下降（2050 年减少约 5%）。

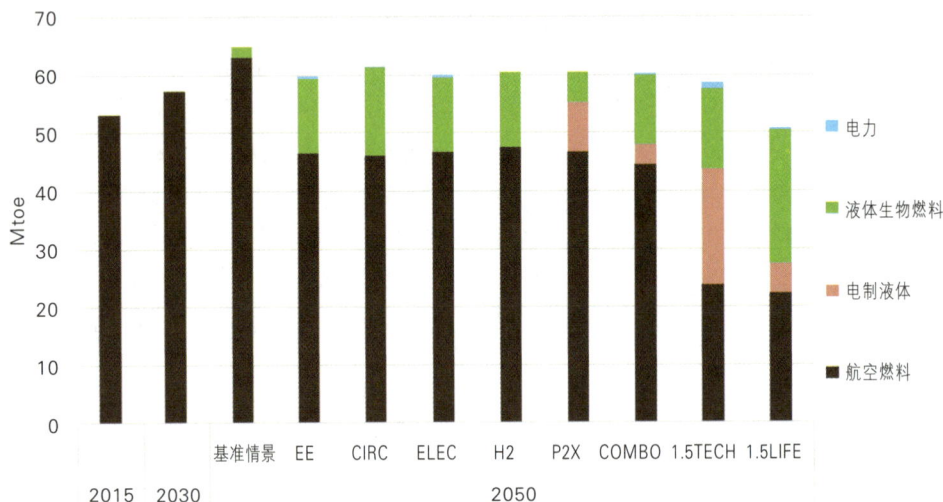

图4-38　基准情景、2050年温室气体减排80%系列情景、净零排放情景的航空燃料结构

来源：PRIMES.

电动飞机目前只在EE、ELEC和2050年实现净零排放的情景中有非常有限的发展。然而，当前航空电气化技术也正在发展，空客、劳斯莱斯和西门子正在开发[1]一种混合动力飞机，可以显著提高飞机效率，例如通过改变飞机设计以提高总重量，从而减少燃料消耗。

国际海运

有很多研究关注海运部门脱碳的技术选择。Bouman等人[2]的文献综述评估了不同方案的潜力，分为六个主要类别：船体设计、动力和推进、规模经济、速度、天气路线和时间安排、燃料和替代能源。这些类别类似于第4.4.1节中描述的通用类别。研究结论表明，基于现有技术，通过政策措施组合[3]，相对于基准情景，到2050年可实现排放降低33%~77%。就单位运输排放量而言，结论是可以将排放量减少40%~60%。下面这张图总结了Bouman（2017）研究中各种措施相对基准情景的减排潜力（见图4-39）。

---

① Airbus（2017），https://www.airbus.com/newsroom/press-releases/en/2017/11/airbus--rolls-royce--and-siemens-team-up-for-electric-future-par.html.

② Bouman et al.（2017），State-of-the-art technologies，measures，and potential for reducing greenhouse gas emissions from shipping-a review，Transportation Research Part D 52，408-421.

③ 如果把核能纳入考虑范围，就有可能实现更高的减排。

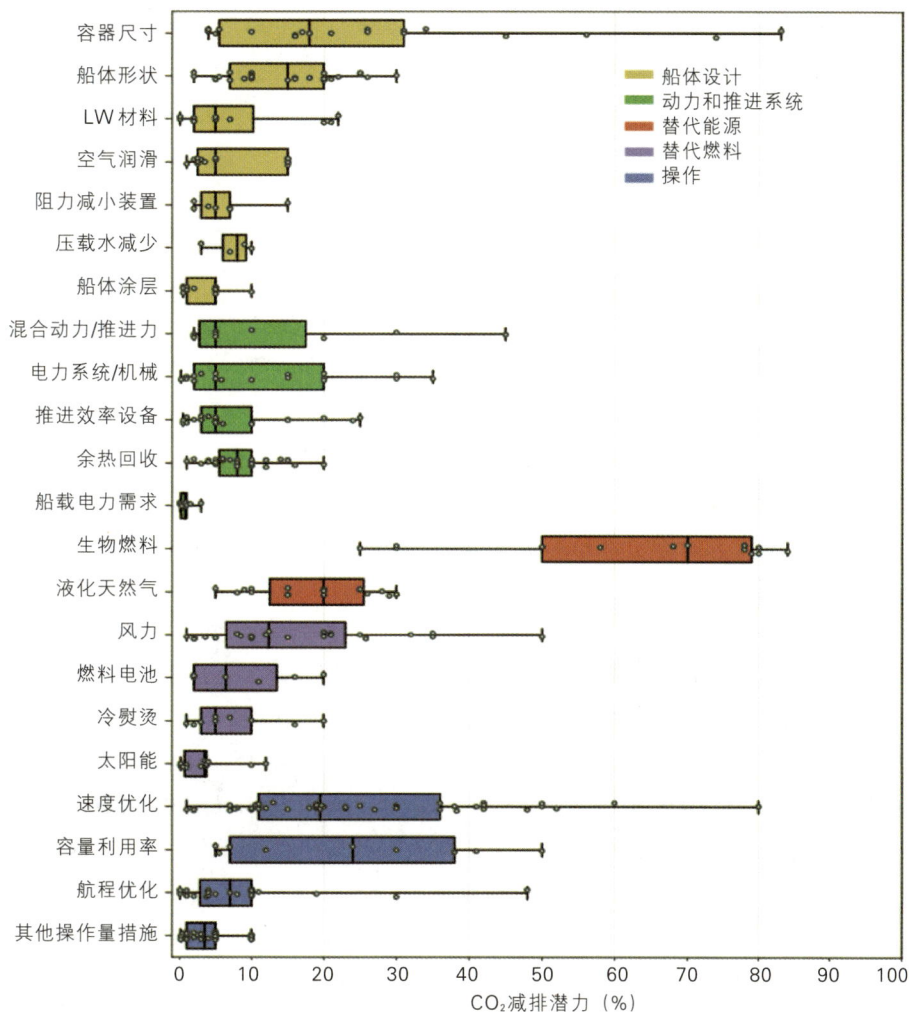

图 4-39 各项措施的减排潜力

来源：Bouman（2017）．

经合组织（OECD）关于海运脱碳的报告[①]描述了各种雄心勃勃的零碳运输途径，其中的技术、燃料和效率措施的类别与上述研究类似。经合组织还指出，全球

---

① International Transport Forum，OECD（2018），Decarbonising Maritime Transport – Pathways to zero carbon shipping by 2035，https://www.itf-oecd.org/sites/default/files/docs/decarbonising-maritime-transport-2035.pdf.

共同实现《巴黎协定》目标的努力将导致海上运输对化石燃料的需求减少。在经合组织描述的情景中，通过替代燃料的快速渗透，主要是氢气和氨，辅以生物燃料、操作措施、技术措施并扩大船体尺寸，在2035年将会实现零碳运输。在不同的情景中，这些措施的强度各不相同。

麻省理工学院（UMAS）、伦敦大学学院（UCL）和劳埃德（Lloyds）为丹麦船东协会进行的一项研究①描述了各种减排情景，从2035年前后实现净零排放，到最悲观的情景下运输排放大致保持在当前水平。在每个脱碳途径中，技术、操作、燃料转换和抵消购买（offset purchases）都相对有不同的贡献。在低运行速度时，通过使用氢和生物燃料，并使用化石燃料可以实现大幅度减排。报告指出，氢气可以被其他零碳技术取代，例如电气化。模拟的不同情景显示了生物燃料、氢气、液化天然气和化石燃料的不同渗透率，这也取决于情景假设。

在PRIMES基准情景中，预计能源效率会有重大提升，这主要归功于国际海事组织在全球范围内实施的《能效设计指数》。以每百万吨公里油当量吨数衡量的欧盟国际航运能源强度预计将在2015—2030年间下降10%，2015—2050年间下降16%。船用柴油的份额将随着时间的推移而增加，而到2050年，天然气将提供约11%的能源需求，这主要受到硫指令和加注液化天然气基础设施的推动。

正如在4.4.1.5节中已经解释的那样，基于H2和1.5LIFE情景，在欧盟国际航运中使用PRIMES模型考虑运行了三个不同减排力度的组合。H2情景，假设温室气体排放量相对于2008年减少50%和70%（分别为H2Mar50和H2Mar70）。在1.5LIFEMar情景中，假设国际海运是净零排放目标的一部分，并且与2008年相比，到2050年减少了约88%的排放量，见图4-40。

此外，预计能源效率到2050年将在所有三种脱碳组合中对实现温室气体减排做出重大贡献（到2050年，相对于2015年，H2Mar50情景为25%，H2Mar70情景为28%，1.5LIFEMar情景为33%），且主要通过如推进系统、螺旋桨、船体涂层和减速等方面的技术实现。

就燃料而言，所有三种组合都意味着到2050年将大量使用液体生物燃料（H2Mar50情景中占能源需求的37%，H2Mar70情景中和1.5LIFEMar情景中占54%）。这意味着到2050年需要21Mtoe~30 Mtoe液体生物燃料，而H2Mar50和H2Mar70情景预测，到2050年氢气使用量将增加氢燃料的比重（燃料份额的13%~

---

① UMAS, UCL, Lloyds Register(2016), CO₂ emissions from International shipping-possible reduction targets and their associated pathways, https://www.danishshipping.dk/en/press/news/download/News_Model_News_File/71/CO₂-study-full-report.pdf.

14%）[①]，而1.5LIFEMar情景更依赖于电制气体燃料和电制液体燃料（分别占能源需求的10%和17%）。在上述三种组合中，预计到2050年，天然气将占能源需求的11%~14%（1.5LIFEMar情景为11%，H2Mar70情景为14%）。预计到2050年，船用柴油和重质燃料油的份额将大幅减少，特别是在1.5LIFEMar情景中。因此，预计到2050年，在H2Mar50情景中，CO_2强度（以每吨公里二氧化碳表示）将下降约66%，H2Mar70情景中为79%，1.5LIFEMar情景中为91%。

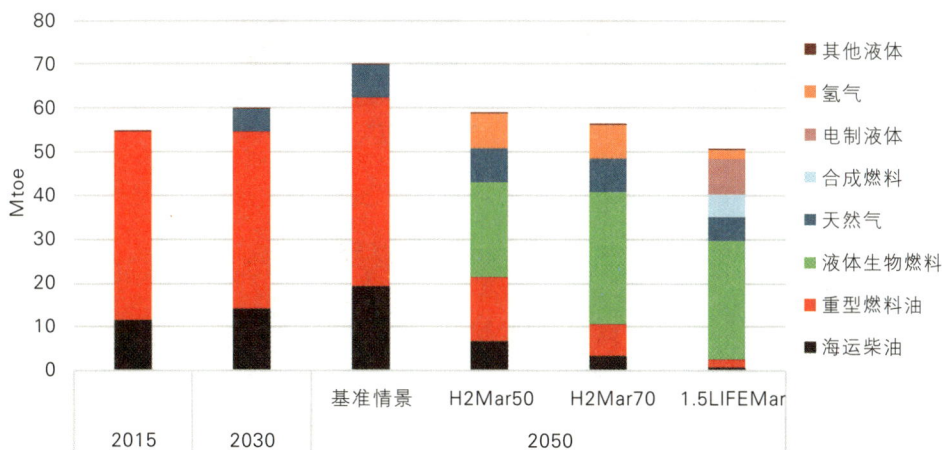

图4-40　基准情景和脱碳组合情景中的欧盟国际海运燃料结构

来源：PRIMES.

JRC使用POLES-JRC模型对全球国际海事进行的分析显示，参考情景中2015年至2050年间的能源强度降低了约14%（以ktoe/Gtonne-miles为单位）。然而，POLES-JRC 2C情景表明，随着时间的推移，能源强度有了更大幅度的下降（2015—2050年为39%），这使得在数量上对液体生物燃料的依赖程度有所降低。到2050年，液体生物燃料仍占全球能源需求的约32%（101 Mtoe）。到2050年，预计氢气将提供约23%的燃料份额，而天然气则为14%。POLES-JRC模型则并未考虑将电制气体燃料和电制液体燃料用于国际海运，见图4-41。

---

① 电制燃料在H2方案中不可用，因此在H2Mar50和H2Mar70变体中也不可用。

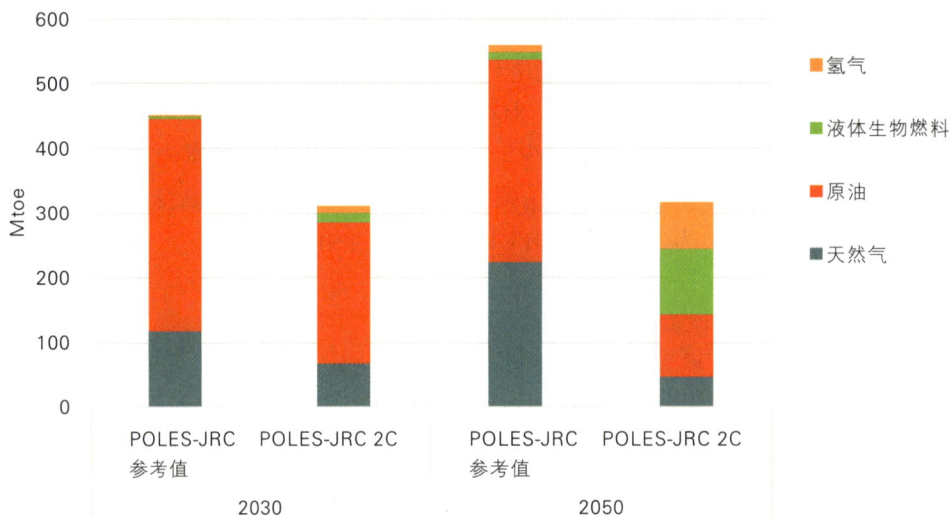

图4-41　全球国际海运的能源需求量

来源：POLES-JRC.

4.4.2.3　能源需求和燃料结构预测

基准情景显示，与2005年相比，到2050年交通能源需求①减少了24%，这主要是由于新的汽车、轻型商用车和重型货车的二氧化碳排放标准对整体车辆效率的影响，这也归因于整个交通系统效率的提升。石油产品仍占主导地位，并在2050年提供75%的最终能源需求，低于目前的90%。由于电动汽车的使用和铁路电气化的进一步发展，到2050年，电力将提供约11%的能源消耗。液体生物燃料在基准情景中将保持相对稳定的份额（约占燃料总量的6%），而包括生物甲烷在内的气体燃料到2050年将提供约6%的能源需求。在基准情景中，由于缺乏额外的政策激励措施，预计到2050年氢气将占总能源需求的2%左右，见图4-42。

在2050年温室气体减排80%系列情景中，与2005年相比，总的交通能源需求下降了31%（P2X情景）~43%（EE情景和CIRC情景），这是由于2030年后的汽车、货车、重型货车和公共汽车二氧化碳减排效率有所提高，当然这也归功于运输系统效率的提高，以及向更节能的运输方式（如铁路）转变。在更加激进的情景中，到2050年，能源需求的减少幅度将更大（COMBO情景为38%，1.5TECH情景

---

①　本节讨论的能源需求包括除国际海运以外的所有运输方式。这与分别报告国际燃料存储的能量平衡原理一致。

为45%，1.5LIFE情景为50%）。在所有情景中，相对于货运，预计客运将节省更多能源。公路运输也将大幅节省能源，而航空运输相对于基准情景的能源需求增长较低。铁路能源需求预计将比2005年有所增加，而内陆水运的节能量则相对有限，这是由于在所有情景下发生了从公路到铁路和内陆水运的模式转移，对这些运输方式的较高能效产生了抵消效应。

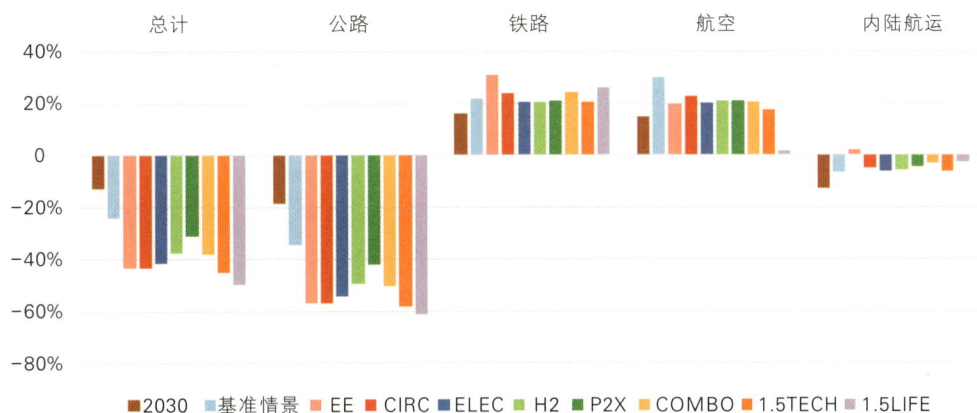

图 4-42　与 2005 年相比，2050 年每种模式的能源消耗变化

来源：ESTAT, PRIMES.

　　燃料消耗减少的最主要推动因素预计将是公路运输部门的电气化。在2050年温室气体减排80%系列情景中，到2050年，能源需求的电力份额将在15%（P2X情景和H2情景）和26%（EE情景和ELEC情景）之间，相比之下，基准情景中则为11%。在更加激进的情景中，在2050年实现净零排放时，电力的份额会更高，尽管在乘用车中的电气化率也会更高。这是因为，在2050年净零排放情景中，电制气体燃料和电制液体燃料在交通燃料中将发挥更重要的作用，特别是在公路货运和航空领域，见图4-43。

　　预计液体生物燃料的消费量在所有情景中都将有所增加，这主要是由于其在航空运输、公路货运和内陆航运领域的使用。虽然在基准情景中，液体生物燃料在2050年将占燃料份额的6%左右，但在2050年温室气体减排80%系列情景中，份额在10%（P2X情景）和23%（CIRC情景）之间，在更加激进的情景中占14%~24%。与生物甲烷一样，在2050年温室气体减排80%系列情景中，液体和气体生物燃料的份额将在13%~24%，其中COMBO情景减少18%，而在净零排放情景中减少17%~26%。

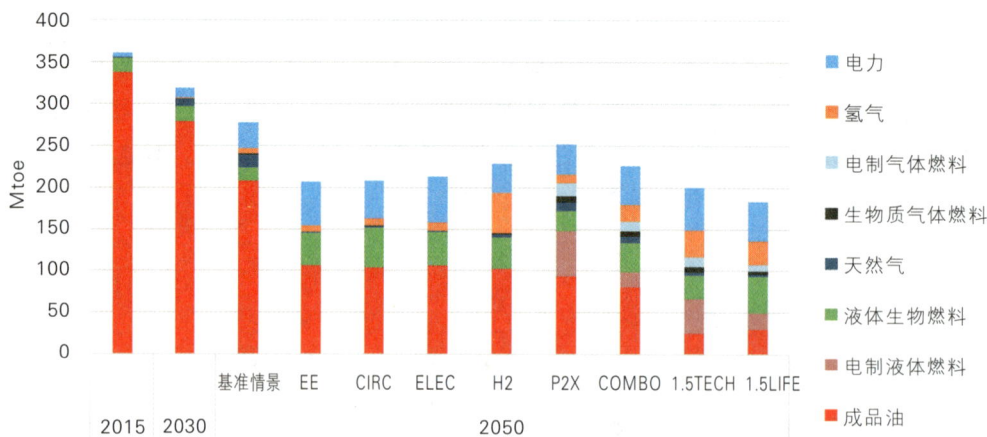

图 4-43　2050 年交通部门燃料消耗量

来源：PRIMES.

　　尽管在不同的交通方式之间的分配非常不同，但不同情景中液体生物燃料的总量并没有太大差异。在更加激进的情景中，具有较少脱碳选择的交通模式将优先使用液体生物燃料，而其他模式也将选择不同的解决方案，而不仅仅是基于生物燃料。

　　在 P2X 情景中，电制燃料（电制液体燃料和电制气体燃料）预计约占 2050 年能源需求的 28%（约 71 Mtoe），这是在所有 2050 年温室气体减排 80% 系列情景中，唯一大量采用电制燃料的情景。在 COMBO 情景中，电制燃料将提供约 14% 的能源需求，而在 2050 年实现净零排放的情景中，电制燃料的份额将达到 15%~26%（27 Mtoe ~53 Mtoe）。此外，电制气体燃料主要用于公路货运，并且在更有限的范围内用于内陆水运，而电制液体燃料则主要用于航空运输、公路货运和内陆水运。如前所述，电制液体燃料的优点是能量密度高，也可以直接用于传统的车辆发动机，但这依赖于现有的加油基础设施。

　　与液体生物燃料类似，在 P2X 情景和更加激进的情景中，电制燃料在交通模式之间的分配是不同的。在更加激进的情景中，电制燃料主要用于具有更少碳减排选择的交通模式，如航空运输、公路货运和内陆水运。

　　预计氢气在 H2 情景中的交通能量需求中所占比例最高（2050 年为 21%），但在所有情景中氢气都是交通燃料的一部分，包括基准情景（约 2%）。在 2050 年温室气体减排 80% 系列情景中，除了 H2 情景之外，2050 年氢能的发展将提供约 4%~5% 的能源需求，而在更激进的情景中，该份额将更大（COMBO 情景中为 9%，

2050年实现净零排放的情景中为15%~16%）。

电制燃料中电制气体燃料和氢气的生产需要大量电力。对于气体燃料，也需要用电力来捕集二氧化碳。因此，为最需要它们的交通方式保留气体燃料和氢气，将有助于限制电力资源的消耗，因为电力资源需求会随着气体燃料和氢气的生产和部署而增加。

只要逐步将天然气供应脱碳①，天然气就可以发挥重要作用，特别是在公路货运和航运方面，到2050年天然气的作用在所有2050年温室气体减排80%系列情景中甚至净零排放情景中都很有限（占0.5%~4%的能源需求）。

电制燃料不能提供与电气化相同类型的效率改进（电动发动机比ICE更有效），它们在总燃料消耗中的相对份额到2050年将显著增加。总体而言，液体和气体生物燃料、氢气和电制燃料在2050年温室气体减排80%系列情景中将占总体能源需求的23%~44%，在COMBO情景中占41%，而在2050年实现净零排放的情景中占56%~59%。如果再加上电力，2050年温室气体减排80%系列情景中它们的份额将增加到48%~59%，COMBO情景中为61%，2050年净零排放情景中为82%~85%。尽管如此，到2050年预测仍然显示，交通部门会使用一些化石燃料，特别是在航空方面，但也包括在公路货运和内河航运方面的有限使用，这凸显了这些部门低碳转型面临的挑战。

4.4.2.4　交通部门的温室气体排放

在基准情景中，相对于2005年，预计到2030年，交通部门包括国内和国际航空（不包括国际海运）的二氧化碳排放量将减少19%，且2005—2050年间将进一步减少38%。然而，相对于1990年的水平，随着20世纪90年代交通排放的快速增长，到2030年排放量仍将增加4%，而到2050年将减少21%，见图4-44。

与2005年相比，到2050年乘用车的二氧化碳排放量将减少65%。而对于重型货车，预计到2050年减排量将进一步减少（与2005年相比减少10%）。2030—2035年，重型货车和航空运输的排放量总和预计将超过乘用车的排放量。

基准情景中减排的主要驱动因素包括汽车、货车和重型货车的新二氧化碳排放标准、欧盟委员会关于2030年的提案以及电动汽车充电基础设施和加氢站的配置，还有技术进步。欧盟委员会最近提出的其他政策也将有助于减少排放（例如修订的《能源税指令》、《清洁车辆指令》、《联合运输指令》以及假定实施货运电子文件），特别是在货运部门。

---

① 在建模中，液化天然气被假定为运输用气体燃料的主要形式。通过假设低成本小型液化和气化站以及混合沼气和电制气体燃料可以实现这一点。

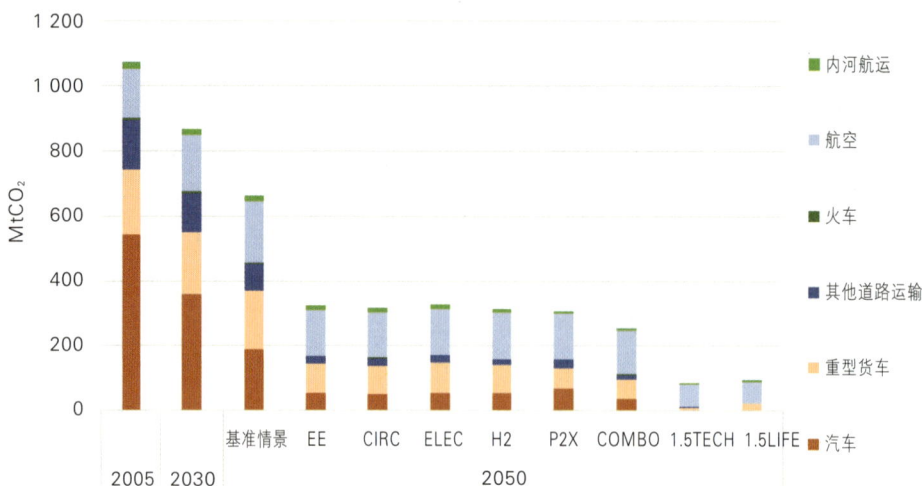

图 4-44　2050年交通部门的二氧化碳排放量（以 $MtCO_2$ 计）

来源：ESTAT, PRIMES.

在2050年温室气体减排80%系列情景中，到2050年，不包括国际水运的交通排放量将比2005年下降70%~71%（1990年水平为61%~63%）。此外，由于2030年后出现更多的碳减排效果更好的新车，并支持电动汽车的充电基础设施的推出，预计到2050年，乘用车的排放量相对于2005年将大幅下降（在P2X情景中降低87%，在2050年温室气体减排80%的其他情景中降低90%）。对于重型货车，减排量将介于52%（ELEC情景）和69%（P2X情景）之间。到2040年，在2050年温室气体减排80%的大多数情景（P2X情景除外）中，乘用车仅占排放量的24%~25%，重要性已经不及重型货车（28%~29%）和航空（31%~32%），见图4-45。

在COMBO情景中，预计到2050年交通部门排放量相对于2005年将减少76%（相对于1990年将降低69%）。而在2050年净零排放的情景中，实现了更大程度的减排（相对于2005年为91%~92%，相对于1990年为89%~90%）。在2050年净零排放的情景中，到2050年，几乎所有的乘用车都将实现净零排放。此外，低排放和零排放车辆、替代和净零排放碳燃料的快速渗透，以及如前几节所述的交通系统效率的提高，使重型货车和航空的排放迅速降低。在1.5LIFE情景中，消费者偏好的显著变化也对碳排放量的减少有所贡献。

在基准情景中，预计到2050年航空运输部门的二氧化碳排放量将比2005年增长26%。然而，相对于1990年的水平，由于20世纪90年代航空运输排放量的快速增长，排放量将增加130%。

相对于2005年的百分比变化 相对于1990年的百分比变化

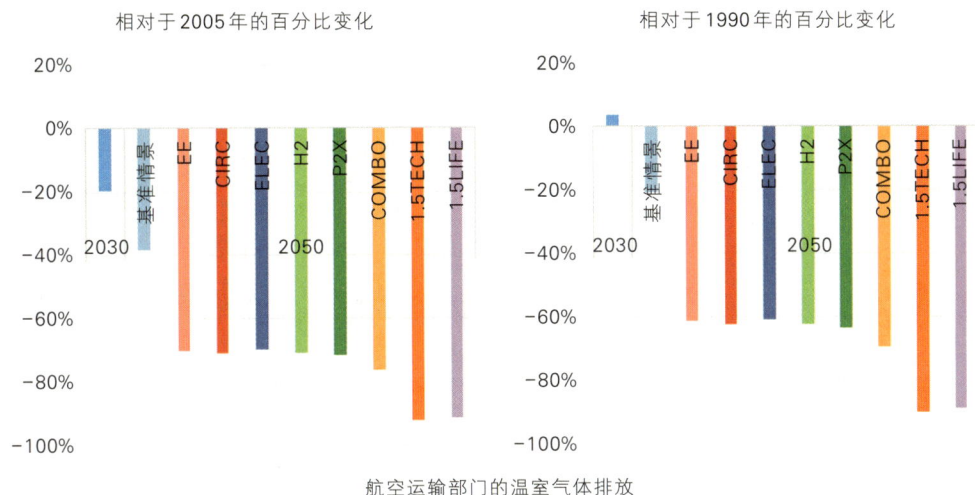

航空运输部门的温室气体排放

图4-45　2050年交通部门二氧化碳排放量相对于2005年（左）和1990年（右）的变化
来源：PRIMES.

　　在2050年温室气体减排80%系列情景中，2005—2050年间航空运输排放量将下降5%~8%，但相对于1990年的水平，它们仍将高出68%~73%。在COMBO情景中，预计排放量会有所下降，2005—2050年间下降约11%。相比之下，在2050年净零排放的两种情景都显示出，2035年后的排放量将大幅减少；这主要是由于低碳燃料（电力转液体燃料和先进生物燃料）的快速渗透以及1.5LIFE情景中相对于基准情景航空运输活动减少。因此，到2050年，航空运输排放量将比2005年下降52%~55%（1990—2050年间减少13%~19%）。计算结果如图4-46所示。

　　受欧洲议会ENVI委员会①委托进行的一项研究显示，若要实现温升幅度控制在2°C以内，2030年欧盟航空的目标是不应超过其2005年排放水平的39%（即基准情景的50%），2050年应比2005年排放水平低41%。然而，该研究也允许抵消效应。PRIMES的结果显示，在2050年实现减排80%情景中，部门内并没有出现显著的减排，但却在2050年实现净零排放的情景中有所体现。

----

　　① European Parliament DG for Internal Policies (editor)—Study for the ENVI Committee (2015). Emission Reduction Targets for International Aviation and Shipping.

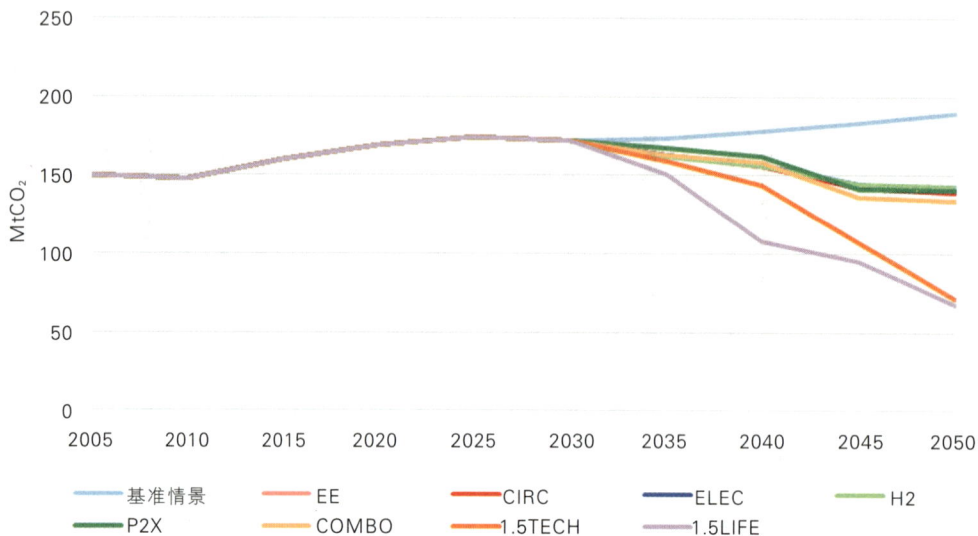

图4-46　基准情景、2050年温室气体减排80%系列情景、净零排放情景下的
航空运输排放量（MtCO₂）

来源：PRIMES.

　　除上述内容外，还应注意航空也是非二氧化碳排放的来源。飞行时会排放氮氧化物、二氧化硫、硫酸盐气溶胶和水蒸气，这对于高海拔地区也有所影响。虽然有关确切的影响程度和相互关系（辐射强迫）仍然存在争议，但已知存在有害影响，故应继续鼓励开展对这些问题的研究。到目前为止，航空排放的非二氧化碳气体对气候变化的影响几乎完全没有得到解决。探索诸如避免云轨迹形成以及避开敏感气候区域的研究可能也需要进一步开展。目前，针对航空的政策仅涉及二氧化碳排放[1][2][3]，而国际民用航空组织将在2019年提交一份非挥发性颗粒物全球标准，并将在进一步评估某些污染物的影响方面取得进展，以评估对人类健康的风险，并进一步实现降低排放量的目标。

---

[1]　European Parliament DG for Internal Policies（editor）- Study for the ENVI Committee（2015）. Emission Reduction Targets for International Aviation and Shipping.

[2]　Grewe，V.（23 January 2018）. Climate Impact of Aviation CO₂ and non-CO₂ effects and examples for mitigation options.https://www.transportenvironment.org/sites/te/files/Climate%20impact%20of%20aviation%20CO2%20and%20non-CO2%20effects_Volker%20Grewe.pdf.

[3]　CE Delft.（May 2017）. Towards Addressing Aviation's non-CO₂ Climate Impacts.

国际海运中的温室气体排放

在基准情景中，预计2005—2050年间欧盟国际海运的排放量将增加34%（相当于2008—2050年增加19%）。这主要是因为该期间交通运输活动的持续增长，以及能源效率设计指数的实施大大提升了能源效率。

正如第4.4.1.5节中已经解释的那样，使用PRIMES模型运行的欧盟国际海运的不同减排力度的组合情景是基于H2和1.5LIFE情景的。基于H2情景的组合旨在相对于2008年实现温室气体排放分别减少50%和70%（分别为H2Mar50和H2Mar70）。而在1.5LIFEMar组合情景中，国际海运被认为是整个经济体净零排放目标的一部分，到2050年温室气体排放与2008年相比减少约88%。与2005年相比，到2050年，减排量在H2Mar50情景中为46%，在H2Mar70情景中为68%，在1.5LIFEMar情景中为87%。这主要是因为能源效率的显著提高以及燃料组合中先进生物燃料、电制液体燃料、电制气体燃料和氢气的使用。图4-47提供了欧洲国际海运在PRIMES不同减排力度组合情景中的排放趋势。

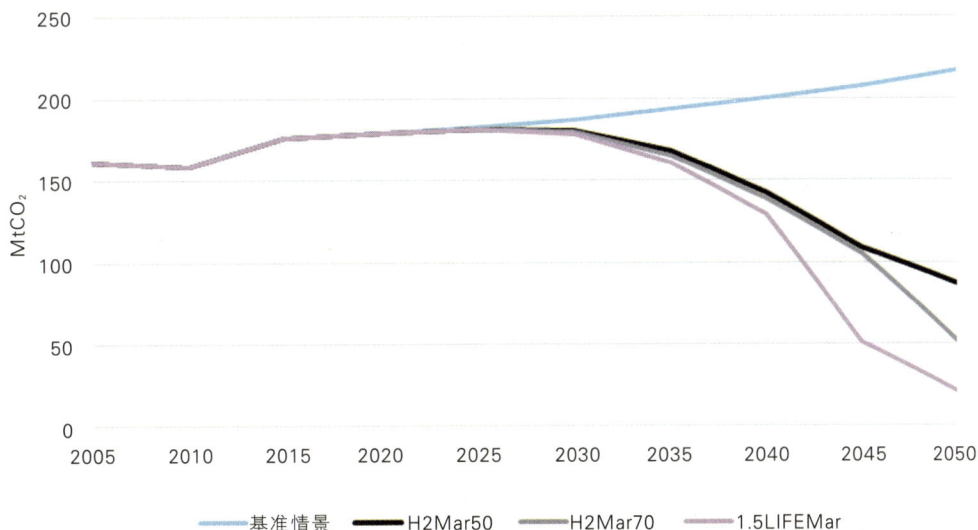

图4-47　国际海运低碳转型组合情景中欧盟的减排量

来源：PRIMES.

如前所述，POLES-JRC 2C情景显示，与2008年相比，到2050年全球国际海运温室气体排放量减少了50%（相对于2005年，相当于全球排放量减少44%）。POLES-JRC的减排是由能源效率的显著提高以及先进生物燃料和氢气的使用所驱动的，见图4-48。

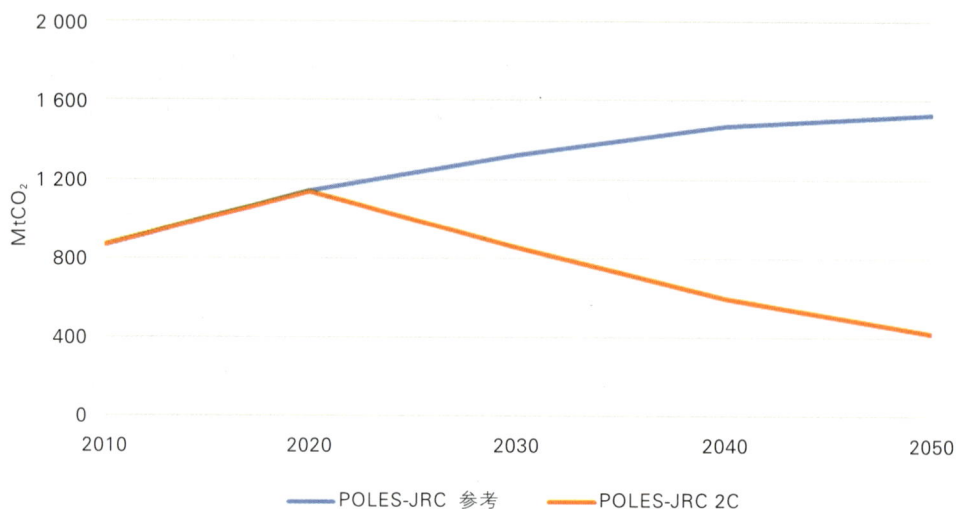

图 4-48　POLES 模型中全球层面的减排量

来源：POLES-JRC.

　　上述两个模型提供了欧盟和全球范围内国际海运排放的变化情况。它们在提高能效和燃料消费中采用先进的生物燃料、氢气、电制液体燃料和电制气体燃料方面提供了广泛的替代方案和雄心。在雄心减排方案中，更广泛的情景也可以在上面提到的其他研究中找到[1][2]。实施国际海事组织关于减少船舶温室气体排放的初步战略及其随后的评审将进一步确定全球国际海运排放的演变。虽然需要进一步开展工作，以完善将欧盟国际航运模拟结果纳入到欧盟 2050 年温室气体减排 80% 系列情景甚至净零排放情景的方法，但海事部门对温室气体排放和能源需求的重要性不容忽视。

4.4.3　转型的动力、机遇和挑战

　　在交通部门，预计所有模式都将持续增长。因此，实现深度减排将需要广泛的措施，包括显著提高交通系统效率，建立强大的模式转换，多模态以及充分利用互

---

[1]　International Transport Forum，OECD（2018），Decarbonising Maritime Transport – Pathways to zero carbon shipping by 2035，https://www.itf-oecd.org/sites/default/files/docs/decarbonising-maritime-transport-2035.pdf.

[2]　UMAS，UCL，Lloyds Register（2016），CO_2 emissions from International shipping-possible reduction targets and their associated pathways，https://www.danishshipping.dk/en/press/news/download/News_Model_News_File/71/CO₂-study-full-report.pdf.

联、协调和自动化移动①，同时大力部署低排放和零排放车辆、船舶、机车车辆和飞机和/或者发展替代燃料和零排放燃料。

增加和有针对性地支持研发和投资，并适当地部署支持系统是实现低碳转型所必不可少的。例如，鉴于航空所需的减排需求，先进的生物燃料和电制燃料的开发仍然需要大步前进。因此，特别是对于目前有限碳减排方案（如航空）的运输部门，必须进行大量的研究和创新融资计划，以便对新技术和商业模式进行实际规模的示范。

公路运输需要大幅减排。在国际社会，推广纯电动乘用车和轻型商用车的趋势越来越明显。其他地区也正在大力推动这一市场。欧洲需要保持其竞争力，因此有必要对车辆、基础设施和服务采用综合方法，将消费者需求放在第一位。重型车辆也取得了进展，特别是在城市地区部署低排放和零排放公交车。

对于重型公路运输，实现低碳转型可能需要继续开发各种技术，包括电池电气化，特别是短途运输，还有先进的生物燃料、氢燃料电池、电制液体燃料和电制气体燃料、悬链线和受电弓系统等。如果在技术和经济上可行，这个部门的转型更依赖于电气化或燃料电池，而不是生物燃料和电制燃料，这将有利于减少对土地或能源的压力。但另一方面，电制燃料和先进生物燃料的一个重要优势是它们可以依赖于现有的加油基础设施，并直接用于传统的汽车发动机。

在国际海运和航空领域，能效将成为限制低碳燃料需求的可能因素之一。然而，采用先进的生物燃料、电制燃料和氢气（用于海运）对于实现低碳转型非常重要。如果监管行动延迟，这些部门中船舶/飞机编队的相对较长的更替时间则意味着高风险。特别是在航空领域，技术挑战很大。

同样，需要加速模式转变：向铁路（作为长途运输的电气化部门）和水上运输以及城市的公共交通或主动模式（自行车和步行）转变。然而，与公路运输相比，铁路货运需要通过消除国家网络之间的运营和技术障碍以及通过全面促进创新和效率来提高竞争力；内陆航运的竞争力也应该提高。此外，到2050年需要一个完整的核心和全面的跨欧洲运输网络来支持这一转型。

新的社会发展和消费者选择的变化在改善流动性和促进脱碳方面存在巨大潜力。因此，在现有的交通机构和技术设置中应整合共享经济，并加强连接、协调和自动化移动，充分利用数字化、自动化、移动性，即服务和主动模式的潜力，以发

---

① 交通系统效率的进步还包括更加强大的交通规划。将消费者的选择转向低排放和零排放模式的措施也可以支持这一点。

挥其重要作用。

修订道路收费规则是欧盟解决系统效率问题的重要机遇。在所有模式中，都需要公平的税收政策并逐步取消对化石燃料的税收补贴。

从技术趋势来看，在信息通信技术（ICT）的支持下，交通与能源系统的加速整合是至关重要的。让电动汽车启用智能充电，将车辆转变为多用途资产的举措，不仅能为消费者节约成本，还有助于进行能源转换的管理，所以应该迅速推进。关于储能的形式，无论是固定式的还是移动式的，都是未来低排放和零排放运输的重要推动因素，因为它可以提供一种更加灵活的机制，就算能源网络的使用受到限制，依然能够支持车辆充电，并且可以平衡电网的服务。同时，大规模的车辆到电网（V2G）解决方案（例如在人口密度较大的地区）可以进一步支持能源转换并实现新的消费者服务。

但是，与消费者权利、信息透明度、部门整合（能源和运输）、数据访问和网络安全相关的市场设计以及政府治理问题已成为当今的关键政策问题。在此过程中需要避免技术锁定，基础设施和系统都要开放，并且要易于所有消费者访问。确保整个（全球）价值链的可持续性是一项政策挑战，特别是对于电池开发而言，欧盟需要在第二代电池开发方面起带头作用。这需要公共和私营市场的参与者们加强协调与合作。

城市将成为移动创新的中心。一方面，城市日益稀缺的空间可能成为移动服务创新的真正驱动力。另一方面，自动化带来的便捷也提高了活动日益增多所导致的风险。如果引导得当，技术将有效解决社会发展所带来的污染、噪声、拥堵和事故等问题，产生极大的协同效益，从而改善城市居民的生活质量，尤其是在大城市。交通运输很可能是受数字化和自动化影响的首批行业之一，未来10年可能会大规模推出自动驾驶车辆，包括自动驾驶卡车。全面部署C-ITS可以提高交通系统的整体效率。欧盟委员会发布了一篇关于互联和自动移动的通讯稿[1]，为欧盟制定了战略。

新的业务发展和移动服务领域将被开辟。在研发和投资的支持下，尽管也存在竞争力发生颠覆性转变的风险，但欧洲强大的工业基础应该赋予它在全球范围内竞争的力量。此外，欧盟需要面临一些社会挑战。例如，某些职业的就业率可能会降低（例如司机因为新技术和服务的开发要求就业人员具备新的技能）。中小企业可能没有足够的能力来应对这些变化。因此，应该给予就业人员重新培训的机会。

---

① COM（2018）283 Final.

在所有的交通模式中，市场障碍和市场失灵阻碍了绿色技术的应用。其中包括碎片化的激励、信息不对称、对未来的不确定性、外部性缺乏内部化，或者缺乏对消费者的认识等。但是，汽车、海运和航空航天工业在欧洲经济中非常重要，因此欧盟需要为迎接未来的挑战做好准备。

4.5 工业部门

4.5.1 工业部门低碳减排的技术选项

根据预测，工业部门将延续过去几十年的一贯做法，继续降低工业碳排放强度。然而，为了继续降低工业部门碳排放强度，尤其是为了达成欧盟 2050 年的减排目标，工业部门的能源消耗方式需要转变、产品生产方式也需要改进。虽然工业部门低碳减排的选项非常多，但是每一个子部门都应根据自身条件进行选择。而造成每一个子部门不同现状的原因在于，使用不同能源和材料所导致的含有不同种类、成分、产量以及浓度的温室气体的工业排放物的不同。图 4-49 展示了能源密集型行业与其他行业之间的价值链的联系。

而能源密集型行业企业的材料流入和流出形成了经济系统中的一个集成网络。能源密集型行业的产品对很多低碳技术方案是不可或缺的。例如，节能建筑、低碳交通系统、可再生能源，以及电池储能技术等。图 4-50 展示了 2015 年工业部门温室气体排放自下而上的评估结果[1]。这个饼状图并没有包含炼油行业，以及相关的间接排放（例如相关工业发电导致的排放）。其中，工业部门温室气体排放中的相当一部分排放（21%）来自过程排放（即其他非燃烧化学反应过程产生的排放）。工业领域 2/3 的排放来自高温散热，以蒸汽和热水的形式产生的排放占 20%，以其他直接燃烧形式产生的排放占 50%。以空间供暖形式产生的排放占 9%。

2017 年创新基金[2]专家咨询报告评估了 ETS 主要部门的 85 种减排路径与技术方案，展示了工业减排技术方案的复杂性以及多样性。有关欧盟工业部门减排方案的

---

[1] SET-Nav 项目（2018），欧盟工业部门 2050 年实现低碳转型，http://www.set-nav.eu/sites/default/files/common_files/deliverables/wp5/Issue%20Paper%20on%20low-carbon%20transition%20of%20EU%20industry%20by%202050.pdf.

[2] Climate Strategy & Partner（2017），总结报告：创新融资，面向 ETS 的创新基金，https://ec.europa.eu/clima/sites/clima/files/events/docs/0115/20170612_report_en.pdf.

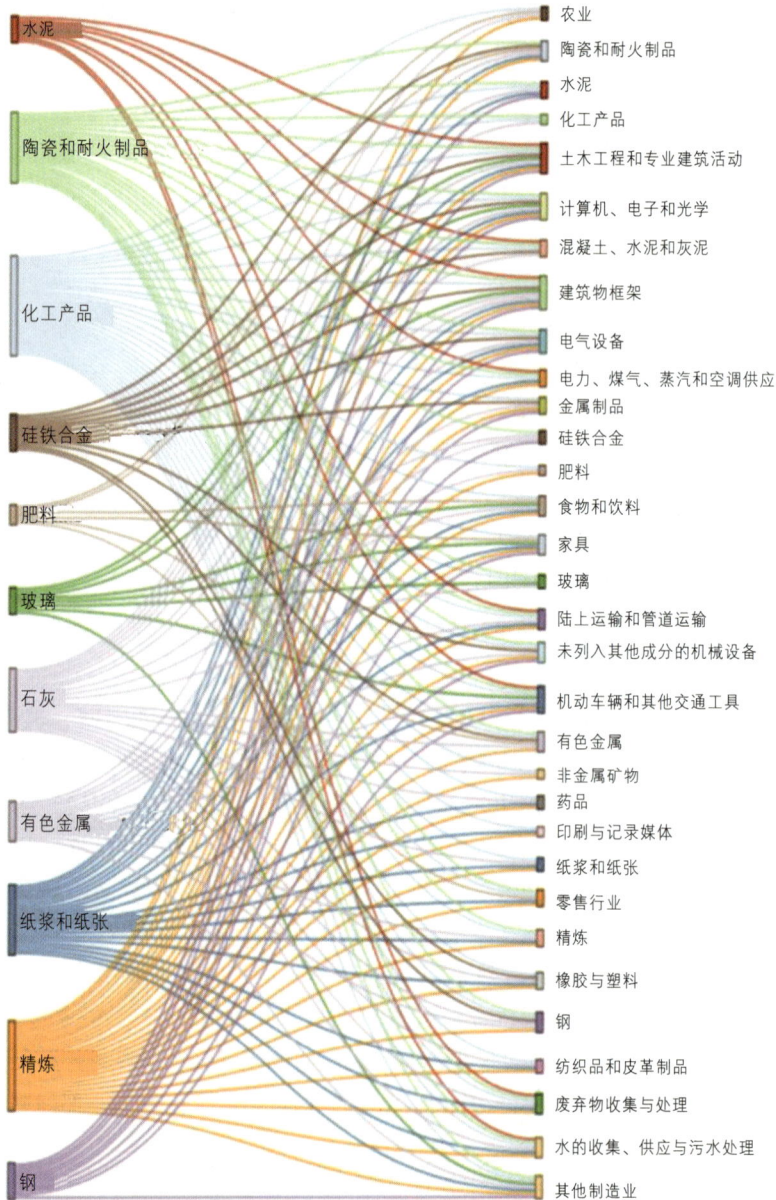

图 4-49　能源密集型行业的价值链

来源：VUB-IES [①].

---

① VUB-IES(2018)，Industrial Value Chain. A bridge towards a carbon neutral Europe，https://www.ies.be/files/Industrial_Value_Chain_25sept_0.pdf.

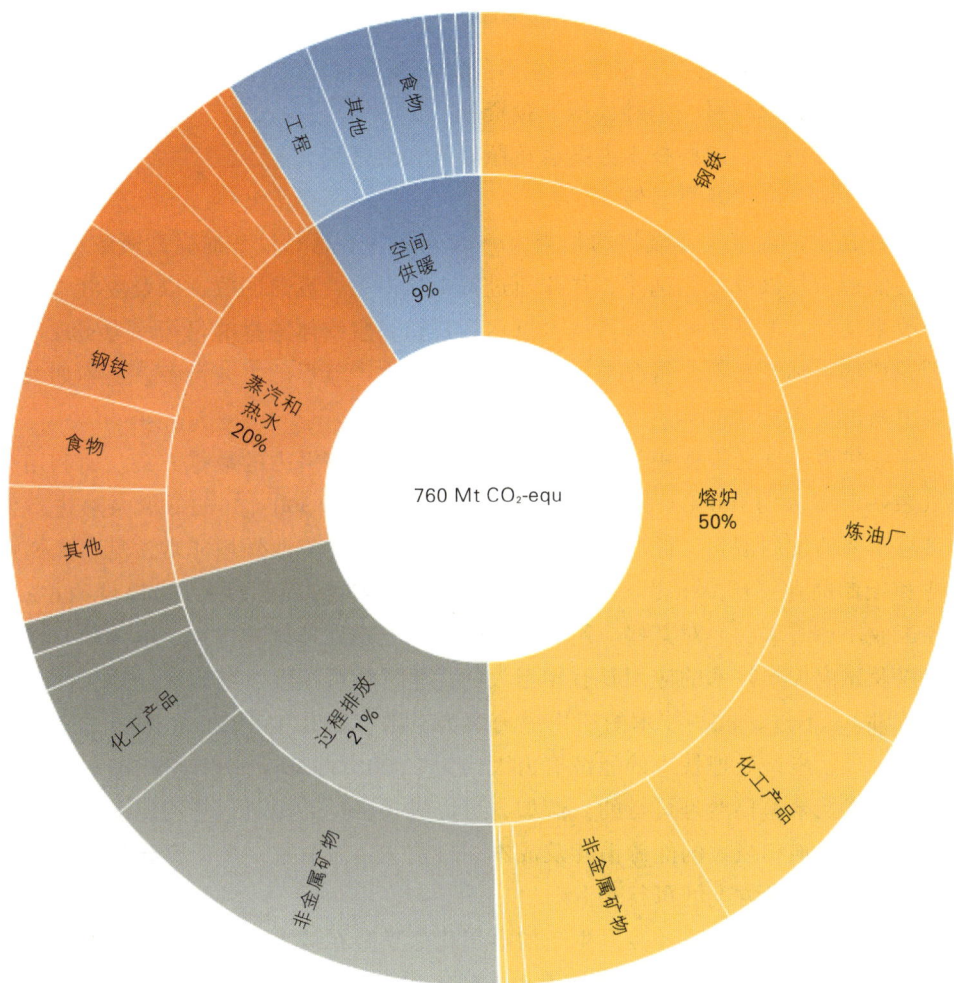

图 4-50　EU28 工业部门各子行业或终端用户的直接排放统计

来源：FORECAST.

更详细的分析也可以在一份欧盟委员会分析报告[1]中获得；此外，相关分析也可以在欧盟委员会长期减排战略的能源密集型行业报告中获得。

而后者则是在欧盟委员会 EII 高级别专家组第 3 次会议上提出的，DG GROW 要求以此进行欧盟的 2050 年部门综合战略分析，并作为欧盟 2050 年低排放战略的重

---

① ICF & Fraunhofer ISI(2018)，工业创新：工业部门深入低碳转型的路径。第一部分，技术评估。

要组成部分。而该报告与各行业自身设定的2050年减排路线图相匹配，将各行业的分析报告汇集到一起，有助于这些部门制订减排计划，包括如何获取清洁能源（尤其是电力）、原材料、基础设施、投资等。

在后续分析中，这些技术方案会按照以下大类来划分。

能效、电气化以及燃料转变

迄今为止，温室气体减排的相当大一部分是由于能源效率的提高所致[1]。而进一步的能源减耗以及工艺优化，往往通过减少热损失、废热回收，以及废气中的能量回收来实现，但是这些措施仍然难以达到长期温室气体减排的目标。为实现这些能源减耗的目标，在很多情况下，与其替换原有生产流程的主要设备，还不如采用一套全新的生产流程，例如下面的一些具体案例。

工业供暖电气化（依赖低碳电力部分）是一项具有潜力的减排方案。而利用热泵（余热温度大约100°C）以及电锅炉（余热温度低于300°C）的低温余热进行发电具有重要的发展潜力。低温余热与蒸汽的排放在一些工业领域非常常见，比如造纸业和纸制品业。IEA预测[2]，到2040年，热泵技术能以有效的方式提供约6%的世界工业用热需求。而对某些应用领域，例如在电磁处理技术方面，电弧炉、红外加热以及感应加热技术的应用具有相当大的优势（如可控性、精确性、适应性，以及高效性）。不过，这些技术的应用潜力实为有限。EPRI估计[3]，在欧盟，除了热泵技术之外，电磁处理技术的经济潜力大约为1 500万吨标准油当量[4]。进一步的电气化从技术上来说仍然是可行的。例如，可以进一步提高机组运转的温度，但是这套方案需要增加相当大的能源消耗及成本。目前，还需要进一步研究降低成本的方式以增加这些技术方案的可行性。

当前，提高工业供暖及蒸汽生产的电气化似乎是在技术上进一步减少工业能耗的最成熟的方案。虽然燃料替代技术也在研究中，但是其技术成熟度还不够完善；这些技术绝大多数是将化石燃料转化为生物质、氢能或合成燃料。

---

[1] 当前，在Ecodesign directive框架下，一系列EU报告设定了最低能源运行的要求。这些规定涉及电动马达、工业风扇，以及水泵等，分别出自2009年、2011年、2012年的报告。其他针对照明、通风、加热、制冷的报告，也可能在一定程度上促进工业领域的能效实施。

[2] IEA(2018)：世界能源展望2018，https://www.iea.org/newsroom/news/2018/june/weo-2018.html.

[3] EPRI(2018)：材料的电磁过程(EPM)——欧洲工业电气化的潜力评估，http://www.leonardo-energy.org / resources / 1407 / electromagnetic - processing-of-materials-epm-europe - industria-5ad7aba86b87f.

[4] 该分析包括挪威、瑞士、冰岛以及其他不在欧盟范围内的国家。2015年欧盟能源消费大约为275万吨标准油当量。

过程电气化也具有很大的潜力，但并非在所有部门都发展势头良好。如今，过程电气化在有色金属和化学工业的应用中被大规模普及，而在钢铁工业的应用中，它还面临着一些问题亟待解决。在这种情况下，过程电气化，若使用无碳电力则其减排潜力是非常大的。

低碳过程的创新设计

与排放相关的生产过程是材料化学转化的核心，最显著的例子就是水泥生产、焦炭氧化生铁的生产过程。与之相关的替代技术，包括利用新材料或者改进化学反应，尽量减少与原有生产过程相关的二氧化碳排放。这些具有突破性的创新技术[①]，构成了一套完善的生产系统，足以替代原有的已经使用多年的生产过程。

另一套减少过程排放的替代方式，是替换当前使用的基于化石燃料的材料，而采用具有较低碳含量的材料（主要是氢能），或者生物质材料。化工以及炼油行业是典型的例子，利用生物质材料或者氢能[②]则可以显著地减少过程排放。使用生物甲醇以及生物乙醇作为原材料彰显了生物质材料在工业应用中的有效性[③]。需要指出的是，生物质材料也是造纸和纸制品业的重要原材料。应该注意，可持续的生物质材料具有有限的供应潜力，例如对于交通业而言，用可持续的生物质材料实现其低碳化就比较难。与之相类似，氢能也可以被用以生产低碳甲醇、合成氨等化工原料，但是在生产过程中常常需要加入二氧化碳。这时候判断生产过程是否是低碳的，往往取决于加入的二氧化碳的来源。虽然生物质材料以及氢能在钢铁领域也有相关应用，但氢能的应用也会受限于一些因素，例如，需要进行更多的研究以降低生产成本，以及进一步发展相关工艺；与此同时，还需要建设配套基础设施。

碳捕集与封存及其应用

关于碳捕集与封存（CCS）及其应用（CCU）的技术方案，在第 4.2.1.2 节已经有所介绍，但是，在工业部门，该方案也可以用于与生产过程相关排放的碳捕集。碳捕集与封存作为一项控制成本有效的技术方案可进一步降低工业生产过程中的排放。而 CCS 技术的可持续性，对不同的工业生产过程而言，因其不同的物理特性，而具有不同的效果。

---

① 例如，在钢铁行业，基于氢能利用的减排过程，其目标是应用氢能以完全替代初钢生产过程中的燃煤的使用。而在水泥行业，新黏合剂的使用则可能有效减少排放，并且减少对热的需求。

② 氢气与 CO_2 反应以生产化工产品。

③ Dechema（2017），https://dechema.de/dechema_media/Downloads/Positionspapiere/Technology_study_Low_carbon_ener gy_and_feedstock_for_the_European_chemical_industry.pdf.

而 CCU 则可能允许二氧化碳在一些产品的生产过程中获得应用,从而避免化石燃料的使用及排放。当然,该结论的重要假设在于,用于捕集以及转化二氧化碳所需的能源是碳中和的。该技术的应用非常广泛,涉及从材料(化工产品以及矿产品)到合成燃料,但还需要更进一步的评估来证明其技术的可行性、公众接受度以及成本的有效性(参考第4.2.1.4节)。CCU 的二氧化碳减排潜力也需要在产品的整个生命周期中进行评估。

CCU 所基于的原材料,与 CCU 燃料相比,其优势在于,当使用周期结束时,这些原材料还可以被回收进行循环再利用,所以部分碳可以被捕集并再次使用。而这些原材料,在经过进一步加工之后,则可能成为塑料或者建筑材料的替代品。而它们生命周期的长短,则取决于 CCU 的下游产品链。例如,聚氨酯汽车坐垫、建筑用水泥砖等都是 CCU 原材料的再应用。而其他的 CCU 材料,则仍处在基础研究阶段,包括碳纤维,它们有潜力替代高碳强度的材料,比如钢、铝、水泥,以减少碳排放。此外,这些材料的总的生命周期,则可能因为材料回收而延长(参见有关循环经济的讨论)。

资源效率/循环经济

工业部门的资源效率指减少原材料的使用,把产生的工业废料以及副产品降到最少,逐渐增加环保材料和替代品的使用。这也是循环经济理念的重要组成部分。工业生产和制造过程不断被改进就是为了在各个阶段使原材料的使用最小化,而且还能被循环利用。而改进的工业废料管理系统可以允许材料重新进入循环,因此,减少了主要原材料的使用以及工业废料处理量。而这些不仅减少了对原材料的消耗也减少了碳排放。梯级利用延长的产业链,以及工业生产和制造过程所节省的原材料都有助于循环经济的发展。

根据国际资源协会(International Resources Panel)的预测,到2050年,资源效率政策将减少28%的全球资源开采量。在更有决心的气候政策下,这些措施可能减少63%的温室气体排放,并带来额外的1.5%的经济增长。最近的一份来自 Material Economics 的研究报告[①]显示,高能耗的部门,例如钢铁、塑料、铝或水泥等部门,到2050年,若采用循环经济的措施,在欧洲,每年可以减少56%的 CO_2 排放(约3亿吨)。在全球范围内,每年 CO_2 排放总量的减少则可达36亿吨。更进一步,工业塑料的生产和燃烧每年可导致4亿吨 CO_2 的排放,而如果回收利用这些

---

① Material Economics AB(2018),循环经济,http://materialeconomics.com/latest-updates/the-circular-economy.

塑料废料，则相当于节省了 35 亿桶原油。回收利用 100 万吨塑料则相当于减少 100 万辆汽车的排放量[1]。

要想发展循环经济，在产品设计以及商业模式上，就需要做出许多改变，以实现资源回收效率的提高。工业企业也可能需要发展新产品，在实现相似功能的前提下，减少温室气体的排放。

工业共生

加强各行业之间的合作，共用基础设施、分享原材料的进出口渠道（包括工业废料），在工业共生的大环境下，这是另一条实现资源优化并减少温室气体排放的路径。而碳捕集与封存及其应用则是其中的一个例子。而这种"共生"在信息化快速发展的背景下则会更加明显，并且已经逐渐渗透到工业领域的多个部门。若能充分应用各工业领域的相互关联性，包括原材料、能源、各产品服务的相互联系，则会促进经济的可持续发展，并让所有参与者获得经济效益。

上述这些方法可以应用到所有的经济子领域，但是对于欧盟范围内的一些工业园区，则需要完善基础设施并满足资源共享的条件。而工业共生对距离上比较近的工业园区则优势会更加明显，这样便于原材料和资源的共享。EPIRE EPOS 项目中的一项重要工作就是在欧盟范围内寻找最具潜力的区域。在 EPIRE EPOS 项目覆盖的欧洲工业园区中，很多部门包括水泥、钢铁、冶炼以及化工厂都被绘制成图，系统地评估了工业共生的地理维度，并确定出五个重要区域。

材料替代

最后，需要指出的是，经济体中所使用的材料类型可能会影响整个工业的低碳转型。可能的情景是，消费模式可能会逐渐转向特定的材料，在满足需求的同时，消耗更少的能源，并减少排放。采用更新的材料、消耗较少的能源、减少运输环节，这些有利于低碳的改进行为贯穿整个产业链的始末。在某些特定的工业领域，除去创造性技术的贡献，材料替代则可能为低碳社会的建设做出更多的贡献。

材料替代在水泥领域具有较大的潜力。例如，可以通过设计新的水泥黏合剂，以实现 CO_2 减排，并替代石灰石。现在有一些黏合剂，可以用 CO_2 而不是水进行固化，进而吸收 CO_2。而这些低碳水泥，具有 -90% ~ -30% 的碳强度，瞄准了某些特定的市场，具有一定的应用性。总体来说，它们可能替代相当数量的水泥用量。

---

[1] COM(2018)28 final.

4.5.2　工业转型

本节通过搜集各类愿景，对现状进行了分析并解释了工业领域减少排放所面临的挑战，还将这些与欧盟委员会的PRIMES以及FORECAST模型预测的结果进行了对比。如前所述，PRIMES模型应用能源系统建模的方法，能够有效捕捉到工业部门与其他部门之间的相互作用，尤其是能源部门。而FORECAST模型则利用了自下而上的思路，更详细地针对工业领域进行了分析。基于这个原因，另一份配套的分析，考虑了各类技术选项：其中PRIMES更多地分析了已经出现的技术，而FORECAST模型则更多地分析了各种技术性更强的路径。

与1990年相比，越来越多的证据表明，鉴于当前工业部门的努力和政策延续，到2050年可以实现额外的GHG减排，达55%~65%。然而，对这些减排量的预测，主要来自对当前政策延续性的美好憧憬（如能效措施或结构调整），而可预期的技术进步、数字化、自动化，以及现有的措施和政策，并不能实现雄心勃勃的减排计划。

由于延续当前已经商业化的技术并不能实现80%~95%的工业减排，所以应大规模开发和测试创新的低碳技术，以证明其可靠性和经济性。而国际市场日趋激烈的竞争，以及对投资的高标准，加剧了低碳化的挑战。尽管当前并不存在被广泛接受的技术路径以实现工业各部门的深度减排，但与经济系统其他行业（电力、交通、建筑）相似，解决方案是的确存在的。这是由于欧洲的企业正越来越积极地研究低碳技术和突破性的创新路径。考虑到研发新技术以及投资循环经济的较长准备期（20~30年），到2050年实现深度减排的技术很可能当前已现雏形。最近的一些项目和案例也展示了工业企业将如何进一步实现低碳化。

而为了实现80%的碳减排愿景，与1990年相比，工业部门需要实现75%~85%的碳减排。很多研究表明，即使依托当前的技术，这项目标也是可以实现的；但是，这些技术需要进一步的规模化应用以及市场拓展。为了提高能源效率，进一步使用可持续的生物质材料以及电气化（更多地应用各类低碳发电技术）也是实现该目标的成熟的技术选项。

而其他经常提及但尚未广泛使用的技术路径包括发展氢能（作为原材料及能源载体）、清洁燃气，使用二氧化碳捕集与封存及其应用技术，发展循环经济（见图4-51）。这些技术选项是可行的，尤其是在一些特定的工业应用上，甚至是值得优先考虑的。例如，在钢铁行业中发展氢能。另一方面，替代的技术选项需要在基础设施方面实现更多的投资（不仅仅局限在工业领域），也需要在一定程度上改变已有工业价值链系统并实现技术突破。

图4-51　工业低碳的技术选项

需求方措施
通过增加循环性（产品的重复使用，回收或替换）来降低对主要资源的需求

能源效率
调整产品和设备以降低单位产量的能耗

热电阳离子
用可再生电力代替矿物燃料加热，例如在乙烯生产中

氢气作为燃料或原料
用碳中性氢代替原料或燃料，例如在氨的生产中

生物质作为燃料或原料
用可持续生产的生物质代替原料或燃料，以减少二氧化碳排放，例如，在化学生产中使用生物质

CCS/CCU
二氧化碳捕集与封存（CCS）及其应用（CCU）

其他创新
■ 创新流程，例如电化学生产过程的变化
■ 非化石燃料原料的变化，例如，水泥原料的变化

　　通过增加循环性（产品的重复使用，回收或替换）来降低对主要资源的需求。而更进一步提升减排的决心以实现净零排放，工业部门需要实现90%～95%的碳减排，则需要上述提到的所有技术路径都成为可能。而即使这样，也可能还不够，尤其是对一些很难实现低碳化的子部门（过程排放占比较高的部门）。更重要的是，为实现更深入的碳减排目标，二氧化碳捕集与封存及其应用技术，则是一套被广泛接受的技术方案，尤其是在水泥与化工等行业。

　　而对那些具有更高碳排放强度的部门以及工业生产过程，则需要考虑更有针对性的技术方案（见图4-52）。更进一步，工业部门的碳减排取决于电力以及油气行业的低碳化进程。而对各种工业供暖以及生产过程，用电力替代化石燃料，只有在电力充分低碳化的时候才有意义；这意味着需要大规模投资风电以及光伏发电。燃气的消耗量可能会降低，但是燃气在工业用燃料中的比例，预期仍然会比较高，这是由于很多高温生产过程改用电力驱动的潜力还非常有限。因此，降低工业生产中燃气使用的比例显得尤为重要。而降低使用燃气的比例，只能将化石燃料转化为天然气、氢能、生物质，以及合成燃料。做出这些改变，不仅需要进一步发展技术，还要加大对能源基础设施的投资。

水泥	钢	铝	纸	化工产品	肥料	甲醇
BECCS CCS	回收 CCS 氢-DR	回收 CCS 太阳能	BECCS 电气化	生物基 化工产品	电解	生物基 化工产品

图 4-52　工业原材料的低碳技术选项

上述观察来自一系列不同的研究报告，尽管这些研究应用了不同的方法，但其主要结论与本研究应用 PRIMES 以及 FORECAST 的预测结果相吻合。需要注意的是，这两套模型的计算结果并不能用来直接对比，这是由于为了得到相吻合的结果，这两套模型应用了两种截然不同的方法。为了达成 2050 年温室气体减排 80% 的目标，与基准情景相比，PRIMES 模型对不同的情景，应用了很多相同的假设，但根据不同的路径又对应着不同的具体操作。所以，PRIMES 模型相对而言比较均衡。相形之下，FORECAST 模型则比较 "极端"。为了在 2050 年实现 80% 的碳减排目标，除了本着节约成本的原则选择最优化的技术组合以外，FORECAST 模型对于所有的情景一般只用一种特定的技术路径来进行预测。就现有的预测结果来看，PRIMES 模型的 COMBO 情景集成了多种技术路径，并实现了温室气体减排超过 80% 的目标。此外，不光是 PRIMES 模型在 1.5°C 的情景中，FORECAST 模型在其中的一个情景中也实现了温室气体减排 95% 的目标。对这些模型预测路径的具体细节描述可以参见附件 7.2.2。

根据 PRIMES 模型的预测，工业领域的总能源消耗在所有情景下都会降低（2015—2050 年），而对应的工业总产值则会提高（见图 4-53）。随着能源使用效率的提高和循环经济的发展，温室气体的排放量会进一步减少（22% ~ 31%）。温室气体排放量的减少是由于在循环经济的情景中某些领域总产出的下降以及材料二次使用量的增长。低能耗对应着高的电气化程度。如果对工业制热和某些特殊工艺进行电气化处理的话，在应用中，没有热工过程的效率高；同时，电气化处理也降低了通过余热回收进行节能改造的潜力。在低温供热中，电气化处理比热工过程更有效率，但是这些过程中的总能耗只是高温用能总需求量的一小部分。与基准情景相比，EC 情景事实上和基准情景的能量消耗差不多。在不考虑循环经济的情景下，能效大幅提升的时间大概会在 2020—2030 年。这主要是由于废热回收的应用不断普及，不断降低的生产成本导致了能源消耗的快速改善。然而，由于可选项的减少，能源效率的提高速度在 2030 年之后将会下降；而到 2050 年，技术的改进使得现在昂贵的低碳技术变得不再昂贵，能源效率的提高速度在2050年之后将会反弹。

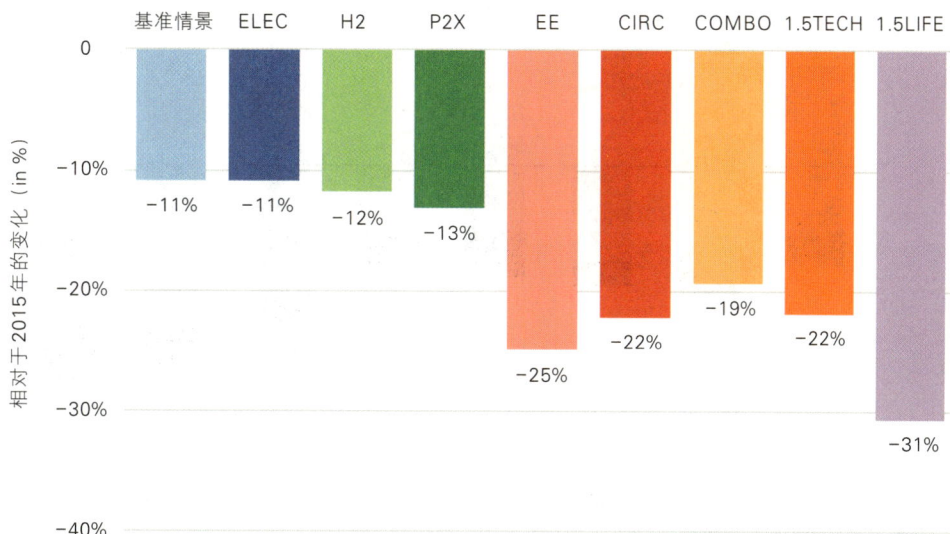

图 4-53　与 2015 年相比，各情景下的工业能源消耗总量

来源：PRIMES.

　　除了燃烧过程之外，各种情景对应的用于供暖和化学过程的燃料组成差别可能非常大。在 PRIMES 基准情景下，天然气是工业领域仅有的主要化石燃料，所占比例达到 24.5%（61 Mtoe）。固体以及其他化石燃料只占 9%（23 Mtoe）。而其中大约一半的最终能源需求来自发电以及供暖，最终的能源需求量为 253.5 Mtoe。

　　为了达到在 2050 年温室气体减排 80% 的目标，化石燃料所占比例大约会减半。如图 4-54 所示，根据分析的情景，化石燃料中减少的部分则被电力、氢能、清洁燃气以及生物质所取代。一般来说，生物质以及蒸汽能源在基准情景之下，都呈增长之势。在 2050 年温室气体减排 80% 的情景下，生物质以及蒸汽能源将维持在 45 Mtoe ~ 50 Mtoe；而在净零排放的情景下，它们将维持在 35 Mtoe。与此相比，2015 年的生物质以及蒸汽能源则仅对应 26 Mtoe。不同路径则对应着不同结果（例如，EE 情景对应着较少的蒸汽能源，而 P2X 以及 CIRC 情景则对应着更多的生物质能源）。

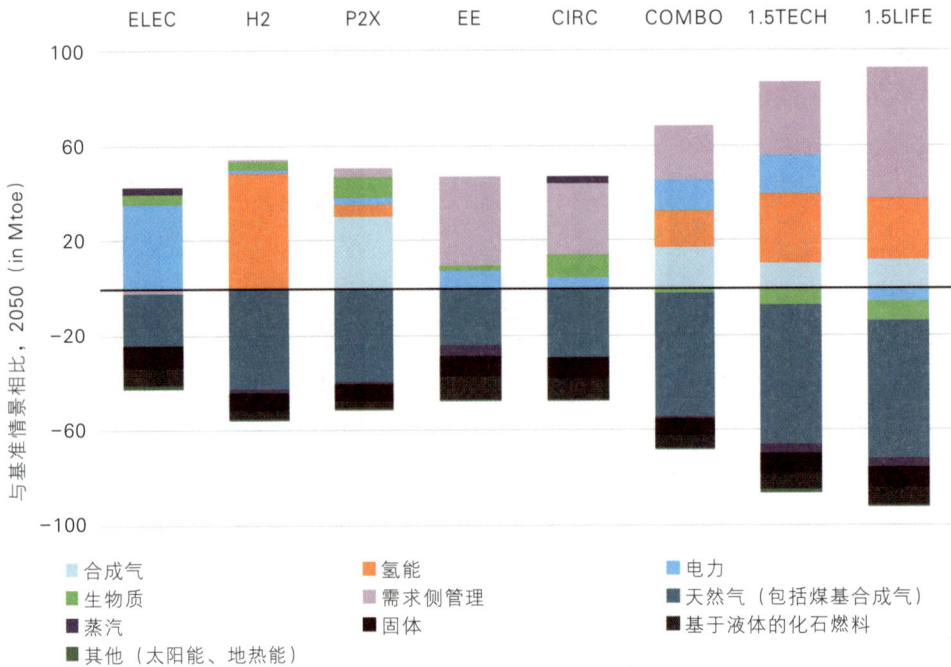

图4-54　与基准情景相比，到2050年，工业领域终端能源消耗的不同
来源：PRIMES.

　　与其他研究结果一致，为达到净零排放目标，PRIMES模型预测了更为快速的努力进程。而针对这项挑战，也许并不需要根本性的解决方案以完全改变当前的生产制造过程以及商业运作模式（尽管仍然需要一定程度的改变）。然而，更高的减排决心则需要在不同规模下应用所有可能的技术选项，包括一些仍然需要进一步研发的技术。在净零排放的情景下，电气化并不是工业部门实现温室气体减排80%目标的关键能源载体。与上述研究描述的结论相似，PRIMES模型确定了发展洁净燃气技术（包括应用氢能以及合成燃料）作为满足更高排放要求的优先选择。这些选择与对二氧化碳捕集与封存技术的重大投资相结合，以捕集各种工业生产过程中排放的温室气体，提高能源效率，促进循环经济发展。

　　而考虑到各种工业生产过程中的二氧化碳捕集与封存，在2050年温室气体减排80%的目标中，每年大约有6 000万吨二氧化碳将被捕集。到2045年，CCS设施将捕获3 000万吨CO_2，而在2050年之后，CCS设施对CO_2的捕获量将达到1.35亿吨。而在CIRC情景下，由于碳密集型工业部门碳排放量的减少，到2050年，仅有4 400万吨CO_2被用于碳捕集与封存，与其他情景预测的趋势相似。而在

1.5℃情景下，更高的碳价将推动碳捕集与封存技术的发展：在 2040 年，每年 CO_2 的捕集规模将达到 5 400 万吨/5 800 万吨（分别在 1.5 LIFE、1.5 TECH 情景下），到 2050 年将达到 7 100 万吨/8 000 万吨，而到 2050 年之后将进一步上升到 1.12 亿吨/1.28 亿吨。

根据这些模型预测，在基准情景下，2015—2050 年，工业部门的温室气体约减排 44%；在 ELEC 情景下，温室气体约减排 72%；而在 CIRC 情景下，更将达到 77%。而在 2030—2050 年，不同的情景将对应不同的减排速率，这将取决于减排的驱动力是大规模引入先进技术还是已经耗尽了其大部分潜力。因此，到 2040 年，在 ELEC、EE 以及 CIRC 情景下，温室气体将呈现快速的减排趋势，然后，在 ELEC 和 EE 情景下减排速度将趋缓（而 CIRC 情景将维持原有的减排速率）。与此相反，2040 年之后，在 H2 以及 P2X 情景下，温室气体还将维持增长的减排速率。在 COMBO 情景下，温室气体将实现减排 79% 的目标，在 1.5℃ 情景下，温室气体减排 95% ~ 98%；总体而言，在 2030—2050 年，所有情景都将对应一个相对稳定的减排趋势。

尽管基准情景以及 2050 年温室气体减排 80% 的情景均对应相似的能耗强度，但在所有碳减排情景下，碳强度均会显著降低。图 4-55 显示了各种情景下工业部门的碳强度。

与 PRIMES 模型相比，FORECAST 模型对 "极端" 的情景进行了更为详细的评估。该模型评估了单一技术的四种路径：二氧化碳捕集与封存（CCS）、洁净燃气（Clean Gas），生物质和循环经济（BioCycle），以及电气化（Electric）。这四种路径集成为两套平衡的方案：一套对应满足 2℃ 的减排目标（Mix80），另一套则对应满足 1.5℃ 的减排目标（Mix95）。这四种路径对应的所有情景均包含了当前最先进的能效技术，循环回收效率、材料利用效率以及替代技术。这些重要的研究结果，与 PRIMES 模型一起为评估各种路径如何进一步实现减排目标提供了参考信息。

在 CCS 情景下，在 2050 年工业部门[①]温室气体的排放量将会比 2015 年减少 79%（比 1990 年减少 87%）。每年对应的减排量约为 2.94 亿吨 CO_2，主要来自水泥、化工以及钢铁工业的排放。在 CCS 情景下，这些工业生产过程中的碳排放将会大量减少。此外，由于能效措施的应用，到 2050 年，能源需求将会比 2015 年减少 16%。

---

① 与 PRIMES 模型不同，FORECAST 模型定义的工业部门包括了冶炼行业。因此，在对比两种模型的结果时，应充分考虑这些在模型假设以及定义上的区别。

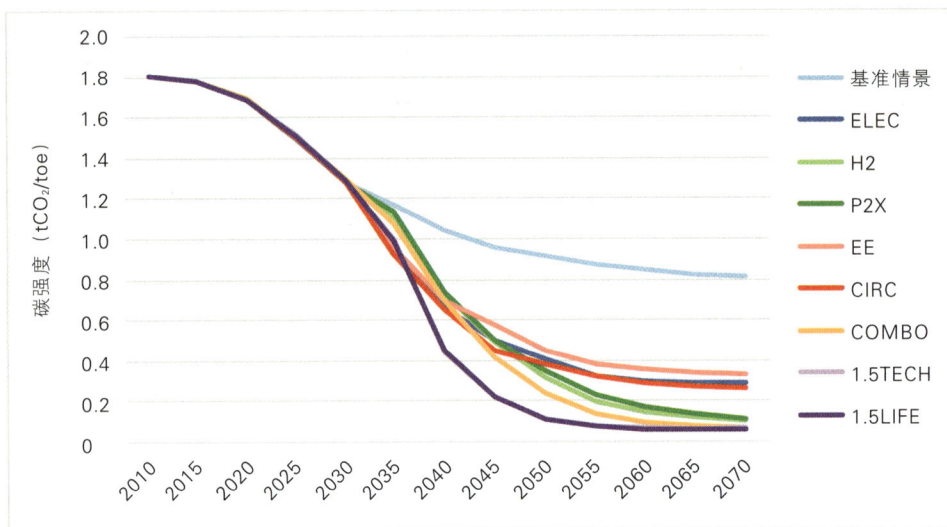

图 4-55　工业部门的碳强度变化趋势

来源：PRIMES.

　　而在洁净燃气情景下，到2050年，温室气体排放量将比2015年减少72%（比1990年减少82%），而剩余的温室气体主要来自生产过程的排放，需要由其他方法来处理。

　　在生物质和循环经济的情景下，2015—2050年，生物质将逐渐成为主要的能源载体：用于能源以及原材料的生物质总量将会翻4倍。与此同时，由于循环经济的发展，工业生产将减少对碳密集型产品的需求量，并且由于回收材料的可用性增强，加速了制造业的转型升级。资源回收利用效率的提高与循环经济相辅相成，互相促进，到2050年，可能会减少27%的终端能源需求（相对于2015年的标准）。与2015年相比，到2050年，该情景下的温室气体排放总量将减少68%（比1990年减少80%）。此外，因为工业部门对化石燃料的消费减少了，所以还有额外的温室气体减排潜力。

　　在电气化的情景下，电力消耗将从2015年的1 040 TWh增长到2050年的1 718 TWh，高温热泵和电蒸汽锅炉将在工业部门获得越来越广泛的应用。而通过电解水制氢能则将额外增加693 TWh的电力消耗，到2050年，电力总消耗量将达到2 412 TWh。模型预测结果显示，在2030年之后电气化的进程将加速，由于很多技术得到了工业规模化发展，到2050年，温室气体的排放量将比2015年减少66%（比1990年减少79%）。而额外的排放将主要来自一些生产过程排放，以及使用天然气导致的排放。

将上述所有措施结合在一起，根据Mix80情景预测，到2050年，与2015年相比，温室气体的减排量将达到71%（排放量比1990年减少82%）。这种变化的主要驱动力在于，电力将变成主要的能源载体，到2050年电力需求将比2015年翻倍（达到2 162 TWh），其中632 TWh用于氢能生产。而循环经济的充分发展，能源以及原材料利用效率的持续提高，使得对能源需求的总量将减少25%，而氢能将成为重要的原材料。与电气化情景相似，剩余温室气体的排放将主要来自天然气的使用以及其他一些生产过程的排放。

最后，在Mix80情景的基础上，Mix90情景进一步将温室气体的减排量推进到2015年的92%（或是1990年的95%）。电力消耗量将达到2 946 TWh，其中1 539 TWh直接被使用，而1 407 TWh用于氢能生产、甲醇合成，或是电解过程。

图4-56展示了基于FORECAST模型的2050年工业部门温室气体排放的概况。温室气体的排放主要来自工业生产以及化石燃料，在预测的时间尺度内排放量将逐渐降低；在所有情景下，所有排放源都将做出贡献。然而，到2050年，工业生产过程的排放总量占比将逐渐增长，而其他排放源（例如、煤、天然气，以及其他化石燃料）的排放总量则会降低。在所有碳减排情景下，到2050年，仍将少量使用化石燃料，原因在于资本投入的周期长、技术更新的惯性大，以及新型市场较小。

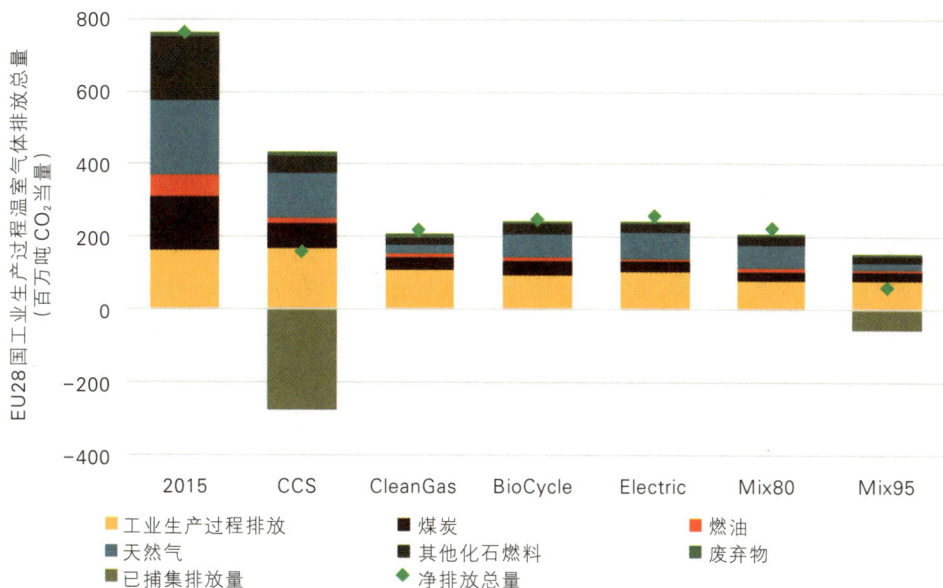

图4-56　不同情景和能源载体的工业部门温室气体排放（EU28）

来源：FORECAST.

在最有减排雄心的 Mix95 情景下，与1990年相比，排放量下降95%，工业生产过程中的排放也将持续存在（详见图4-57），但剩余的减排潜力将变得有限。在剩余的6 200万吨 CO_2 排放中，大约有一半的排放量来自较小的排放源，为实现温室气体的净零排放，这部分排放量将变得更为重要。这些排放源具体包括：炼铝（310万吨）、炼锌（400万吨）、陶瓷（700万吨）、造砖（340万吨）等。然而，对这些较小规模的排放源，CO_2 捕集与封存技术不太可能发挥重要作用，因此，一定程度的排放仍会继续存在。

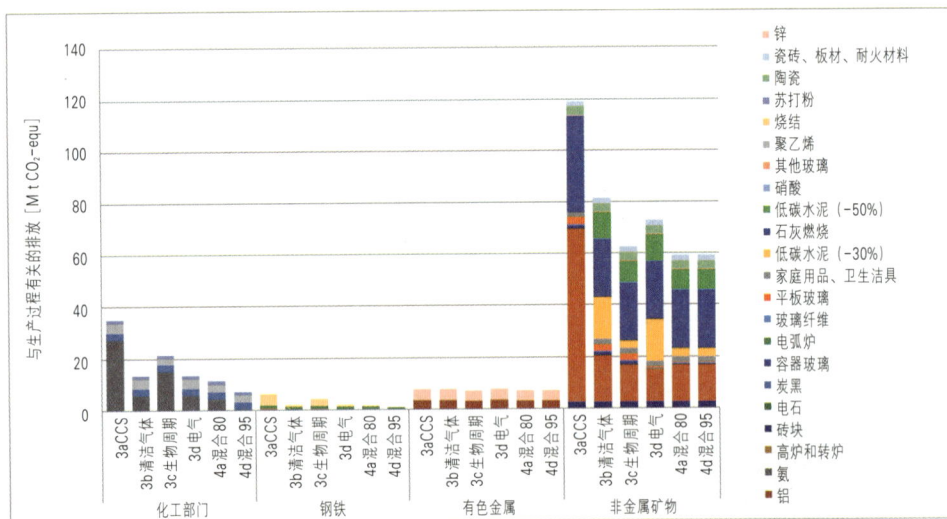

图4-57　2050年应用 CO_2 捕集技术之前，分部门以及加工过程碳排放
来源：FORECAST.

而对这些剩余的排放量，可能的应对措施包括各子行业化石燃料的替换，低碳生产技术在钢铁、水泥、化工等行业的全面普及，生物质能和二氧化碳捕集与封存技术的继续使用，循环经济的发展，能效措施的改进，尤其是在建筑业与塑料工业方面。

其中另一个颇具争议的议题是，在不同的工业路线图和相关研究中，低碳工业的电力需求水平是多少，以及电力部门是否能够经济而可靠地提供足够的电力。IES（欧盟研究院）通过收集工业部门以及其他研究机构的各种低碳技术路径研究报告，给出的判断是，对 EIIs 而言，未来潜在的电力需求将达到2 980 TWh~4 430 TWh，而这将包括冶炼行业中合成燃料的生产（以及其他部门的消耗）。

Eurelectric 在最近的一份研究里评估了各种不同程度的减排计划，研究发现，在 95% 的减排情景下，欧盟工业用电的需求将达到 3 000 TWh[①]，这将使工业成为欧盟最主要的终端电力消费部门。

而本研究模拟的结果与 Eurelectric 以及 IES 评估的结果一致。FORECAST 模型详细评估了各工业部门（包括冶炼部门）的极端情景，考虑到氢能可能作为化工部门的原材料，但并不考虑氢能，或是合成燃料作为其他部门的原材料，该研究指出，电力需求将增加到最高值，达到 3 000 TWh（详见图 4-58）。

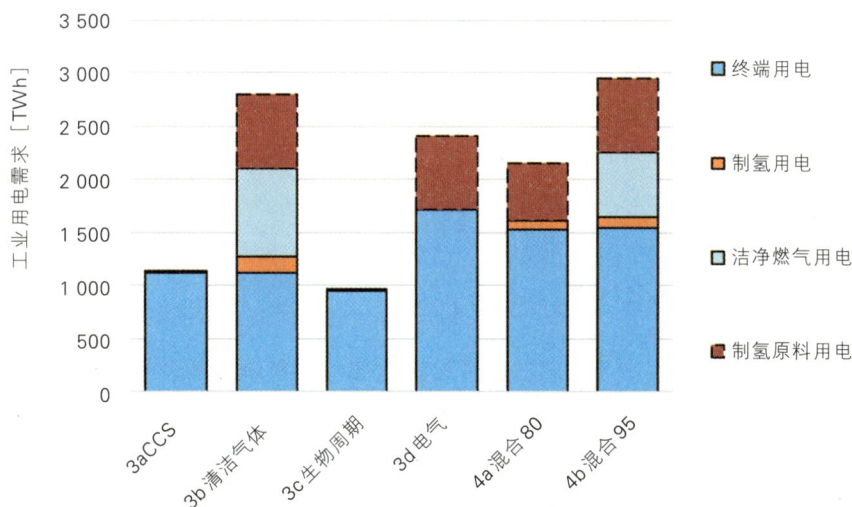

图 4-58　到 2050 年的工业用电需求

来源：FORECAST.

而 PRIMES 模型预测在 1.5TECH 情景下，工业部门（包括炼油行业）的用电需求最高，制氢和合成燃料消耗的电力将达到 4 808 TWh，其中 1 344 TWh 将用于满足工业部门的终端电力需求，而非用于制氢或合成燃料的生产。

综上所述，文献综述以及两个模型的定量分析结果表明，技术的推广应用可以使工业部门成功实现《巴黎协定》所设定的目标。而这需要将能效、电气化以及燃料转变，低碳过程的创新设计，碳捕集与封存及其应用，循环经济，工业共生，材料替代等选项结合起来。另外，要实现目标，还需要电力部门实现完全低碳化，以及最大限度地将剩余的天然气替换为零碳燃气。

---

① Eurelectric（2018），低碳发展路径，https://cdn.eurelectric.org/media/3172/decarbonisation-pathways-electrificatino-part-study-results-h-AD171CCC.pdf.

而针对单一技术发展路径的方法，类似于 FORECAST 模型所评估的更为极端的情景，则可以通过引入技术发展的规模效应，进而降低该路径所对应的成本。不过，这项评估方法也存在潜在风险，包括技术的锁定以及潜力的耗尽，使得 2050 年之后无法进一步实现减排目标。

而结合额外的减排方案，例如，在 PRIMES COMBO 以及 FORECAST Mix80 的情景下，减排方案降低了技术锁定的风险，并且在 2050 年之后仍然继续深度脱碳。而这些方案的难点在于实现多大程度的多样化，以使得在选定路径上的投资仍能够尽可能地实现规模效应。

然而，最大限度的减排方案只有在考虑所有减排措施的情景下才能实现，包括选定的配套二氧化碳捕集、封存与应用技术，在供气网中采用洁净燃气技术，发展循环经济，以及提高原材料的利用效率。在这种情景下，各种方案将变得更加针对各个工业子部门，而不是水平化。结论对每个工业部门都有一定的启示，尤其对主要的能源密集型子部门，详见第 7.6 节。

4.5.3 工业转型动力、机遇和挑战

欧洲作为强有力的工业基地，在许多工业部门也是全球的领导者，尤其是在具有高附加值的产品和服务方面。欧洲的低碳经济转型不能阻碍工业发展，而应进一步壮大工业部门。

欧盟的工业部门有机会成为这一转型的领导者，即采用更可持续的资源，利用更合理的商业模式、产品以及服务，为其他国家和地区树立榜样。与此同时，这将创造竞争优势、节约成本，并激励创新。在此基础上，欧盟出口的将不仅仅是可持续的产品，也包括可持续的技术和商业模式，并可能探究国际低碳市场的巨大潜力。

另一方面，的确存在一系列的挑战。已有的文献清楚地指出，为实现工业部门的减排目标，需要进一步研发潜在的低碳技术，包括当前处于研究阶段的技术。这是由于完全依托当前已有的技术（BAT）只能带来有限的减排总量。而这些技术创新需要在 2030 年前实现商业化，以至于到 2050 年在欧盟范围内大规模实施。因此，需要进行更多的研究与创新，包括铝电解工业新开发研制的惰性阳极材料，以及钢铁行业的直接还原铁的发展。而 EU-ETS 下的创新基金，结合 EUInvest 基金以及 Horizon Europe 将变得非常关键。这些基金可以用于支持工业创新，包括从研究到商业化，以推动这些新技术的快速应用。

与之相似，这些对应的低碳政策以及创新性的解决方案需要辅以配套的基础设施作为保证。最低限度的要求是，建设足够的基础设施以支撑未来能源系统的各种

发展，包括：电气化（包括储能系统）、零碳替代燃料、工业固废替代原料、分布式系统、数字化系统、使用新材料以提高效率、创新技术与服务，以及相关的市场机制设计。

在这个背景下，需求侧的管理则变得更加重要，需要认真考虑。为此，不仅要提高开发材料的效率，以及循环使用的潜力，还要重新设计市场机制以利于创新性的低碳产品的生产。而这也将鼓励企业大量投资生产装置，尤其是首创性的生产装置和后续生产装置。

技术应用的速度以及基础设施的建设则是其中的关键。模块化的技术，包括太阳能光伏以及风能发电技术，已经非常成功地大规模进入电力市场。而工业低碳技术的应用还有很长的路要走。这主要基于两方面的原因：一方面，对国际竞争的考虑将会减缓创新性环保技术的开发应用；另一方面，许多已有的大规模工业生产装置，其系统本身非常复杂而且具有针对性，很难直接将其改造以集成一些创新性的技术方案。此外，新技术的应用，也取决于基础设施是否已经配套，以及替代燃料或原料的可持续供应，而单个企业对这些先决条件的掌控力可能非常有限。因此，可能出现 "先有鸡还是先有鸡蛋" 的情况。这需要在区域范围内进行统一的行动，营造新的商业网络，以配合技术的开发和应用。而采取这些行动，需要考虑欧盟各个地区的差异性，包括已有的工业企业、产品结构的差异，以及各工业子行业的比重。而为了促进统一的行动，需要制定地方和区域层面的工业低碳转型路线图。

而低碳转型过程所需要的相当规模的投资，如果没有合理规划，将产生潜在的风险。更进一步，如果其经营所在的经济系统发生重要的干扰或中断，则可能形成闲置资产，而低碳经济转型则可能带来这种中断。对已有的基础设施和资产，必须努力找出在长期低碳经济中使用它们（或其中一部分）的创新解决方案。而工业系统改造，以及改造各项现有装置，面临的挑战是需要进行重大而昂贵的投资以研究如何重新设计这些工业装置或工艺（例如，如何改造工业锅炉以适应替代燃料）。另一方面，这或许能提供一个机遇，以改造或替代已经服务多年的设施或资产，将其转换为现代、高效、精良的设施或资产。而这些方案与低碳经济转型的目标一致，能够提供更多的机遇。

上述观察指出了对政策框架改革的需求，即在保证欧盟企业国际竞争力的基础上，促进投资、支持技术创新，并做出必要的改变（参考第5.3节）。考虑到工业投资的长期性和资本密集性，以及替代工业设施的惯性，减排的决心越大，制定并落实这些政策的时机以及协调一致的工业行动就显得越重要。未来10年的工业投资，很有可能在2050年的时候彰显其作用，因此必须确保尽早对低碳投资给予适当的激励。

4.6 非二氧化碳排放部门

4.6.1 非二氧化碳温室气体的减排日益重要

2015年，欧盟排放的温室气体中，约18%为非二氧化碳温室气体。从历史上看，非二氧化碳温室气体的减排速度比二氧化碳快。例如，对在农业部门进行实质性改革后加入欧盟的成员国，在碳交易体系（ETS）中纳入了相对容易减少的一氧化二氮排放的工业装置，并制定了欧盟废弃物处理政策。虽然预计未来可能在基准情景下实现温室气体排放的进一步降低，并且该趋势可能持续到2030年，但预测显示，在那之后可能会出现碳排放的停滞（见第3.4节）。而对非二氧化碳排放，尤其是农业领域的非二氧化碳排放，其减排将比二氧化碳的减排更难以实现。

在基准情景中，到2050年非二氧化碳气体的排放比例可能会增加到25%以上，在2050年温室气体减排80%的情景中，这一比例可能增加到31%~34%。在2050年温室气体净零排放的情景下，非二氧化碳排放是唯一剩余的温室气体排放，完全被净负二氧化碳排放抵消。因此，非二氧化碳温室气体预计将成为实现净零排放的主要排放源，并且需要特别加以重视。

表4-2总结了各个部门及主要排放源对2015年非二氧化碳温室气体排放的不同贡献。其中，2015年甲烷（CH_4）和一氧化二氮（N_2O）是两种主要气体，分别占欧盟非二氧化碳排放量的55%和32%[①]；而其余13%的排放物则由氢氟碳化合物（HFC）、六氟化硫（SF_6）、三氟化氮（NF_3）和全氟碳化合物（PFC）等各种氟化气体组成。这些气体具有不同的性质和特征，导致其在大气中停留时间的不同，导致其使气候变暖的潜质也不同。附件7.5详细阐述了这些方面，特别是甲烷和其他短期气候污染物（SLCP）的特性。

4.6.2 减少农业部门非二氧化碳温室气体排放

4.6.2.1 农业减排方案

自1990年以来，农业用非二氧化碳排放量有所下降。但是，由于其所涉及的生物过程和对食品、饲料、纤维以及公共物品日益增长的需求，以现有或可预见的技术来管理农业领域的排放将无法完全消除。

---

① 根据GWP全球变暖潜能值100指标,联合国政府间气候变化专门委员会(2007),第四次评估报告,https://www.ipcc.ch/publications_and_data/publications_ipcc_fourth_assessment_report_synthesis_rep ort.htm.

表 4-2　　　　　　　　　　　2015 年欧盟非二氧化碳温室气体的主要来源

部门	主要来源	CH₄	N₂O	HFCs，PFCs	SF₆	NF₃	对欧盟 28 国目前非二氧化碳排放的贡献
能源	能源使用（电力、工业、住宅）	×	×				3.9%
	交通	×	×				1.3%
	煤炭开采	×					2.9%
	油气生产	×					1.5%
	天然气输配	×					2.5%
工业	硝酸和己二酸、己内酰胺生产		×				1.4%
	原铝生产			×			0.1%
	半导体行业			×		×	0.1%
农业	家畜：肠道发酵	×					21.7%
	家畜：粪便处理	×	×				8.7%
	农业土壤		×				22.3%
	水稻种植	×					0.3%
	农业废弃物燃烧	×					0.3%
废弃物	固体废弃物	×	×				14.0%
	废水	×	×				4.2%
其他	空调和制冷			×			11.3%
	中高电压开关				×		0.3%
	气溶胶			×			0.9%
	泡沫			×			0.7%
	其他氟化气体物质			×	×		1.4%
	其他一氧化二氮物质		×				0.9%

来源：GAINS.

　　考虑到农业领域有限的减排潜力，以及包括粮食安全在内的多种需求，预计到 2050 年之后在深度脱碳的情景下，该部门将会成为欧盟剩余温室气体排放的主要来源。然而，仍然有必要深入探讨农业部门温室气体的减排方案，以避免不得不大量依赖于通过负排放技术，或通过土地利用、土地利用变化，以及林业部门碳汇以抵消潜在的排放量。而气候变化减缓行动还必须避免农业生产转移到气候目标较低的国家，从而导致碳泄漏。

向《联合国气候变化框架公约》报送的有关农业部门温室气体排放情况的描述是非常具体的（不包括与能源消耗相关的排放），只有约2%的排放源于二氧化碳（其中包括酸性土壤的石灰化和尿素的应用），另外55%的排放则源于甲烷（主要来自肠道发酵和粪肥管理），其他43%的排放来自一氧化二氮（主要来自土壤施肥和粪肥管理）。而农业活动也可能从土壤或其他生物质中排放（或封存）二氧化碳。依据《联合国气候变化框架公约》清单的要求，土地利用、土地利用变化以及林业部门碳汇的排放需进行单独报告。

2016年，欧盟农业活动的排放总量为4.3亿吨二氧化碳当量，约占欧盟温室气体排放总量的10%。而自1990年以来，这部分排放减少了20%以上，且主要是由于家畜数量的减少以及欧盟农业整体效率的提高所致，例如，如何更有效地实现无机化肥的使用。

一般来说，从能源供应的角度来看，可以设想两种战略，以减少农业部门的非二氧化碳温室气体排放：

1.提高生产率。在不鼓励土地转为农业土地，但又能满足日益增长和不断变化的粮食需求的情况下，需要提高现有农业用地的生产力使其持续增长，即提高每个动物或每单位土地的产量。此外，通过使用更少的土地、动物，以及基于化石燃料的物品（如化肥和燃料），来生产相同的作物、乳制品和肉类，以实现农业系统的温室气体减排效率的改善，以及总排放量的减少。

2.采用旨在减少温室气体排放的创新技术和做法，通过技术应用和有利于气候效果的管理方式的选择，可以减少非二氧化碳温室气体的排放。而这种方法的主要排放源来自肠道发酵，以及农业土壤与粪肥的管理。所有这些来源加起来将占农业非二氧化碳温室气体排放总量的95%以上。

此外，旨在封存农业土壤和森林生物量中碳的举措能够增加欧盟土地利用、土地利用变化，以及林业部门的碳汇或实现碳封存，从而限制土壤侵蚀并增加其可持续性。这些举措是对非二氧化碳温室气体减排措施的补充（见第4.7节），对确保生态系统继续作为碳汇的气候变化适应行动也很重要。这些举措与其他减缓和适应气候变化的行动之间的相互作用在第5.7节也有探讨。这些举措可以提供巨大的协同效应，并创造良性的驱动力，例如，隔离土壤中碳的举措可以改善土壤肥力、提高生产力，还能减少土壤侵蚀，实现可持续性的创新管理。然而，对一个当前扮演着

"碳汇"角色的生态系统而言,如果其缺乏对未来气候变化的适应能力,并未能考虑其他驱动因素,该系统未来的减排潜力可能会持续降低,并最终发展成为"碳源"。许多此类行动及其减缓行动也可能带来适应气候变化的好处。

因此,应尽可能优先考虑那些"双赢"或"无悔"策略。同时,粮食安全的改善、盈利能力的恢复,也比那些没有经济或农业效益,或可能妨碍长期适应行动的措施更为有利。例如,即使适当增加土壤碳库,也可能对改善土壤肥力、水资源保护和农业生产力发展做出重大贡献,这反过来又促进了其他社会土地需求的可行性。

此外,消费者的偏好也会影响农业生产和相关排放。就食品消费类型而言,需求的变化可能会导致欧盟农业生产类型的变化。这也将对畜牧业产生的甲烷和一氧化二氮的排放产生影响。同样,减少家庭和商业机构的食品浪费也会促使温室气体排放的降低。

4.6.2.2 减排措施

减少与农业生产有关的排放被认为是具有挑战性的。当前,已经有许多技术选择都显示出了显著的减排潜力。然而,对一些温室气体减排措施潜力的评估,研究结果尚存在差异。2016 年,RICARDO-AEA 发布了一项研究报告,对适用于欧盟的主要减排措施进行了分析,其中包括各成员国利益相关方报告的温室气体减排潜力范围。以下列举了一些潜在的缓解措施:

畜牧业减排行动

肠道发酵

反刍家畜在消化过程中,通过肠道发酵产生甲烷。新型的育种方案,涉及多目标评估指标,并且已经被证明,这些方案都可能有效减少家畜肠道甲烷的排放量。这些方案可以分为两种截然不同的类型:第一种类型旨在提高牧群的整体健康和生育能力,同时保持或提高生产力,但要减少家畜整体的数量;第二种类型则侧重于减少单只动物的甲烷排放量,要么提高动物的饲养效率,要么选择排放量较低的动物。

目前相关部门正在制定一些其他办法来改进饲料管理,从而减少动物在消化过程中排放的温室气体,例如,通过应用脂类丰富的饲料,或通过添加一定数量的硝酸盐;这两种办法都可以减少动物在消化过程中的甲烷排放。由于欧盟的家畜已经摄入了大量硝酸盐,所以在动物饲料中添加额外的硝酸盐的潜力有限。而在饲料管理方面的改进,还包括其他一些选择,例如通过对饲料进行预处理以促进消化;或者通过监控饲料的成分和动物喂养时间进行更为精细化的饲养。

厌氧消化

如果不对排泄物进行处理，则可能释放出甲烷和一氧化二氮，以及其他一些空气污染物，或是温室气体的前体，例如氨。相反，如果排泄物中的有机成分在厌氧消化器中缺氧的情况下分解，就会产生富含甲烷的气体混合物，而且这种气体（沼气）是可以进行捕获的，并用来发电或供暖，或卖给当地的工业企业。然而，沼气的生产方式，尤其是分解过程的各种物质输入，包括排泄物、农作物或食物残渣等生物原料，可能对这一过程的效率和成本产生重大影响。其中的副产品——沼渣，则是一种通常可以用作肥料的营养丰富的物质。

也存在其他一些技术可以减少来自排泄物的温室气体排放，但这些方法并不附产可用的能源，例如储存管理、空气过滤和循环、堆肥、硝化-反硝化处理、酸化处理、固体分离和人工湿地开发等，这些方式都具有减少排泄物温室气体排放的潜力。

减少农业土壤一氧化二氮排放的措施

土壤中的天然微生物可以将氨转化为硝酸盐，并进一步转化为氮分子。虽然氮气对植物生长具有关键作用，但这两个过程都会附产一氧化二氮。因此，化肥和粪肥的施用是农业一氧化二氮排放的重要来源。此外，矿物肥料的生产也可能导致温室气体的排放。因此，优化肥料施用过程，避免施肥过量，减少化肥损失，可以直接或间接地减少温室气体以及其他污染物的排放。从经济性的角度来看，这对农民的生活也有潜在的好处。

将精耕细作应用于养分管理是一种植物养分优化的应用技术，它可以使肥料的应用精确到植物所需要的程度，按需供给。这套思路可以采取许多技术，例如可变速率技术（VRT）、遥感（RS）、全球定位系统（GPS）和地理信息系统（GIS），这些技术也与更精确地投放农业机械有关。而养分管理计划也是提供作物系统养分使用基本信息的重要工具。

硝化抑制剂是指在施用矿物肥料或粪肥时，为减少一氧化二氮释放而使用的化学添加剂。硝化抑制剂的使用可以减缓氨转化为硝酸盐的过程，给作物提供更好的吸收氮的机会，从而提高化肥的氮元素利用效率，并减少化肥和粪肥施用所产生的一氧化二氮的排放。

有机土壤含有大量可利用的碳，可以为微生物提供"饲料"，包括那些导致一氧化二氮释放的微生物。因此，在有机土壤上施肥比在矿物土壤上施肥会引致更多的一氧化二氮排放。此外，有机物分解所释放出的氮，可能导致一氧化二氮的生成与排放，与"耕作"本身的肥料施加无关。由于欧盟范围内的有机土壤总面积相对较小，休耕有机土壤是减少与施肥有关的一氧化二氮排放的一种直接技术；额外的好处是，该方案可能减少与耕作有关的二氧化碳的排放。此外，根据不同的实际条件，实施具体的管理措施，也可以减少碳元素矿化。

其他气候变化减缓的措施，包括更严格地执行现有的农业残留物露天焚烧的禁令，以及改进水稻种植的管理办法，以减少甲烷和相关空气污染物的排放。

图4-59展示了GAINS模型所考虑的各项主要的减排方案，其边际减排成本最高可达200欧元/吨二氧化碳当量，并且在2050年，总共有约1.3亿吨二氧化碳当量的减排潜力。

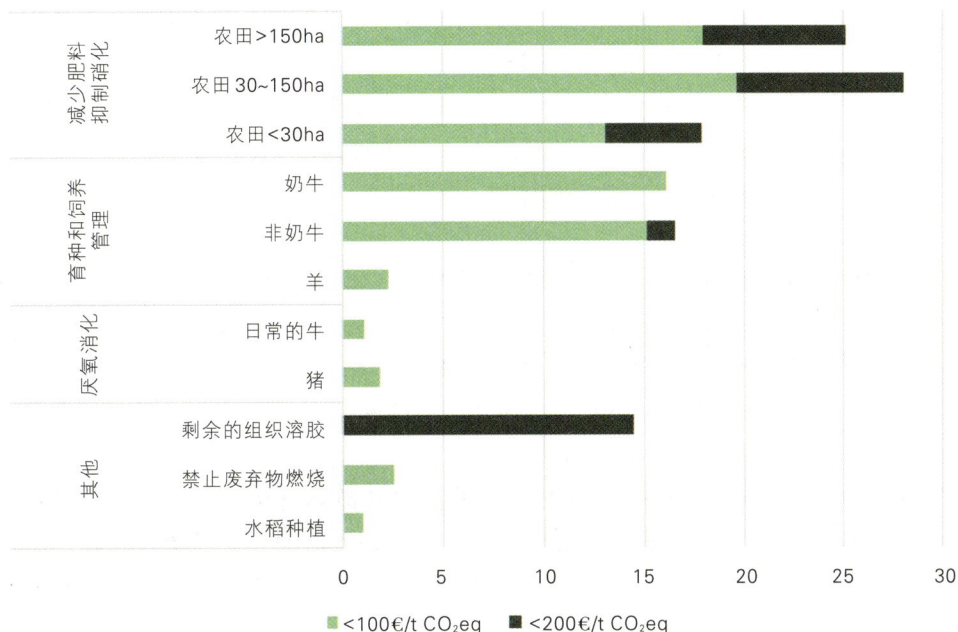

图4-59　农业部门技术和减排潜力实例

来源：GAINS.

根据GAINS模型，到2050年，最有潜力的气候变化缓解方案是精耕细作（采用可变速率技术等低成本方案），养殖高产、健康和可育的家畜，以及应用硝化抑制剂①。据估计，进一步发展厌氧消化的规模带来的减排潜力相对较小，部分原因

①　请注意，在GAINS模型中，当若干种不同的技术可用于处理某一部门的排放时，采用的技术按照各自的估计边际成本顺序排列。因此，在假定采用边际成本第二低的技术之前，边际成本最低的技术的潜力总会被完全耗尽。这种方法可以将潜力和边际成本在部门和国家的标准上都表现出来，但是，边际成本最低的技术可能会夸大其潜力。

在于，在基准情景下，厌氧消化的应用已经相当广泛。

当前，JRC、EcAMPA III 正在进行一项研究：利用 CAPRI 模型，该研究预测，到 2030 年中期，非二氧化碳减排潜力将与 GAINS 模型预测的结果相似。而 EcAMPA 研究中最重要的温室气体减排措施包括肠道发酵、粪肥管理和土壤排放管理等。

值得注意的是，其中的一些措施，例如，同时养殖以提高生产力，以及选择更健康和更有繁殖能力的动物，或采用精准养殖的方式，都提高了农业部门的生产效率。效率的提高使欧盟农业部门更具竞争力，从而带来欧盟农业生产的反弹效应，扩大了欧盟的农产品产量。然而，这些措施的最终效果仍然是不确定的，因为这些措施也可能对净成本产生影响；如果通过提高消费者的消费价格来承担这些影响，则可能增加与进口商品的竞争，从而减少欧盟的农业生产的竞争力。而根据这些进口产品的来源，需要更为详细地评估采取这些措施可能对全球温室气体排放带来的潜在影响，以及对碳减排综合效率的影响。

4.6.2.3 消费者对饮食的偏好

从历史上看，欧洲人对红肉有着强烈的偏好（如图 4-60 所示）。然而，联合国粮食及农业组织（FAO）的统计数据表明，自 20 世纪 90 年代初以来，随着欧盟 28 国人均肉类消费量的逐渐趋于稳定，以及动物产品生产总量的减少，该情况已经过渡到一个相对平稳的阶段。此外，欧盟的牛肉消费量已经下降了 31%，而家禽消费量却增加了 37%。

在本次评估所对应的基准情景中，对热量以及肉类消耗的假设与欧盟在 2016 年的参考情景评估结果相同（该情景基于欧盟 2030 年前的农业展望以及联合国粮食及农业组织的长期预测）。此外，本次评估对了解未来几十年欧盟人口消费偏好对温室气体排放的可能影响，进行了敏感性分析。

此外，本次评估还分析了五种不同的情景，包括肉类、牛奶和蛋类产品的消费量的变化（如图 4-61 所示）。评估结果显示，在欧盟，以动物产品为基础的热量消耗量有所减少。在许多研究中，饮食情景（Diet 5）对 2070 年肉类消费的预测结果与其他一系列报告的预测结果是一致的（JRC 的 AgCLIM50 项目，Bajzelj et al.（2014），以及 Bryngelsson et al.（2016））。这五种情景还包括将所有欧盟成员国的粮食浪费减少一半。这符合联合国大会（United Nations General Assembly）于 2015 年通过的可持续发展目标，即在 2030 年之前将零售和消费的人均食品浪费减半。

模拟结果表明，食品消费模式的适度变化可能影响饮食结构中各种类型的食品消费量，即使其中一些食品的消费量相对较小。另一方面，这些转变可以显著地减少农业生产过程中的二氧化碳排放。例如，在 2050 年，排放量减少的范围从饮食情景 1 预测的 3 400 万吨二氧化碳当量到饮食情景 5 预测的 1.1 亿吨二氧化碳当量，约

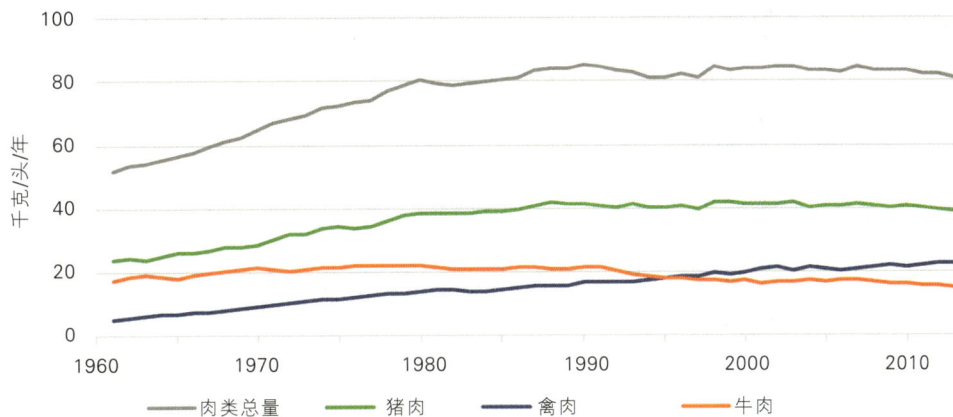

图 4-60 以往欧洲肉类消费量

来源：FAO stat database.

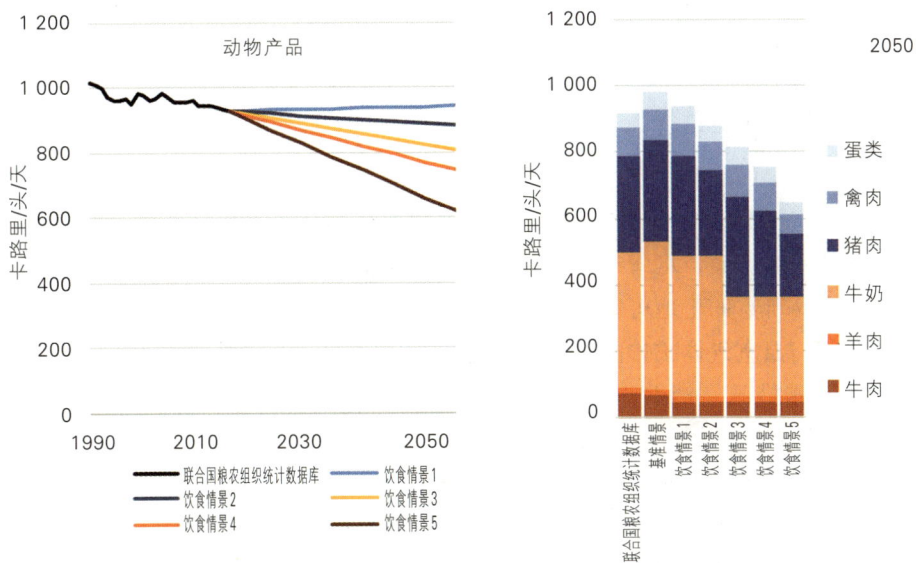

图 4-61 基于卡路里的不同食品消费模式

来源：FAO.

占 2015 年农业部门①排放总量的 8%～25%。在 2050 年之前，这一转变只会部分落

---

① 假设欧盟动物产品消费量的减少完全取决于欧盟的生产水平，而向世界其他国家出口的动物产品没有增加。

实；而2070年全面落实之后，饮食情景1下的碳排放量将减少13%，饮食情景5下的碳排放量将减少44%（如图4-62所示）。

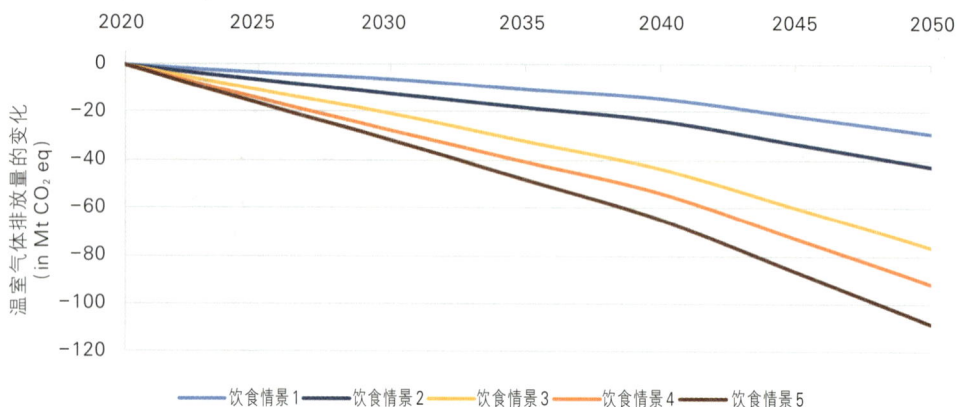

图4-62　饮食结构改变对温室气体排放的潜在影响

来源：GLOBIOM and GAINS.

最后需要指出，该模型并没有具体地模拟不断增加海洋和淡水食品消费，以取代温室气体密集的粮食生产过程的转变，以及对环境的改善。此外，虽然从捕捞渔业中增加海产品数量的发展空间并不大，但增加海产品在人类饮食中所占比例有利于可持续的水产养殖。尽管越来越多的水产养殖饲料来自农作物，但研究表明，生产蛋白质食品所需的土地可能比生产其他食品要少。

农业部门温室气体减排的总体潜力

技术减排措施、消费者偏好及其组合对未来减排水平的各自影响如图4-63所示。

根据现有政策，在假设人口稳定、饮食结构不发生变化的情景下，预计欧盟的农业部门温室气体排放水平到2030年略有下降，而到2050年将稳定在略高于400万吨二氧化碳当量的水平。这只相当于1990年欧盟温室气体排放总量的10%。因此，如果农业部门温室气体排放继续维持在这一基准水平，若要实现温室气体的净零排放，欧盟需要大力发展负排放技术。

而将现有的气候变化减缓技术应用于基准情景，将使排放总量减少约1/3，达到略低于3.0亿吨二氧化碳当量。大约60%的减排量将通过一氧化二氮排放的减少而实现，另外的40%则通过甲烷排放的减少来实现。

若仅对饮食结构变化进行建模（Diet4），动物产品消费近期将发生持续变化；

这些模拟结果表明，当动物产品出口可以自由变化时，在需求侧方面采取措施可以将欧盟农业部门的温室气体排放量，在基准情景的基础上，进一步减少到大约3.40亿吨二氧化碳当量。当欧盟饮食结构的变化完全反映到生产水平时（例如，通过限制动物产品的出口），每年的排放量将进一步减少到3.10亿吨二氧化碳当量。

如果供应侧的技术措施和需求侧的饮食转变相结合，非二氧化碳温室气体的年排放总量可从2015年的4.30亿吨二氧化碳当量，降低到2050年的2.30亿吨二氧化碳当量，这相当于1990年温室气体排放总量的5%。通过这些措施实现这一排放水平，将明显减少欧盟对负排放技术的依赖以实现温室气体的净零排放。

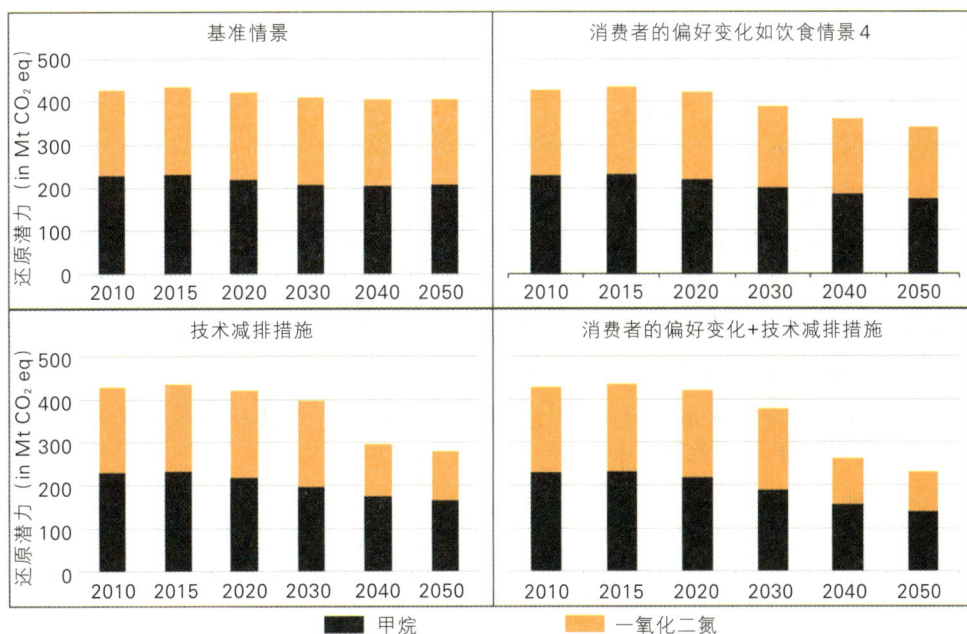

图 4-63　农业减排潜力案例

来源：GAINS.

而在PRIMES-GAINS-GLOBIOM模型中，所有实现80%温室气体减排或温室气体净零排放的情景都假设了技术缓解措施，但只有1.5LIFE情景假设了消费者饮食偏好的变化（Diet 4）。

从技术的角度来看，产量改善的程度在基准情景以及各种减排情景下相当，但将农业生产重新分配到最合适的土地，参考平均产量，其积极影响是有限的①。为避免土地利用分析结果的潜在间接影响，模型的假设也包括，将农业商品的进口保持在基准水平或稍低水平，而将出口保持在基准水平或稍高水平。这防止了粮食和饲料生产大量转移到欧洲以外的风险，并使我们能够在全球温室气体减排的背景下，进一步评估国内能源作物生产的影响。

4.6.3 减少其他部门的非二氧化碳温室气体排放

除农业部门以外，非二氧化碳温室气体排放主要来自能源部门（例如，煤炭开采、石油和天然气生产、天然气分销、化石燃料发电厂）与废弃物（包括固体废弃物、废水等）有关的排放，以及空调、制冷和工业含氟气体。

预计到2050年，这部分排放将从2005年的约4.90亿吨二氧化碳当量减少到2.05亿吨二氧化碳当量，在基准情景下，减少幅度将接近60%（见第3.4节）。通过化石燃料的转变，可以在能源系统中实现温室气体减排，从而实现能源系统中甲烷排放的大幅度减少。再加上技术的发展，可以进一步减少接近1.5亿吨二氧化碳当量。这意味着，到2050年，除农业以外的部门所产生的温室气体，主要是甲烷和一氧化二氮，这仍将导致约6 000万吨二氧化碳当量的温室气体排放。

除农业部门以外，最大的甲烷减排可能出现在废弃物部门。根据现有法律，到2050年，甲烷排放量将比2005年减少约一半。但是，还存在其他技术潜力，可以进一步将这些排放减少50%以上（如图4-64所示）。

能源部门的排放在很大程度上与燃料燃烧的排放、传输和分配系统的逸散排放，以及矿物燃料开采活动的排放有关。在碳减排情景下，通过降低燃料消耗和提高技术减排方案的应用，可以在很大程度上实现这些减排。而在80%温室气体减排和净零温室气体排放的情景下，最有效率的减排措施在于停止大多数煤炭的开采活动，这已经体现在现有政策的基准情景中（见表4-3）。同样，到2050年，欧盟将停止大部分石油开采活动，这也将导致甲烷排放的显著减少。此外，天然气网络也可以实现更大规模的减排，部分是通过天然气消耗的降低，部分也在于监测、检测和泄漏维护方面所取得的进展。

---

① 该模型假设可能的退耕首先发生在生产力较低的土地上,这意味着平均产量的增加。能源作物在边际土地上的产量往往高于粮食和饲料作物,这一事实也有助于提高平均生产率。

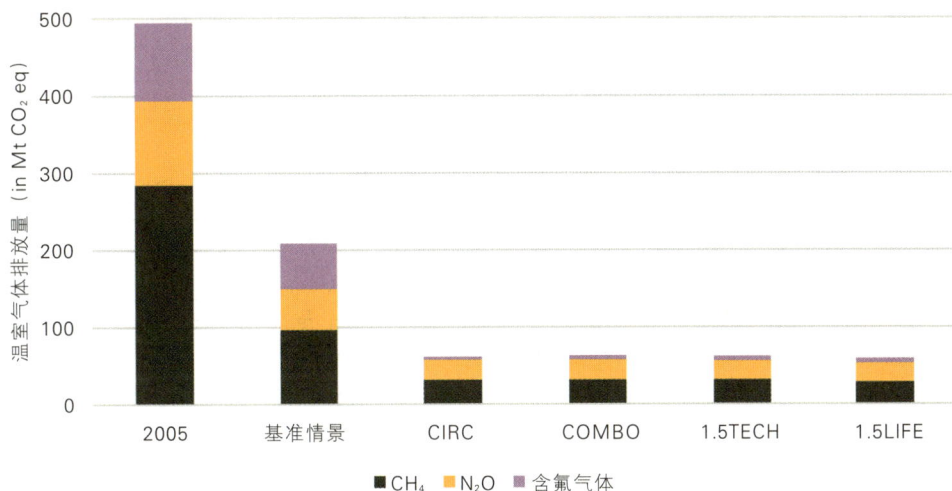

图 4-64　农业部门以外非二氧化碳减排量

来源：GAINS.

当能源部门化石燃料燃烧时，燃料和空气中的氮被氧化会产生少量的一氧化二氮。减少化石能源的消耗就会降低一氧化二氮排放，然而生物燃料或合成燃料的燃烧也可能导致一些副产品的产生，如一氧化二氮。在废弃物处理方面，尽管存在一氧化二氮减排的技术解决方案，但当前的政策并不能及时阻止其排放，相反，其排放还可能会继续增加。在欧盟排放交易体系下，大部分排放设施已被纳入，工业部门也已经削减了几乎所有的一氧化二氮的排放，剩下的部分减排潜力非常有限（见表 4-4）。

虽然当前关于含氟气体的法律规定已经导致了排放量的显著减少（与无政策的基准情景相比），但 2050 年在基准情景下，每年仍有约 6 000 万吨二氧化碳当量的温室气体排放到大气中。与 2005 年相比，存在可行的技术减排的这部分排放，2050 年可实现减排达 95%。到目前为止，制冷和空调技术的改进是进一步减少含氟气体排放的最具潜力的方案（见表 4-5）。

集合除农业部门之外非二氧化碳气体减排的所有方案，与 2050 年基准情景预测的结果相比，在现有政策的基础上，废弃物行业总体上将呈现出最大的减排潜力，而制冷和空调系统中的含氟气体排放量将减少。在对这些情景进行的评估中，所有情景都假设了非二氧化碳温室气体减排措施的最大实施潜力（如图 4-65 所示）。

表4-3　　甲烷排放量（农业部门以外），2050年在不同情景下的减排潜力

甲烷（百万吨二氧化碳当量）		2005	基准情景 2050	技术减排后，剩余排放量 < 250 欧元/吨二氧化碳排放量	
部门	活动			COMBO	1.5LIFE
废弃物	总量	193	68	25	22
	城市固体废弃物	87	29	14	11
	工业固体废弃物	33	18	7	7
	老旧的垃圾填埋场	51	0	0	0
	工业废水	10	11	1	1
	生活废水	12	10	3	3
能源	总量	92	30	21	7
	气体分配	18	11	8	2
	气体输送	6	5	3	0
	转运港	4	3	3	0
	生物质燃烧	6	2	2	2
	其他燃烧	3	2	2	2
	原油生产	15	3	0	0
	天然气生产	3	3	1	1
	煤矿开采	36	1	1	0
	炼油	1	0	0	0
甲烷总量（非农业）		285	98	46	29

来源：GAINS.

表4-4　一氧化二氮排放量（农业部门以外），2050年不同情景下的减排潜力

一氧化二氮 （百万吨二氧化碳当量）		2005	基准情景 2050	技术减排后，剩余排放量 < 250 欧元/吨二氧化碳排放量	
部门	活动			COMBO	1.5LIFE
能源	总量	32	16	12	11
	能源使用	21	9	9	9
	交通	11	7	3	2
废弃物	总计	17	23	7	7
	固体废弃物堆肥	2	7	0	0
	生活废水	15	16	7	7
工业	总量	54	6	4	4
	己二酸生产	12	1	1	1
	己内酰胺生产	2	3	0	0
	硝酸生产	40	2	2	2
其他	直接使用一氧化二氮	7	8	3	3
一氧化二氮总量（非农业）		110	53	26	25

来源：GAINS.

表 4-5 含氟气体排放量（农业部门以外），2050 年在不同情景下的减排潜力

含氟气体（百万吨二氧化碳当量）		2005	基准情景 2050	技术减排后，剩余排放量 < 250 欧元/吨二氧化碳排放量	
部门	活动			COMBO	1.5LIFE
空调和制冷	总量	66	41	0.3	0.3
	制冷	40	34	0.1	0.1
	空调（固定和移动）	26	7	0.2	0.2
工业	总量	11	6	5.1	5.1
	二氟一氯甲烷生产	2	0	0.0	0.0
	原铝生产	3	1	0.7	0.6
	中高压开关	3	3	3.2	3.3
	镁生产&铸造	1	0	0.0	0.0
	半导体生产	2	1	0.1	0.1
	其他工业资源	1	1	1.0	1.0
其他	总量	23	12	0.1	0.1
	气溶胶	7	3	0.0	0.0
	泡沫材料	7	3	0.0	0.0
	地源热泵	0	0	0.1	0.1
	灭火器	2	1	0.0	0.0
	溶剂	0	0	0.0	0.0
	隔音窗	2	0	0.0	0.0
	其他 SF_6	5	5	0.0	0.0
含氟气体总量		100	59	5.4	5.5

来源：GAINS.

4.6.4 转型动力、机遇和挑战

综合以上各节所述的所有减排方案和措施，2050 年与当前的排放水平相比，非二氧化碳温室气体排放具有很大的减排潜力，可达 2005 年水平的 2/3（见表 4-6）。

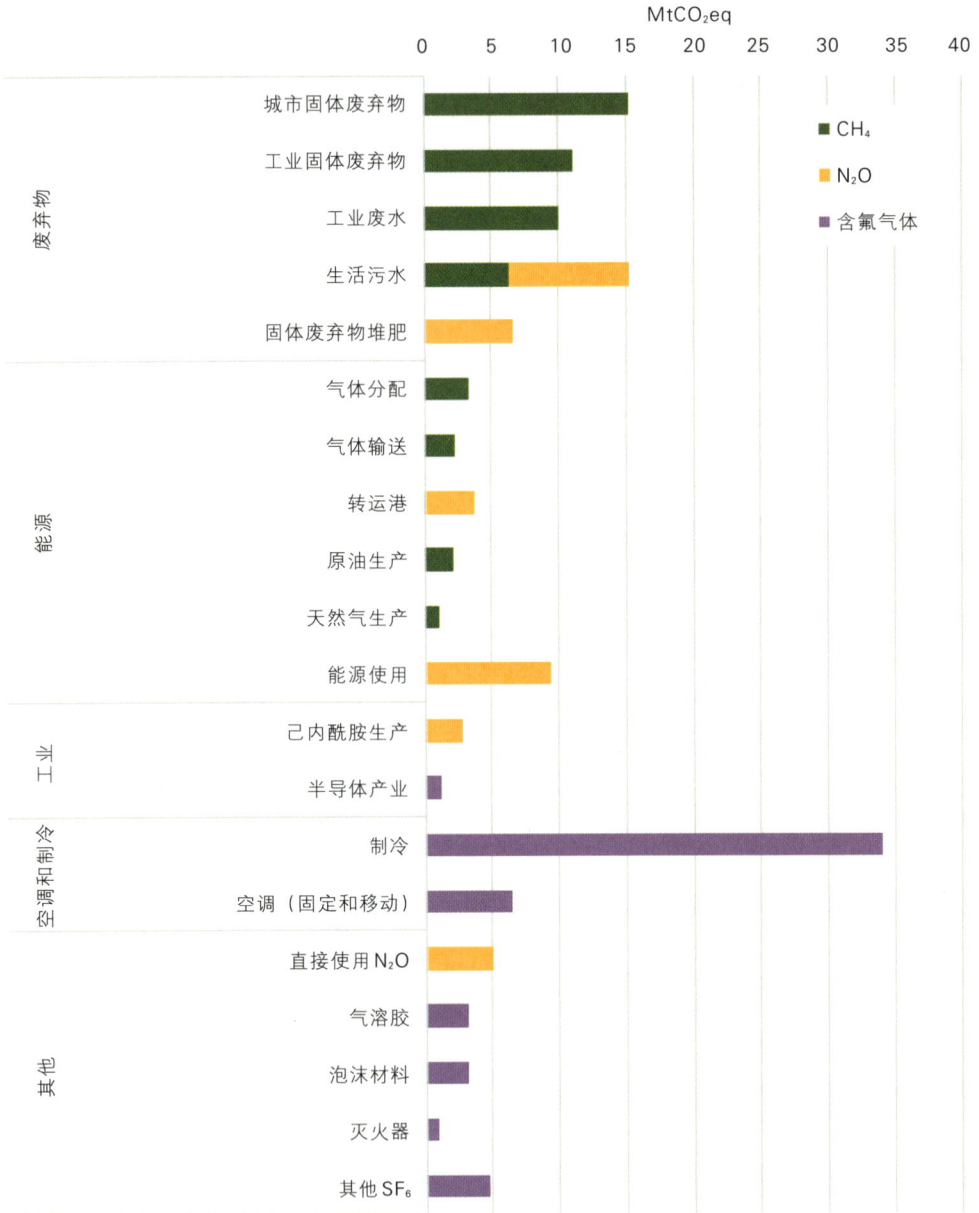

图4-65　与基准情景相比，除欧盟农业部门以外，其他部门2050年
非二氧化碳排放的额外削减潜力

来源：GAINS.

表 4-6 　　不同情景下非二氧化碳温室气体排放与 2050 年基准情景的比较

（百万吨二氧化碳当量）

2050	2005	基准情景	CIRC	COMBO	1.5TECH	1.5LIFE
非农业	494	209	62	64	62	59
甲烷	284	97	33	33	32	29
一氧化二氮	110	53	25	26	24	24
含氟气体	100	59	4	5	5	5
农业	440	404	277	277	277	230
甲烷	237	207	165	165	165	139
一氧化二氮	203	197	111	111	111	91
总计	934	613	339	341	339	290
甲烷	521	305	198	198	198	169
一氧化二氮	313	250	136	137	136	115
含氟气体	100	59	4	5	5	5

来源：GAINS.

所有方案都实现了其最大的技术减排潜力，2050 年的排放水平约为 3.40 亿吨二氧化碳当量。其中只有在 1.5LIFE 情景下才能够进一步实现排放的减少，特别是在消费者饮食结构偏好发生变化，进而导致对农业部门排放产生影响时，到 2050 年排放减少幅度将进一步降低至 2.9 亿吨二氧化碳当量。

这个减排目标的落实对进一步实现温室气体的净零排放非常重要。考虑到任何多余的二氧化碳排放都需要通过其他环节的减排来实现抵消，因此我们面临的挑战将是如何应对非二氧化碳温室气体排放源分散的分布。

到 2050 年，大部分（如果不是全部）含氟气体应用技术的替代品有望问世。重要的是，要向工业部门发出明确的信号，使它们有足够的把握投资技术开发，以便按时完成技术更新工作。

《能源联盟治理和气候行动条例》（the Governance of the Energy Union and Climate Action Regulation）要求欧盟委员会考虑并迅速做出甲烷排放的政策选择，提出关于甲烷排放问题的联盟战略计划[①]。在这方面，这项评估也明确指出，为了按照要求制定减少甲烷排放的战略，数量有限的部门是至关重要的，特别是针对农业、废弃物和能源部门。

---

① 　COM/2016/0759 final/2 - 2016/0375（COD）. Article 16.

在目前的政策情景下，降低废弃物部门的排放预计是行之有效的。尽管也存在额外的潜力，但减排目标可能需要到2050年才能实现。因此，如何在短期内确保现有政策的有效执行是非常重要的，这也需要欧盟各成员国认真地理解并执行各项废弃物回收政策。该政策不仅会减少甲烷的排放，也会促进循环经济的发展，而废弃物回收系统的改进会进一步提高我们工业生产过程的资源利用效率。

能源部门甲烷排放量降低的最大动力是化石燃料本身消耗的降低，以及与之相关的欧盟化石燃料开采和能源供应排放的减少。这个转变越快，碳排放减少得就越快。尽管如此，天然气输配系统仍将在低碳经济转型中发挥作用，而其基础是沼气和合成气体燃料等清洁气体的良好发展。因此，加强监测、检测和预防，将对最终实现甲烷排放的降低起到重要作用。

最后，农业部门导致了最大规模的甲烷排放。厌氧消化的广泛采用不仅可以减少甲烷的排放，还可以提供可再生能源。此外，还必须继续探索饲料管理和饲料添加剂的作用，以了解如何减少反刍动物群的甲烷排放，以便进一步提高农业效率。以提高反刍动物群的生产力、提高动物繁殖能力、保持其健康为重点的饲养系统的发展，可以进一步提高乳制品和牛肉部门的整体效率，同时减少相关的甲烷排放。考虑到这一行动的时滞性，欧盟在2050年之前可以采取更协调一致的广泛行动。

农业、废弃物和能源部门也需要对一氧化二氮的排放负责。对于废弃物和能源部门，大多数甲烷减排的措施可以同时降低一氧化二氮的排放。对于农业部门而言，一氧化二氮的减排重点在于，需要精准地施肥以减少相关的一氧化二氮的排放。过度施肥不仅可能对环境造成污染，也可能对农民的收入产生负面影响。在这种情况下，要使用更可靠的信息管理系统，比如营养管理或可变比率计划，提高农民的环保意识，并且在不损害农民收入的情况下进一步减少化肥的使用。随着数字化和智能农业技术的引入，这些举措将进一步提高农业生产效率，减少一氧化二氮的排放，同时继续挖掘后续选择，以及新技术应用的潜力，这些新技术的应用还可以减少施肥后的一氧化二氮的排放，并有助于减少硝酸盐污染。

4.7　土地资源

4.7.1　土地利用方案

土地是一种宝贵和有限的资源，它为我们的社会福利和经济发展提供了至关重要的资本与服务。而土地利用以及住宅区域、农地、森林和自然生态系统之间的分割，则是影响生态系统分布和运作的一个重要因素，从而影响生态系统服务的提供，包括与气候变化相关的服务。土地的使用存在着竞争，主要的推动力是粮食和饲料的生产、森林的发展、所能提供的各种服务、生物能源和其他可再生能源的供应，以及满足对住房和其他基础设施日益增长的需求。

据欧盟统计局统计，欧盟 38% 的土地为森林、22% 为农田、21% 为草地，而7% 为灌木丛（如图 4-66 所示）。由于土地类别定义的差异，根据《联合国气候变化框架公约》的排放清单，耕地占比将较大（2016 年为 28% 或 127 兆公顷）。欧盟统计局数据库中被列为草地的部分土地（特别是临时草地），在《联合国气候变化框架公约》数据库中被列为耕地。

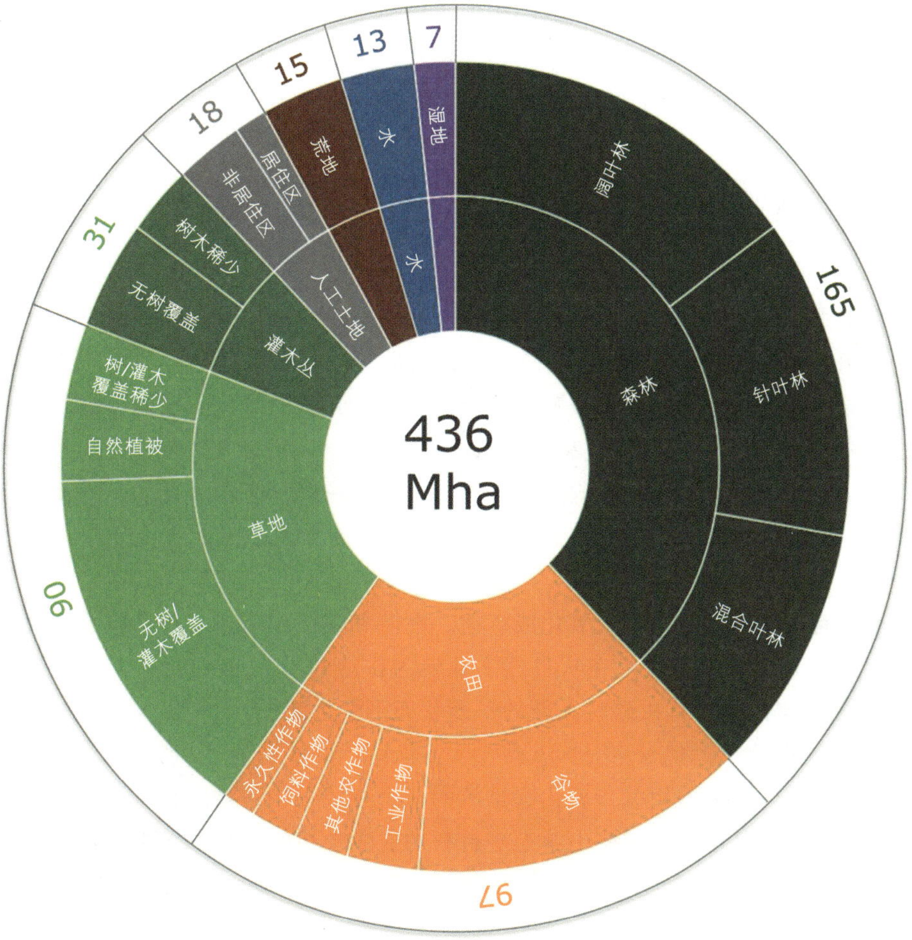

图 4-66　2015 年土地覆盖概况

来源：Eurostat.

从二氧化碳排放的角度来看，土地利用、土地利用变化以及林业部门通过与森林、农田、草地、居民点、湿地等相关的土地利用措施，或由于土地管理产生的土地利用变化决定着部分二氧化碳的排放和去除。

如今，欧盟的土地利用、土地利用变化和林业部门是一个净碳汇，也就是说，它每年吸收（或封存）的碳比排放的温室气体还要多。根据欧盟成员国向《联合国气候变化框架公约》[①]报告的信息，2016年土地利用、土地利用变化和林业部门净吸收二氧化碳总计为3.14亿吨二氧化碳当量，从林地中清除的4.24亿吨二氧化碳当量仅抵消了其他土地覆盖类型的净排放量，特别是农田和居住区，以及从草地和湿地减少的净排放量。

自然资源的使用可以从积极或消极的方面对气候产生重大影响。气候变化与其他因素相互作用，进一步加剧了生物多样性丧失和生态系统退化（也可能通过干旱和森林火灾），从而削弱了生态系统捕集和封存碳的能力。气候变化可以大大改变自然资源的可用性、结构和功能，从而为自然资源的可持续发展提供必备条件，包括其缓解和适应能力。在低碳转型的背景下，持续提高自然资源的供应能力，尤其是土地的交付能力，是至关重要的。

4.7.1.1 保护农业土壤中的碳

除了甲烷和一氧化二氮的排放，欧盟农业土壤还释放出大量的二氧化碳。2016年从农田和草地排放了6 000万吨二氧化碳当量。减缓土壤退化，加强欧盟土壤固碳，是气候和粮食安全的双赢战略，既能减少二氧化碳的排放，又能提高欧盟农业用地的肥力和生产力。法国于2015年12月1日在第21次缔约方会议上发起的国际倡议"每1 000中的4个"，鼓励在土壤碳封存方面采取一些实际行动，并通过实现这一目标的措施类型（如农业生态学、农用林业、保护性农业、景观管理等）来向这个方向发展。

土壤有机碳库的消耗是由氧化或矿化、淋溶和侵蚀作用引起的。在欧洲温带气候下，大部分土壤流失发生在从自然土地转为耕地的20～50年期间，在自然条件下，1/4至一半的土壤有机碳将在新的平衡状态下发生流失。

有机土壤

减少土壤碳损失和相关二氧化碳排放的一个有效方法是限制有机土壤和泥炭地用于农业生产，并防止在这些土壤上进行新的农业土地的扩张。泥炭地是一种有着厚厚一层有机土壤的湿地，即使它们只占全球土地面积的3%，它们也能储存全球

---

① EEA数据查看器，不含N20间接排放。

30%的土壤碳。2012年，联合国粮食及农业组织、农业减缓气候变化方案（MIC-CA）和国际湿地组织发起了有机土壤和泥炭地气候变化减缓倡议。该倡议致力于减少泥炭地的温室气体排放，并保护泥炭地提供的其他重要生态系统服务。

在欧洲，根据《联合国气候变化框架公约》2018年清单，2016年，拥有有机土壤的农业用地平均每公顷排放16吨～17吨二氧化碳当量（而矿物土壤平均每公顷则排放不到1吨二氧化碳）。有机土壤仅占耕地的1.5%，但占耕地土壤总排放量的55%（见表4-7）。对于草地来说，有机土壤覆盖面积为3%的草地所释放的碳量与矿物土壤覆盖面积为97%的草地所释放的碳量相当，使得草地总体二氧化碳排放量接近中性。

表4-7　　　　　　　　　2016年欧盟农业土壤排放量

	农田		草地	
	矿物质土壤	有机土壤	矿物质土壤	有机土壤
面积（兆公顷）	125	2	85	3
土壤总碳排放（百万吨二氧化碳）	27	33	-41	41
隐含排放因子（吨二氧化碳/公顷）	0，2	17	-0，5	16

来源：2018 UNFCCC inventories.

从农业部门气候行动的角度来看，保护集约利用的有机土壤是有益的。这可以通过限制或利用有机土壤上的适当的农业活动，以及通过提高地下水水位来恢复泥炭地和湿地，减少有机物质的氧化。

矿物土壤

多项研究预估了耕地矿物土壤的土壤有机碳（SOC）排放量，并且利用生物物理SOC模型[1]或静态SOC固碳率计算区域和全球层面的固碳潜力。大多数研究得出的结论是欧洲的土壤有机碳（SOC）减排潜力有助于实现减排目标。PICCMAT项目[2]估算了几种碳封存方案的碳减排潜力。

加强农业碳封存的策略旨在增加土壤碳库，提高土壤生物活性，同时提高净初

---

[1]　Zaehle，S. A. Bondeau，A. Bondeau，T. R. Carter，et al.（2007）。"1990-2100年气候和土地利用变化下欧洲陆地碳储量的预测变化。"生态系统10（3）：380-401。

[2]　Schulop，Alterra：42. PICCMAT（2008）.可交付D7：欧洲的量化结果. schulop Alterra：42.

级生产力（NPP），减少侵蚀和淋溶作用造成的养分和有机碳损失，并提高增湿效率。通常推荐的可持续管理实践为：

- 减少耕作或免耕耕作，以尽量减少土壤扰动，避免完全倒转土壤层（即耕作），从而减少土壤碳的氧化。其协同效益为减少了风或水侵蚀土壤的风险，减少了耕作所需的能源。
- 作物收获后会在土壤表面留下残留物。这比清除作物残留物更能保留土壤中的碳。
- 覆盖作物可以减少土壤裸露的时间，以减少土壤被侵蚀的风险。种植捕获作物是为了减少从收获到下一个春天裸露土壤的时间，以便吸收流动的营养物质，例如硝酸盐，从而减少水道的污染。
- 更好地使用复杂的耕作系统，包括混合作物–家畜和农林业技术（包括农田/草地中的树木），有效地利用养分资源，提高生物多样性，模拟自然生态系统培植牧草，利用好永久作物和深层腐烂作物。

然而，尽管有各种各样的研究，土壤有机碳排放的规模和减缓的潜力仍然存在很大的不确定性。一些研究对通过碳封存实现高减排的可行性提出了质疑。这种不确定性可以归因于我们对未来土地利用变化的理解上的差距、碳封存对土地利用变化反应的定量化、未来采取缓解措施的水平、对一氧化二氮和甲烷排放的潜在反馈，以及缓解措施的持久性。此外，由于研究主要依靠浅层取样深度来比较养护和传统耕作制度的固碳率，因此，关于固碳耕作的有效性，以及减缓气候变化的效果，一直存在争议。最近的一些研究结论表明，即使保护性耕作可能增加表层土壤的有机碳浓度，但它并没有为整个土壤储存更多的有机碳，而只是在土壤中重新分配碳。土壤中储存的碳多少也取决于气候和天气，这可能导致碳排放或碳封存潜力减少。这就提出了土壤中碳的持久性问题，以及土壤的饱和问题。

4.7.1.2　森林碳汇

目前欧盟森林碳汇是动态森林生态系统失衡的结果。森林生物量每年的增长（每年总增量）大于由于自然死亡和干扰而从森林中消失的生物量。这种不平衡导致了欧盟森林净碳储量的增加，反过来又代表了生物量从大气中净吸收二氧化碳。《联合国气候变化框架公约》清单中报告的信息显示，在过去近30年，欧盟森林的特征变化是有限的。1990年以来，全森林碳汇稳定，封存量略大于4亿吨二氧化碳当量，生物量也略有增加，但森林生物量年损失依然存在。

典型的情况是，一个没有人类干预（即管理）的森林系统在长期内将趋于平衡状态，生物量可能减少，死亡率可能增加，地上生物量中现有的碳储量和碳汇会被限制。优化欧洲碳汇需要维持平衡，加强防止森林系统失衡的措施，通过增加森林面积，植树造林或非林区造林，增加每公顷森林与其他树种的碳密度，或通过优化收成和智能管理措施来刺激速度增量——或者这三者的结合。

植树造林、重新造林和减少森林砍伐是增加欧盟森林潜力的明智选择，同时还可从生物多样性等许多其他生态系统服务以及减少水土流失、洪水、空气和水污染的风险等方面获得可能的共同利益。然而，土地是一种有限的资源，如果扩大森林覆盖率，就会加剧同其他部门对土地的竞争。例如，植树造林可能会取代粮食、饲料、纤维或能源的农业生产，从而增加其他温室气体部门的温室气体排放。另外，森林可能是欧盟最具生产力和用途的土地。

限制或减少每年从森林中提取的木材数量可能会增加森林的碳储量和碳汇（至少在短期至中期是这样的）。不幸的是，它的缺点是限制了可替代能源和木材产品的生物量的供应，否则其他部门的排放量可能会减少。其他森林管理措施可以影响总体碳储量密度。根据森林类型和位置的不同，干预措施可改善常绿树木的营养供应和光照或健康状况，从而促进其生长并增加总碳储量。例如，逐步引进生长速度更快的树种，有可能增加森林的碳密度，同时保持生物量流向其他经济体。在采取此类做法时，必须考虑到对生物多样性和其他生态系统服务的潜在负面影响，以及对水资源的需求。

最后，木材的使用也很重要。从本质上讲，它被用于耐用品的次数越多，就越能有效地减少生物（和化石）碳向大气的释放。这个概念现在被描述为木材产品。尽管原则上，这种使用只是暂时的储存，随着二氧化碳最终仍被释放到大气中，分级使用也可以减少其他部门的排放。例如：减少其他建筑材料的生产，如砖和钢，或随后的"废"木材被焚烧用于能源生产，从而减少化石燃料的排放。

因此，在研究如何保护或加强森林碳汇时，正确评估森林碳汇的动态、欧盟经济、其他部门对生物量的使用，以及与环境之间的相互关系至关重要。

4.7.1.3　生产替代化石碳材料的土地

材料替代品

木材产品、纸张、生物化工产品、化肥、纺织品、弹性体、生物塑料，所有这些产品都来自我们日常生活中的生物质。其中一些有潜力替代相当一部分化石燃料材料，同时储存碳，有时可储存数十年或数百年。

木材在房屋建筑中的使用约占欧盟建筑材料市场的10%，但在欧洲各地差别很大，北欧国家的市场份额高达80%，南欧的占有率非常低。此外，三层或三层以上建筑的木材使用量可能低于1%。在欧盟以外的一些主要经济体中，如美国和日本，木结构建筑约占新建筑的40%。ClimWood研究的结论是，在整个生命周期中，使用收获木材产品能比使用功能等效的替代品排放更少的温室气体，每使用1吨木材产品可少释放 1.5 吨～3.5 吨二氧化碳。

化学工业也对使用生物质作为矿物原料的替代材料感兴趣（见工业部分）。由
生物质生产的大量油化产品已经是化石原料产品的可靠替代品，如化肥、洗涤剂、
甘油、化妆品、杀虫剂、涂料和颜料、润滑剂或塑料。然而，目前的全球生物塑料
产量（生物基塑料和生物可降解塑料的总和）还未占到全球每年 300Mt 塑料产量的
1%。不管怎样，这是一个快速增长的行业，生物塑料被用于越来越多的地方，如
包装（目前占生物塑料的 40%）、餐饮产品、消费电子产品、汽车零部件、农业、
玩具或纺织品。一些研究声称，从长远来看，它们几乎可以取代所有以化石燃料为
基础的塑料。

日益增长的生物塑料需求将进一步增加对原料的需求，即今天的玉米或甘蔗等
富含碳水化合物的作物，以及未来潜在的木质纤维素作物。虽然应该从生命周期评
估的角度仔细和系统地看待这种日益增长的需求对环境的影响，但土地的影响本身
预计是相当有限的。据估计，用生物塑料取代全球化石塑料的生产将需要全球每年
生产和收获的生物量的 5% 左右。

能源替代品

2014 年，生物能源占欧盟最终可再生能源消耗的 60%，占最终总能源消耗的
10% 左右。生物能源主要用于供暖，其次是发电和运输。2014 年，它提供了 88%
的可再生能源用于供暖，19% 的可再生电力。大部分生物能源以固体形式使用；沼
气和液体生物燃料所占份额较小。

目前，用于电力、供暖和制冷的固体生物量的主要来源是欧盟生产的以森林为
基础的原料，如薪材、工业废料（如锯木厂或造纸厂的废料）和森林采伐废料（如
树枝或树梢）。生物燃料主要来自农业粮食作物。2015 年，生物燃料的产量相当于
国内油籽产量的 61%、甜菜产量的 13%、谷物产量的 3.7%。虽然沼气主要由一年
生能源作物（如玉米）生产，但从农业废弃物、残留物、副产品（如粪肥）、污水
污泥、分离的生活废弃物以及工业生活废弃物中生产沼气的潜力很大。

在未来，如果不受前期投资成本或土地有效性的影响，预计快速生长的能源作
物，即木质纤维素草（如柳枝稷、芒草）和短轮作灌木（如杨树、柳树）将发挥更
重要的作用。如果以可持续的方式种植，这些作物可以成为生产沼气或生物燃料的
气化和热解过程的主要投入。例如，这些燃料将使航空运输、公路货运和海运等替
代能源较少的部门实现深度脱碳，而且还将被用于替代天然气网络中的化石燃料甲
烷，用于没有替代能源的应用领域。

4.7.2 各种情景下生物质需求、供应和土地利用预测

PRIMES-GAINS-GLOBIOM 模式所分析的所有情景（情景说明见第 4.1 节和附件 7.2.2）都依赖于大量使用生物质作为能源。2050 年，这些情景下的生物质和废弃物的内陆消耗总量从 EE 情景下的 190 Mtoe 变化到 1.5TECH 情景下的略高于 250 Mtoe（2016 年能源部门消耗了 140 Mtoe 生物质[①]）。到 2030 年之前，所有情景下的生物质需求都是相似的，但之后会出现差异，在净零温室气体情景下的需求大于 80% 温室气体减排情景下的需求，到 2045 年达到峰值（详见图 4-67 中的虚线）。2045 年以后，在净零温室气体情景下，生物质需求逐渐减少，部分原因是部署了其他能源载体（包括引进合成燃料）。实现 80% 温室气体减排的情景将在 2045 年后继续增加其生物质消耗。

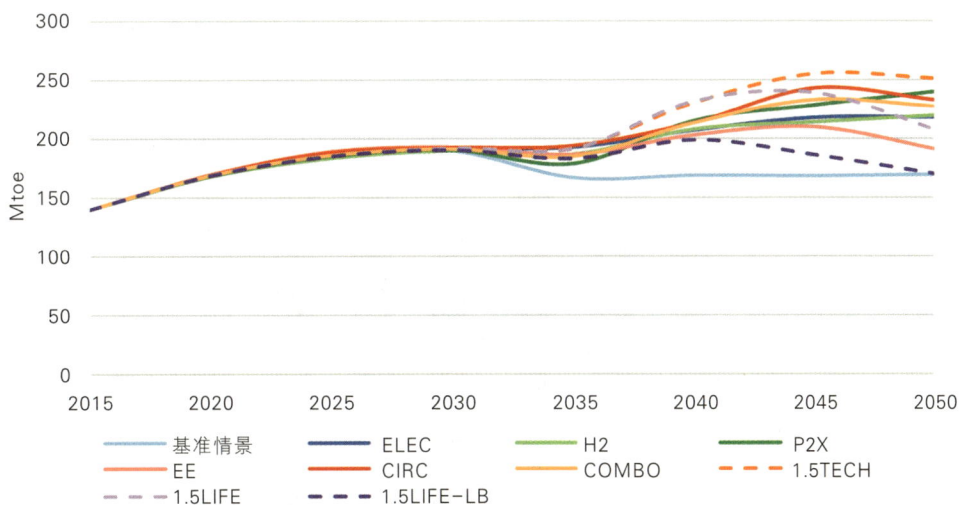

图 4-67　生物质和废弃物的内陆消耗总量

来源：PRIMES.

除了标准情景之外，还引入了 1.5LIFE-LB 情景，以便更好地分析在生物质使用增量减少的情况下实现温室气体净零排放的影响。1.5LIFE 情景的大部分特征都适用于这种变体（循环经济、消费者偏好的变化和增加自然土地利用碳汇）。然

[①]　《欧盟统计局能源平衡》2018 年版。

而，与标准的1.5LIFE情景相比，1.5LIFE-LB情景结合了1.5TECH情景中使用的更
多技术选项，这些选项需要更少的生物质。这导致生物质的使用大大减少，特别是
对其在工业、住宅和运输部门的使用产生影响。

发电和住宅供暖目前消耗了大部分的生物质需求。到2050年，预计住宅部门
的生物质使用在所有情景下都将大大减少，而电力和工业部门将吸收生物质的大部
分额外需求。总生物质的40%将用于需求侧情景（EE，CIRC）下的发电，在
1.5LIFE-LB的情景下可达75%。1.5LIFE-LB方案突出表现为其对工业生物质的低
需求，因为工业供暖所需的氢和电的渗透率很高，而用于住宅供暖的生物质则大大
减少，交通运输所需的生物质也减少了。公路和航空运输的脱碳需要先进的生物燃
料，这些燃料可以在2030年后大规模生产，但在任何一种情景下，生物燃料的使
用量都不会超过总生物质的20%（如图4-68所示）。

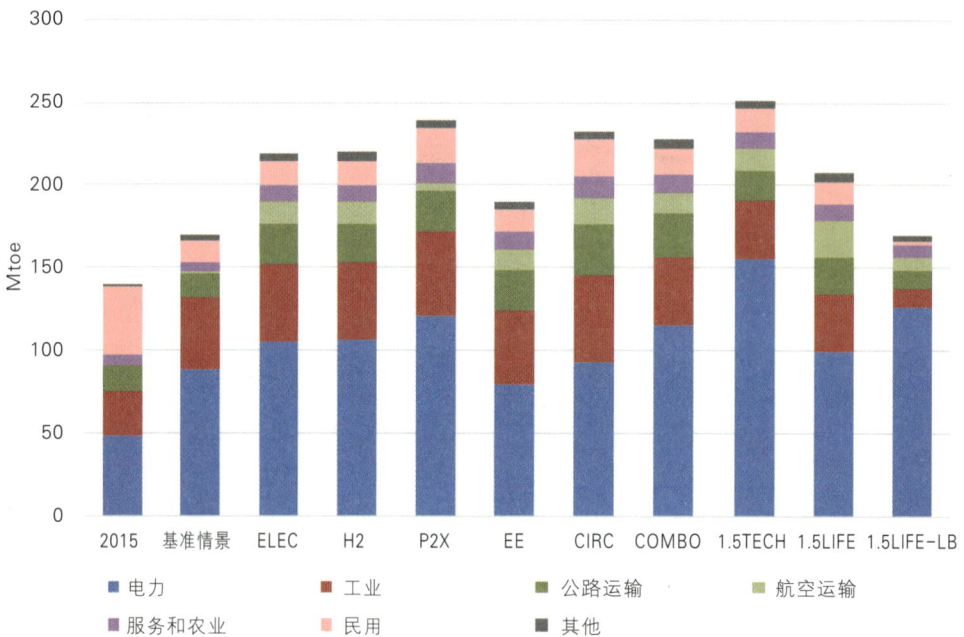

图4-68　2050年按部门和情景划分的生物能源使用情况

来源：PRIMES.

所有情景都以2050年欧盟经济中使用的大部分生物质是国产的（到2050年，
只有4%~6%的固体生物质是进口的，如果要进口生物质，还没有对总体气候影响
进行评估）为假设，欧盟生物能源需求的国内原料生产从1.5LIFE-LB情景中的

214 Mtoe 到 1.5TECH 情景中的 320 Mtoe（如图 4-69 所示）。

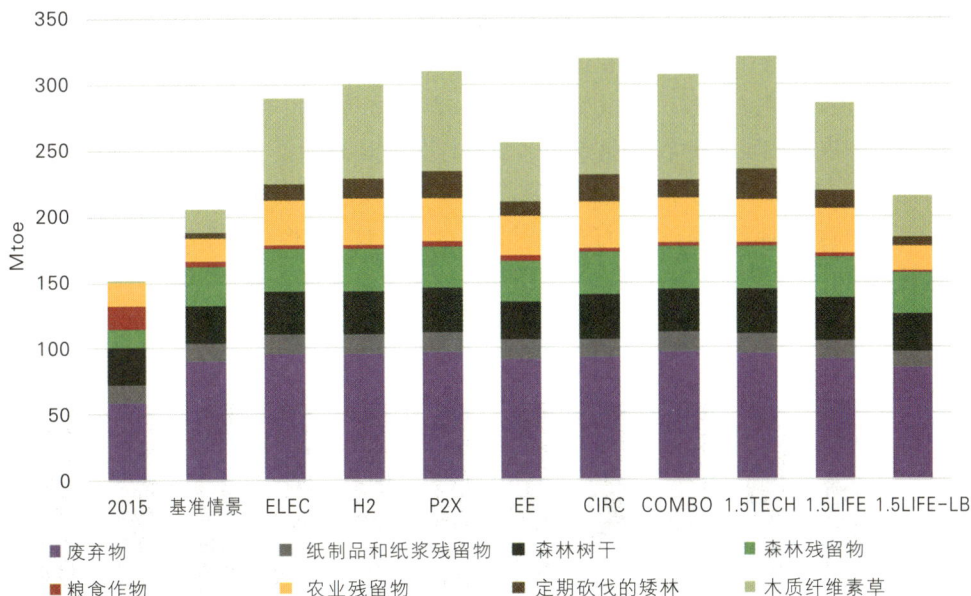

图 4-69　2050 年生物能源原料细目

来源：PRIMES，GLOBIOM.

　　用于生产这种生物能源的原料有很大一部分来自废弃物部门，工业和城市废弃物收集的改善可向能源部门提供约 100 Mtoe 的原料。在所有情景下，森林树干的使用都保持在 2015 年的水平，而可持续提取森林残留物的情况有所增加，森林部门总共提供 60~65 Mtoe 的木材作为能源。到 2050 年，由粮食作物生产的沼气或生物燃料在欧盟将非常边缘化，但更多的农业残留物将用于生产沼气或固体生物质。对所有这些传统生物质资源的可持续开发进行优化，可以为欧盟经济提供略多于 200 Mtoe 的生物能源生产原料。

　　快速生长的能源作物将满足其余的生物质需求。不同情景下对这些新能源作物的需求有很大的不同。1.5LIFE-LB 需要 38 Mtoe 的生物能源，而 CIRC 和 1.5TECH 的需求则达到 108 Mtoe。大部分需求是通过柳枝稷和芒草等木质纤维素草供应的，而定期砍伐的矮林、杨树和柳树只满足能源作物需求的 20%~25%。

　　对生物能源的大量需求有助于欧盟经济脱碳，这可能对土地利用和土地利用变化产生重大影响（如图 4-70 所示），在所有情况下，会有越来越多的土地用于生产能源作物。能源作物需求最高的情景（1.5TECH 和 CIRC）中，约有 29 Mha 的土地被用于新能源作物种植。总的来说，这将代表生产能源作物的农业土地的多样化，相当于目前农业生产土地的10%用于生产第一代生物燃料。能源作物需求最低的情景（1.5LIFE-LB）显示约9 Mha的土地被用于新能源作物种植。大多数变化是通过大量转向木质纤维素草（主要是柳枝稷），特别是从未利用的草地和目前用于生产第一代生物燃料的农田①而发生的。对木质生物质的新需求可能会使目前欧盟10%左右的农业用地上的农业业务进一步多样化。造林活动在增加，特别是在废弃的农地上。在1.5LIFE情景中，假设消费模式对气候的影响较小，包括第4.6.2.3节（Diet 4）中讨论的食物消费偏好的变化，肉类消费的转移减少了额外的土地使用（每卡路里肉类生产有着对土地最大的需求），并允许增加造林。

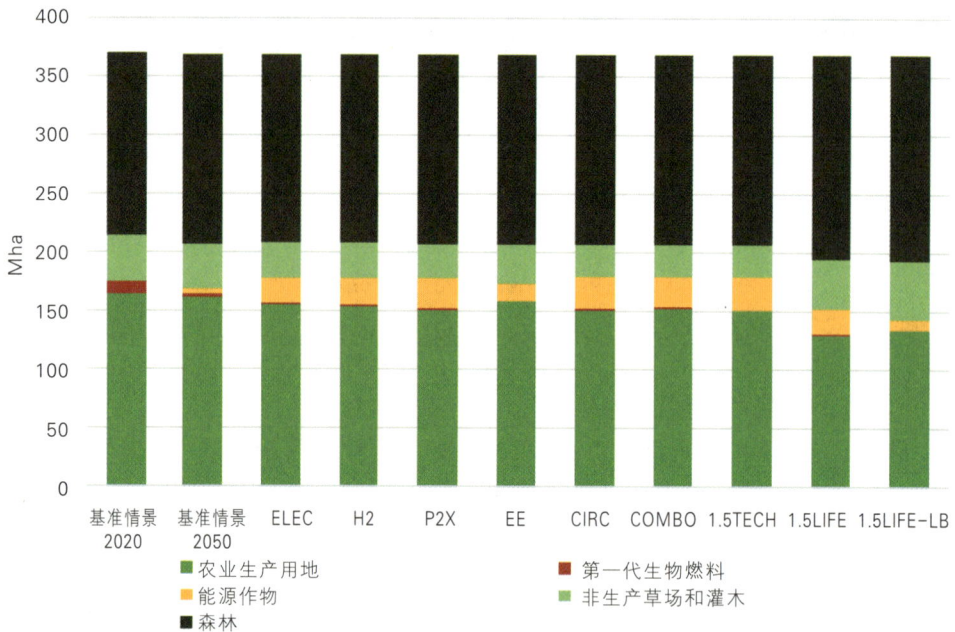

图4-70　2050年自然土地利用

来源：GLOBIOM.

---

①　模型捕集了生物燃料对生产性和非生产性农业土地和灌木土地的预先碳封存等效应。该模型还将第一代生物燃料替代能源作物时损失的蛋白质副产品替换为另一种蛋白质来源，以确保动物的喂养和这种替代的土地利用效果也得到了捕捉。最后，将农产品进口限制在基准水平，以评估在不造成欧盟以外农业生产转移的情况下缓解方案的影响。如果没有评估进口的变化，会对温室气体排放造成直接和间接影响。

在 LULUCF 排放方面，大量使用木本能源作物而不是森林原料木材，限制了对森林碳汇的负面影响，因此有助于在所有情况下保持 LULUCF 碳汇的整体水平。此外，这些模型表明，可以通过各种有效的经济激励措施，例如减少森林砍伐、增加造林、实施更好的森林管理和封存土壤碳的农业做法，进一步加强 LULUCF 的碳汇量。

图 4-71 显示了在不同碳价下提高 LULUCF 碳汇的潜力。如果 2050 年碳价达到 150 欧元/tCO_2，那么与没有碳价的情况相比，森林碳汇将增加近 120 $MtCO_2$，而 LULUCF 碳汇总量将增加 160 $MtCO_2$。如果碳价为 70 欧元/tCO_2，LULUCF 碳汇总量可能已经超过 130 $MtCO_2$。与 2050 年的排放量相比，这些数字相对较大，但与 1990 年的排放量相比则较小，还不到 3%，突出了优先减排的重要性。

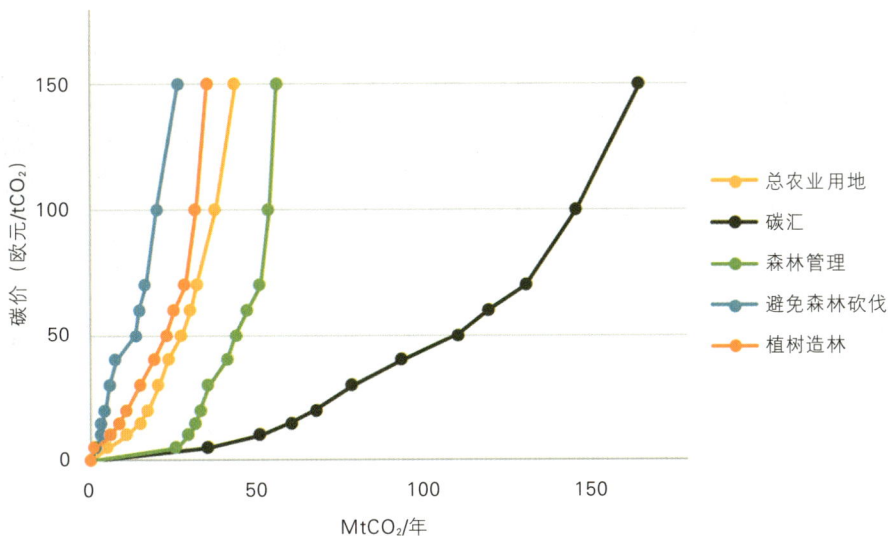

图 4-71　2050 年不同碳价下碳封存和 LULUCF 碳汇增强的潜力
来源：GLOBIOM/G4M.

最大的潜力在于优化森林管理措施（改变间伐与最终采伐的比率、采伐强度或采伐地点），这可使森林的碳汇增加 56 $MtCO_2$。农业实践的改进旨在将更多的碳封存到土壤中，这将使 LULUCF 的碳汇增加 47 $MtCO_2$。鼓励更多的植树造林可以每年从大气中消除 36 $MtCO_2$，这就要求到 2050 年将大约 5 Mha 的土地转化为新的森林。

只有净零排放情景包括一个特定激励机制以增强 LULUCF 碳汇，对 1.5LIFE 情景（80 欧元/tCO_2）和 1.5LIFE-LB 情景（70 欧元/tCO_2）是最强的，而对 1.5TECH（30 欧元/tCO_2）情景是相对有限的。

在1.5TECH情景加上农业实践的实施旨在提高欧盟农田土壤固碳背景下，能源作物的强烈渗透使欧盟农田到2050年从净碳源转变到净碳汇，欧盟LULUCF碳汇量增加接近400 $MtCO_2$。

在1.5LIFE情景中，有更多的土地可供造林，再加上增加碳汇的激励，使得碳汇增加到500 $MtCO_2$。这样可以减少对BECCS和其他CO_2去除技术的依赖从而实现净零温室气体排放（如图4-72所示）。

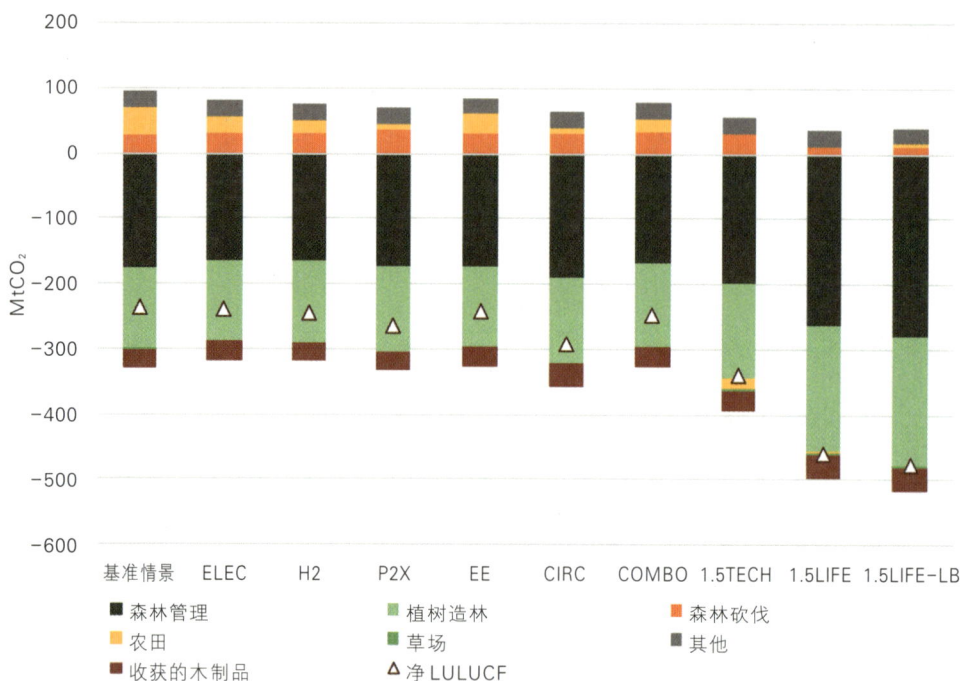

图4-72 不同情景下的LULUCF排放量

来源：GLOBIOM.

在没有激励措施的情景下，LULUCF碳汇量会出现变化，但这表明，即使某些情景下LULUCF碳汇量与当前水平（约300 $MtCO_2$）相比有所下降，到2050年，所有情景下的LULUCF碳汇量都可以维持在230 $MtCO_2$以上。

4.7.3 转型动力、机遇和挑战

在所分析的大多数情景下，到2050年生物质使用将显著增加。在某些情景下，当前对生物质原料的能源需求将增加一倍（见第4.7.2节）。这种能源首先应通过有

效利用工业和城市废弃物或农业和森林残留物等原料来供应，这些原料对环境和其他经济活动影响较小。

废弃物流的充分调动将不足以满足欧盟对生物能源的需求。提供评估所需的额外生物质的两个主要选择是增加森林木材的流动性和发展生长迅速的木质纤维素作物。这两种选择对需要考虑的土地利用、碳汇或生物多样性都有不同的影响。这项评估没有考虑到增加生物质进口的后果。

正如第4.7.1.2节所讨论的，可持续的森林生物质强化调动是受到森林的年度净增量驱使，这可能会与为其他部门木质材料的生产和通过森林气候调节（通过碳封存）、污染控制、土壤保护、营养循环、生物多样性保护、水资源管理或使用提供的其他生态服务发生冲突[①]。然而，对森林进行积极的可持续管理是确保森林继续固碳、提供生物质和增强能力的关键。

通过植树造林和重新造林来扩大森林面积将限制森林不同用途之间的平衡，并在欧盟发展它们的协同作用。但是，这可能会影响到其他部门，特别是农业部门的土地供应。总而言之，造林是一个缓慢的过程，其提供生物质和消除CO_2的好处可能需要几十年才能实现。

快速生长的能源作物包括木质纤维素草和定期砍伐的矮林，其特点是生长速度更快，因此具有比森林生物质生产更高的生产力潜力。这些能源作物可以在一定程度上保持土地边际经济可行的产量，并能比耕地更好地保持有机碳的土壤含量。

能源作物种植在农业用地上，可以与其他农产品的生产竞争。考虑到所需的产量，能源作物可以对农业收入作出巨大贡献。但为了不造成欧盟以外的粮食和饲料生产被取代（可能产生间接影响），需要根据所种植产品的类型进一步提高效率和土地利用率。这些变化将包括加强农业生产的因素，在生物多样性或其他环境可持续性方面，必须谨慎对待后果。但如果管理得当，这种转变可能有助于扭转退耕趋势，并为农民提供新的经济视角。

4.8 迈向负排放

4.8.1 为什么要争取负排放，有哪些选择？

为了实现80%的温室气体减排目标，需要优先考虑的是减少排放，这对于实

---

① http://forest.jrc.ec.europa.eu/activities/forest-ecosystem-services/.

现温室气体的净零排放更是如此，但排放量永远不会减少到零。例如，某些基于农业的非 CO_2 排放便无法消除。如果没有旨在去除大气中 CO_2 排放的措施，要完成《巴黎协定》的整体目标就极具挑战性。如果不立即采取非常雄心勃勃的全球减排行动，实现该整体目标甚至会很快变得不可能。

因此，必须将空气中的 CO_2 减排视为实现长期温室气体减排的一种战略选择。而评估其都有哪些挑战，也可表明应在多大程度上尽快实现减排，从而减少随后对负排放的依赖。

而通过扩大天然碳汇、使用工程技术，抑或是使二者相结合，也可以实现大气中 CO_2 的去除。第 4.7.1.2 节已经讨论了通过生态系统恢复、植树造林、重新造林、改进森林管理和加强土壤固碳来扩大天然碳汇。

其他 CO_2 去除（CDR）技术包括 BECCS、DACCS、生物炭、提高风化、海洋碱化和海洋施肥。即使存在相关技术，我们在本章中也未考虑去除 CO_2 之外的其他温室气体[①]。

而估算各种碳减排技术的成本，则非常具有挑战性。已有文献所显示的成本差异巨大，反映了估算所用方法的不均一性。而大范围的可能成本和不确定性不可避免，因为大多数碳减排技术到目前为止尚处于探索阶段（除造林、再造林和生态系统恢复），很多选项的大规模部署都还不够成熟。图 4-73 总结了基于对 CDR 技术最新知识的全面评估[②]所得到的成本估算结果。这篇文章表明，从长远来看，大多数 CDR 技术都可以用不到 200 欧元/tCO_2 的成本实现大气中 CO_2 的去除；该方案也认为，可以消除所涉及的技术开发和实施的不确定性。值得指出的是，该研究并没有考虑任何实际的海水富营养化的影响。

4.8.1.1　BECCS 和 DACCS

BECCS

BECCS 的概念在于利用生物质作为原料生产生物能源，并在工艺中集成 CCS 技术。与大规模植树造林一样，在各类综合评估模型中，BECCS 经常被视为两种主要手段之一，用于永久地去除大气中超过《巴黎协定》相关规定的碳含量。

从长远来看，BECCS 的作用将取决于如何以可持续的方式供应大量生物质并发展 CCS 技术。

---

① Ming T、de_Richter R、Shen S 和 Caillol S（2016），"通过去除温室气体来应对全球变暖：利用两项突破性技术的协同作用去除大气中的 N_2O"，国际环境科学与污染研究（23）6119-38。

② Sabine Fuss 等人（2018），环境研究通讯 13 063002，https://doi.org/10.1088/1748-9326/aabf9f。

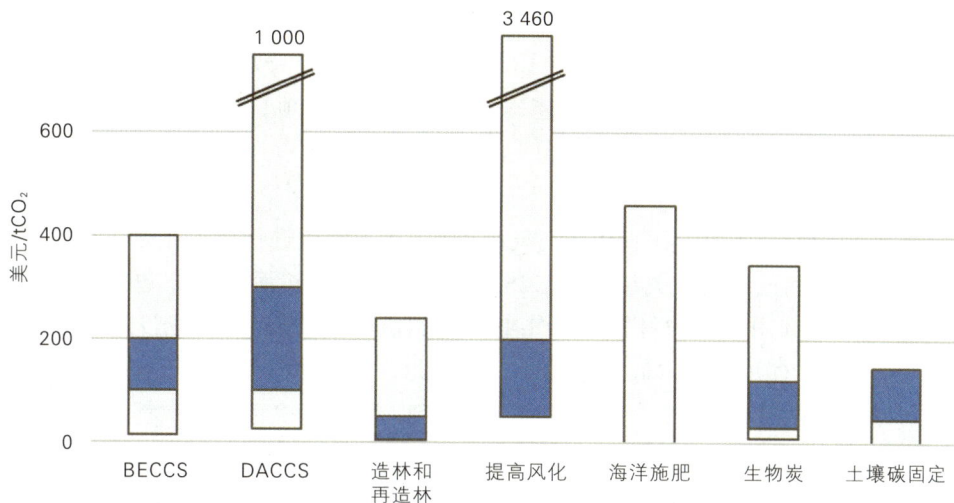

注: 文献所述全部成本, 其中深色反映了该研究的作者认为最有可能的一部分成本范围。

图 4-73 碳减排技术的成本

来源: Fuss 等, 2018.

　　而生物能源的大规模部署则提出了另一个潜在问题, 即生产生物质原料所需的土地面积和其他可能的利用土地形式之间的竞争, 包括必须满足对粮食、饲料和纤维的需求, 同时保护生态系统服务和生物多样性。这一问题已在专门针对土地资源利用的第 4.7 节中提到。

　　CCS 技术可以捕集、压缩并运输大型点源, 例如发电厂和工业设施排放的 CO_2, 然后将之注入地下合适地点以进行存储。而生物质燃烧产生的 CO_2 也可以封存在地层中, 包括油气储集层、不可开采的煤层和具有最大封存潜力的深度盐水储层。

　　并非所有生物能源的应用工艺都可以有效使用 CCS 技术。例如, CO_2 捕集的成本就可能并不支持小型生物能源装置上的 CCS 技术。另外, 一些生物能源装置, 例如, 生物乙醇和沼气生产装置, 烟气中的 CO_2 浓度可能非常高, 因此, 值得考虑在这些装置中集成 CO_2 捕集设备。

　　目前, 欧洲正在着手示范一些大型的 CCS 项目[①]。例如, 鹿特丹港 PORTHOS 项目的目标是, 自 2020 年起每年封存约 $2MtCO_2$; 然后, 到 2030 年每年封存约 5 Mt-CO_2, 这相当于鹿特丹工业部门排放量的 15% 左右。挪威也正在筹备一个相对较大

---

① COM(2016)743.

的工业 CCS 项目：从奥斯陆废弃物焚烧炉和水泥厂中捕集并运输 CO_2，并封存在挪威北海深处。当前，也还有少量其他 CCS 项目和集群装置尚处于筹备过程当中，且主要集中在北海周边国家；但需要指出，目前所有这些项目和集群都仍处于初期阶段。

DACCS

不依赖于光合作用，而直接从空气中提纯 CO_2，然后进行地下存储，是近年来越来越受能源和气候模型关注的 BECCS 技术的替代方案。而 DACCS 包括几种不同的技术，可以利用不同的材料从大气中去除 CO_2。与发电厂和工业设施的烟气相反，大气中的 CO_2 浓度非常低（约 0.04%）。因此，该技术的关键在于选择并应用能够与环境空气中的少量 CO_2 分子有效结合的试剂。大多数之前的尝试都集中在氢氧化物吸附剂（如 $Ca(OH)_2$）上，而其他工艺和材料，主要涉及胺类，也在逐渐获得重视。与之相关的其他工程技术问题还涉及接触面的扩大，以促进 CO_2 的移除和水分的处理。

DACCS 相对于 BECCS 的主要优势在于对土地使用的影响，因为其不涉及生物质应用所需的与土壤的竞争，并可以在存储地点附近与可再生能源技术，如太阳能技术一起，部署在非生产性土地上。此外，使用 DACCS 技术，每年捕集 100 $MtCO_2$ 将需要占用 4~15 Kha 土地，而发展相应规模的 BECCS 技术则需要占用 3~6 Mha 土地，而采用植树造林则需要占用 14~33 Mha 土地[1]。

然而，虽然发展 BECCS 技术可以用于除碳并提供能量，但直接从环境空气中捕集 CO_2 则可能需要消耗更多的能量。大致为每捕集 1 千克 CO_2 需要耗能 0.5MJ[2]。而根据所用能源的类型，包括各类可再生能源类型，这种能源的生产也可能对土地的使用带来影响。而从吸附剂中释放 CO_2，以及吸附剂的再生都特别耗能。

当前，从空气中直接捕集 CO_2 的技术正在如火如荼地进行，在不远的将来可能会有相应的进展。目前，在加拿大已经有两座从空气中直接捕集 CO_2 的试验工厂，还有一座在瑞士，考虑 CO_2 的再发展利用（温室、碳酸饮料的生产，但也有针对提高原油采收率或合成燃料生产等行业提供 CO_2），其产能为每年 3~9$MtCO_2$。

此外，2017 年已经在冰岛启动了 CO_2 直接空气捕集（DACCS）的小型试验厂，

---

[1] 源自 Smith 等（2016）针对 BECCS 的估算、Smith 等（2016）和 Climworks 网站现有信息针对 DACCS 的估算（http://www.climeworks.com/our-products/），以及 UNFCCC 针对植树造林规定的排放系数（见第 4.7.1.2 节）。

[2] 美国物理学会（2011），用化学物质直接捕集空气中的 CO_2：美国物理学会公共事务小组技术评估，2011 年 6 月 1 日。

其目标是提取约 0.5 $MtCO_2$，并将之与特定的 CCS 技术相结合，从而将 CO_2 封存在相对快速矿化成稳定碳酸盐矿物的玄武岩地层中[①]。从长远来看，DACCS 具有真正的技术发展潜力，并且可能通过借助以廉价的可再生能源和电池为主导的能源系统发展成为主流的减碳技术。

4.8.1.2　本评估未进一步考虑的其他技术

就 CO_2 吸收和封存潜力的有效性和可扩展性而言，生物炭、海洋施肥、提高风化和海洋碱化仍然具有不确定性，需要进一步研究和大规模现场测试，以提高对 CO_2 封存总体影响、相关成本和其他环境影响的认识。

生物炭

生物炭源于生物质热解，即生物质在无氧环境下的热降解。将生物炭添加到土壤中可以增加储碳量，同时也可以提高土壤肥力，进而提高作物产量。然而，将生物炭添加到土壤中之后会发生不同的过程，并且在对碳固存和环境的总体影响方面仍然具有不确定性。生物炭在土壤中停留的时间可能复杂多变，具体尚不得知。生物炭在土壤中的存在也可能会影响土壤中其他有机碳的分解，这也可能不利于碳封存技术的应用。而生物炭和土壤之间的相互作用当前主要通过实验室分析，目前尚不清楚其在田间条件下的适用性[②]。此外，生物炭所需的生物质原料的生产需要有利的土地和水资源条件。与生物能源相反，生物炭本身并不为经济运行提供能量；反之，其生产过程，即热解过程本身，还需要消耗大量的能量。然而，通过生物质气化以实现清洁燃料生产时，其工艺过程本身往往也可以生产出作为副产品的生物炭。

提高风化和海洋碱化

风化是通过化学和物理作用实现岩石分解的过程。由于云层中的水珠可能吸收大气中的 CO_2，雨水呈微酸性。当水滴到达地面，与岩石和土壤发生化学反应后，雨水中的 CO_2 会随之转化为碳酸氢盐，且其中一部分会最终进入土壤或海底的碳酸盐矿物中。这一自然过程的效率在很大程度上取决于温度和气候、岩石特征、水解作用、与环境的相互作用和反应表面积。而提高风化水平则旨在控制这些推动因素中的一个或几个，以便通过这一过程实现大气中的 CO_2 向碳酸盐矿物的转移。

而提到最多的一个方法是：将岩石粉碎成小颗粒，以将反应表面积最大化。并

---

① https://www.or.is/english/carbfix/carbfix-project.
② RICARDO-AEA(2016)，气候行动政策工具的有效表现−共同农业政策(CAP)主流化的荟萃审查(Ricardo-AEA/R/ED60006/缓解潜力，08/01/2016)，欧盟委员会-DG气候行动报告。

最终将碎化所致粉末撒到农田里，让微生物帮助加速矿化过程，同时提高土壤肥力。也可以通过将粉末直接撒到海里（以减少海水酸化），从而提升其直接从大气中吸收 CO_2 的潜力。

这一技术的主要障碍在于矿化过程的缓慢性，以及开采和粉碎大量岩石所需的能源和经济成本。

海洋营养化

增加海洋中浮游植物的数量也可以帮助降低大气中的碳含量。海洋中的营养成分有限，特别是铁等微量营养元素稀缺。通过注入相对少量的铁，大约1/3的海洋可以实现浮游植物数量的显著增加[1]。从而引发藻类的繁殖，其中的一部分藻类将最终沉入海底。

而部分碳在较短的时间内停留在水层中，这也限制了永久储碳的能力。由于有机碳的回收率较高，CO_2 分解后海洋的酸度也增加。预计海洋施肥将改变当地乃至更大区域的食物链，刺激浮游植物的繁殖，并影响基础食物链的平衡。而富营养化对生态系统的影响程度尚不可知，这也意味着生物多样性和生态系统的可持续性存在很大风险。

4.8.2　各情景中的负排放

在所分析的各种情景中，唯一设想的捕集 CO_2 的技术选择是利用生物质或化石燃料的燃烧，或是直接从空气中捕集。而其中捕集的碳将直接封存于地下或重新用于生产合成燃料和合成材料（主要是塑料）。图4-74表明，1.5TECH、P2X、COMBO、1.5LIFE 和 1.5LIFE-LB 等情景，都需要在2050年之前实现 CO_2 的大量捕集。除1.5TECH情景外，所有这些情景都将依赖于 CO_2 的再利用，而非长期地质封存。只有将源于生物质或直接空气捕集的那部分 CO_2 再度应用到生产合成燃料或塑料中，才能确保该工艺真正实现净零排放，而不只是化石燃料 CO_2 排放的简单延迟。

除P2X和COMBO两种情景外，直接空气捕集和生物质捕集在实现80%温室气体减排的情景中非常有限。而在这些情景中，化石燃料CCS能力的部署也相当有限。

---

[1]　Sabine Fuss 等人（2018），环境研究通讯 13 063002，https://doi.org/10.1088/1748-9326/aabf9f.

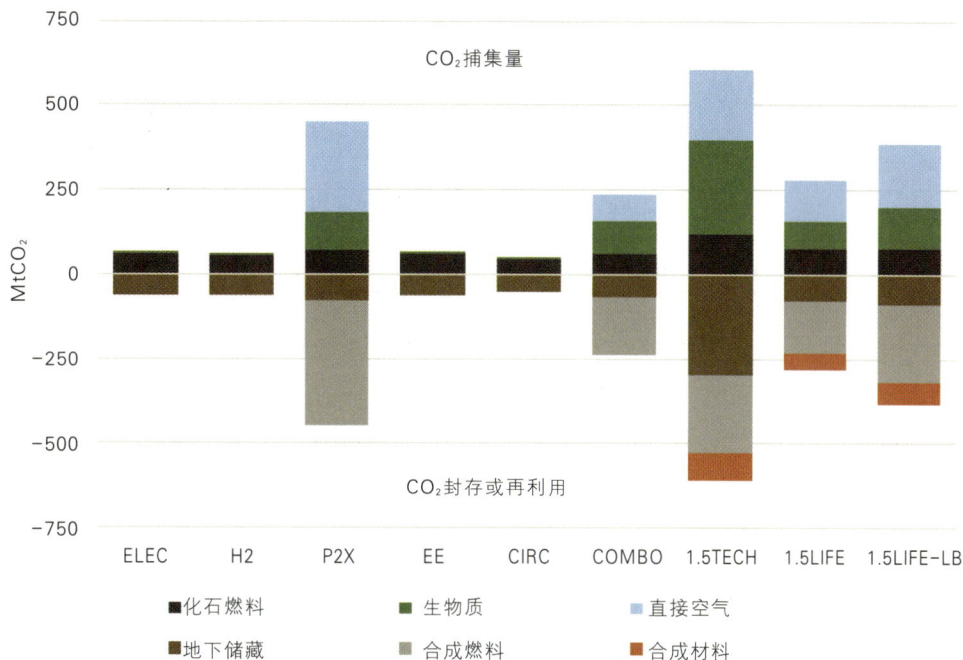

图4-74　CO$_2$捕集、封存或再利用（2050）

来源：PRIMES.

在所有2050年温室气体减排80%系列情景中，以及在1.5LIFE情景中，用于地质封存的大部分CO$_2$来自化石燃料，且主要来自工业部门（见表4-8）。只有考虑了生物固碳技术的1.5TECH情景预测的结果有所不同，因为该情景考虑了最大规模地实施CO$_2$地层封存的技术选项。此外，1.5TECH情景假设采取所有可能的技术以进行大规模BECCS，从而实现负排放来抵消残余排放（特别是来自农业的非CO$_2$排放），并在2050年之前实现温室气体的净零排放。这与1.5LIFE和1.5LIFE-LB情景的预测相反，因为此情景可进一步实现非CO$_2$温室气体排放，并充分应用更大规模的LULUCF碳汇。此外，1.5LIFE-LB情景更多地依赖于发展合成燃料作为高级生物燃料的替代品（由于假设了较低的生物质能的可用性）。

最后，需要指出工业部门的CCS发展规模，从P2X情景的44 MtCO$_2$到净零温室气体排放情景的71~81 MtCO$_2$不等。

表4-8　　　　　　　　　　地下 CO_2 捕集与封存量（$MtCO_2$）

CCS	基准情景	ELEC	H2	P2X	EE	CIRC	COMBO	1.5TECH	1.5LIFE	1.5LIFE-LB
电力	5	6	7	16	4	7	7	218	9	20
工业	0	59	57	61	60	44	60	81	71	71
总计	5	65	63	77	65	52	67	298	80	92
源于生物质*	0	5	6	6	4	5	6	178	6	14

*注：具有生物质的CCS主要用于PRIMES情景中的电力部门。
来源：PRIMES.

4.8.3　转型动力、机遇和挑战

能源转型的首要驱动因素在于减少温室气体的排放，甚至实现负排放，以抵消交通及工业部门中最难以减少的剩余部分的排放量，以及来自农业部门的非CO_2排放。维持并进一步发展LULUCF碳汇必不可少，甚至可能还不够；此外，该技术本身的发展还将取决于其他技术的发展，比如消费者饮食偏好的不断变化。在这方面，CO_2去除技术也是解决方案的一部分，而且其作用亦不容忽视。正如《IPCC 1.5℃专题报告》所述，CO_2减排技术肯定会在全球范围内发挥重要作用。正因如此，在欧盟进行此类技术的开发和测试也将在全球范围内起到示范作用。

根据公众调研的结果，许多个人和专业人士认为，最可行的负排放选择（第7.1节）为发展大规模绿化；与之相比，直接空气捕集的可行性却引起了人们的怀疑。而这一结果也表明了人们更青睐于碳捕集和长期利用，而非碳捕集与封存。民调中有关BECCS的讨论最为激烈，人们特别关注可实现的实际减排量、所需的能源投入，以及从其他技术转移的资源。

另外，工业界和其他专业组织常常认为：CCS和CCU的发展是减少工业和能源部门温室气体排放的必要选择，需要更多地组织研发和投资，并强调需要辅以有利的政策框架以支持该技术的发展。

虽然学术界对CCS的所有组成要素已经有了一定程度的了解，并且也已经有了商业规模的部署，但在综合系统的利用方面却仍然存在障碍。碳捕集与封存的成本仍然很高，而且对CO_2排放浓度较低的烟气工艺，碳捕集的成本依然很高。而另一个潜在的阻碍则在于人们对欧洲实施陆上封存的可接受程度，CCS的完整性和对

CO_2潜在泄漏风险的监测也备受关注[①]。因此，目前正在开发的 CCS 项目计划将 CO_2 封存在海上，如海底碳封存，以避免引起公众接受度问题。而正在应用的关于 CCS 指令[②]的相关规定，也可确保所捕集并封存的 CO_2 长期与大气保持隔离。研究认为，经适当选择和管理的地质构造，能够对超过99%的 CO_2 实现安全封存100年以上，并且对99%的 CO_2 实现安全封存 1 000 年以上[③]。

而 CO_2 捕集与封存则可能在不同的地点和不同的国家进行。一个典型的例子是由某个发电站捕集 CO_2，然后将之转移到另一个具有海上封存能力的成员国。而在这方面，重点在于如何确保大规模部署与运输 CO_2 所需的基础设施，并同时确保建立统一的框架以正确计算潜在的 CO_2 减排量。

4.9 经济维度的温室气体排放路线

所有迈向低碳化的途径都表明，各部门需要尽早采取措施以取得重大进展。在基准情景下，2050年温室气体净排放总量（包括 LULUCF 碳汇）减少了约64%（与1990年相比），且没有哪个部门可以实现完全低碳化。此外，随着可再生能源电力成本的下降，发电及区域供暖领域将可能取得重大进展。尽管到2050年，ETS 中的工业部门并没有完全实现低碳化，但其排放同样显著地减少。

相反，在净零温室气体排放情景中，所有能源以及与 CO_2 相关的排放都会大幅减少，直至完全实现低碳化。而非 CO_2 温室气体排放将是最难减少的部分，并且也是实现净零温室气体排放的关键因素，甚至可能帮助实现负排放。即使消费者选择朝着更加环保的方向发展，非 CO_2 排放部分仍然是最重要的温室气体排放源。

因此，碳汇的发展规模和 CO_2 去除技术的部署，将是实现温室气体净零排放甚至净负排放的决定性因素（如图4-75所示）。

在各种低碳化途径中，低碳化速度最快的部门是电力部门。而通过使用附加 CCS 的生物能源，该部门也成为第一个在所有情景中均实现净零排放的部门，甚至在最雄心勃勃的情景中也能实现净负排放的部门。由于能源效率和革新率的提升，住宅和第三产业部门的低碳化速度也高于平均水平。与之相反，在工业（包括处理

---

① ECN,全球 CCS 研究所。"在巴伦德雷赫特发生了什么?"有关荷兰巴伦德雷赫特所规划 CO_2 海滨封存的案例研究,http://www.globalccsinstitute.com/sites/www.globalccsinstitute.com/files/publications/8172/barendrech t-ccs-project-case-study.pdf。
② 指令 2009/31/EC。
③ IPCC(2005)CO_2捕集与封存(SRCCS)https://www.ipcc.ch/report/srccs/。

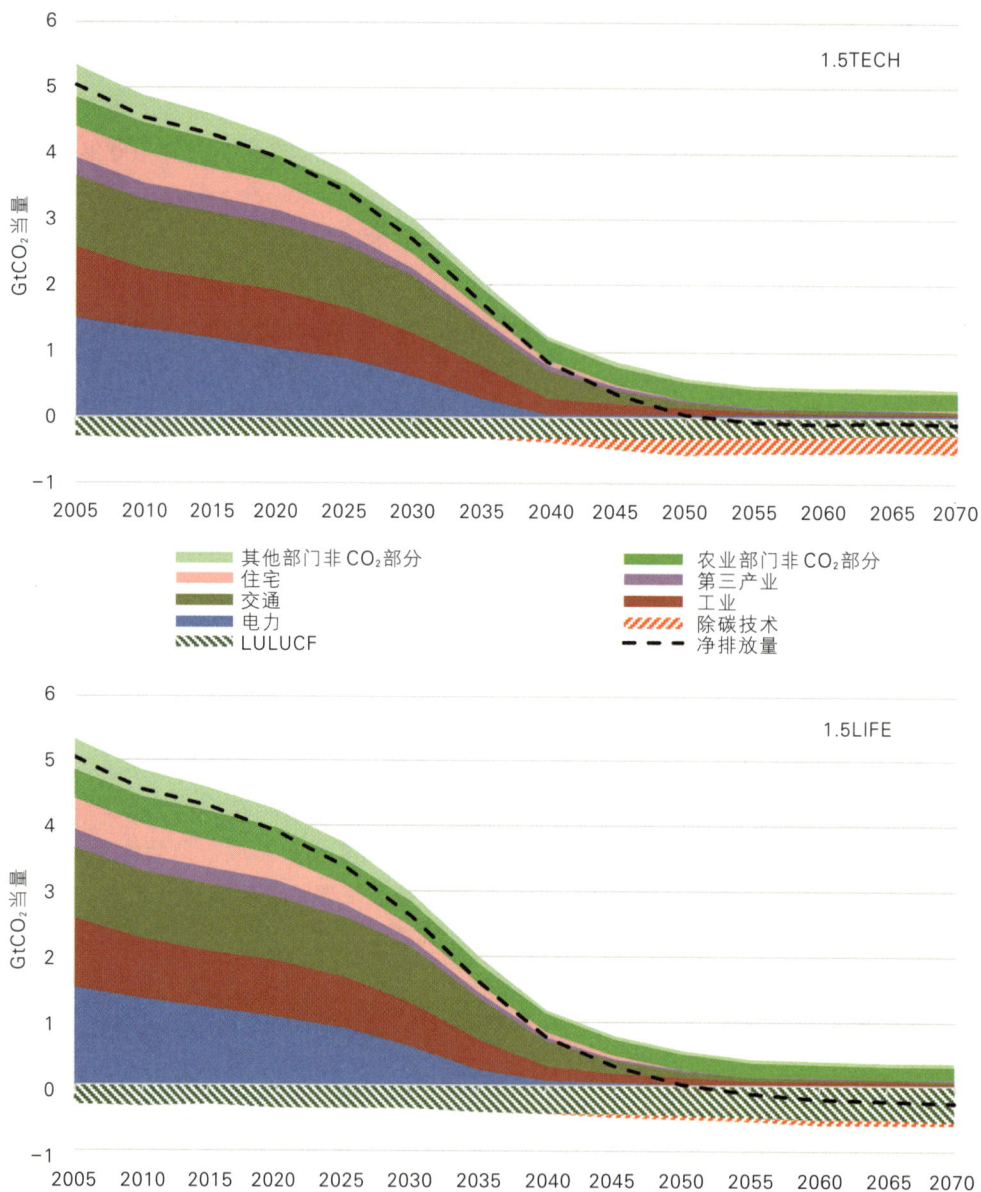

图 4-75　实现净零温室气体排放的两种方式：带增强 LULUCF 碳汇的 1.5TECH 情景（上图）
和 1.5LIFE 情景（下图）的减排途径[①]

来源：PRIMES、GAINS 和 GLOBIOM.

---

① 　其他情景的温室气体减排途径见附件 7.7。

CO_2 排放）和交通领域，减排量则稍微偏少。这在交通行业表现得最为显著，到 2025 年，其排放量仍然高于 1995 年的水平，并且在实现 80% 温室气体减排的情景中，到 2050 年，其排放量也才减少至 1990 年排放量的 60% 左右。然而，在实现 2050 年温室气体净零排放的深度低碳化途径下，这些部门也将不得不实现超过 80% 的减排力度。

到目前为止，与历史排放水平相比，欧盟排放交易体系（ETS）所涉及的部门的排放量将明显减少。在所有途径下，这也将长期持续下去；与非 ETS 部门相比，ETS 部门也将实现更大规模的减排。由于假定食品消费者可能会有偏好的变化，在两种 1.5LIFE 情景中，非 CO_2 排放量最少。

而所设想的各种减排途径在碳捕集、封存和使用技术的部署方面差异很大（另见第 4.8.2 节）。但是，在任何净零温室气体情景中，特别是在 1.5 TECH 情景中（实现 600 $MtCO_2$ 的捕集），用于使用或封存的 CO_2 的捕集量很大。考虑到目前的技术准备水平，碳捕集、封存和使用技术可能在 2040 年之前增长缓慢，但是在随后却能实现快速增长。而对于实现 80% 温室气体减排的情景，由于大量使用了合成气体，在 P2X 情景下，需要考虑最高的碳捕集率，且到 2050 年远高于 400 $MtCO_2$。在所有情景下，都考虑了 CO_2 地下封存技术的应用，且在实现 80% 温室气体减排的情景中，所部署的水平为每年 50~70 $MtCO_2$。而这些减排规模将远低于《2050 年低碳经济和能源路线图》[①] 所预测的水平，主要是因为工业部门可再生能源的进一步普及以及其他减排方案的出现。

总体而言，在不包括 LULUCF 的情景下，与 1990 年相比，基准情景中 2050 年的温室气体排放总量预计会下降 62% 左右。而 EE、H2、P2X 和 CIRC 情景都实现了 80%~83% 的温室气体减排（如图 4-76 所示）。此外，考虑 LULUCF 在内，这些情景的减排量将更多，介于 85%~88% 之间；与不包括 LULUCF 的情景相比，平均将多减排 4%。

而对符合净零温室气体排放目标的情景，减排总额将在 91%~94% 之间。因此，优化天然碳汇和部署 CO_2 去除技术对于实现温室气体的净零排放将非常必要，并且此后甚至可能实现净负排放。

不同的途径表明，天然碳汇的演变可能存在一些可变性，预计到 2050 年，将维持在 230~480 $MtCO_2$ 之间。而在这方面，关注的重点在于，如何生产不同水平但却越来越多的生物质；与此同时，通过栽培能源作物可以对天然碳汇规模化发展带来最小的影响，即便该方案需要以增加大量土地利用为代价。

---

① COM（2011）112。

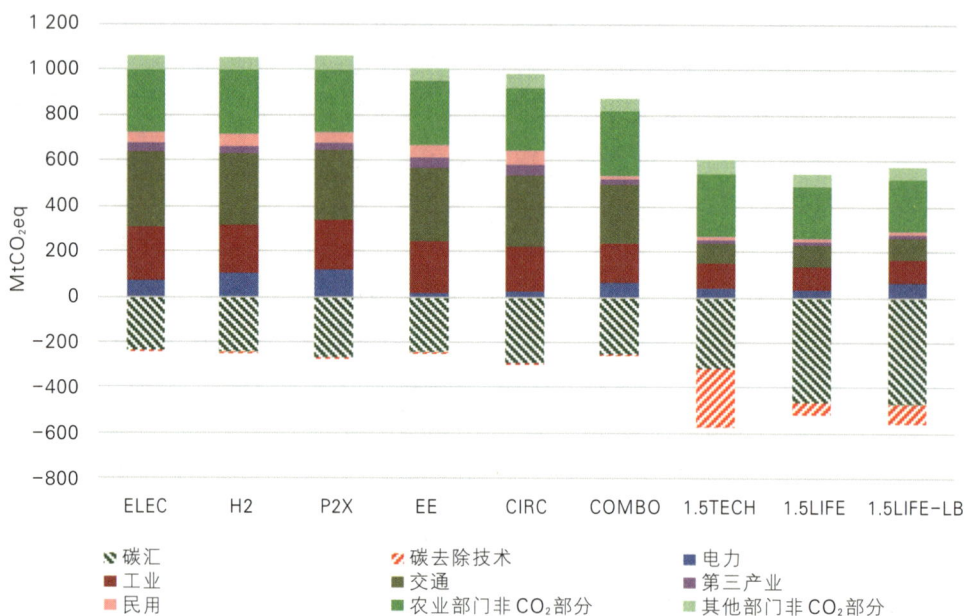

图 4-76　2050 年的部门排放量

来源：PRIMES-GAINS-GLOBIOM.

　　而 1.5LIFE 或 1.5LIFE-LB 等途径则涉及消费者选择以及循环经济发展程度的变化，并且结合了能耗的减少和土地可用性增大等方案。而这些途径则可能在植树造林以及土地恢复等方面发挥更大的作用，以大大减少温室气体净零排放所需的生物质 CCS 技术的部署（见图 4-76 和表 4-9）。

　　在 2050 年实现温室气体净零排放的所有情景中，在 2020—2050 年期间，CO_2 排放水平将低于 0 $GtCO_2$。这代表了累计 CO_2 排放量的峰值，因为在 2050 年之后，将实现温室气体的负排放。在 1.5TECH 情景中，年排放量将降低至 28 $MtCO_2$，而在 1.5LIFE-LB 情景中，年排放量则将降低至仅 23 $MtCO_2$（并且在 2050 年之后持续减少；假设 2070—2100 年间，年碳减排量将稳定在 2070 年水平）。而根据 2070 年之后的负排放的假设，这一估值实际上可能会发生进一步变化。

表 4-9 分部门排放水平及总排放的变化率

	基准情景	ELEC	H2	P2X	EE	CIRC	COMBO	1.5TECH	1.5LIFE	1.5LIFE-LB
2030 年（MtCO₂eq）										
温室气体总排放（不包括 LULUCF）	3 108	3 101	3 096	3 105	3 115	3 105	3 109	3 091	3 067	3 060
相对于 1990 年减排量	-46%	-46%	-46%	-46%	-46%	-46%	-46%	-46%	-47%	-47%
温室气体总排放（包括 LULUCF）	2 856	2 849	2 834	2 842	2 865	2 862	2 846	2 780	2 716	2 710
相对于 1990 年减排量	-48%	-48%	-48%	-48%	-48%	-48%	-48%	-49%	-51%	-51%
2050 年（MtCO₂eq）										
温室气体总排放（不包括 LULUCF）	2 214	1 054	1 050	1 051	1 004	976	868	343	489	494
相对于 1990 年减排量	-62%	-82%	-82%	-82%	-83%	-83%	-85%	-94%	-92%	-91%
温室气体总排放（包括 LULUCF）	1 978	816	806	788	763	684	620	26	25	23
相对于 1990 年减排量	-64%	-85%	-85%	-86%	-86%	-88%	-89%	-100%	-100%	-100%
ETS 部门温室气体排放	772	348	362	385	301	275	297	-50	123	137
相对于 2005 年减排量	-69%	-86%	-86%	-85%	-88%	-89%	-88%	-102%	-95%	-95%
非 ETS 部门温室气体排放	1 442	706	687	665	702	700	571	393	366	358
相对于 2005 年减排量	-49%	-75%	-76%	-77%	-75%	-75%	-80%	-86%	-87%	-87%
CO₂排放	1 604	717	712	713	666	638	531	5	203	208
民用	130	49	56	45	60	66	19	12	11	13
交通	667	328	317	309	325	317	257	86	95	90
服务	78	40	34	30	44	43	23	19	19	19
工业	484	231	205	217	225	192	176	29	53	39
电力	246	69	99	113	13	20	56	-141	24	47

	基准情景	ELEC	H2	P2X	EE	CIRC	COMBO	1.5TECH	1.5LIFE	1.5LIFE-LB
非 CO₂ 温室气体排放	610	337	337	337	337	337	337	337	286	286
农业	404	277	277	277	277	277	277	277	230	230
废弃物	90	32	32	32	32	32	32	32	29	29
CO₂捕集	5	65	63	449	65	52	239	606	281	385
生物质应用	0	5	6	114	4	5	95	276	84	122
直接空气捕集	0	0	0	264	0	0	83	210	123	186
CO₂利用	5	65	63	449	65	52	239	606	281	385
地质封存	5	65	63	77	65	52	67	298	80	92
合成燃料	0	0	0	372	0	0	172	227	154	226
合成材料	0	0	0	0	0	0	0	80	47	67
LULUCF	−236	−238	−244	−263	−241	−292	−248	−317	−464	−472
无碳价情景	−236	−238	−244	−263	−241	−292	−248	−247	−329	−340
有碳价情景	0	0	0	0	0	0	0	−70	−135	−132
累计CO₂排放（GtCO₂eq）										
2018—2050	71	60	60	61	59	58	58	49	48	48
2018—2070	98	61	61	62	61	58	57	41	39	39
2018—2100	136	57	56	57	57	53	49	28	24	23

4.10 能源转型和低碳发展路径的经济影响

欧盟经济体的低碳转型预期会在全球范围内造成重大的变革。然而，其他因素也可能在很大程度上影响宏观经济的发展，包括进一步的技术进步（比如自动化、IT、人工智能），以及全球中产阶级的崛起。预计这类趋势将维持恒定的全要素生产率，尽管增长幅度不大，但这也将继续推动实际GDP的增长，无论是绝对值还是人均值。支撑该战略模型的基准宏观经济增长预测表明，到2050年，实际GDP可能是1990年的2.5倍。而宏观经济模型预测的结果则表明，脱碳和能源转型对这一总体GDP数字的影响将是温和的（详见第4.10.5节）。1990年至今的证据表明，GDP和温室气体排放的脱钩已经开始。模型结果表明，这一趋势甚至可能加

速，会加强到实现完全脱钩，即实现温室气体净零排放和可持续的经济增长（如图
4-77 所示）。

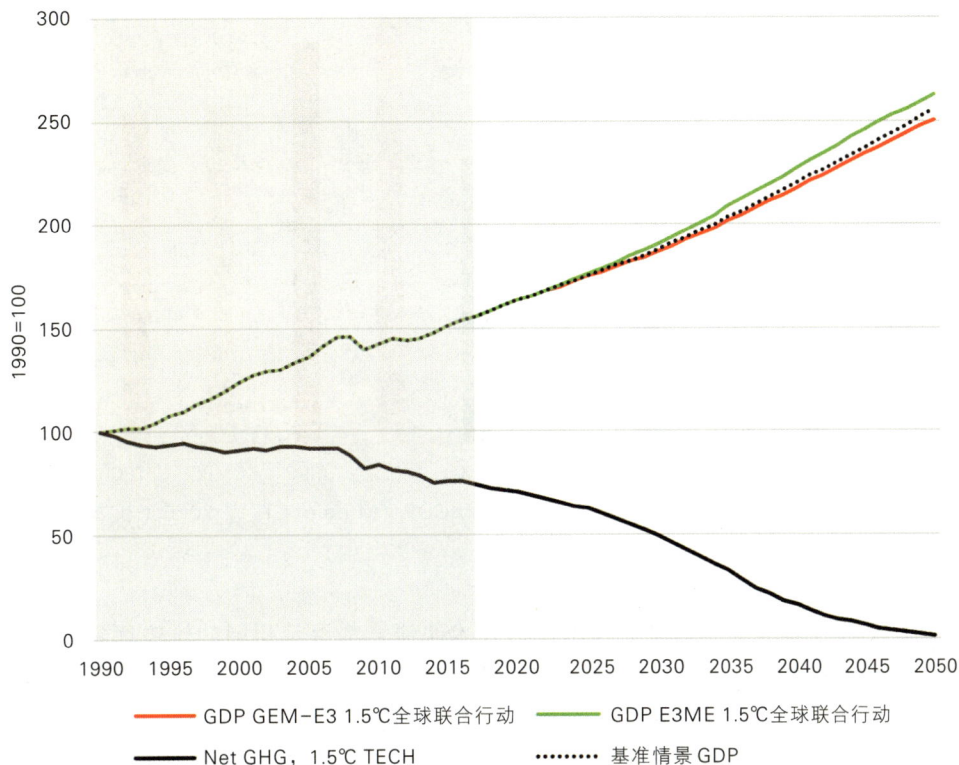

图 4-77　实际 GDP 和净零温室气体排放总量，1.5TECH 情景

来源：PRIMES，ESTAT，JRC-GEM-E3 and E3ME.

而经济增长和温室气体排放的脱钩将与每种能源的产出增加量有关，因为能源
效率在所有情景下都会提高。在不同的情景下，能源消耗的生产率会不同，其中，
在能源效率和 1.5 LIFE 情景下获得最高的收益。到 2050 年，根据具体情景，每单
位内陆总消费的产出可能增加 2~3 倍（如图 4-78 所示）。

4.10.1　投资需求

为实现 2030 年气候和能源转型的目标，本文基于已有的政策措施，并应用

PRIMES模型及可比较的方法[1]，对投资需求进行了预测。

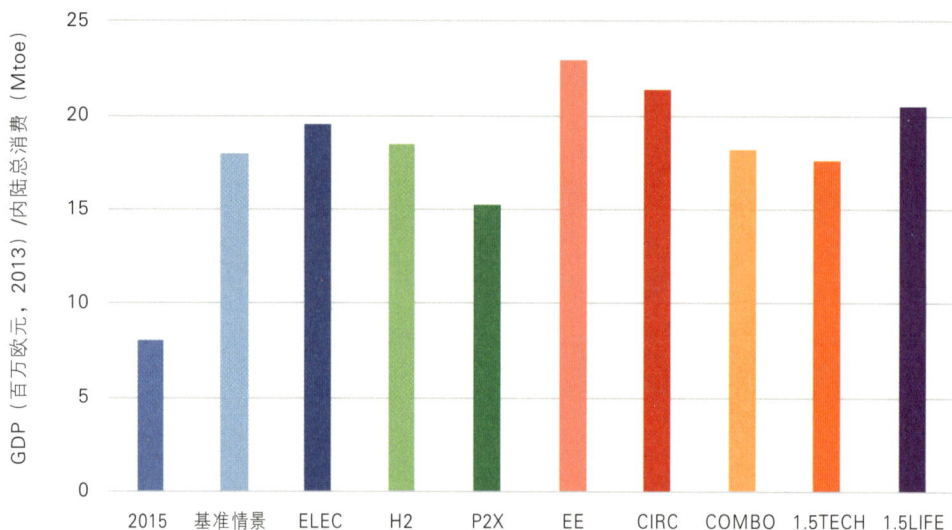

图4-78　单位能耗（百万欧元，2013）的实际GDP（Mtoe of GIC），2015年和2050年
来源：PRIMES.

　　本战略（包括基准情景）所考虑的技术路线，都沿着相同的轨迹达到2030年的气候和能源目标，而在2030年之前的成本和投资都非常接近。然而，在2030年之后，投资和成本沿不同路径有很大的差异，反映了不同程度的脱碳决心和所选择路径的经济影响。脱碳目标越高，投资越大。与此同时，与其他路径相比，有一些脱碳路径属于更加资本密集型。到2050年，80%的碳减排目标可以通过不同的路径实现，而取决于所选择的具体路径，额外的投资可能会显著不同。

　　这份分析表明，平均来看，与80%减排的目标情景相对比，净零排放路径需要额外增加约6.7%的投资（见表4-10）。交通运输行业的大部分投资在于车辆的更新换代；而此行业之外，投资的增加幅度将达到17%。在全球层面，根据《IPCC 1.5°C专题报告》的估算，与2°C减排情景相比，为实现相当程度的增长，

---

　　① Energy Efficiency Directive更新稿的影响评估报告估计，为了实现2030年气候和能源目标，每年需要额外投资1 770亿欧元。然而，这个数字并没有考虑更高的2030年减排目标（与European Parliament and the Council谈判后最终采纳），也没有考虑可再生能源技术成本的下降。这两种因素综合作用的结果是，为实现2030年温室气体排放目标，总投资将减少大约15%。

将需要增加约 12% 的全球投资① (介于 3% 和 23% 之间)。

图 4-79 为 2031—2050 年的额外年投资和 2050 年温室气体减排总量。

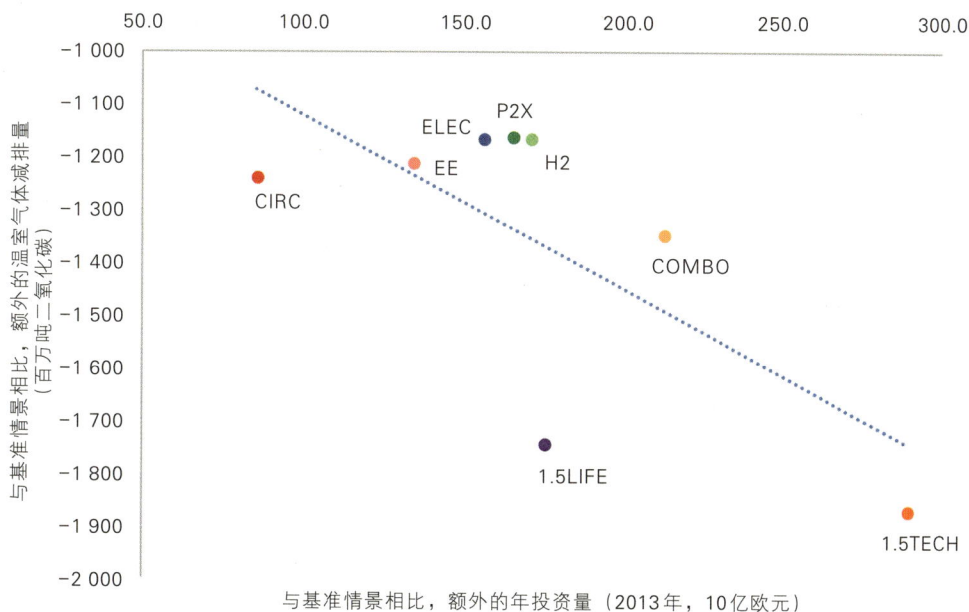

图 4-79　与基准情景相对比，额外年投资 (2031—2050 年) 和温室气体减排总量 (2050 年)
来源：PRIMES.

就总体投资水平而言，80% 的减排方案将要求 2031—2050 年的平均年投资额为 1.33 万亿欧元；相比之下，基准投资额约为 1.19 万亿欧元，而更雄心勃勃的投资路径则为 1.42 万亿欧元 (见表 4-10)。除交通运输行业之外，在 80% 碳减排方案的情景下，2031—2050 年间平均年投资将达到 4 680 亿欧元 (占 GDP 的 2.4%)，基准情景中为 3 770 亿欧元 (占 GDP 的 1.9%)，净零排放情景中为 5 470 亿欧元 (占 GDP 的 2.8%)。这与今天 (2016—2020 年) 相比，约 2% 的 GDP 将投资于能源系统和相关基础设施 (不包括交通行业)。这与《IPCC 1.5℃ 专题报告》一致，该报告估计，在 2016—2035 年间，1.5℃ 路径涉及每年约 2.4 万亿美元的能源系统投资 (相当于世界 GDP 的 2.5%)。《IPCC 1.5℃ 专题报告》还预测，即使在基准情景 (约 2 万亿美元) 下，仍有大量的投资需求。

① 参见 IPCC Special Report Summary for Policymakers 第 C2.6 节。

表4-10　　　各情景下的年平均投资（10亿欧元，2013；

2031—2050年各种情景，也包括2021—2030年的基准情景）

	2021—2030年基准情景	基准情景	EE	CIRC	ELEC	H2	P2X	COMBO	1.5 TECH	1.5 LIFE
供给	115	113	133	154	190	184	233	210	246	201
电网	59.2	71.3	80.7	91.0	110.3	91.1	95.3	99.4	102.8	90.3
发电厂	53.9	40.2	50.5	60.3	76.8	86.6	107.9	93.6	120.3	93.9
锅炉	1.7	1.3	1.1	1.8	1.9	1.0	0.6	0.7	0.8	0.6
新载体	0.1	0.3	0.9	0.9	1.0	5.5	28.9	16.2	21.9	16.5
需求（除交通部门外）	281	264	335	285	285	270	271	312	330	318
工业	18.1	11.1	35.6	13.2	13.6	13.2	13.8	26.3	28.1	22.3
民用	198.9	199.4	235.1	211.6	214.4	198.9	198.1	218.3	225.9	227.7
服务	64.3	53.7	63.8	60.3	57.0	58.0	59.5	67.1	76.0	67.8
交通	685	813	857	837	881	907	843	881	904	847
总计	1 081	1 190	1 325	1 276	1 356	1 361	1 347	1 402	1 480	1 366
总计（除交通部门外）	396	377	468	439	475	454	504	522	576	519

来源：PRIMES.

这些投资中的大部分[1]需要在经济寿命结束时进行资产替换，而且随着时间的推移，额外的投资要求并不固定。与基准情景相比，2040—2050年期间的额外投资需求最高。在80%的减排方案中，投资将平均占GDP的0.7%，以实现80%的温室气体减排；与此对比，在净零温室气体排放方案中，年平均投资将占GDP的1.2%，而有的年份将达到2%（如图4-80所示）。此外，总投资占GDP的比重到2030年将比2020年高1%。在2050—2055年间，与2020年水平的差距逐渐减小，然后转为负值。从宏观经济角度来看，这种投资增长幅度很大，因为欧盟的固定资本形成总额目前接近GDP的20%。例如，总投资增长1~2个百分点将意味着消费向资本投资的巨大转变（见第4.10.5节关于宏观经济影响的讨论）。

---

[1]　关于这部分投资的讨论，参见PRIMES报告的第7.2.3节。

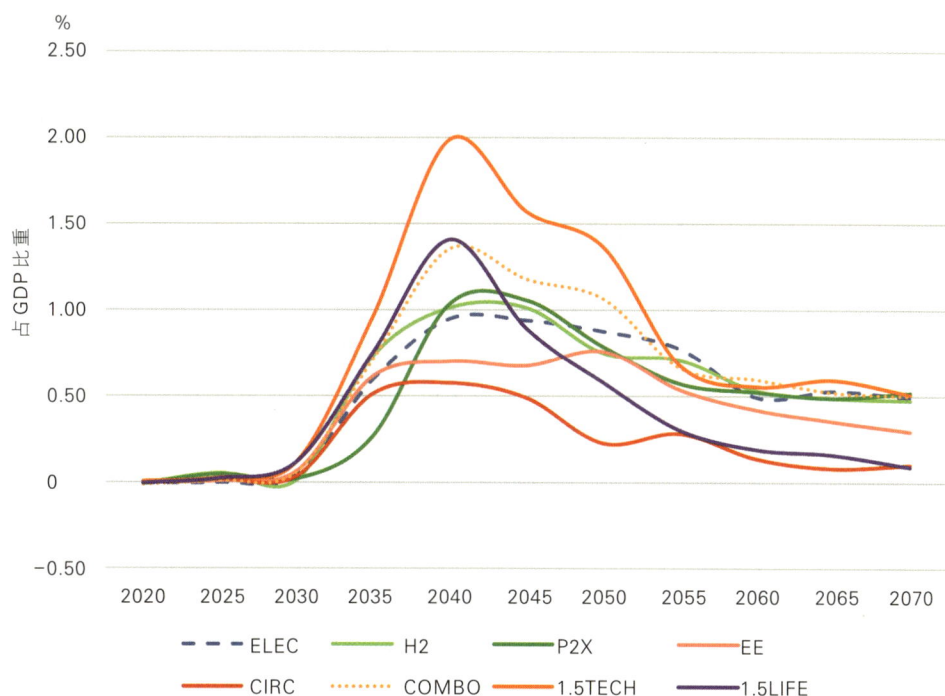

图 4-80　与基准情景相对比，额外年投资（包括交通行业，占 GDP 比重）
来源：PRIMES.

　　平均而言，为实现 2050 年 80% 的碳减排目标，与基准情景相比，需要额外增加约 1 430 亿欧元的年投资（相当于 12% 的总投资增长）；所需要的投资水平将低于为实现 2030 年目标所需要的水平。然而，这掩盖了不同情景之间的重要差异：从循环经济情景的 860 亿欧元到 H2 情景的 1 710 亿欧元（见表 4-11）。在更高雄心的情景下，额外年投资将介于 1 760 亿欧元（1.5LIFE）到 2 900 亿欧元（1.5TECH）之间。

　　虽然模型强调了大规模的额外投资需求，但它也展示了各种情景的显著不同，尤其是在额外总投资以及投资总额的组成方面（如图 4-81 所示）。这突出了能效项目投资和发电项目供给侧额外投资之间，或是发展电动车和替代燃料汽车之间的部分可替代性。模型还显示了发展循环经济和改变生活方式对节约额外投资的潜力。这些路径，相较于其他路径，可以节省 5%~8% 的年总投资。然而，能源模型并不能完全满足投资的需求，以及发展循环经济和改变生活方式所需的成本（见第 7.2 节）。然而，无论何时只要易于实施，这类措施都可以更方便地用于约束投资需求。

表4-11　与基准情景相对比，额外年平均投资（2031—2050年，10亿欧元，2013）

	EE	CIRC	ELEC	H2	P2X	COMBO	1.5 TECH	1.5 LIFE
供给	20.1	41.0	76.9	71.0	119.5	96.8	132.7	88.2
电网	9.3	19.7	39.0	19.7	24.0	28.1	31.4	18.9
发电厂	10.3	20.1	36.6	46.5	67.7	53.4	80.2	53.7
锅炉	-0.2	0.5	0.6	-0.4	-0.8	-0.7	-0.5	-0.7
新燃料	0.6	0.6	0.7	5.2	28.6	16.0	21.6	16.2
需求（除交通部门外）	70.4	20.9	20.8	5.9	7.2	47.5	65.9	53.6
工业	24.5	2.1	2.5	2.1	2.7	15.2	17.0	11.2
民用	35.8	12.2	15.0	-0.5	-1.3	18.9	26.6	28.3
服务	10.1	6.6	3.3	4.3	5.8	13.4	22.3	14.1
交通	44.2	23.9	67.9	94.0	29.8	68.1	90.9	33.9
总计	134.7	85.8	165.6	170.9	156.5	212.4	289.5	175.7
总计（除交通部门外）	(90.5)	(61.8)	(97.7)	(76.9)	(126.7)	(144.3)	(198.6)	(141.8)

来源：PRIMES.

而2031—2050年间（所有计算情景中的平均值），供给侧的投资额度将占到总投资的大约14%。所有的路径显示，主要的额外投资都将用于发电和电网相关的领域。平均而言，在80%温室气体减排情景下，供给侧每年的投资会比基准情景高出58%；其中能效情景对应最低的18%的投资增长，而合成燃料情景则对应最高的106%的投资增长。这些分析显示，投资的增长将不仅仅局限于发电环节，而在输配电环节也会有相应增长。由于能效和循环经济情景对应着较低的能源需求，在2050年实现80%温室气体减排的目标下，这些情景也将对应着最低的供给侧投资。

此外，发电行业的投资也将持续增长，一直持续到2040—2045年间；在这之后，投资将逐渐回落。基于温室气体排放到2050年实现达峰的预期，以及对废旧机组替换的需求，交通、供暖和燃料生产所导致的电力需求的增长，解释了为什么对发电机组的重组需要在2050年之前进行。

除此之外，在1.5°C情景下，发电和电网装备的投资需求都将显著增长。在1.5°C情景下，2031—2050年间，供给侧的年投资为2 240亿欧元，这将比基准情景高98%，也会比各种80%减排路径的投资高出18%~68%（合成燃料路径除外）。

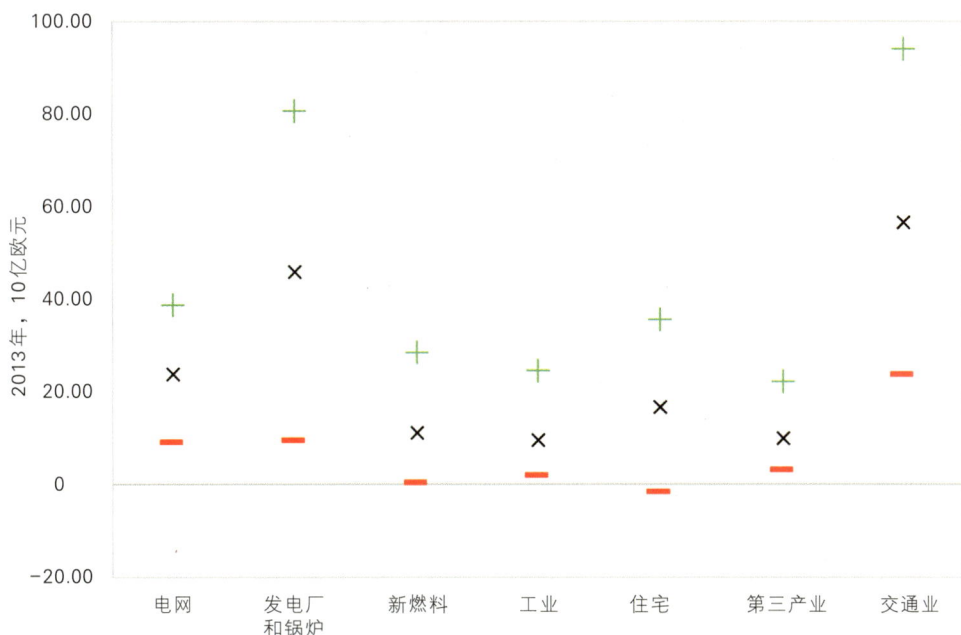

图4-81　与基准情景相比，分部门最低（-）、最高（+）和平均（x）
额外年投资

来源：PRIMES.

需要指出的是，合成燃料路径对应一个相似程度的电力供给侧投资，也对应了利用 CO_2 制造碳氢化合物的高成本和这些技术的高电力需求。

由于能源需求的降低，在实现2050年80%的减排目标的前提下，高能效和循环经济情景对应着最低的供给侧额外投资。然而，需要进一步指出的是，高能效情景也可能对应需求侧的高投资。

而在2031—2050年间，除了交通运输行业，需求侧的投资将占总投资的22%。其中，住宅行业（71.9%）将占到绝大部分，而第三产业（21.2%）和工业（6.9%）也将占据一定的比例。

而在供给侧，各项技术之间也会存在重要的不同。在具有相似减排目标的情景下，高能效情景对应着民用、第三产业和工业领域最高程度的边际投资，比基准情景增加27%。与之相比，氢能和合成燃料路径对应着2%~3%的增长，而电气化路径则对应着8%的增长。然而，与其他路径相比，较低的供给侧投资抵消了这一点。而这强调了在能效和清洁能源生产/消费领域的投资在多大程度上可以成为替代品，尽管成本各不相同。

取决于减排目标的设定，额外的投资也会相应增长，虽然不会像供给侧的增长那么明显。在2031—2050年间，需求侧的年平均投资额度将达到3 240亿欧元。在1.5°C情景下，该投资额度会比基准情景高出23%；而在80%减排情景下，则会比基准情景高出14%~20%。需要指出的是，高能效情景是一个特例，在此情景下，需求侧投资会比1.5°C情景高出3%。

另一个明显的现象是，在某些路径下，从与基准情景的对比来看，而不从绝对增量来看，工业界的额外投资需求预期会相当显著。而高电气化、氢能、合成燃料，以及循环经济路径，与基准情景相比，则对应着19%~24%的有限增长幅度。然而，与基准情景相比，能效和1.5°C情景则意味着双倍，甚至三倍的投资额度（能效情景）。投资额度增长的原因在于，根据PRIMES模型的假设，长期来看，随着能效项目在工业界逐渐趋于饱和，成本将更加快速地增长。此外，虽然FORE-CAST模型与PRIMES模型有着非常不同的假设，但FORECAST模型也预测了相似的增长速率。取决于具体路径，FORECAST模型预测，2015—2050年间，欧洲工业界的低碳转型过程中，每年将需要额外增加40亿~90亿欧元的投资。

而在交通领域，2031—2050年间，与基准情景相比，每年的额外投资①将在240亿~940亿欧元之间（对应着39%~94%的额外的需求侧投资）。而在实现80%减排目标的所有路径中，氢能路径对应最高的投资，这主要是由于燃料电池汽车的高昂价格。而合成燃料路径预测，投资需求会相对较低，这是由于合成燃料可以与传统的电力机车相兼容；此外，混合动力与电动车路径和其他路径相比，增长幅度相对有限。如前所述，在Combined和1.5TECH情景下，投资需求会随着目标设定而变化。然而，在1.5 LIFE情景下，由于共享交通的发展，该情景将对应相对较低的额外投资；与基准情景相对比，这也将导致客运车辆的减少和航空运输投资的降低②。CIRC情景也对应着相似的客运车辆的发展趋势。

去碳化所导致的额外投资将反映到系统成本，对应着初始投资的年金支付。而去碳化对系统成本的影响，将体现在可再生能源对化石燃料的替代方面。然而，系统总成本也将体现在各项情景所对应的整体影响上。

---

① 这部分投资包括为保证运输性能和提高能效而进行的设备采购的投资,而不包括道路基础设施的投资和改造费用。

② 在该情景下,从航空运输向铁路运输的转移意味着对航空设备投资的降低。注意,对铁路运输而言,仅仅考虑了对铁路轨道建设的投资,其他基础设施的成本并未考虑在内。

4.10.2 能源系统成本和价格

在整个模型时间跨度内，能源系统成本[①]会保持持续增长；在此之后，各情景的预测会逐渐发散；到 2050 年，各情景预测的结果将显著不同（如图 4-82 所示）。而成本变化将与减排目标强烈相关。在基准情景下，系统的总成本最低，而在 1.5 TECH 情景下，系统的总成本将达到最高。而对合成燃料和氢能路径，虽然它们对应着较低的减碳目标，系统的总成本却与具有更高减排目标的路径相当。如前所述，在所有 80% 减排情景中，虽然高能效路径对应着最高的初始投资，但其对系统总成本的影响，还将体现在较低的能源消费水平上。

能源系统成本占 GDP 的比例，将由 2020 年的 12.5% 增长到 2030 年的 12.6%。这些成本比之前的估算[②]要低：而这是由于一些重要技术的成本降低（例如，发展可再生能源以及电池的成本）。除此之外，在 2030 年之后，GDP 的增长将超过能源系统成本的增长，而该比值将持续下降，如图 4-83 所示。

在大多数情景下，对大部分行业，系统总成本中的能源消费部分（即除去初始投资折算之外的部分），将比基准情景低。工业部分则是个例外，这是由于，当工业部门所需的燃料替换为电力和其他无碳燃料时，除了高能效和循环经济情景之外，能源消费所占的成本将比基准情景更高。而对民用和第三产业，由于额外的投资，在 2030—2050 年间，能源消费的开支将比基准情景低。除了合成燃料情景，其余所有路径都对应着能源消费成本的降低。而在这个情景下，额外投资降低所带来的收益将被燃料成本的上升所抵消。

需要指出，本研究所采用模型假设平均电力价格可以覆盖发电系统成本，并通过燃料和年均摊成本与总发电量的比值来进行估算。而输配电成本则通过用户属性（例如，并网电压）和消费情况（例如，用电高峰期-非高峰期消费量）来决定。这也导致对不同的用户，评估的电价将不同。图 4-84 显示了在 PRIMES 模型所对应

---

① 能源系统成本包括初始投资成本(包括电厂和能源基础设施建设成本,用能设备、仪器和车辆采购成本等)、能源采购成本(燃料+电力+蒸汽)和直接能效投资成本(也属于投资开支的性质)。初始投资成本根据各部门的贴现率折算成年成本。对交通运输行业,只考虑了与能源消费(例如,发展能效与替代能源的额外开支)相关的初始投资。直接能效投资成本包括用于厂房绝热改造、窗户改造、控制系统、能源管理、节能过程改造等未包括在初始投资和能源采购成本之内的额外开支。这部分成本并不包括由于改变生产行为所带来的设备浪费的成本和竞拍排放权所带来的额外收益。能源系统成本在模型求解完成后计算获得,计算的结果受到贴现率的影响(本文选择 10% 的贴现率进行计算)。

② 2050 Energy Strategy 评估报告：https://ec.europa.eu/energy/en/topics/energy-strategy- and-energy-union/2050-energy-strategy。

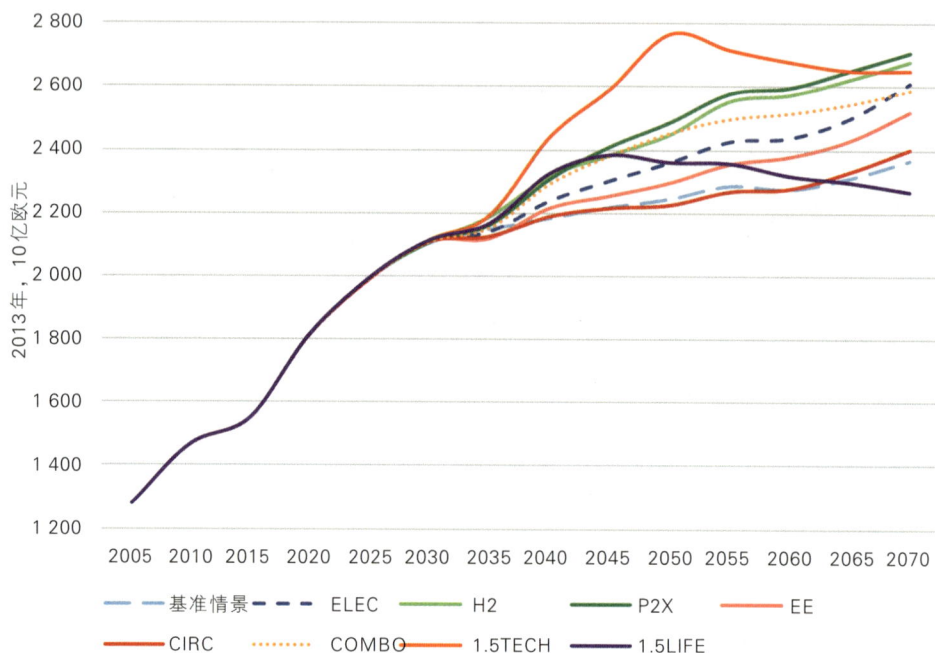

图4-82　能源系统总成本，2005—2070年

来源：PRIMES.

的基准以及碳减排情景下，不同终端用户加权平均的电价。此电价在2030年之前将
持续上升，反映了去碳化对发电系统成本的影响。而在2030年之后，电价将维持在
一个稳定的值附近，与电气化、高能效以及循环经济等情景所对应的基准电价相当。
然而，2030年之后，氢能以及合成燃料情景将对应较高的平均电价，而这个价格也
会根据减碳目标的设定而改变（COMBO、1.5 TECH 和 1.5 LIFE 等情景）。在联产氢
能以及合成燃料的能源系统中，对这些燃料的存储设备的引入，将进一步帮助电力
系统的集成以及可再生能源的管理。需要指出，这些间接的贡献并没有反映在电价
的估算之中，因为合成燃料的生产厂家并不会从这些间接服务中获取利益。

这些模型，在ETS覆盖部门，应用了一套模式化的碳价确定方法：在所有情景
下，碳价都会显著地增长；在80%减排情景下，2050年碳价将达到250欧元/tCO$_2$，
而在净零排放情景下，2050年的碳价将达到350欧元/tCO$_2$（也可以参考第7.2.2.2节
关于模型方法及碳价信号的描述）。当然，这份碳价只适用于剩余部分的排放量。
对发电领域（包括CHP安装），则有假设竞价机制；所以，任何与碳价相关的成本
都会反映在电价上。事实上，根据1.5 TECH 情景预测，发电部门（以及整个ETS
部门），到2050年将实现温室气体负排放。

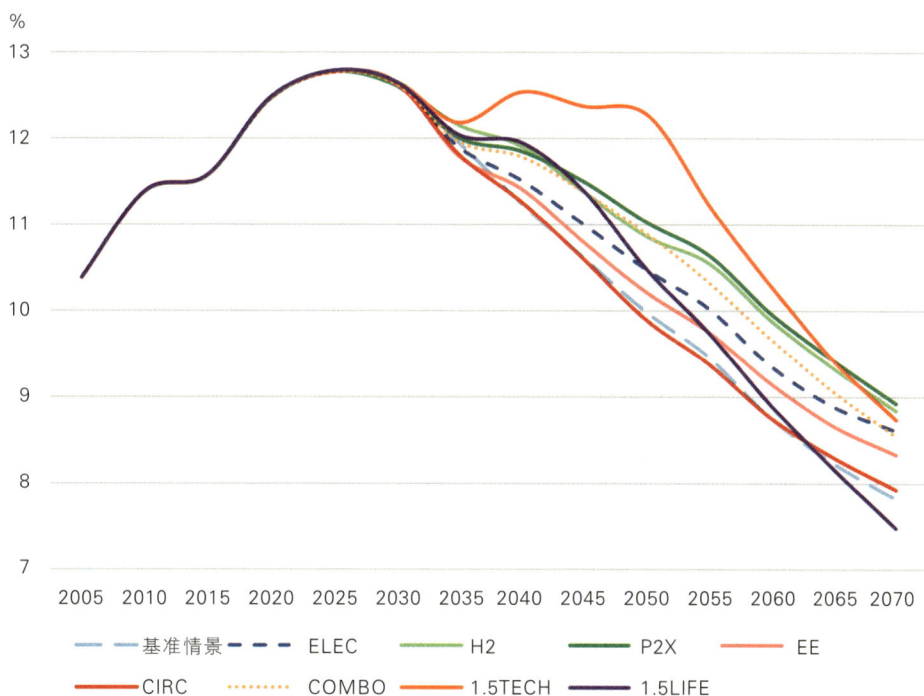

图4-83　能源系统总成本占GDP的百分比，2005—2070年

来源：PRIMES.

　　此外，发电成本将主要取决于低碳技术的成本。事实上，发电成本在所有情景下都会非常相似，并且预计从2020年开始下降。然而，输配电成本预计将上涨，且会与发电成本降低的幅度相当。举例来说，图4-85显示了在高电气化情景下电力成本的构成（ELEC）。

　　对工业领域，在模型分析的周期内，与能源相关的成本预期会持续上升。对大多数对应80%减排目标的路径，2020—2030年间的上升速率会比2030年之后稍高一些。而1.5 TECH情景的成本会明显更高一些。图4-86展示了单位增加值的能源相关的开支，到2050年，该开支将达到12%~14%。而对1.5 TECH情景，在2010—2015年间将对应着12%~14%的开支，而到2050年，此比例将达到17%。

　　而在交通运输领域，所有情景都对应着严峻的初始投资的挑战；然而，涉及能源开支的运行成本却相对较低。在2031—2050年间，与基准情景相对比，交通运输领域的年平均能源消费将降低520亿~780亿欧元。只有P2X情景对应着比基准情景更高的能源消费（约40亿欧元），这是由于合成燃料对应相对较高的成本。而其余的对应80%减排目标的情景，则显示了非常相似的能源成本节约程度。

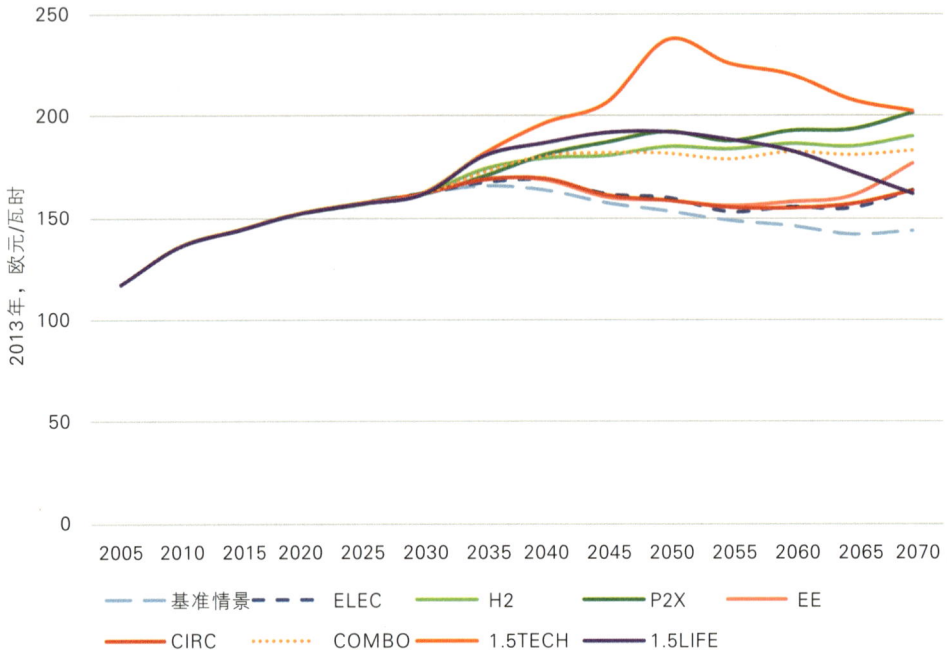

图4-84 预期的终端用户的平均电价

来源：PRIMES.

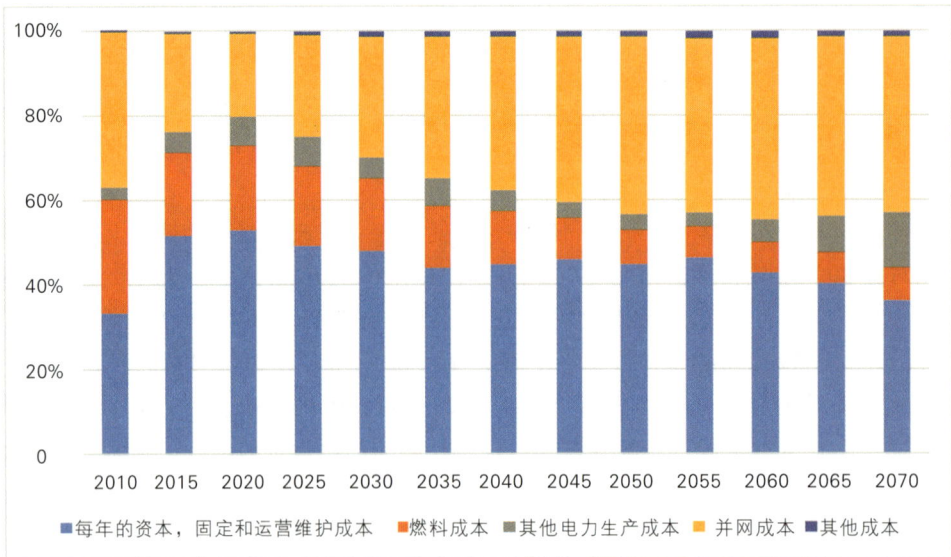

图4-85 在高电气化情景下的电力成本的构成（ELEC）

来源：PRIMES.

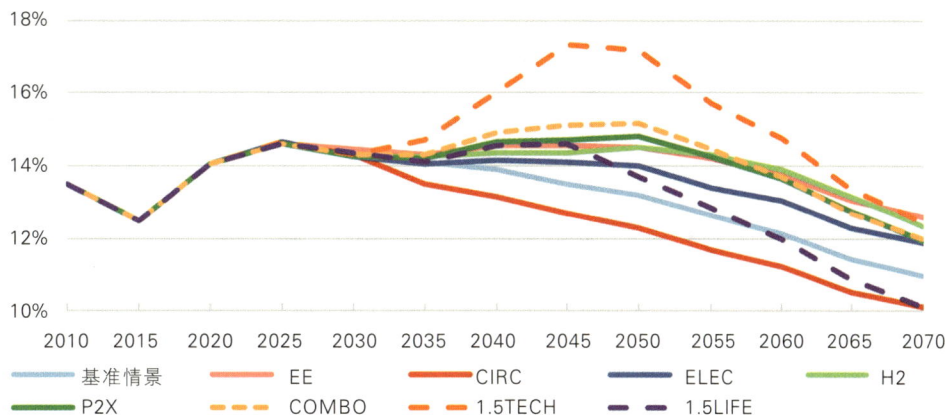

图 4-86　工业行业与能源相关的开支占部门附加值的百分比

来源：PRIMES.

综上所述，2031—2050 年间，相对于基准情景，交通领域的年平均成本[①]要高出 150 亿~600 亿欧元。而最高的成本对应着 H2 和 P2X 情景，主要来自动力系统和合成燃料的成本。与之相比，CIRC 以及 1.5 LIFE 情景则对应着最低的成本；然而，与交通运输活跃度和舒适度降低相对应的损失，则未在成本估算的考虑范围之内。

4.10.3　燃料支出相关的社会维度考量

在中长期范围内，能源转型将以不同的方式影响消费者。到 2030 年，在所有情景下，户均能源相关的开支（包括燃料成本和能源设备支出）预计会显著增长（如图 4-87 所示）。到 2030 年，平均而言，户均能源消费预计会比 2015 年多 570 欧元，对应着 21% 的增长；而 2000—2015 年期间的增长率则为 67%。逐年上升的实际 GDP 和户均收入意味着在 2030 年，与能源相关的开支占户均收入的比例将达到 7.3%，与 2015 年水平相同。而能源转型的影响将集中体现在 2000—2015 年期间，与能源相关的开支占户均收入的比例将从 4.7% 增长到 7.3%。

2030 年之后，不同情景的结果将显著不同，而能效情景由于较低的燃料开支，将实现成本的有效回收。与之相对比，1.5 TECH、P2X 和 H2 等情景将导致更高的户均能源开支。

---

① 这些成本主要包括用于能源相关采购（提高能效和发展替代能源项目的额外初始投资）的额外投资成本和能源消费。

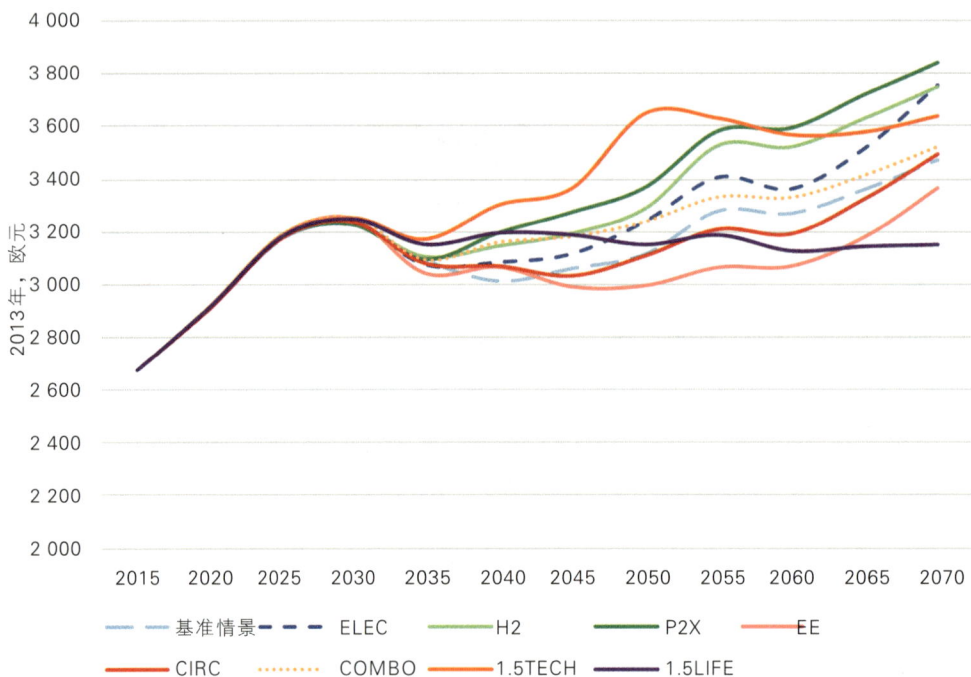

图 4-87 在不同情景下，户均能源相关的开支

来源：PRIMES.

这些趋势有多重原因。在第一阶段，低碳转型的措施已经非常显著；更重要的是，在未来的十年，随着技术成本的不断降低，大部分减排的目标将实现。这些技术在 2030 年之后将进一步进行规模化开发，并且其大规模应用也会更加实惠。最后，能效项目的收益长期来看会持续增加，因而在未来的几十年会继续降低能源消费和对应的支出。

能源相关的支出占收入比例预计在 2025—2030 年间达峰，即大约 7.5%；在这之后，在所有情景下，由于能源转型所带来的收益会逐渐实现，此比例将下降（如图 4-88 所示）。到 2050 年，户均能源相关的开支将占到总收入的 5.6%，这也比 2015 年的比例低 2%，甚至低于 2005 年的水平。

需要指出，这些趋势图的具体解读，需要依据不同的成员国和不同收入阶层的具体情况而定。比如，最近的分析表明，欧洲人口中收入最低的 10%，当前花费了收入的约 10.4% 来购买能源服务（高于 7.3% 的平均水平）。在瑞典，收入最低的阶层只需花费总收入的 3% 用于能源服务的购买，而在斯洛伐克，此比例超过了 23%。

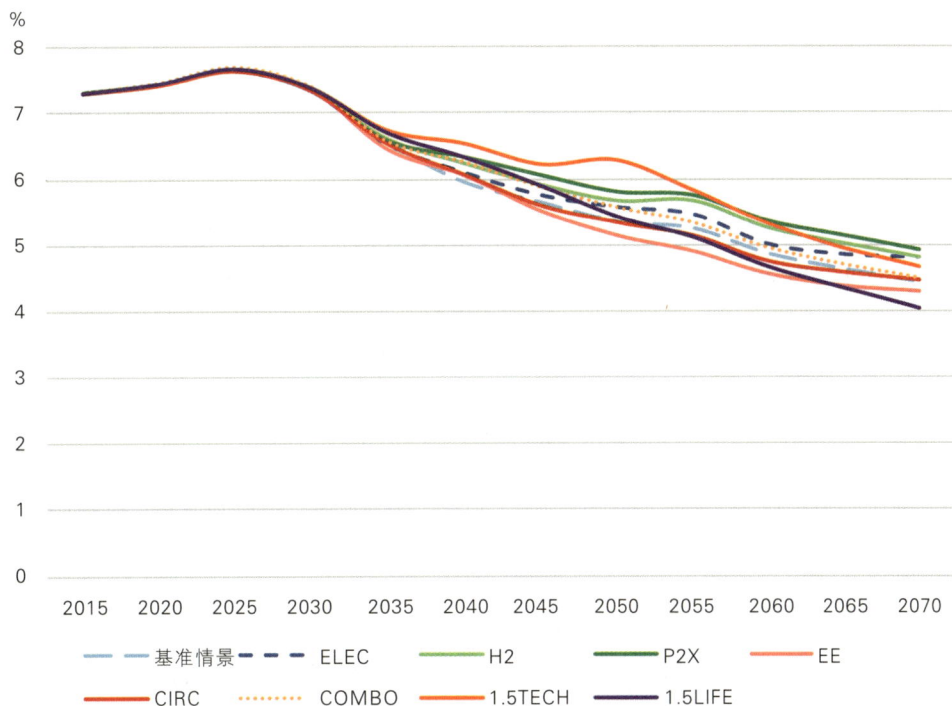

图 4-88　在不同情景下，与能源相关的开支占户均收入的百分比

来源：PRIMES.

　　近年来，能源领域开支的上升表明，欧盟需要采取更有效的措施，以转移能源转型所导致的相关社会成本。拥有金融服务选项的家庭将有条件应对发展能效和可再生能源带来的额外成本。而其他家庭，尤其是低收入家庭，则可能没有这个条件应对能源转型所带来的困境。一直到2030年，确保持续的经济增长和生活水平的提高是最重要的保障。在这个背景下，如何保护那些脆弱的消费者显得尤为重要，而这方面的努力应该尤其针对接下来的十年。

4.10.4　能源进口开支的影响

　　在2016年，欧盟能源的自给率为45%，进口率为55%[①]。进口能源中，绝大部分为化石燃料。其中原油进口占大多数（约占能源进口总量的60%和原油消费量的90%），接下来为天然气（约占能源进口总量的30%和天然气消费量的70%）

---

①　Eurostat(2018). https://ec.europa.eu/energy/en/data-analysis/energy-statistical-pocketbook.

和煤炭。由于较大的进口规模以及高额的单价，原油进口[1]是欧盟最大的能源开销，自 2005 年起，占 GDP 的 1%~2.5%[2]（而 2005—2015 年间的平均值约为 1.7%）。2005—2015 年间，欧盟用于化石燃料进口的成本（也包括燃气和煤）接近 GDP 的 2.5%。

在各种碳减排情景下，一直到 2030 年，欧盟的能源进口将维持在当前的水平。这主要是由于欧盟自身原油和天然气开采量的下降，与 2010 年相比，到 2030 年该产量将减半。然而，进口依存度在 2030 年之后将持续下降：从 2030 年的 50%，一直下降到 2050 年的 27%~38%（80% 减排情景），甚至是 20%（净零排放情景），具体细节可参见第 4.2.2.5 节。

在所有碳减排情景下，化石燃料的进口额将降低[3]。在 2021—2030 年间，化石燃料进口的年消费额将达到 4 210 亿欧元，并且由于化石燃料价格的上升而持续增长（进口量则会降低，如第 4.1.2 节所述）。而化石燃料进口开支占 GDP 的比例，预计 2025 年之后将下降，在所有碳减排情景下，2030 年之后，甚至会下降到低于当前水平（如图 4-89 所示）。

在基准情景下，2031—2050 年间，净化石燃料的进口额度将占 GDP 的 2.2%，而在 2051—2070 年间，将占 1.7%。在所有碳减排情景下，平均进口额将降低到 2 860 亿~3 620 亿欧元/年之间，占 GDP 的 1.4%~1.8%。到 2050 年，在 80% 碳减排情景下，能源进口将占 GDP 的 1.2%~1.3%，而在净零排放情景下将占 0.8%。在 2051—2070 年间，年净进口化石燃料开支，预计将继续降低到 1 640 亿~2 450 亿欧元/年之间。

基于这些数据，2031—2050 年（20 年间），在所有碳减排情景下，化石燃料的进口会带来 1 400 亿~3 000 亿欧元的开支节省（如图 4-90 所示）。

此外，在全球减碳的背景下，石油、天然气和煤炭的进口价格可能会持续下降[4]；因而，所有地区会逐渐降低化石燃料所占的比例。其结果是，如果考虑全球性影响，化石燃料进口的经济性会变得更低。

到 2030 年，天然气进口会继续维持其重要能源来源的地位。然而，到 21 世纪中叶，在低碳化背景下，天然气进口额度预计会降低 60%~92%，而长期使用现有进口量将是一个悬而未决的问题。回答这个问题需要对短期和中期天然气需求进行

---

[1]　https://ec.europa.eu/energy/en/data-analysis/eu-crude-oil-imports.

[2]　数据来源：世界银行资料库。

[3]　在所有考虑的情景下，化石燃料的价格设定是一致的。

[4]　参见 WEO 2017，图 1.5（IEA，2017）；或 GECO 2017，图 28（JRC，2017，doi：10.2760/474356）。

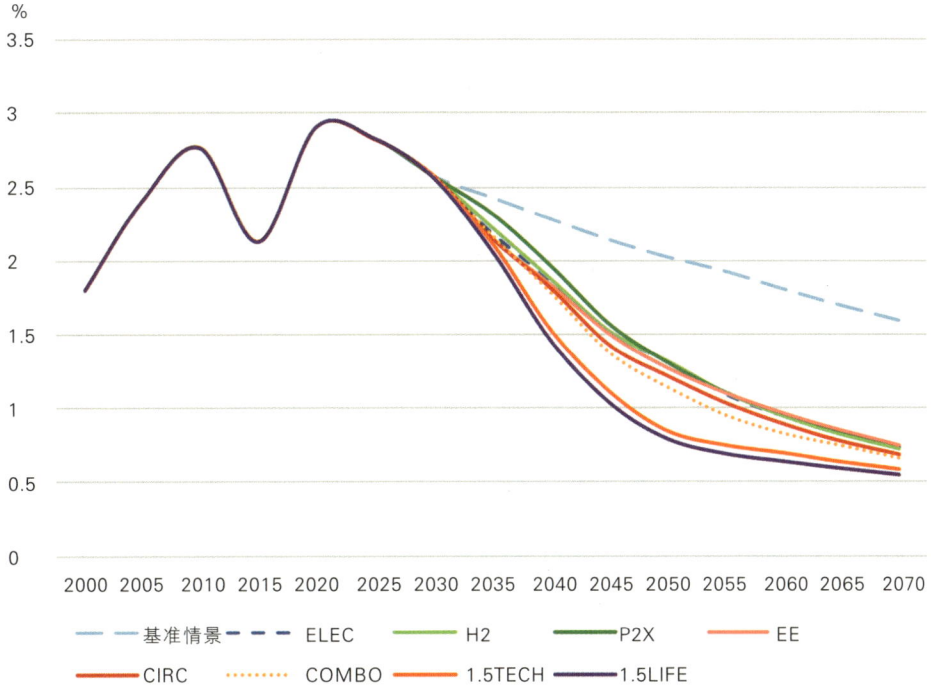

图 4-89　化石燃料进口占 GDP 的百分比

来源：PRIMES.

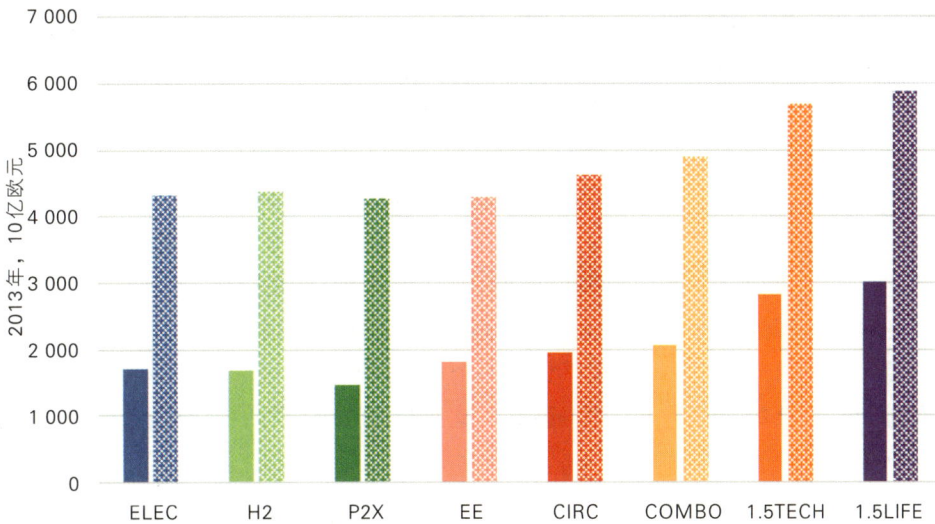

图 4-90　与基准情景相比，2031—2050 年和 2051—2070 年间，用于化石燃料进口的累计开支节省
　　　　来源：PRIMES.

精确估算，并考虑各成员国自身政策之间的相互作用（如若干成员国已宣布退出煤炭使用），以及电力需求增长在时间尺度上的匹配。因此，在长期战略（Long Term Strategy）背景下进行的长期分析未见得能够准确反映这个问题，而低碳燃料的进口，如生物质能（固态或液态）、氢能和合成燃料则可能受益于能源设备的进口。

在全球层面，化石燃料使用的减少会带来相当程度的能源贸易模式的改变。对出口区域而言，开发各种不同类型的能源资源，扩大经济的多样性，会帮助生产厂商逐渐适应这种变化。

而能源供给安全方面的挑战会随着时间逐渐变化，已有的安全挑战会逐渐减弱，而新的挑战会逐渐出现。尽管能源转型会促进欧盟的能源贸易平衡，但也可能增大低碳技术发展所导致的其他材料进口依存度。当下，锂、钴、石墨等资源的生产主要集中于世界上的一小部分国家或地区，而这可能需要重新评估欧盟外交优先事项，以确保获得稀有和有价值的原材料[①]。

4.10.5　气候和能源转型对宏观经济的影响

欧盟深度低碳化和能源转型会影响经济的各个部门，以及与世界其他国家和地区的贸易往来。深度低碳化将决定我们生产什么和怎样生产这些产品，也会决定我们消费什么和怎样消费这些产品。转型的核心在于，能源系统的结构会发生根本性的变化，进而降低能源资源的进口依存度。而深度低碳化不会是未来几十年内影响欧盟和世界经济发展的唯一驱动因素。例如，这种转型将发生在欧盟人口老龄化、进一步全球化的背景下，并面临一定程度的全球气候变化的影响（而如果减排目标得以实现，这种影响将不再重要）。

宏观经济模型将促进对低碳化影响进行进一步评估，例如，对宏观经济总量、经济产出组成、就业、国际贸易和部门竞争性等方面的影响。当然，这也面临一些限制因素，尤其是在具体分析每一个部门的转型模式的时候（详见第7.2节）。

此外，对长期经济发展的模拟结果（例如，2050年及以后）不应当采取与短期经济预测相同的解读，短期经济模型对各项具体经济指标的预测往往更为可靠。与之相比，长期经济模型往往用于，对一个可能的长期发展情景，评估一些重要的假设和参数相对基准情景的影响。因此，这些模型往往针对中短期经济指标中可能

---

① Andrews-Speed,P. et al(2014)：Conflict and cooperation over access to energy：Implications for a low-carbon future,https://doi.org/10.1016/j.futures.2013.12.007.

显著影响长期经济趋势的部分，例如，金融危机、破坏性的技术创新等。

本节所应用的所有模拟结果皆基于这个原则，目标是通过相对基准情景的偏离分析，研判低碳化的影响。而对基准情景下的长期 GDP 增长的预测，则取决于《欧盟委员会老龄化问题报告》①中所使用的经济增长计算方法。基准情景的设定基于报告对人口和劳动力预测的假设，以及对全要素生产率增长的预期。该基准情景应用了报告②的核心假设，而本节所应用的模型及情景分析并未照搬报告中的灵敏度分析，而是专注于低碳化的影响。

联合研究中心的 GEM-E3（可计算一般均衡模型），曾被应用于评估一系列与能源转型相关的宏观经济问题。其中，宏观经济基准情景的设定，应用了 PRIMES 能源系统模型对能源的基准情景的设定。而对世界其他国家和地区，该宏观经济基准情景的设定则应用了报送 UNFCCC 的各国 INDCs 和 POLES-JRC 模型中的情景。对欧盟而言，模型设定了两种程度的减排目标：（1）依据 PRIMES ELEC 情景（80% 的碳减排情景），相对于 1990 年的排放标准，到 2050 年，实现约 81% 的温室气体减排，以满足欧盟对 2℃ 目标的贡献；（2）实现 94% 的温室气体减排，并与 1.5TECH 情景（1.5℃ 情景）保持一致。值得指出的是，当考虑 LULUCF 碳汇的作用时，根据 1.5℃ 情景，将在 2050 年实现温室气体的净零排放，而 JRC-GEM-E3 模型并没有考虑 LULUCF 的吸收和排放效应。

更进一步，对每一种程度的减排目标，模型对欧盟和世界其他地区均设定了两种可能的减排情景：（1）单独行动情景，即到 2050 年实现 81% 的碳减排或净零排放目标，而世界其他地区依据自身制定的国家自主行动目标开展减排行动（与 POLES-JRC 模型一致）；（2）全球联合行动情景，即到 2050 年欧盟实现 81% 的碳减排或净零排放目标，而世界其他地区分别实现 46% 或 72% 的碳减排目标，这与 POLES-JRC 模型预测的结果相一致。

此外，通过改变情景设定，模型也对一些重要假设的影响进行了评估，例如，劳动力市场、ETS 和非 ETS 部门的碳价、ETS 部门公司的行为和碳相关收益的使用。

需要指出，E3ME 宏观经济模型（剑桥计量经济模型）也在同时使用，以进行

---

① European Commission(DG ECFIN),"The 2018 Ageing Report. Underlying Assumptions & Projection Methodologies", European Economy Institutional Paper 065; European Commission(DG ECFIN), "The 2018 Ageing Report Economic & Budgetary Projections for the 28 EU Member States (2016-2070)", European Economy Insitutional Paper 079.

② 账龄报告(The Ageing Report)基于各种假设情景进行了灵敏度分析;其中,假设的内容包括寿命预期、生育率、移民、全要素生产率增长和退休年龄。由于这些要素并没有直接在低碳转型的各种路径中体现,因此模型并没有直接考虑这些要素。

更为深入的评估。这个模型的设定也与 PRIMES 基准模型的设定保持一致。而对 JRC-GEM-E3 模型而言,在单独和全球联合行动模型情景下,对欧盟行动的设定包含了两种程度:到 2050 年实现 81% 的减排目标(ELEC 情景)和到 2050 年实现温室气体的净零排放(1.5°C 情景)。最后,本章也应用了 QUEST 模型进行进一步校核,包括基准情景、80% 碳减排情景、1.5°C 情景(2050 年净零排放情景),并且也进行灵敏度分析以评估允许 ETS 竞拍所带来的收益。

无论何种情景,模拟的结果差异并不大:这表明,低碳化对 GDP 的影响是有限的[①]。尽管 JRC-GEM-E3 情景显示,到 2050 年,低碳化通常会导致一些 GDP 损失,E3ME 和 QUEST 模型则显示,低碳化会带来一定程度的 GDP 收益,包括净零排放的情景[②]。而造成这些差异的原因在于这些模型在市场不完善和经济运行容量上的不同假设。E3ME 模型假设,在初始时刻,经济系统中有一部分未使用的资源,这意味着低碳化的额外投资会形成一份需求侧的激励,并刺激进一步的增长。然而,这些额外的投资需要通过贷款来实现,而还款的成本在后期会带来负面的激励。QUEST 模型也假设,低碳化的努力会产生一个正面的开支冲击(即额外投资)。与之形成对比,JRC-GEM-E3 则假设,经济运行处于平衡态,所有资源都得到充分利用。因此,该模型预测了一小部分经济损失,而这主要基于部门间生产因子的变化及其对生产率的影响。必须指出的是,这三种方法预测的结果差异很小。

这些负面的影响显示,在最差的情况下,到 2050 年,真实 GDP 会比基准情景(JRC-GEM-E3,1.5°C 全球联合行动情景)低 1.3%。在最好的情况下,对 GDP 将产生正面效应,与 2050 年基准情景相比真实 GDP 将上升 2.19%(E3ME,1.5°C 全球联合行动情景)。QUEST 模型的结果则介于二者之间(见表 4-12)。考虑 GDP 在整个阶段的影响,JRC-GEM-E3 模型预测的结果会逐渐偏离基准情景,一直到 2050 年达到最大偏差。与之相关,在 E3ME 模型下,对 GDP 的影响则会逐渐增加,直至 2045 年前后,这种激励将达到最大;在这之后,还款的压力会减弱对 GDP 的正面影响。在 1.5°C 全球联合行动的情景下,这种正面的影响会在 2045 年达到峰值,即约 3.0%,然后在 2050 年降到 2.2%。

[①] 这些评估并没有考虑能源转型带来的额外收益(例如,空气污染减少的收益)、适应气候变化措施的成本和避免气候影响所带来的收益。

[②] 宏观经济基准情景采纳并集成了《2030 年气候与能源框架》的各项指标,例如,关于欧盟的 ETS、目标分配标准和能效指标。

表 4-12　　　与基准情景相比，80%减排情景和1.5℃情景对GDP的影响

与2050年基准情景相比，各减排政策对GDP的影响	单独行动		全球联合行动	
温度目标	2℃	1.5℃	2℃	1.5℃
欧盟行动[1]	−80%	温室气体净零排放	−80%	温室气体净零排放
全球联合行动[1]	NDC	NDC	−46%	−72%
JRC-GEM-E3[2]	−0.13%	−0.63%	−0.28%	−1.30%
E3ME	1.26%	1.48%	1.57%	2.19%
QUEST	0.31%	0.68%	—	—

1. 指温室气体排放政策的实施。
2. 偏离基准情景的程度（占GDP比重）：模型假设了ETS部门利润最大化、长期内灵活的工资，以及碳附加值在各用户间的分配。

　　根据预期，1.5℃情景预测了最大的变化；但是，所有的模拟结果（包括所有的80%减排情景）都将维持在3.5%的范围之内。而这三种模型预测的结果显示，净零排放的实现对GDP的影响是有限的，且无论这种影响是正面还是负面的。JRC-GEM-E3模型也显示，欧盟对实现温室气体净零排放的单独行动也只会对GDP造成很小的影响。与此相反，OECD预测，在协调2℃情景下，减排政策对依赖燃料进口的G20国家的GDP将产生正面的影响，如果辅以结构改革和绿色创新政策，这种影响到2050年将达到2.2%[1]。

　　这种对GDP的影响也必须基于经济增长的背景，而这主要是由于技术进步和创新所带来的全要素生产率的提高。因此，模型的结果应当这样解读：能源系统的低碳化转型将导致欧盟经济在2015—2050年间稳定的增长；在最差情况下，将维持在66%，而非基准情景的68.1%（JRC-GEM-E3，1.5℃全球联合行动情景）；或是在最好情况下，维持在73.7%，而非70.7%（E3ME，1.5℃全球联合行动情景）；又或是维持在69.3%，而非68.4%（QUEST，1.5℃情景）。如果选取1990年作为对比的基准，到2050年将实现温室气体的净零排放，而经济增长的幅度将维持在152%~163%：这等效为126%~136%的人均GDP增长。

---

① OECD（2017），"Investing in Climate，Investing in Growth"，OECD Publishing.

　　尽管各模拟情景下，低碳转型对 GDP 的影响非常有限，但其对单独或全球联合行动的影响则非常明显[1]。在 JRC-GEM-E3 情景下，单独行动情景相较于全球联合行动情景会导致较弱的负面影响。而为实现 2050 年 80% 的减排目标或净零排放目标，采取单独的行动将意味着国际贸易中的生产商将面临更高的成本，以及潜在的对企业竞争力的负面影响。然而，采取全球联合行动则意味着世界 GDP 和出口市场将受到低碳转型所需成本的影响[2]。总体上看，市场容量的影响将比竞争力的影响更显著：这也意味着，欧盟在低碳转型中所发挥的领导作用将对 GDP 产生正面的影响，而非负面的影响。而更进一步，基准情景所考虑的要素已经降低了对企业竞争力的影响。单独或是全球联合行动的区别非常有限，在 80% 减排情景下不超过 GDP 的 0.2%，而在 1.5℃ 减排情景下则为 0.8%。

　　低碳转型对各行业的影响有别于对 GDP 的影响。尤其是对重要的国际贸易行业（例如黑色金属、有色金属、化工制品、纸制品和非金属矿物行业），在该背景下，采取全球联合行动将比单独行动更为有益（包括较大的正面影响，或较小的负面影响），见表 4-13。对这些行业而言，竞争力的影响将比市场容量的影响更为重要，尤其是对高能耗和高贸易驱动行业。这意味着，在全球联合行动情景下，欧盟经济会受益于先行者的优势，尽管随着时间的推移，这种优势会减弱[3]。值得指出的是，总体上看，无论是采取单独还是全球联合行动，低碳转型对产出的影响都相对较小。

　　而 E3ME 模型则对单独与全球联合行动展示了不同的要点。由于低碳转型的投资可能对仍有容量的经济生产发挥激励作用，对世界其他地区而言，全球联合行动会比单独行动带来更高的产出。基于扩大的市场容量和全球联合行动对欧盟企业竞争力的正面作用，全球联合行动相较于单独行动将产生更高的激励。在 80% 的碳减排情景下，到 2050 年，单独行动对 GDP 的正面作用，将占 GDP 总量的 1.26%，而在全球联合行动情景下，更是将达到 1.57%。

　　尽管低碳转型对总产出的影响作用会相对有限，但对每一个部门的产出则可能比较重要，即对生产什么可能会产生重要的影响。尤其是对化石燃料行业，到 2050

---

　　①　这份评估并没有考虑气候变化对经济影响的成本，或是在全球联合行动下该成本的显著减少。

　　②　对欧盟而言，JRC-GEM-E3 模型假设其他国家/地区的经济运行在完全的状态下，并且低碳转型对 GDP 的影响非常有限。

　　③　欧盟委员会（European Commission 2017），"A technical case study on R&D and technology spillovers of clean energy technologies"，https://ec.europa.eu/energy/sites/ener/files/documents/case_study_3_technical_analysis_spillovers.pdf。

表 4-13　与基准情景相比，对各部门产出的影响（与基准情景的差异，%）[①]

2050 年	单独行动		全球联合行动	
	80% 减排目标	1.5℃目标	80% 减排目标	1.5℃目标
化石燃料行业 [1]	−32.6	−54.5	−33.0	−40.6
电力供应 [2]	10.1	23.8	9.2	29.7
黑色金属	−4.4	−10.1	2.3	5.5
有色金属	−1.0	−1.2	0.6	6.1
化工制品	−1.9	−2.7	−1.8	−1.1
纸制品	0.2	1.1	1.3	6.8
非金属矿物	−1.3	−3.5	0.3	1.7
电力产品	0.6	−2.7	0.1	−3.4
运输器材	−2.3	0.0	−2.9	−3.9
建筑	1.4	3.3	1.0	2.5
运输	−2.5	−5.6	−2.5	−8.7
市场服务	−0.4	−0.7	−1.1	−2.9

1. 煤、石油和天然气行业。
2. 电力生产、传输和分配以及电力销售和贸易。
来源：JRC-GEM-E3.

年，基准情景已经预测了严重的下降，而在低碳转型背景下，产出下降的程度则会更为明显（见表 4-13）。与此相反，工业行业产出的预期将略高于或低于基准，也将取决于具体情景（单独或全球联合行动），这既反映了对工业产品的持续需求，也反映了欧盟工业在全球保持的竞争地位。模拟结果还显示，交通行业会受到负面影响，这是由于交通行业与化石燃料行业存在高度关联，在某些情景下，低碳转型的选择非常有限。

为了更好地评估单独行动与全球联合行动的影响，本研究进一步对 JRC-GEM-E3 情景进行了灵敏度分析，以研判能源转型对 ETS 部门各企业的影响，研究主要

① 衍生的模型考虑了 ETS 各部门利润的最大化、完全劳动力市场，以及碳产品收益的一次性支付。

针对完全反映免费配额的机会成本（即利润最大化）和不反映免费配额的机会成本（即市场占有率最大化）。进行该灵敏度分析的原因在于，工业企业，尤其是面临国际竞争的那部分企业，常常声称在制定产品价格时无法考虑包括免费配额的机会成本。而本研究则考虑了劳动力市场不完善和碳收入回收对降低劳动力市场税收的影响。

在完全劳动力市场和碳产品收入一次性转移支付①的模型设定下，与利润最大化相比，市场占有率最大化将导致较小的GDP损失；这主要是由于高碳价所导致的ETS行业的高产出被非ETS行业的低产出所抵消，见表4-14。如果进一步考虑劳动力市场的不完善，通过回收碳收入以降低劳动税将对GDP带来正面的影响；这是由于回收碳收入将导致税收的转移，进而减少对劳动税的扭曲。碳收入越高（当市场占有率最大化或利润最大化时），正面的影响越显著。总而言之，碳收入的循环使用将降低劳动税，进而促进经济产出并降低工业产品的成本；这也会对工业行业的竞争力（以及产出）带来正面的影响。而通过回收碳收入以降低劳动税等政策措施，可以促进工业行业的低碳化转型。

表4-14　对GDP、利润最大化、市场占有率最大化，以及回收碳收入的影响（%）

GDP相对基准情景的变化，2050年预测结果，JRC-GEM-E3模型	单独行动		全球联合行动	
	80%减排目标	1.5℃目标	80%减排目标	1.5℃目标
利润最大化 完全劳动力市场 一次性转移支付	−0.13	−0.63	−0.28	−1.30
市场占有率最大化 完全劳动力市场 一次性转移支付	−0.10	−0.59	−0.25	−1.26
市场占有率最大化 不完全劳动力市场 收益回收	0.05	−0.29	−0.18	−1.09

来源：JRC-GEM-E3.

① 在这个假设下，碳产品所带来的所有收入都一次性支付给用户。在循环经济情景下，碳产品的收入则用于降低劳动税。在两种情景下，假设对政府的影响正负抵消，即劳动税转移对市场扭曲的影响与碳产品带来的收益相抵消。碳产品的收益，在JRC-GEM-E3模型下，将从ETS以及非ETS部门获得。

当经济运行由利润最大化转为市场占有率最大化时，能源转型对ETS行业产出的正面作用的强度，将取决于国际贸易参与度和产品的碳强度。黑色金属和非金属矿物市场由于具有较高的碳强度和国际贸易参与度，在能源转型时，这种正面影响的强度较大；反之，对化工品、纸制品和有色金属市场，这种正面影响的强度则较小。当考虑碳产品收入以用于降低劳动税时，这种对产出的正面作用也会更强，见表4-15。

表4-15　　　　　与基准情景相比，低碳转型对ETS各部门的影响（%）

与基准情景相比，产出的变化 2050年预测结果 JRC-GEM-E3模型	单独行动，80%减排目标		
	黑色金属	有色金属	化工品
利润最大化 完全劳动力市场 一次性转移支付	-4.4	-1.3	-1.9
市场占有率最大化 完全劳动力市场 一次性转移支付	2.4	0.8	-1.2
市场占有率最大化 不完全劳动力市场 收益回收	2.9	1.1	-0.8

来源：JRC-GEM-E3.

低碳转型对私人消费的影响则可能更为显著，虽然这种影响仍然有限。在80%减排情景下，JRC-GEM-E3模型预测，这种负面影响最多将达到1.0%；而在1.5°C减排情景下，这种影响最大为3.4%。然而，这种影响对耐用品与非耐用品消费则呈现出显著的不同。具体而言，对非耐用品行业，例如供暖、供冷和交通运输，相对于基准情景，到2050年，在80%减排情景下，这种负面影响将高于30%，而在1.5°C减排情景下，这种影响将接近50%。与之相反，对耐用品消费而言，相对于基准情景，到2050年，在80%减排情景下，消费量将增长12%，而在1.5°C减排情景下，消费量将增长20%。此外，对非能源类的非耐用品，消费量将上升1.8%。由于此模型假设经济将满负荷运行，某一个行业投资的增加必然对应其他行业投资的减少，或是通过资源再分配实现私人消费强度的降低（完全挤出）。模型的结果

显示，在整个低碳转型期间，这种由消费向投资驱动转型的趋势将持续存在，如图
4-91所示。相对于80%减排情景，在1.5℃减排情景下，这种趋势将更为明显。

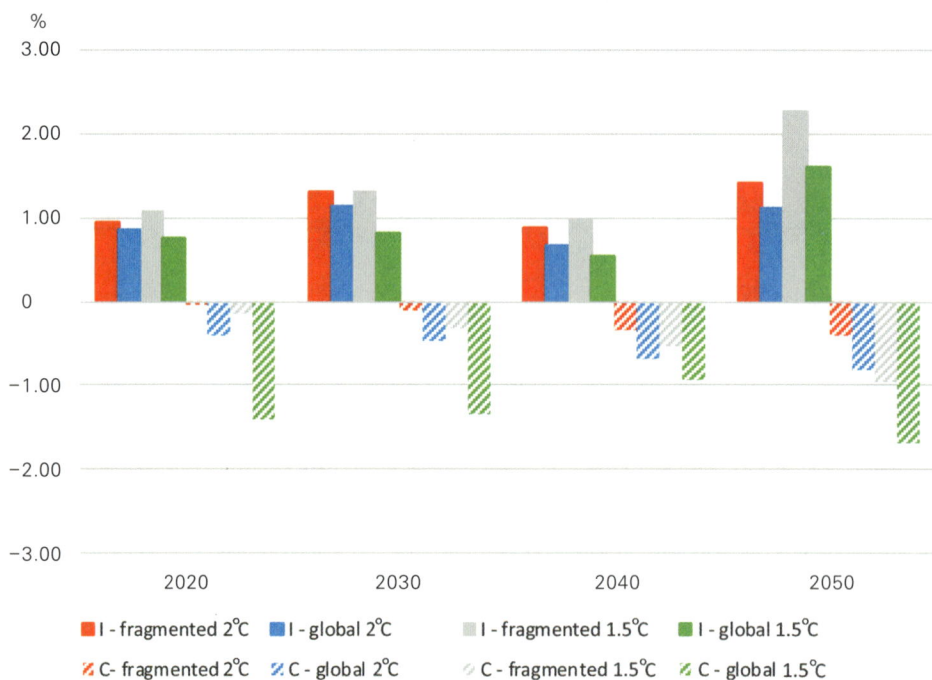

图4-91　与基准情景相比，投资和消费的变化

注：衍生模型包括假设ETS行业利润最大化，长期内工资的灵活性，以及碳收益的一次性转移支付。

来源：JRC-GEM-E3.

　　为了实现能源系统和行业的低碳转型，需要进行相当程度的投资以促进研究和
技术创新。在某种程度上，相对于基准情景，这意味着其他类型的投资而非额外的
投资。从累计总量上看，模型显示，需要进行额外的资源再分配以促进投资。模型
假设的完全排挤效应会减弱低碳转型对累计投资的影响，尽管在几乎所有情景下，
都会显示一定程度的从消费向投资驱动的转变。这种转型会持续发生在2020—
2050年间，相对于基准情景，投资将高出0.5%~1.2%，这也反映了投资需求的长
期性。

　　然而，最显著的影响与投资类型有关，无论情景如何设置，其影响都类似。如
预期的一样，在整个期间，对化石燃料的投资将低于基准情景，这反映了尽早降低
对这类燃料依赖性的需求，见表4-16。根据预测，工业部门则需要进行额外的投

资以进行低碳化转型，而对用电的高依赖性决定了资源应当显著地向电力供应技术转移。

表4-16 与基准情景相比，低碳转型对各部门投资的影响（欧盟范围内，%）[1]

2050年	单独行动		全球联合行动	
	80% 减排目标	1.5℃目标	80% 减排目标	1.5℃目标
化石燃料行业	-40.6	-58.2	-40.4	-40.9
电力供应	8.5	21.9	7.4	26.3
黑色金属	-3.7	-9.4	3.3	6.7
有色金属	-0.4	-1.1	1.0	5.2
化工制品	-1.1	-2.3	-0.9	-0.1
纸制品	0.8	1.2	1.8	6.5
非金属矿物	-0.7	-2.4	0.9	2.7
电力产品	1.6	3.1	0.9	-3.9
运输器材	-1.3	0.8	-2.1	-3.4
建筑	2.0	3.6	1.7	3.0
运输	-0.8	-3.1	-0.9	-6.1
市场服务	0.0	-0.4	-0.7	-2.7

来源：JRC-GEM-E3.

与之相比，E3ME模型则假设经济并没有满负荷运行，因此，低碳转型所需的投资增长并不一定对应着对其他投资或消费的排挤效应。相对于基准情景，此模型预测到2050年私人消费可能上升1.5%（若在80%减排情景下采取全球联合行动）。

总体来看，宏观经济模型显示：（1）低碳化对宏观经济的影响，包括GDP、消费和就业（参见第4.10.6节关于就业的影响），在所有情景下，都相对有限，包括实现净零排放的情景；（2）应用的各种模型在结构、经济运行的假设，以及市场不完善性等方面差异显著，但是所有模型都显示相似的结论。

在考虑资本的情景下，与基准情景相比，低碳化转型带来的不仅仅是额外的投资，也会是不同类型的投资。因此，在考虑长期目标的前提下，这种转型有可能会

---

① 衍生模型考虑了ETS部门的利润最大化、完全劳动力市场，以及碳产品收入的一次性转移支付。

带来资本不适当分配的风险。而这些长期战略研究的目标之一，则是为投资者提供一个清晰的方向，以做出正确的投资决定。最后，金融系统的结构也应该与相应的目标相匹配，为正确的投资行为提供资金（参见第5.1节）。

4.10.6 气候和能源转型对就业的影响

宏观经济的模拟结果也可以用于评估对就业的影响。在JRC-GEM-E3模型下，当假设工资的设定具有完全的灵活性，且劳动力市场总是非常透明的，就业总量则不会受到影响。然而，各部门的就业组成则会受到显著影响（详细讨论如下）。

而改变模型的设定，假设劳动力市场不完善和非自愿失业，就业总量则会受到影响。在这个设定下（考虑ETS部门市场占有率最大化），在80%减排情景下，通过碳产品收入以减少劳动税，无论在单独行动还是全球联合行动的前提下，都将对低碳转型中的就业总量带来正面影响。与基准情景相比，到2050年，就业量将增加0.3%，这意味着新增49.2万份（全球联合行动）或61.6万份（单独行动）工作。在1.5℃减排情景下，到2050年，就业量则可能增加0.6%。这些结果凸显了劳动税的降低可能带来的收益；事实上，模型的结果显示，与基准情景相比，到2050年GDP可能增加0.05%，而在2020—2050年间，年平均GDP则对应增加0.13%（80%减排情景下，单独行动）。此外，QUEST模型预计，在80%减排情景下，到2050年，对就业总量会产生积极影响（增加0.3%）。

除此之外，E3ME模型预测，能源转型会对就业带来正面的影响：在80%减排情景下（无论是采取单独行动还是全球联合行动），到2050年就业量将增加0.6%，折合131.6万份工作；而在1.5℃情景下（全球联合行动）将带来0.9%的就业增长，折合210万份工作。与之相似，OECD的《气候投资与增长投资》报告则假设了劳动力和产品市场额外的投资和结构改革，该报告的评估结果显示，到2050年，G20国家的就业增长为0.2%。总体来看，这些结果显示，对就业的总体影响，将更多地取决于劳动力市场的改革，而非低碳转型本身。

然而，低碳转型对不同部门和各部门内部就业构成的影响有可能会更加显著。低碳转型将对应可再生能源和能效部门显著的增长，以及工作机会的增多。已有的研究表明，在欧盟范围内，从化石能源向可再生能源的转型会带来更多的就业机会[①]。而发展可再生能源则可能带来积极的影响；其主要原因在于，与发展化石能

---

① Fraunhofer ISI(2014),发展可再生能源对欧盟范围内就业和增长的影响,https://ec.europa.eu/ener-gy/sites/ener/files/documents/EmployRES-II%20final%20report_0.pdf。

源发电相比，可再生能源将对应更高的劳动强度[①]。然而，在欧盟范围内，矿物开采、提炼和发电行业对应着有限的就业总量，而在低碳转型的过程中，对整体就业的影响并不显著。此外，研究结果也表明，绿色能源领域就业的增长量将超过化石燃料领域就业的减少量[②]。更进一步，发展可再生能源也有可能给欧盟在就业方面带来额外的收益，这是由于该区域主要对应化石燃料的净进口[③]。而能效项目也会给就业带来积极的影响[④, ⑤]。其中的一个主要特征在于，能效项目的投资可能给当地带来更多的就业机会，主要是对应建筑领域的相关活动[⑥]。而对可再生能源项目的示范而言，对就业的积极影响则更多地体现在安装、管理和运行维护方面。

在第 4.10.5 节，JRC-GEM-E3 和 E3ME 模型所考虑的 80% 减排情景，以及 1.5℃情景被应用于分析就业的影响，包括对总体和各部门就业的影响[⑦]。分析结果显示，对大多数部门而言，低碳转型并不能带来显著的影响。表 4-17 显示，影响最大的部门（包括开采和提炼），对应非常有限的就业总量。而低碳转型则会给建筑、农业（包括生物能源）和发电行业带来更多的投资。相反，由于需求将从化石燃料中转移出去，采矿和开采行业预计将收缩。这些结论与 IRENA[⑧] 最近的一份报告相吻合；该报告预测，到 2050 年能源转型将导致全球化石燃料和其他资源开采领域约 740 万份的工作损失；然而，在可再生能源、能效和电网改造等领域，能源转型将创造约 1 900 万份额外的工作。

① Wei（2010），Putting Renewables and Energy Efficiency to Work：https://doi.org/10.1016/j.enpol.2009.10.044.
② UNIDO（2015），Global Green Growth：http://www.greengrowthknowledge.org/sites/default/files/downloads/resource/Clean_energy_industrial_investment_vol1_GGGI_UNIDO.pdf.
③ Fragos（2017），Job Creation Related to Renewables：http://www.asset-ec.eu/downloads/ASSET_1_RES_Job_Creation.pdf.
④ Cambridge Econometrics（2015），Assessing the Employment and Social Impact of Energy Efficiency：https://ec.europa.eu/energy/sites/ener/files/documents/CE_EE_Jobs_main%2018Nov2015.pdf.
⑤ EC（2016a），The Macro-level and Sectoral Impacts of Energy Efficiency Policies：https://ec.europa.eu/energy/sites/ener/files/documents/the_macro-level_and_sectoral_impacts_of_energy_efficiency_policies.pdf.
⑥ RAP（2016），Costs and Benefits of EE：http://www.raponline.org/wp-content/uploads/2016/11/rap-rosenow-bayer-costs-benefits-energy-efficiency-obligation-schemes-2016.pdf.
⑦ 结论显示了 JRC-GEM-E3 和 E3ME 模型所评估的所有情景对就业的影响。对农业就业而言，该分析仅包含了 JRC-GEM-E3 模型所估算的单独行动的结果。
⑧ IRENA（2018），Global Energy Transition-A Roadmap to 2050.

表 4-17 低碳转型对各部门就业情况的影响

行业	低碳转型影响的定性评估	2015年就业总量占比	与基准情景相比，2050年就业量的变化
建筑业	• 低碳转型投资带来的直接收益（例如，可再生能源技术、能效和适应措施） • 对就业的影响取决于对各行业的投资 • 工业需要提高技能以应用新建筑材料	6.7%	+0.3% ~ +2.8%
服务业	• 商业服务及零售和配送部门会受到直接冲击，这是由于它们依赖于公司和居民需求 • 数字化的重要性在长期的低碳转型过程中会提高 • 交通行业预计会经历重大转型，就业技能需求也可能相应改变 • 在非商业服务行业，就业技能的需求也可能发生相应改变	71.7%	-2.0% ~ +0.9%
农业	• 生物质能生产有正面的影响 • 长期来看，低碳政策会保护与生态系统服务相关的部分就业机会	4.5%	-0.7% ~ +7.9%
采矿业	• 自动化和国际竞争已经导致采矿业就业数量的逐渐减少 • 低碳转型会导致该行业化石燃料部分的进一步削减进而影响相关就业机会	0.5%	-62.6% ~ -2.9%
发电行业	• 能效措施会导致中期范围内能源需求的减少，但是电气化程度的提高会重新拉动需求 • 可再生能源技术行业因其劳动密集型属性会促进就业机会的增长	0.7%	+3.6% ~ +22.3%
制造业（高能耗行业）	• 碳泄漏的风险取决于欧盟工业界保持竞争力的举措，以及是否存在全球范围的联合减排决心 • 低碳转型需求和循环经济的机会使得已有的生产工艺面临结构调整 • 对可再生能源和能效举措的投资带来建筑上游部门需求的增长，例如钢铁和水泥的生产部门	2.0%	-2.6% ~ +1.8%
其他制造业	• 气候政策导致的额外投资带来直接收益（例如，某些子部门清洁能源生产需求的增长） • 其他增长部门（例如，建筑业）上游产业发展带来的间接收益 • 电气化会给汽车制造业带来结构性变化的挑战	13.3%	-1.4% ~ +1.1%

来源：E3ME，JRC-GEM-E3相关情景分析（第4.10.5节）.

在制造领域，模型的结果也会更加复杂。未来，在向低碳经济转型的过程中，高能耗行业的生产过程将面临显著的改变（见第4.5节）。如果成功，这可能给就业带来正面的影响。尤其是发展循环经济，可能会给高能耗行业的供给侧带来更多的就业机会。该情景对制造业的影响并不明显。例如，欧盟的交通制造业重点将从内燃机引擎转为电驱动引擎；而这种变化在电池价格下降的前提下会更加迅速。

在公共咨询领域，社会参与者强调了低碳转型对各经济部门就业的重要性。为了评估能源转型对各部门就业影响的具体程度，可以对比各部门就业量与总就业量的发展变化。表4-18显示了这些部门当前的就业总量、到2030年的发展变化趋势，以及50周岁以上，并且在2030年之前可能退休的就业人口总量。而对每一个部门，表4-18选择了表4-17所对应的最差的就业发展情景。

表4-18　　　　　各部门吸纳劳动力的潜力及变化（人口单位：百万）

	2015年就业总量	2015—2030年间变化（考虑了基准情景的发展和碳减排的累计效果）	2015—2030年间退休人口预测（考虑的基准情景是2015年在50周岁以上的就业人口）
建筑	14.8	0.4	-4.3
服务	158.5	5.0	-48.2
农业	9.9	-1.3	-4.3
采矿业	1.0	-0.5	-0.3
电力生产	1.6	-0.3	-0.5
制造业：高能耗行业	4.4	-0.5	-1.4
其他制造业	29.4	-1.2	-8.4

来源：2015年数据，欧洲统计LFS.

由于结构的转变，数据显示，主要变化在基准情景下已经显现。例如，能效的进步将导致农业部门就业数量的持续减少。对某一些部门，低碳转型的影响非常有限（包括正面和负面的影响）。数据显示，即使在最糟糕的情景下，就业的减少也足以被员工的退休所弥补。只有在采矿业部门，就业的减少不能够被员工的退休所完全弥补。

当考虑劳动力市场时，低碳转型则可能对各部门及其子部门的就业需求、对应

的专业人才需求，以及工资的分布产生重要的影响。这种影响也可能反映到各国家
和地区，取决于各区域所对应的专长。例如，农村地区将面临年轻劳动力的输出。
因此，为了保持这些地区的经济活力，需要加快对交通和其他相应基础设施的发
展。在一个公正的过渡期内，这些要点应该被仔细考虑，以保证所有人在这一过程
中都不会掉队。

第 5 章　交叉因素

5.1　区域就业、教育和技能

低碳经济转型实质上是向新的增长部门和就业过渡，形成总体良好的就业。低碳经济转型对各产业将产生不同影响，其中一些产业将受到更大冲击，而这些产业集中的地区向低碳经济转型将面临更大挑战。从历史上看，应对气候变化政策给欧盟就业市场带来了有利影响。关于欧盟 20-20-20 目标对就业影响的一些研究认为，这些政策及战略目标的实施产生了显著的就业带动效应，相关研究估计这一比例达到了 1.0%~1.5%[①]。此外，国际劳工组织的一项研究表明，相对于基准情景，预计到 2030 年低碳经济转型将为欧盟增加 200 万个就业岗位[②]。

5.1.1　对各地区的影响

向绿色就业转变被视为就业市场的积极变化。绿色就业通常是高质量的就业机会，往往有利于农村或贫困地区的当地（非外包）就业，从而有利于社会重新融合和建立地区凝聚力。近年来欧盟的绿色经济已经显示了其韧性，即使经济衰退时期也能够保障就业。2015 年，欧洲环保部门就业人数为 410 万人，比 2000 年增加了 47%。

然而，低碳经济转型也给各地区带来了重大的经济和社会挑战，特别是那些严重依赖于衰退或转型部门的地区。因此，有必要对欧盟面临这类情况的地区进行评估分析。表 5-1 显示了评估中识别出的行业和细分行业及其对应的欧盟经济活动统计（NACE）代码。

---

① Cambridge Econometrics（2011），Green jobs，http：//ec.europa.eu/social/BlobServlet？docId=7436&langId=en.

② ILO（2018），World Employment and Social Outlook，https：//www.ilo.org/weso-greening/documents/WESO_Greening_EN_web2.pdf.

表 5-1 热力图显示的行业

衰退行业	转型行业
煤炭开采（B05） 原油和天然气提炼（B06） 与采矿相关的活动（B09）	化学品和化工制品制造（C20） 其他非金属矿产品制造（C23） 基础金属材料制造（C24） 汽车、拖车和半挂车制造（C29）

为了便于展示低碳经济转型的地区影响，热力图给出了面临衰退和转型行业的相对就业比重。对萎缩行业而言，从欧盟看，有 3 个地区（NUT2 级别）的就业占比超过 1%。占比最高的地区是苏格兰东北部地区（11.3%），原因是该地区油气炼制及相关服务部门的就业占比较高。类似地区还有波兰的西里西亚（Silesia）和罗马尼亚的 Sud-Vest Oltenia，因煤炭开采业较为发达，其就业比重偏高，分别达到 5.3% 和 1.8%。

就转型行业而言，欧盟多数地区的就业将受到显著影响。欧盟 28 个成员国中，有 24 个成员国的就业比重超过 1%，并且人均 GDP 越低的国家，其就业比重越高。在欧盟，受这类风险影响最大的是捷克共和国的 StredníCechy（10.4%）、匈牙利的 Közép-Dunántúl（9.7%）和罗马尼亚的 Vest（9.3%）。

综上分析，少数几个地区受到行业衰退的影响，更多地区会受到行业转型的影响。低收入地区由于技术水平低、商业基础薄弱、劳动力素质不高且人才外流严重，可能面临更大挑战。多数中等收入地区也面临经济增长乏力、制造业失业率高和人口老龄化的挑战。相比之下，更具活力的地区和城市正面临日益严峻的拥堵问题、人口压力以及能源、资源高效利用的挑战。

当然，许多地区也可能从向绿色经济转型的过程中受益，如那些发展可再生能源的地区。可再生能源的开发潜力取决于当地的地理特征。例如，沿海地区通常有巨大的风能潜力，特别是北海、波罗的海沿岸以及一些地中海岛屿；太阳光照丰富的地区具有发展太阳能的潜力；同样，发展水电也需要适当的环境条件。然而，无论具备何种潜力，都需要政策推动其落地。

5.1.2 对教育和技能的影响

尽管总体收益足以抵消部门之间和部门内部的损失，但由衰退部门释放出的资源并不能很好地满足扩张部门的需求。此外，人口结构变化也会促使所有子行业增加就业机会，进而提高对职业技能的要求。目前，17%~32% 的企业处于技术落后的不利状况。技术性行业中，9%~30% 的企业面临技能短缺问题。考虑到低碳经济转型过程中的技能短缺问题，低碳经济转型将提高劳动力市场的技术门槛。

欧盟委员会近期委托开展的一项研究[1]分析了这个问题。该研究基于E3ME模型和GEM-E3-FIT（GEM-E3模型的一个版本），分析了符合2℃要求的脱碳情景与基于欧盟委员会参考情景（Reference，2016）所设定的参考情景之间的差异，并研究了转型对受教育水平产生的影响。

表5-2显示了E3ME模型中低碳转型对职工受教育水平[2]的影响。可以看出，无论低级、中级还是高级职称的就业情况，相对于参考情景，脱碳情景发生了很大变化，这符合过去20年观察到的趋势。到2050年，相对于参考情景，脱碳情景增加了140万就业人次，各层次上的就业都有所增长，其中中级和高级职称的增长最显著。

表5-2   按职称分级的就业人数

情景	条件	2020	2030	2050	2020—2050
参考情景	初级	40 877	33 199	19 646	−51.9%
	中级	109 346	104 658	81 898	−25.1%
	高级	79 128	94 153	118 255	49.4%
	总计	229 350	232 011	219 800	−4.2%
2D EG	初级	40 890	33 273	19 800	−51.6%
	中级	109 380	104 857	82 450	−24.6%
	高级	79 150	94 309	118 944	50.3%
	总计	229 420	232 438	221 194	−3.6%
增加人数	初级	13	73	154	
	中级	35	198	552	
	高级	22	156	689	
	总计	69	427	1 394	

来源：E3ME.

分析表明，随着经济结构的变化，欧洲将面临职业技能和劳动力受教育水平方

---

[1] Cambridge Econometrics, E3 Modelling (2018), A technical analysis on decarbonisation scenarios −constraints, economic implications and policies, Tender ENER/A4/2015-436, https://ec.europa.eu/energy/sites/ener/files/documents/technical_analysis_decarbonisation_scenarios.pdf.

[2] 初级:初中教育水平及以下;中级:高中及大专教育水平;高级:高等教育水平。

面的挑战[①]。表5-2显示低碳转型将加剧这一挑战，但这一影响尚处于一定范围内。低碳转型的影响主要体现为对现有职业中新的"绿色"技能的要求。受此影响较为显著的职业群体包括建筑工人、电气工程师、司机和车辆操作员、农场工人和园丁、机械和工厂操作员、制造业工人、手工艺人和印刷工人、生产和专业服务经理、研究人员、工程师及工程技术人员。其中，后两个职业群体现已成为欧洲可再生能源行业（地热、小水电、生物质能、光伏发电、海上风电、光热发电[②]）中最受欢迎的职位。

在职业要求"绿色"化以及向新的清洁和节能生产流程的转变中，主要挑战是如何加强教育和培训，以满足新兴、传统职业和行业对职工技能（包括专业技能和跨领域技能）的迫切要求。

对于许多行业和国家，目前需求最大的职业或专业在10年甚至5年前并不存在，可见其变化之快，并且其节奏还会更快。如今，新的职业正在出现，如与可再生能源设备的制造（如风力发电设计工程师）、项目开发（如风能资源评估专家）以及生产和运营（如风能机电一体化技术员、生物质能源企业经理）相关的职业。

为了应对即将到来的技术变革，所有人都需要增强其核心竞争力，而低碳转型还将进一步增强这一趋势。这些核心竞争力也被称为"21世纪能力"，涵盖了基本能力和数字能力，以及认知能力和包括问题解决、创新、交流合作能力在内的社会情感能力。此外，还包括STEM（科学、技术、工程、数学）领域的知识和能力，考虑到技术和研究密集型部门对高水平劳动力的高需求，应将这些能力的培养作为教育和培训的首要目的。[③]

综上所述，教育、培训和终身学习在满足不断变化的技能需求和确保劳动力时刻具备最新技能方面发挥着重要作用。工人需要不断提升技能和加强在职培训。各国实现碳减排目标是国民经济各部门发展"绿色"技能的主要驱动力。社会伙伴（social partners）支持了在公众咨询期间的这一发现，并强调了技能训练对加强低碳转型公平性的重要性。然而，应该强调的是，欧洲就业需求中的显著变化，是那些独立于能源转型之外的既有趋势（如数字化和人口变化）的结果。

---

① CEDEFOP（2010），Skills for green jobs：http：//www.cedefop.europa.eu/files/3057_en.pdf.
② 后4个为传统行业中开展"绿色"活动的良好范例，分别应用于农业、化学和电子行业、造船厂、管道和屋顶。
③ Council Recommendation of 22 May 2018 on key competences for lifelong learning（2018/C 189/01）.

5.2 金融的角色

金融部门将在低碳转型和为适当类型的投资提供资金方面发挥关键作用。承担这一职能需要这一部门本身进行改革。金融部门必须支持社会对创新和基础设施的长期需求，同时能够快速开发低碳和资源节约型经济所需的金融工具，对资本进行必要的重新定位，还应通过明确整合资产定价中的长期实物风险和无形价值创造因素（包括环境、社会和治理因素）来加强金融稳定。如果在整个实体经济和金融部门采取一致的方式，则可以避免因搁浅资产给企业和金融机构带来的损失。这将对金融机构和受益人发挥积极的保障作用，尤其是养老基金这样重视长期回报的机构。

为了避免可能出现的高融资成本和其他严重阻碍转型并增加成本的金融约束[①]，有必要通过金融创新和政府干预来落实金融支撑条款。例如，国际能源署估计，过去5年，条件较好的债务融资条款[②]使得欧洲新建的近海风力发电成本降低了近15%[③]。

图5-1总结了目前欧洲一些清洁能源项目的主要资金来源和工具（未全面列出所有可能获得资助的部门）。

私人融资必须考虑投资需求规模：一些子行业的私人投资比例已经很高，如能效项目和可再生能源发电项目。

成员国和欧盟一级的监管措施和财政支持仍是刺激能源和交通投资的必要条件，要采取有效的方式扩大规模，以便引导资本流向低碳转型。有效的资源分配要求投资应尽可能地由市场信号驱动，而非政府干预。然而，国际能源署的研究显示，目前全球95%的投资处于收益受相关机制完全监管或影响的状态，这些机制主要用于竞争市场上与可变价格相关的风险。正如IPCC发布的《1.5℃特别报告》所承认的那样，来源于公共资源的金融支持（如EFSI计划）能够很好地支持具有高附加值但高风险的投资。

---

① 欧盟委员会委托进行的一项最新研究发现，与贴现率略低(10%)的情景相比,较高贴现率(13%)显著增加了风能和太阳能光伏等资本密集商品的投资成本。 2050年风能和光伏发电的标准化成本可能会增加15%以上。

② 尽管具体情况因项目规模、技术和融资结构而异，但清洁能源技术的债务权益比率在60%~80%之间。（参考 IRENA（2018）Global landscape of renewable energy finance 2018; Roland Berger（2011）The structuring and financing of energy infrastructure projects […]; and EIB EPEC PPP guide）.

③ IEA（2018），World Energy Investment 2018, https://www.iea.org/wei2018/.

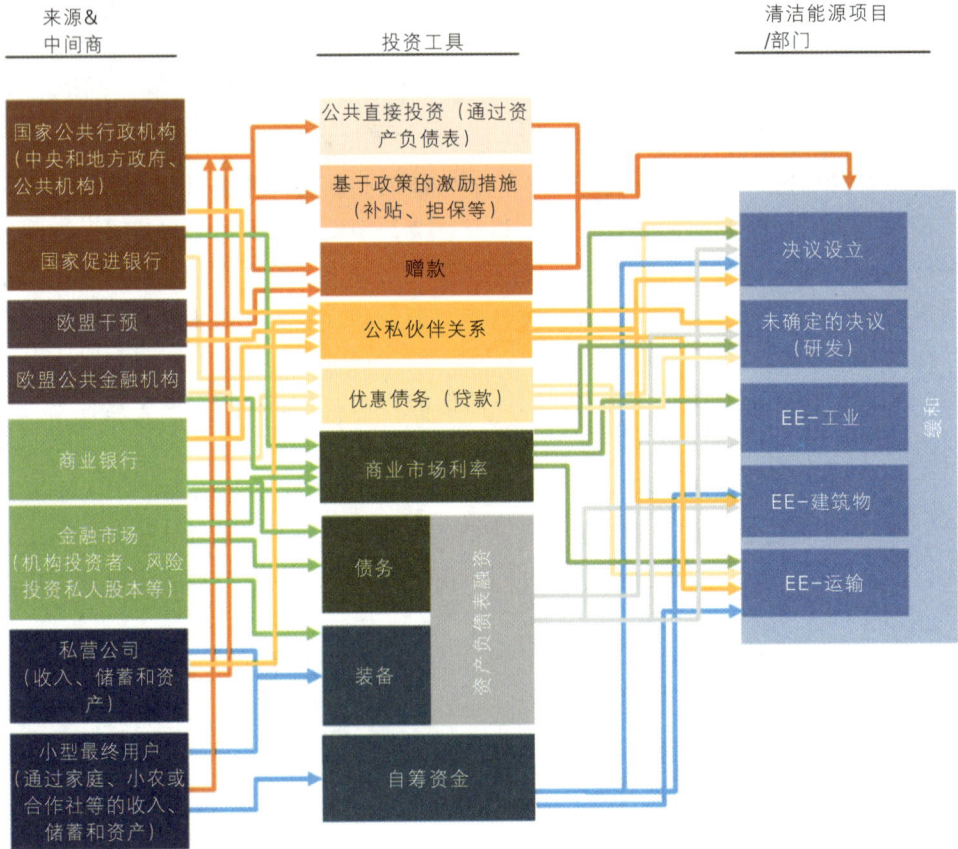

图 5-1　欧洲清洁能源金融支持体系

来源：Trinomics（2017）.

　　近年来，欧盟制定了相关金融工具并提供了预算担保，以支持其不同政策领域的目标。金融工具可以采取股权或准股权投资、贷款/担保或其他风险分担工具的形式，并与包括赠款在内的其他形式相结合[1][2]。预算担保是欧盟的法律承诺，用以支持计划实施，即如果在计划实施期间发生特定情况，则可以要求欧盟的预算承担资金保障义务。

---

[1]　Regulation 2018/1046 of the European Parliament and of the Council on the financial rules applicable to the general budget of the Union，Art. 2（29）.

[2]　European Commission，"Note on Budgetary Guarantees，Financial Instruments and Grants：Optimizing the mix to maximise the impact of EU budget in financing EU policies.

与赠款相比，利用私人投资、金融工具和预算担保可以更有效地分配欧盟预算资源。

融资和公共干预的类型取决于目标投资的风险状况和收入潜力。虽然公共资助的赠款应针对不能保证足够财务回报的举措（如研究和开发的早期阶段），但是诸如优惠贷款和贷款担保等基于收入的市场工具应涵盖更具财务可行性的项目。对于那些欠缺经济可行性的项目，只要其能为欧盟带来长期附加值，采取赠款或赠款与其他融资相结合的方式可能更有价值。

尽管近年来规模有较大幅度增长，但低碳技术投资仍仅占机构投资者资产的一小部分。机构投资者是私人资本投资的最大来源之一，仅保险业管理的资产就将近 10 万亿欧元。虽然很难量化具体份额，但最近的一项研究发现，养老基金和保险公司投资组合中的绿色投资份额为 1%~2%。机构投资者通常比较谨慎，对高风险采取回避态度，倾向选择投资市场上具有较低风险的成熟技术。这些投资者/机构似乎越来越不愿意投资高碳的发电项目（燃煤发电厂），而是倾向采用成熟的绿色技术（如光伏发电和陆上风电）的大型项目。可见，其投资目标与可持续投资需求高度契合。正如可持续金融高级别专家组（High-Level Expert Group on Sustainable Finance）所指出的那样，养老基金的长期负债使其成为可持续金融的理想提供者，而保险业的商业模式特别适合支持可持续性融资[1]。运输部门约占年度投资需求的 30%，也为绿色债券等金融工具提供了巨大的潜力。根据气候债券倡议（Climate Bonds Initiative）的一项研究，超过 40% 的投资级债券来自交通部门。

从长远来看，有必要系统地将私人资本导向更可持续投资。支持私人投资的这一转型，金融市场需具备 3 个条件：首先，投资者要始终可以接触到零碳或低碳资产的投资机会；其次，应将气候和环境风险作为经济和金融决策以及资产估值的主要考虑因素，一旦市场和信用风险机构对气候风险作出适当定价，借款条件将更加倾向可持续投资（低碳投资）；最后，公司和金融机构需要从长远角度进行布局并保持其运营透明性。

为此，欧盟委员会于 2018 年 3 月公布了一项关于融资可持续增长的行动计划（Action Plan for Financing Sustainable Growth）[2]，目的是通过改变整个投资链的激

---

[1]　作为机构投资者行为的一个例子,欧洲中央银行已经采取具体步骤,为其养老基金投资组合寻求可持续投资政策。此外,欧洲央行已开始在内部调查研究如何将环境、社会和公司治理标准纳入其自有资金组合管理中。

[2]　COM(2018) 97.

励机制和文化，鼓励私人资本为可持续项目和活动提供资金。受可持续金融高级别
专家组工作的启发，该行动计划对应对气候变化和其他形式的环境退化，以及对欧
洲金融部门来说都迈出了一大步。上述行动计划提出的3个主要目标是：

- 将资本流动转向绿色和可持续投资；
- 将可持续性纳入风险管理；
- 提高金融和经济活动的透明度和长期性。

为实现这些目标，行动计划列出了2019年实施的一系列行动。其中一个重要
的组成部分是建立欧盟可持续活动分类系统，通常称为"分类学"，目的是建立一
个能够明确辨别哪些经济活动可以被认为是"可持续的"系统。目前已经提出按照
渐进方法制定分类标准，对有助于减缓和适应气候变化的第一批经济活动进行分
类，然后对其他环境目标进行分类。保持连续性的分类将有助于投资者将资金配置
到具有真正可持续性的活动和项目上。

此外，政策要求使可持续性成为金融部门的主流思想，包括：

- 将分类标准与零售市场的相关标准和认证措施相结合。
- 始终如一地处理与气候变化和其他可持续性问题相关的机遇和风险，以及影
响投资盈利能力的其他因素，特别是在推广那些用于衡量如果转型没有发生将可能
出现情况的工具时。
- 在企业行为者和金融机构的运营及其面临的气候风险方面提供足够的市场透
明度。
- 确保专业投资者和私人投资者都能意识到气候变化带来的风险和机遇以及相
关的环境挑战对其投资带来的影响，尤其是对其长远业绩的影响。
- 建立欧盟财务治理的成本效益的基准值，并与中国或美国等欧盟主要贸易伙
伴的成本效益进行比较。

目前欧盟已经开始就这些长期优先事项开展工作。2018年5月，欧盟委员会提
出了一系列措施，以执行其行动计划中宣布的若干关键行动，具体提出了3项立法
提案，旨在：

- 建立统一的欧盟可持续经济活动分类体系（"分类学"）；
- 针对机构投资者宣称的可持续性项目，提高对如何将环境、社会和治理因素
（统称ESG）纳入其投资过程以及如何实现这些目标的披露要求；
- 创建一个新的基准类别，帮助投资者比较其投资的碳足迹。

在讨论能源转型对投资的影响时，应明确区分市场经济投资所固有的风险
（应由经济运营商承担）以及由监管不确定性或监管变化引起的风险。公共政策
要将后者产生的风险降至最低，如加强透明度和政策稳定性。这应该建立在长期

规划的基础上，要确立能够被整个社会广泛接受的清晰而透明的目标，并明确指出变化的速度。

为投资者提供清晰度确实是欧盟长期低碳发展战略（Long-Term Decarbonisation Strategy）的目标之一，同时也是避免资产搁浅的最佳方式。欧洲能源政策致力于向市场提供持续和及时的信号，特别是最近通过的欧洲碳排放交易体系、对《全欧洲清洁能源》（the Clean Energy for All Europeans）立法一揽子计划的审查，以及分别对 2017 年和 2018 年采纳的《交通部门一揽子计划》（Mobility Packages）以及《国家能源和气候计划》（the National Energy and Climate Plans）的制订，其中包括成员国为实现其能源和气候目标而预计的投资需求。具有较长经济寿命的公共基础设施需要细致的战略性规划，原因是其面临成本回收问题。一个例子是到 2050 年将可能面临较低利用率的天然气网络。此外，还必须在各成员国预算和债务限制的范围内考虑基础设施发展的战略方针。

5.3 产业竞争力

可负担的金融支持框架对支撑欧盟的工业转型是必要的，但却远远不够。实现经济发展的净零排放将影响涵盖货物生产、信息和通信技术（ICT）行业和其他服务提供商的整个工业价值链，覆盖面包括从原材料到能源密集型行业再到下游的回收和废弃物处理行业的大、小型工业企业。

《巴黎协定》是到 21 世纪中叶加强欧盟工业竞争力的主要推动力。面临的主要挑战是在促使欧洲工业实现转型的同时确保其竞争力，主要体现为保障就业、发展和投资并挖掘欧盟潜力，使其成为低碳技术开发和服务的全球化市场。研究表明，到 2030 年关键气候技术的全球市场容量将增长到每年 1 万亿~2 万亿欧元。

欧盟委员会为编写本报告进行的公开磋商结果显示，大多数利益相关者认为低碳转型有助于现代化和增强欧洲的竞争力（见第 7.1 节）。一些利益相关者进一步指出可持续生产是工业的基本需求。

正如 4.5 节以及欧盟委员会在其产业政策战略中强调的，产业转型要求欧盟工业界深入改变商业模式和供应链。这需要综合的系统方法，包括：

- 可持续的原材料供应；
- 在支持循环经济和工业共生的跨部门价值链中优化物质流；
- 提高能源和资源效率；

- 突破性的脱碳技术、创新材料、数字和空间技术、服务①和社会创新；
- 大型示范项目；
- 需求方措施，以刺激低碳和零碳产品/解决方案的市场创新和快速发展。

在某些情况下，必须开发突破性技术或提高其技术水平，以确保市场发展。通过研究和创新提供强有力的支持，以验证基于新兴技术的解决方案，推动技术向大规模示范项目落地，在全行业推广大幅降低现有工业流程成本的技术。在本行业和其他利益相关者的参与下，欧洲碳中和愿景的实现需要专门的方法来提供行动的广阔愿景和框架（有关未来角色研究和创新的讨论，另见第5.4节）。

下一个10年结束之前，新技术应该为大规模部署做好准备。在此之前，还必须有投资的商业案例。关键问题是需要搞清楚如何增强低碳投资对面临国际经营压力的行业的吸引力，而不是对那些处于具有高增长和更低监管成本的地区的行业的吸引力。在能源密集型行业引入突破性技术就是很好的例子。这些行业大多拥有成熟的资产，通常具有30~40年的寿命，其转型意味着需要高建设成本和/或可能高于目前的运营成本。

第4章表明，具备规模且可负担的低碳电力供应将成为影响工业和其他经济部门转型的重要因素。工业生产从化石燃料驱动转换为由电力和电力转换的燃料（如绿氢或碳）等驱动的能源系统和相关基础设施的重大发展。没有能源转型，就不可能实现所需产业的转型。

一些贸易、商业或专业协会在对公众咨询的答复中提到了欧盟碳排放交易体系作为推动脱碳的关键工具的突出作用，但也强调需要完善政策框架来实现产业转型（见7.1）。

在转型过程中，产业可能面临竞争挑战。低碳转型将催生首次建设和成本的挑战，并带来那些具有更高排放的资产的提前折旧。替换化石燃料的要求将使许多工业在一定程度上成为电力密集型产业。在没有真正的全球公平竞争环境的情况下，这些行业面临着碳泄漏风险，某些行业比其他行业更容易受到影响。

保障低碳产业的竞争力需要差异化框架，要鼓励市场对低碳价值的认可。更具雄心勃勃的气候愿景意味着高价格的工业产品、更清洁的能源基础设施以及来源于国际和欧盟的对可持续原材料的需求，但这一事实目前尚未被公众舆论广泛接纳，而公众接受度将是确保转型过程中欧盟工业竞争力的关键。

产业政策可以提供部分支持框架，支持行业向有竞争力的温室气体中和过渡。

---

① 产品的服务化描述了通过向产品添加服务或用服务替换产品来创造价值的策略。

相关政策包括：单一市场（single market）；运作良好的一级和二级原材料内部市场；替代关键原材料；战略性地使用公共采购、标准制定和产品标志；中小企业（SME）政策和关键技术的推广。此外，还需要制定其他框架条件，促使低碳转型挑战转化为行业竞争优势和增长机会，包括支持性贸易政策、投资环境、市场竞争、税收、科研与创新、区域政策、能源基础设施和原材料渠道。

从贸易政策来看，对全球市场开放并防范不公平贸易行为，建立真正开放和公平的竞争环境，能够有效保障那些领导低碳转型、出口低碳技术和服务的公司的竞争力。

从竞争政策来看，跨部门项目之间的开放性以及能源供应商与下游产业之间的伙伴关系是吸引投资和防止碳泄漏的必要条件。

从产业政策来看，转型的时机至关重要。随着欧洲工业复兴时代（European industrial renaissance age）的到来，旧工厂被新的低排放工厂所取代。随着对无排放替代品的需求增加，新产品应被加速推向市场。回答这些政策问题需要详细的产业发展路线图。

5.4 研究和创新的角色

正如第 4 章所示，低碳转型是对基于化石燃料的能源和经济系统（在很大程度上）的技术突破。因此，它是欧盟内外众多社会和经济参与者面临的挑战和机遇的源泉。在这个快速变化、技术锁定和滞留风险并存的时代，无论是通过个人技术开发还是系统部署甚至社会创新，研究和创新（R&I）将在转型和最大化社会"机遇"方面发挥关键作用。

研究和创新必须解决更长期问题。对于工业设备和基础设施这类长投资周期的领域，其技术落地将相对更长远，2050 年以后才能将科学转化为产品并确保市场的发展。研究和创新将影响低碳实施的速度、成本和共同利益。然而，如何能够落地以及如何使欧盟私营部门在即将到来的全球清洁技术市场中建立领导地位，将是决定其是否产生积极的经济和社会影响并争取所需要的政策支持的根本问题。

本节首先回顾通过研究和创新实现脱碳的确定需求，然后提出将这些需求转化为欧盟经济机遇的工具和政策。

5.4.1 研究和创新的低碳经济需求

成功的关键是为温室气体排放活动开发广泛的高效的无碳替代品，通常通过强化部门耦合、实施数字化和系统集成实现。与此同时，欧洲研究和创新体系成功的开发、创新解决方案的商业化进程将影响欧盟现有和新兴产业的竞争力。相关研究领域包括气候科学和气候-地球系统问题、创造能够支撑所要求的替代目标、社会经济要求和生活方式改变所需的环境技术挑战（详见图5-2）。

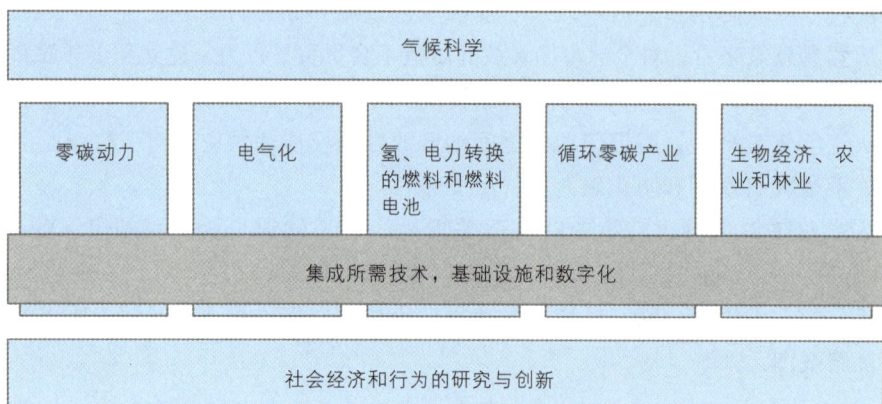

图5-2 相关的研究和创新领域

　　鉴于研究和创新结果的不确定性，目前来看，尚不能完全确定第4章探讨的5种技术途径将成为解决方案的一部分。因此，有必要重点关注促进脱碳的解决方案组合，并开发有竞争力的解决方案，以避免潜在的技术锁定①。

　　IPCC的《1.5℃特别报告》（IPCC Special Report on 1.5℃）还强调了通用目的技术（general purpose technologies）对温室气体减排和气候变化适应的重大（虽然不确定）作用。这些技术包括物联网、生物技术、纳米技术、人工智能、机器人以及信息和通信技术。特别报告探讨了它们在能源、工业、交通、建筑、农业和减少灾害风险方面对气候行动的潜在应用。这些创新有可能为深度脱碳做出巨大贡献，但可能必须伴随行为变化，特别是抑制反弹效应。

5.4.1.1 气候科学

　　《巴黎协定》的有效实施必须以科学为基础，需要不断拓展我们对气候-地球系统和有潜力的减排和适应方案的认识。要确定欧盟是否可以实现其气候目标（包括地球系统反馈和剩余的全球温室气体排放预算），以及地球-气候系统功能和未

---

①　该解决方案的组合也呼应了公众顾问的关注，后者看到了通过投资支持研发的机会，但也提出了挑选"5优胜者"的挑战。

来演变（包括改进气候预测）。

改进的气候科学将有助于为企业、公共机构和公民提供气候服务，有助于为欧盟关键经济部门和基础设施的脆弱生态系统制定减缓战略和提供适应途径以及政策。

5.4.1.2　技术创新挑战

一系列支持技术作为促进低碳转型的必要替代是必要的。虽然本节未提供详尽的技术列表，但基于建模结果已提出了许多关键技术路径。为了涵盖多样化的技术组合，下面的讨论重点关注这些有前景的选择。由于可以使用不同的技术手段对某些部门或过程进行脱碳处理，目前看来，尚未明确其应用前景。如分类方案所示，相关技术目前处于非常不同的市场准备水平，并且往往落后于脱碳途径所要求的状态[1][2]。然而，在大规模部署之前评估和降低其风险非常重要。

零碳电力

可再生能源技术是电力部门脱碳的关键推动因素。其存在几种技术选择，从相对成熟的技术（如陆上风电、太阳能光伏发电和已应用的生物质能源）到目前尚具有优化潜力（如海上风电）的成熟技术到不太成熟的技术（如海洋能）。要努力进一步优化更成熟的技术并扩大选项组合，如海洋能源领域考虑波浪和潮汐，光伏领域考虑薄膜、聚光光伏等。

向更分散和可变的电力系统转型，意味着需要更加智能化（数字化）和灵活化。研究和创新专注于通过数字化提高系统的智能性并开发其组件的智能性，通过更多可调度的可再生能源电力（如可调度的可再生能源、氢能）、能量存储（如增加储能容量或以可再生能源制氢为代表的电力-气体解决方案）、需求侧管理以及快速反应网格来提高系统灵活性。

此外，当前研究工作会开创全新的发电技术。例如，一些国家参与了开发核聚变能源科学计划，这一计划不会产生温室气体或长期放射性废物，并且其燃料丰富、取用便捷。全球主要倡议者之一是国际热核实验反应堆（ITER）[3]，也包括主要经济体（欧盟、美国、中国、日本、俄罗斯、韩国），体现了欧盟对聚变研究的

---

① IEA（2018），Tracking Clean Energy Progress，https://www.iea.org/tcep/. 该交通灯指示器基于技术渗透、市场创造和技术开发。《IEA 能源技术展望 2017》应用了红绿灯系统，并且只看到了 26 种技术中的 3 种.

② VUB-IES（2018），Industrial Value Chain. A bridge towards a carbon neutral Europe，https://www.ies.be/files/Industrial_Value_Chain_25sept_0.pdf. 该报告根据其技术准备水平提出了 80 多种不同工业脱碳技术的准备情况.

③ https://www.iter.org.

主要贡献。

电气化

电气化促进了需求侧（消费侧）部门的脱碳，如运输、供暖和工业部门，这些部门主要使用化石燃料。随着电气化程度不断加深，电池将成为低碳经济的关键技术组成部分之一。快速增长的全球价值链正在兴起。目前这一代锂离子电池已具备了良好性能，但仍具有巨大优化潜力，新兴技术正在涌现（固态锂电池、锂空气电池等）。此外，氧化还原液流电池是适用于固定应用场景的一种有前景的技术选择。尽管锂电池具有战略意义，但欧盟的锂离子电池制造仍然处于落后状态[①]。为了在欧盟建立强大的电池生产价值链，研究和创新应该关注全链条所有环节：活性材料、电池、模块、电池管理系统以及回收利用。它应该促进有前景的技术解决方案的出现，提高性能和降低成本，并研究在能源和交通运输部门的潜在应用。

影响基础设施/系统的一些趋势，尤其是所有部门加速电气化，只能在综合集成之后才能彰显其对脱碳的贡献。这种集成和耦合需要对能源系统本身进行额外的研究、创新和示范。能源供需部门之间的相互联系和整合，以及对能源生产模式的适应调整，是优化配置现有资源、避免搁浅资产以及为投资决策建立信息支撑的基础。其中，数字化将成为分散式能源系统管理的主要推动力。

氢能、电力转换的燃料和燃料电池

氢与需求侧技术（如燃料电池）相结合，可以为交通、热力和工业等电气化（特别是电池）难以达到所需的成本和性能水平的领域提供替代方案。虽然主要利用天然气生产氢气，但氢气也可以利用零碳电力来生产，如可再生能源或核能电解水制氢或结合 CCS 技术的甲烷蒸汽重整制氢。此外，还可以利用过剩的可再生能源制氢，并在负荷需求较大的时候将制得的氢作为能源供应的有效补充。这可以确保电力供应的低碳性和安全性，而无须使用化石燃料。

氢能产业链需要更大规模的研究和创新，以提高性能并降低成本（如电解槽、结合 CCS 的甲烷蒸汽重整、储氢技术、固定和移动燃料电池应用相结合）。这项工作应与前期的技术积累和相关基础设施支撑相结合。

循环零碳产业

能源和材料密集型行业可以通过减少所消耗的能源和原材料来降低对环境的影

---

① JRC (2017), EU Competitiveness in Advanced Li-ion Batteries for E-Mobility and Stationary Storage Applications Opportunities and Actions, http://publications.jrc.ec.europa.eu/repository/bitstream/JRC108043/kjna28837enn.pdf.

响。因此，效率和循环经济是明显的双赢措施。这种发展需要使大多数材料的流通形成闭环。循环经济将增加这些制造脱碳关键技术部门的原材料供应，如电池的钴和锂材料以及风机所需的稀土材料。此外，循环经济是一些工业部门通过在工业共生中重新利用来自其他部门的废弃物并将其作为原料投入来实现脱碳的可能途径。

目前一些生产工艺具有高的与工艺相关的温室气体排放（如高炉或基于氧气炉的钢铁生产）。碳捕获和存储可以在不完全替代现有工艺的情况下减少与工艺相关的温室气体排放，因此研究和创新应该专注于捕获技术的效率和成本优化。此外，研究和创新应为能源密集型行业开发替代工艺。例如，用氢作为还原剂直接还原铁来改造钢铁生产工艺，或研究水泥和化学工业的新工艺。另一种选择是减少碳密集型产品的使用。例如，通过使用木混凝土等混合建筑材料，以减少碳密集型水泥的使用。研究和创新应该关注这些产品的开发及其减少工业温室气体排放的程度。

生物经济、农业和林业

生物经济包括利用来自陆地和海洋的可再生生物资源（如作物、森林、鱼类、动物和微生物）来生产食物、材料和能源。生物经济采取许多不同的方式来助力脱碳实施。研究和创新应侧重于可持续林业和农业实践，特别是那些在增加产量的同时还能够减少非二氧化碳排放的项目，使碳在土壤中富集和保存，起到潜在的负排放源的作用。此外，化肥的工业生产、生物废物管理、反刍牲畜管理以及减少农业残余物燃烧等领域仍然具有巨大潜力。

基于消费的措施也有助于减少温室气体排放。消费者行为变化可以减少与食物有关的土地使用和食物浪费。然而，由于现有的习惯和文化原因，社会对这种变化的接受可能难以实现。因此，研究应该关注饮食习惯等行为变化。

大多数（但不是全部）潜在的生物解决方案都需要使用土地。前文分析表明，生产先进的生物质燃料和生物质能源（结合 CCS 和 CCU 可产生负排放）、生物质材料（以取代更多的碳密集型产品）和碳汇都将为净零温室气体排放做出贡献。由此提出了在不损害生物多样性和环境质量的前提下，如何以最佳方式使用现有土地、增强土地碳吸收能力（碳生产力）以及如何以最有效的资源配置方式使用现有生物质资源[①]这一重要研究课题。

社会经济和行为的研究与创新

向低碳社会的过渡还需要许多领域的社会经济研究：大规模部署当前和未来的低碳技术和实践将需要开发和实施新的商业模式，使其具有经济性和社会吸引力。

---

① 须考虑到气候变化对生物质供应的未来影响。

此外，还需要其他潜在促成因素，如贸易、消费者习惯、数字化、大数据、区块链①或人工智能。在了解经济上低碳措施的障碍时，要认识价格信号和其他措施是如何最大化消费者的需求-反应潜力的。

除技术解决方案外，消费者选择和人类行为，包括技术对人类行为的影响，是未来温室气体排放的重要决定因素。因此，推进社会科学进步可以提供新的见解和解决方案，在饮食、交通服务和能源消耗等领域做出重要贡献。"社会创新"将是必不可少的，特别是如何让公民参与脱碳挑战，成为转型的支持者，并在生活这一"鲜活实验室"中通过改变生活方式（如共享经济）来促进零碳经济。

5.4.2　推动欧盟R&I系统进步

5.4.2.1　R&I的角色和作用

研究、创新和教育是连接大学、研究机构和企业的"知识三角"②。学习、发现和创新一同作为创造财富、就业、增长和社会进步的系统的一部分③。公共预算主要用于教育和基础研究，而私营部门正在推动应用研究，并负责产品和流程层面的创新。

5.4.2.2　欧洲当前水平

欧盟在这场新的低碳技术市场竞争中既有优势也有劣势。

首先，欧洲仍然是全球研究领域非常积极的参与者，占科学出版物的30%，占全球研究支出的1/5。欧洲企业拥有技术创新的重要份额，并占据了欧洲近2/3的研发投资。一半以上的产品、流程、组织和营销存在普遍创新（各成员国的比例从13%到67%不等）。据报道，一半以上的创新型公司都在环境方面做出了贡献。

公共投资在欧盟及其成员国（约3/4）之间分配。然而，目前欧盟逐渐落后，研究支出相对于其他地区而言较少。支出占GDP的比率（也称为R&D强度）保持在2%（详见图5-3），低于欧洲2020年战略④设定的3%目标，远低于日本（2015年为3.3%）和美国（2015年为2.8%）的水平。中国也在进步，2015年这一比例接近2.1%，单位GDP研发投入高于欧盟。其中的主要原因在于欧洲私人投资对研究

---

① https://ec.europa.eu/digital-single-market/en/blockchain-technologies.

② European Commission（2017），LAB-FAB-APP investing in the European future we want，http://ec.europa.eu/research/evaluations/pdf/archive/other_reports_studies_and_documents/hlg_2017_report.pdf.

③ 一些受访者在公众调查中分享了R&I创造就业机会和保障财富的期望（参见第7.1节）。

④ European Commission（2018），Europe 2020 strategy，https://ec.europa.eu/info/business-economy-euro/economic-and-fiscal-policy-coordination/eueconomic-governance-monitoring-prevention-correction/european-semester/framework/europe-2020-strategy_en.

和创新的投入下降。

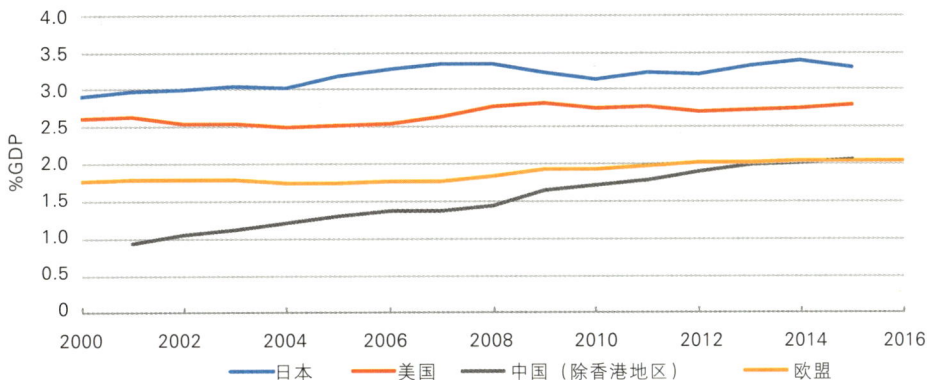

图 5-3　各国 R&I 投入占 GDP 的比例

来源：Eurostat.

2015 年，欧盟将 GDP 的 0.02% 用于能源研究，约占研发总投入的 1/10。过去 10 年，清洁能源技术的专利申请一直在增加，欧洲公司的目标是受国际保护的"高价值"发明，这表明它们对全球能源技术市场的竞争力越来越有信心。然而，在专利数量方面，欧洲正被日本、中国及韩国超过，如图 5-4 所示。

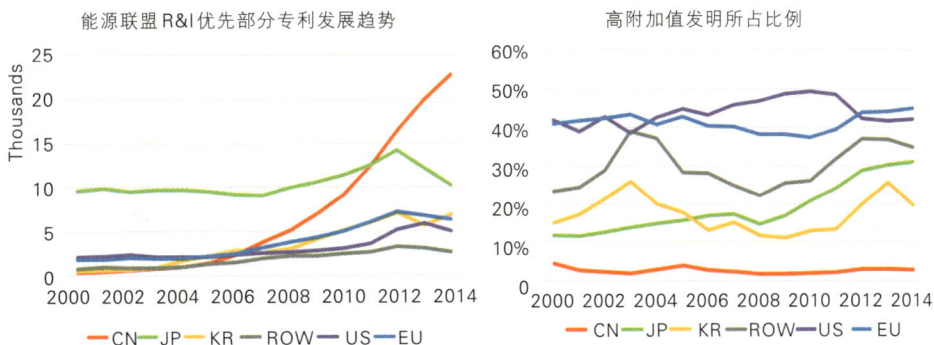

图 5-4　能源相关专利发展趋势

来源：JRC[①] based on EPO （Patstat）.

---

① JRC (2017)，Monitoring R&I in Low-Carbon Energy Technologies，http://publications.jrc.ec.europa.eu/repository/handle/JRC105642.

这些总体趋势也反映了欧盟企业的情况，这些企业在全球清洁能源市场中非常活跃（2016年规模为1.4万亿美元[①]）。事实上，2017年，欧洲拥有全球100强能源公司中的41家，以及25家最大可再生能源公司中的5家。欧洲可再生能源企业雇用了近150万人（全球1 000万人）。随着专利申请越来越多（2010—2016年间增加50%），这些企业正在加大R&I投资，这显然有助于全球向可再生能源发展转变（该领域的全球专利在2010—2016年期间翻了一番）。然而，国际竞争也日益激烈，亚洲和北美公司的市场份额越来越大[②]。

多年来，欧盟已经制定了一系列工具，为整个欧盟经济提供研究和创新，特别是清洁能源和气候减排行动。

• 欧盟研发计划"Horizon 2020"[③]（到2020年）和"Horizon Europe"（2021—2027年）预算1 000亿欧元，其中35%将用于应对气候变化行动。战略能源技术（SET）计划将欧盟、成员国和行业行动联系起来，该计划已经建立了10个促进技术市场吸收的平台/欧洲能源研究联盟（the European Energy Research Alliance）[④]，将整个欧盟的175个研究组织聚集在一起。

• SET计划得到了知识创新社区计划（KIC）的补充，该计划旨在促进公私合作伙伴关系在包括能源在内的不同的社会挑战中的应用。

• 能源创新是当前120项智能专业化战略中确定的优先事项之一，该战略规划了来自欧洲区域发展基金（ERDF）计划中超过410亿欧元的投资。目前的智能专业化平台[⑤]（关于农业、能源、工业现代化和所有相关的脱碳问题）有助于协调区域基金的使用，以加强区域创新能力。截至2021年，根据ERDF的Interreg部分，新的区域间创新投资计划将进一步加强各区域围绕共享的智能专业化重点开展合作。

• 排放交易系统下的创新基金。

• R&I是国家能源和气候计划的关键维度（NECPs）。在NECP中纳入具体和可衡量的R&I目标将有助于在2030—2050年将国家战略和优先事项纳入欧盟层面。

• 欧盟正在参与有关脱碳相关创新的国际论坛，特别是作为the Clean Energy

---

① Advanced Energy Economy (2017), 2017 Market Report, https://info.aee.net/aen-2017-market-report.

② Stash Investments, Top 10 Largest Clean Energy Companies by Revenue, https://learn.stashinvest.com/largest-clean-energy-companies-revenue.

③ https://ec.europa.eu/programmes/horizon2020/en/.

④ https://www.eera-set.eu/.

⑤ http://s3platform.jrc.ec.europa.eu.

Ministerial 和创新使命的成员，上述组织是在 COP15 和 COP21 背景下发起的全球倡议，旨在加速清洁能源创新。Mission Innovation 的成员[①]致力于政府的清洁能源研发投资翻倍，并在不同的创新挑战（Innovation Challenges）[②]上进行合作。此外，欧盟支持 IPCC，后者为促进气候科学发展做出了重大贡献。

5.4.2.3 未来欧盟脱碳和工业增长的 R&I

创新要么发生在商业环境中，要么发生在企业与研究机构的交互中，这就使得创建创新生态系统至关重要。企业层面需要采取创新的经济激励措施。中小型企业等新进入者需要能够参与竞争和发展。例如，中小型企业的金融工具可以为适应低碳经济挑战进行系统的有针对性的设计。此外，还对消除市场歧视、获得资本渠道和有利的监管环境提出了要求。

至关重要的是，欧洲企业必须进行创新，只有成为即将到来的转型领跑者，才能改善其全球市场地位并开拓出口机会。"向世界开放"的创新政策将有助于将创新生态系统扩展到当前的地理限制之外，从而允许在全球市场上测试新的概念和产品、开展国际合作以及建立共同标准。此外，展现领导力也意味着与他人合作，全球低碳转型确实已经促成了许多国际倡议，欧洲通过这些倡议来争取对 R&I 的投资。气候融资和国家承诺是全球技术合作的刺激因素，也将为欧洲企业创造市场机遇。

随着欧洲以外的各国各地区逐步增加其科技产出，欧盟需要确保获得这些知识，特别是在全球能源和气候研究领域。此外，围绕新的零碳技术开发全球供应链和价值链可以更好地分担单独行动存在的风险。国际合作还应帮助欠发达国家跨越技术鸿沟，并将其未来增长建立在可持续解决方案的基础上，成为未来发展政策的重要组成部分，对增长、稳定和安全产生多重和相互影响。

因此，针对温室气体减排，未来欧盟的 R&I 发展战略应基于以下指导原则：

• 保持欧洲基础研究的先进性，积极参与全球研究者合作；

• 制定一项创新议程以争取领先地位、追赶战略性关键技术、避免在相关欠缺领域距离拉大；

• 探索和开发考虑用户需求和避免技术锁定的技术组合；

• 将 R&I 战略与欧洲工业能力和优势联系起来；

• 优先考虑零碳和温室气体中和解决方案；

---

① 截至 2018 年 9 月，成员包括欧盟、9 个欧盟成员国和 14 个非欧盟国。
② 欧盟委员会共同领导其中的 3 个："经济实惠的建筑物供暖和制冷"、"转换阳光"和"氢气"。

- 解决系统级创新和部门耦合问题；
- 评估法规，使其更具创新性，提高创新解决方案的市场占有率，同时限制碳密集型技术的继续使用。

5.4.3　促进欧盟脱碳经济的潜在R&I途径

成功采用新型脱碳解决方案需要在整个创新链中提供特定支持。这涉及不同欧盟基金之间的协调努力，以在整个基础研究、示范、首创和市场升级阶段获得更大的影响力和更高的效率，直到创建市场拉动工具，以跨越"死亡之谷"（valley of death），后者在能源和制造业中尤为突出[①]。

除现有的R&I战略框架[②]之外，欧盟中期预算旨在激励和促进私营部门的参与。因此，应通过各种R&I资助计划寻求能源、运输和数字之间的互补和协同，特别是通过欧洲地平线（Horizon Europe）、创新基金（Innovation Fund）、连接欧洲设施（Connecting Europe Facility）和欧洲区域发展基金（European Regional Development Fund）。

具体工作方面，欧洲脱碳途径倡议高级别小组（the High-Level Panel of the European Decarbonisation Pathways Initiative）提出了针对低碳经济的优先行动（见图5-5）。

正如欧洲脱碳途径倡议高级别小组所确定的那样，低碳技术解决方案全面部署的工具和手段包括并建立在以下基础上：

- 新政策工具，以实现更好的泛欧R&I协调，特别是通过金融工具的广泛功效和有效性，支持将高TRL方案[③]推向市场。
- 应使用具有一定规模的公私合作伙伴关系以及开展面向任务的R&I行动，将资源集中于关键主题。
- 为了让零碳技术参与竞争，有必要改善公平竞争环境，即取消化石燃料补贴，并将温室气体排放技术的气候变化外部因素内部化。
- 欧盟竞争力——更好地监督欧盟在新价值链中的竞争力，特别是在依赖性和附加值方面的最具战略性的部分。
- 制定政策目标——处理相互冲突的政策目标的创新方法，并支持决策过程，以优化生命周期和价值链中的权衡。

---

① 主要原因在于资产的生命周期长，投资规模大，对基础设施有要求，参与者多样。
② SET Plan for energy, STRIA for transport.
③ TRL：technology readiness level.

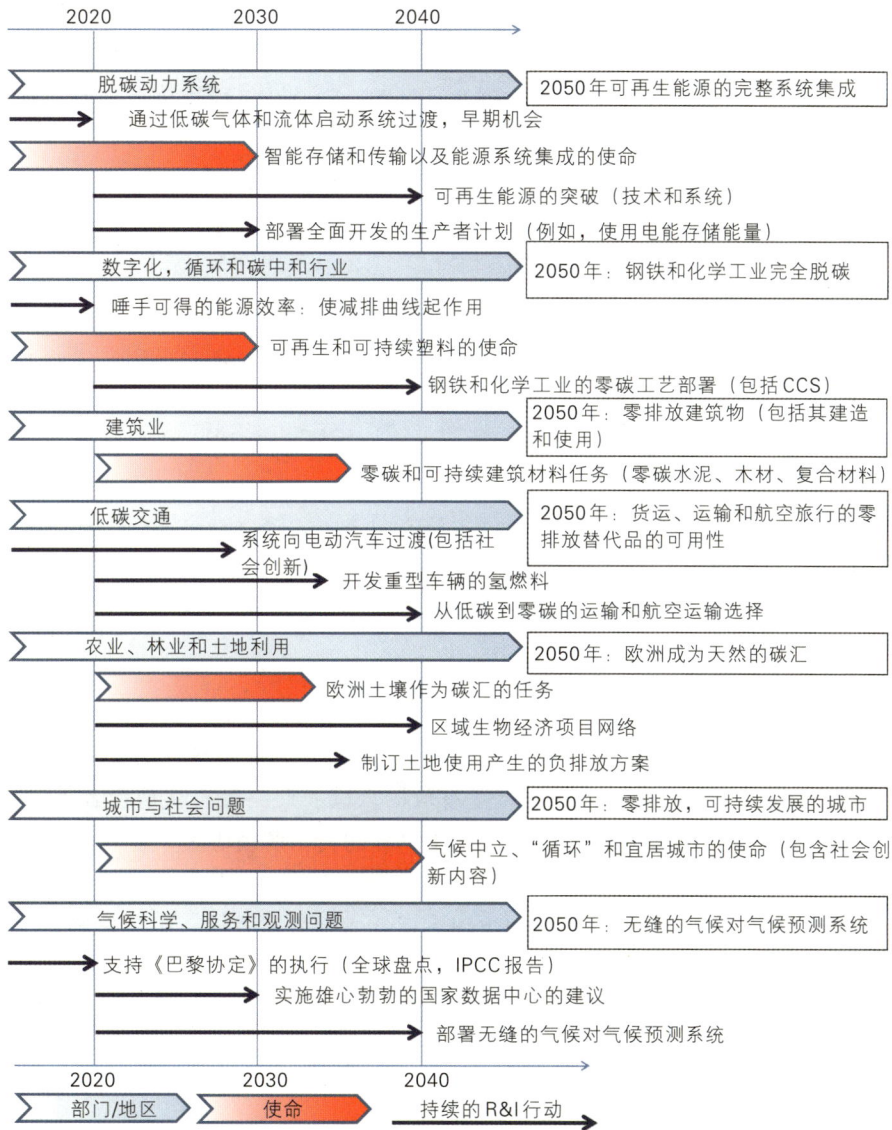

图 5-5 碳减排需求下的 R&I 行动建议

来源: High-level Panel of the European Decarbonisation Pathways Initiative.

- 自愿仪器/标签——更加关注创建正确的框架条件。
- 经济激励措施——应建立新的工具，引入经济激励措施，以提高生命周期性能、耐用性、可升级性、易于维修性和可回收性。财政政策应该更多地关注资本和消费的税收而不是劳动力，更倾向于采取污染者支付原则。
- 企业社会责任——对确保以自愿义务方式开发碳中和技术至关重要。
- 更加关注循环材料，减少浪费，如巩固"循环材料框架指令"和简化废弃物处理相关立法。
- 通过加强能力建设和实践，支持并赋予城市创新能力，在此过程中为气候和能源变化挑战制订可转移和可扩展的解决方案，促进循环经济和生物经济的商业模式以及推动资源有效利用的生活方式的开发。
- 大规模示范——调整竞争政策，以合理的水平对大规模系统解决方案进行补贴。
- 模型——在当前量化评估中更好地整合多部门和全球创新方法，同时充分考虑行为因素。

5.5 生活方式和消费者选择

采用更具气候意识的生活方式减少温室气体排放，以及选择碳足迹较少的产品/服务，有助于使脱碳途径多样化，是有效的低碳发展路径。在消费者生活方式/选择不以低碳足迹方式发展的前提下，需要更多的技术解决方案。在实现零温室气体经济背景下，意味着要更多地使用尚未成熟的技术，如生物质和CCS（可能面临一些额外的困难，如土地使用竞争和生物多样性丧失）或直接空中捕获和CCS（尚未大规模展示，也遇到一些公众接受问题）。

与消费者选择相关的需求侧解决方案是减少经济碳足迹的有力工具，对公民自身以及整个社会都有明显的共同利益——目前的城市人口流动已经清楚地证明了这一点。

通过日常实践对消费者开展早期教育，仍是引导消费者养成正确的能源消费习惯和态度的重要因素。

消费者的选择会影响温室气体排放，在第4章中有多个示例。当前，明显的趋势是人们倾向于更多地采取步行、骑行和公共交通方式，年轻人更愿意使用共享车辆，这在城市地区表现得更加明显。过去几十年，饮食习惯已经发生转变。另一方面，长途旅行（尤其是航空）的需求大幅增加，并且随着福利的增加可能还会继续增加。

要实现转型，重要的是将消费者的需求和权利纳入政策讨论的中心，就像能源联盟流程一样。问题是如何减少可能妨碍低碳解决方案实施的障碍（这些解决方案可以带来更多收益，无论是运输、建筑还是食品领域），以及如何刺激社会创新、改变生活方式，进而减少碳足迹。

然而，通常存在信息缺失问题①。信息活动和标志计划等"软"措施，可以在更广泛的产品和服务中发挥重要作用，从而使消费者能够根据产品的效率和预期的经济效益（以及自己的喜好）来识别和匹配优先级。许多方案在这方面已经有很好的表现（如生态标志）。

标志既包括消费表现（performance），也包括所提供的商品或服务的性质。

进一步来说，标准和规范相对而言是"硬"措施，允许从市场中排除低效技术，从长远来看往往会损害消费者利益。

未来，政策制定必须考虑如何让公民适当参与经济和财政政策制定，以此营造积极的环境，不仅可以更好地了解不同的选择和利益，还可以解决外部因素、鼓励购买低碳产品，以及设计有益于整个社会的标准和规范。

到 21 世纪中叶，消费者应该更好地了解并从经济刺激中获益，届时购买决策将直接有助于减少经济活动的碳足迹，同时改善所有人的福利。

5.6　国际因素对欧盟长期战略的影响

本节分析欧盟长期战略如何与若干国际因素相互作用，特别是：解决低碳转型带来的全球经济和安全问题；贸易如何支持欧盟经济的全球竞争力并确保获得关键原材料；支持制定国际监管框架以减少排放，并支持其他人实现目标。

5.6.1　安全问题

5.6.1.1　地缘政治稳定和能源供应安全

造成不安全和冲突的原因是复杂的，而气候变化则是其中无可争辩的一部分。气候变化将带来不稳定——包括减少粮食供应、资源、水和能源，流行病的蔓延以及社会和经济不稳定——这使其带来的威胁倍增。评估和预测在最脆弱地区的气候风险应该成为优先事项，原因是这些风险可能会引发冲突和气候灾难。

---

① 消费者对现在的偏好("贴现率")确实相当高，对即时成本节约非常重视，同时对设备使用寿命期间消耗较低所产生的预期回报信心较低。

欧盟全球战略[①]要求对欧盟的外交和安全关系采取更全面的方法，特别是在贸易、能源、气候、发展和安全政策之间建立更紧密的联系，强调融资工具是"欧盟可用于外部行动的工具箱的重要组成部分"，并且"应根据商定的政治优先事项动员"。

要进行政治对话和部门合作，以便对每个成员国的情况进行全面评估。特别是长期战略和气候风险可能成为双边和区域对话、协定和框架的组成部分。仙台框架（the Sendai Framework）、可持续发展目标（the SDGs）和世界人道主义峰会（the World Humanitarian Summit）等国际进程强调了加强与所有相关部门的协同增效的重要性，从而降低了溢出效应的风险。此外，通过区域内和跨区域的环境资源管理计划以及通过支持成员国解决与气候有关的资源稀缺问题，可以促进和平与稳定。不采取应对气候变化行动显然不明智，因为气候变化本身将引发许多类似的挑战，影响资源可用性、经济发展、政治稳定以及最终的移民流动，这将远远大于因采取应对气候变化行动所带来的影响。

低碳转型的一个特殊挑战是，其带来的经济转型将重塑国际框架。例如，全球能源市场的变化将影响一些国家对其他国家施加的战略杠杆作用，改变国际资本流动，并要求过去大量出口化石燃料的国家实现经济多样化。

在这种情况下，可能会出现地缘政治变化，建立起新的依赖关系。这种转变将是对已建立的全球秩序的测试，特别是在欧盟范围内。解决这一问题的政策行动是将政治对话和部门合作的重点放在脆弱性国家的经济多样化以及社会、城市和国家适应性上，确保其成功转型。

除了双边和双区域计划外，在多边主义受到威胁的时刻，长期以来欧盟致力于将气候变化问题置于国际讨论议程的重要位置，包括进一步鼓励联合国尤其是联合国安理会更好地考虑气候和安全关系，并研究在联合国系统内加强气候风险评估和管理的多种方案。

5.6.1.2 原材料供应问题

与其他经济部门相比，矿产和金属等非能源类原材料对 GDP、就业和贸易的贡献相对较小，但却是所有欧盟价值链和一些关键减排技术的重要推动因素。材料是制造业的主要成本因素（占 44%，而劳动力为 18%，税收为 3%，能源为2%）[②]。在能源密集型行业，材料也是成本最高或其次高的来源，而能源成本通常

---

① https://europa.eu/globalstrategy/en/global-strategy-promote-citizens-interests.
② VDI Centre for Resource Efficiency，https://www.resource-germany.com/.

占 20%~40%（铝更高）。因此，原材料供应对制造业的竞争力有着重要影响。

欧洲净零排放转型的风险在于，欧洲用非能源原材料取代了对化石燃料的依赖，而其中许多原材料来自欧洲以外的地区，这将使全球竞争变得更加激烈。然而，进口依赖的风险不仅取决于进口份额，还取决于原材料特性（如可储存或不可储存）、用途（如耐用设备或可变成本的组成部分）和市场（如供应或需求的替代可能性），以及原材料可回收利用的程度。

有少数研究评估了实现净零排放对非能源类原材料（如金属和矿物）供应的依赖性。其中一个重要原因是由技术发展、材料替代和回收给未来原材料需求带来的高度不确定性。作为低碳技术所需原材料的一个例子，3 兆瓦的风机需要 335 吨钢、4.7 吨铜、1 200 吨混凝土、3 吨铝、2 吨稀土元素以及少量锌和钼。另一项评估估计了 3.45 兆瓦风机的原材料需求，即 567 吨钢、5 吨铜、1 369 吨混凝土、13 吨铝和铝合金、31 吨聚合物、25.5 吨陶瓷和 3.5 吨电子元件，未详细说明稀土的数量。

世界银行预测，随着气候变化程度加深，对金属和矿物的需求将迅速增加[1]。其中最重要的例子是蓄电池，相对于常规情景，在 2°C 的控制情景下，对相关金属（铝、钴、铁、铅、锂、锰和镍）的需求增长将超过 1 000%（详见图 5-6）。

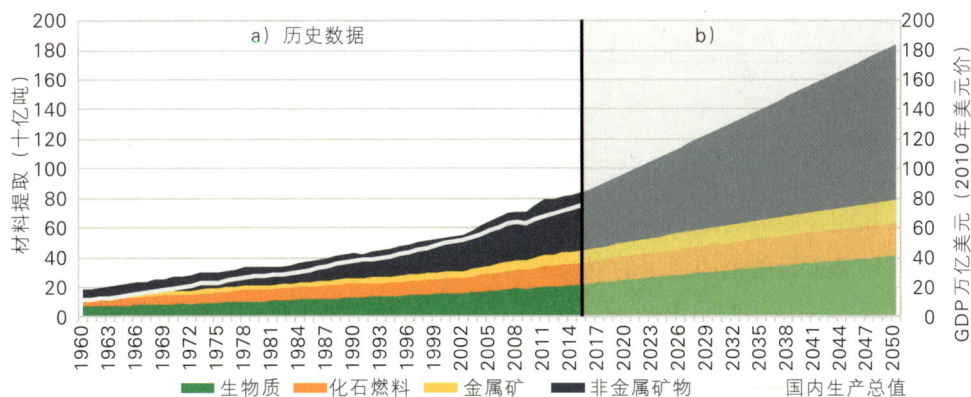

图 5-6　全球不同种类的矿物开采量统计，2015—2050 年

来源：联合国环境规划署、世界银行。

---

① World Bank（2017），The Growing Role of Minerals and Metals for a Low Carbon Future，http://documents.worldbank.org/curated/en/2073711500386458722/The-Growing-Role-of-Minerals-and-Metals-for-a-Low-Carbon-Future.

经合组织估计，尽管材料强度和资源利用效率有所提高、产业结构中服务业占比有所增长，但全球材料使用量仍可能从2011年的79Gt增加到2060年的167Gt（详见图5-7）。金属及沙子、砾石和石灰石将占总原材料需求的一半以上。

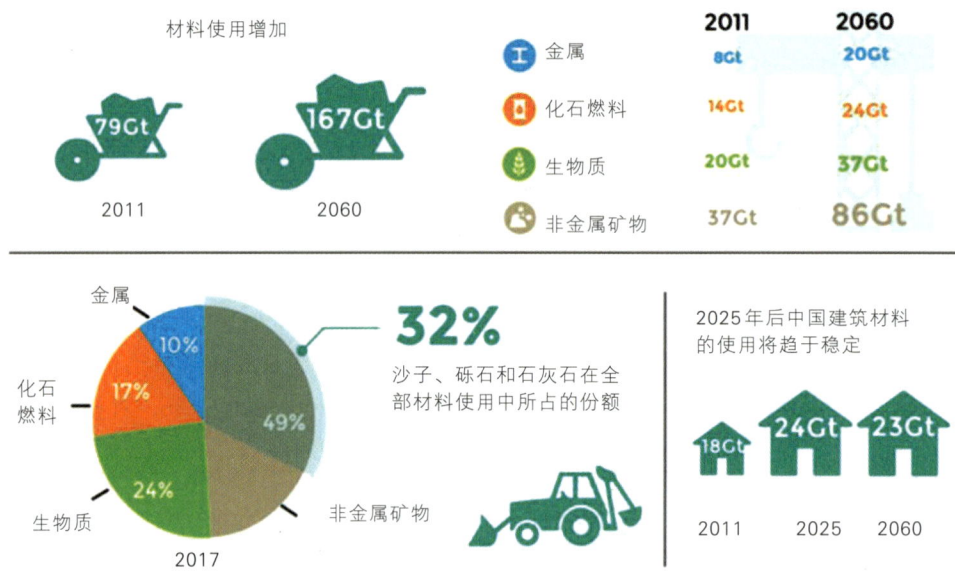

材料使用增加

	2011	2060
金属	8Gt	20Gt
化石燃料	14Gt	24Gt
生物质	20Gt	37Gt
非金属矿物	37Gt	86Gt

79Gt 2011 167Gt 2060

金属 10%
化石燃料 17%
生物质 24%
非金属矿物 49%
2017

32% 沙子、砾石和石灰石在全部材料使用中所占的份额

2025年后中国建筑材料的使用将趋于稳定

18Gt 2011 24Gt 2025 23Gt 2060

图5-7 材料消费未来趋势

来源：OECD.

经合组织的研究结论是，材料使用的增长，以及由材料开采、加工和废弃物带来的环境后果，可能增加地球的资源压力，并危及福祉的增长。

如果不解决低碳技术对资源的影响，就有可能将抑制排放的负担转移到经济链的其他部分，进而可能会造成新的环境和社会问题，如重金属污染、栖息地破坏或资源枯竭。国际资源小组（The International Resource Panel）最近评估了这些利弊[①]。

获得制造低碳技术和产品所需的原材料，将决定欧盟工业的竞争力和能力，以达到与其气候愿景相匹配的规模。

尽快采用气候友好型技术，将加剧对资源的竞争，欧盟可能面临来自快速增长

---

① UNEP/IRP（2017），Green Technology Choices：The Environmental and Resource Implications of Low-Carbon Technologies，http://www.resourcepanel.org/file/604/download?token=oZQeI-pe.

经济体在全球原材料市场的强劲竞争。如今，生产和消费正在向新兴和发展中国家转移，这些国家的材料强度平均高于欧洲。过去 20 年，亚洲已成为原材料的主要生产者和使用者（详见图 5-8）。这一增长主要是由于中国的快速工业化和城市化，增加了对钢铁、有色金属和混凝土等原材料的大规模需求。

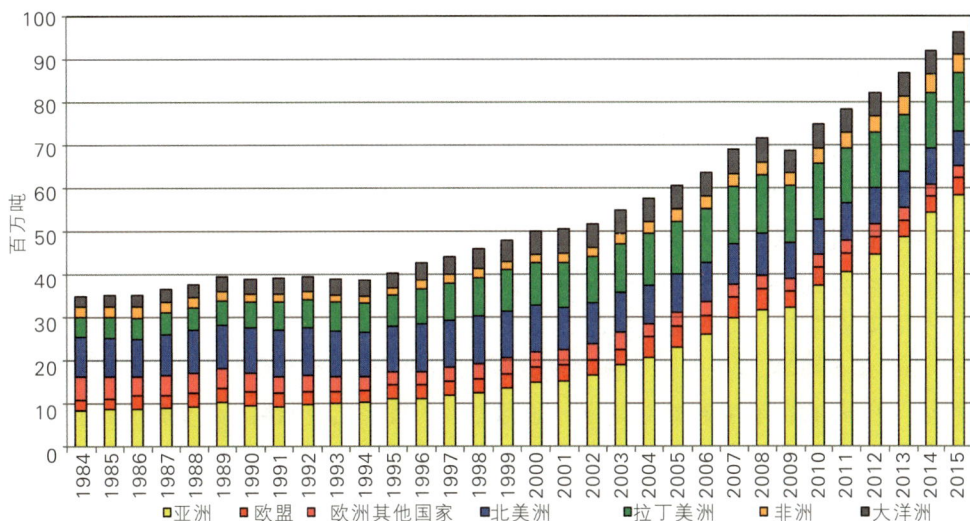

图 5-8　各大洲的有色金属矿产产量

来源：EU Raw Materials Scoreboard.

　　为了保护欧盟在众多价值链中的工业竞争力并支持低碳技术应用，欧盟需要有足够可负担的和可持续的原材料，特别是关键原材料。

　　欧盟经济需要各种各样的原材料。欧盟对建筑材料、几种工业矿物和工业原木的进口依赖性较低，但对许多金属矿石和天然橡胶的对外依赖程度很高。非金属矿物需求占到了欧盟大规模材料需求的近一半。就数量而言，金属矿石仅占欧盟物料消费的一小部分，但却低估了其经济和战略意义。

　　确保原材料供应在所有欧盟工业价值链中的风险管理方面发挥着越来越大的作用。欧盟已通过对关键原材料的 3 年评估来监测这一情况。这将为基于经济重要性和供应风险标准的欧盟行业提供风险评估，并为政策和业务风险缓解行动提供支撑。欧盟委员会于 2017 年公布了最新一份关键原材料清单[①]。

---

　　①　COM（2017）490 final，13.09.2017.

向欧盟提供关键和一些非关键原材料的主要全球生产商和供应商高度集中在少数几个国家，许多关键原材料都来自治理水平和环境标准较差的国家。

要开发可持续和负责任的原材料开采和采购方法，以将气候目标与由必要的技术材料带来的负面环境影响分离开来，这是实现可持续发展目标的基础。

金属的回收和低碳工厂的原材料回收是低碳转型的组成部分。欧盟处于循环经济的前沿，增加了二次原材料的使用。例如，某些金属（如铁、铝、锌、铬和铂）的回收率已达到50%以上。对于其他特别是那些在可再生能源或高科技应用中所需的原材料，如稀土、镓、铟，二次生产仅仅只能作为边际补充。大量资源以废物和废料的形式离开欧洲，这些废弃物可能通过再循环成为二次原料。

然而，鉴于物料需求规模快速扩大，大部分的需求仍将由初级原料而非二级原料提供。此外，部分应用存在长时间跨度，在几年甚至几十年后才能实现回收。

5.6.1.3 关键能源基础设施的安全性和投资安全性

能源转型带来了新的安全挑战，必须妥善管理。

传统能源技术历史上由为操作物理网络而定制的控制系统组成。运营技术与数字技术和组件的联系越来越紧密，这种先进的数字化使能源系统更加智能化，允许可再生能源在系统中渗透，使消费者能够积极地参与能源市场，从而实现更高的能源服务收益。但数字化也增加了网络攻击的风险，危及消费者的数据隐私或供应安全。

欧盟已经启动了一项增强网络抗干扰能力的战略。在通过关于网络和信息系统安全的指令（"NIS指令"）后，委员会于2017年提出了一项网络安全一揽子计划，以扩大欧盟网络与信息安全局（ENISA）的授权和新的欧洲框架，保障IT设备和系统的安全性。

然而，能源系统具有特殊性，如以毫秒为单位的实时要求，这阻碍了标准网络安全措施的应用。能源系统将新技术与传统技术相结合，这些技术具有很长的生命周期，并且在数字化之前就已经预先设计完毕。此外，由于电力和天然气的市场耦合以及电力、天然气和石油的众多物理耦合的存在，能源安全事故可能导致广大欧洲范围内强烈的级联效应。这些级联效应可能跨越成员国边界，也可能涉及一些关键基础设施，产生破坏性影响。

此外，目前欧洲层面的框架没有提供适当的工具来有效应对新的跨境挑战，以保护关键的能源基础设施。与整个欧盟相一致的实物保护水平可以显著提高能源系统的安全性和恢复能力。将物理保护水平与网络安全水平相匹配对能源系统的适应能力至关重要。

因此，对于发生混合威胁或网络攻击的情况，保障能源系统更高水平的稳定性需要新的政策和举措，来充分解决关键能源基础设施的物理和网络安全问题。特别是委员会将通过采用能源部门网络安全指南，帮助能源运营商更好地应对其部门内的特定网络安全挑战。后续措施则是欧洲议会和理事会在欧洲清洁能源一揽子计划中提出的关于电力网络安全的网络规则。

在特殊情况下，外国直接投资（FDI）也可能对安全或公共秩序构成威胁。这一点已在 2014 年能源安全战略中有所体现，最近也被欧洲议会和某些成员国提出。在这种情况下，可能需要评估并限制或禁止外国直接投资。外国投资者——特别是那些国有或能够以其他方式控制的投资者——可能寻求控制或影响其他欧洲企业，对关键技术或基础设施产生影响，如关键的能源基础设施。此类收购可能允许非欧盟方使用这些资产，这不仅会损害欧盟的技术优势，还会给国家安全和能源供应安全带来损害。为此，委员会提出了建立筛选欧盟的外国直接投资的框架建议。

5.6.2　市场和贸易

5.6.2.1　清洁能源和低碳政策的全球领导者

《巴黎协定》签订后，对减缓气候变化的承诺以及全球对能源安全和空气污染的日益关注，加速了全球能源系统转型。欧盟必须在这一过程中保持领先地位，同时充分利用由此产生的商机。受益于先行者优势，欧洲的工业基础比较雄厚，但来自其他经济体的竞争正在加剧。欧洲公司进入和扩大与可再生能源等相关的出口市场往往受到阻碍，表现为市场进入机会减少。对此，欧盟贸易政策需要发挥重要作用，以帮助第三国在减缓气候变化的同时通过能源转型实现就业和增长。

全球清洁能源市场规模显著，据估计目前约为 1.3 万亿欧元[1]。例如，目前全球对可再生能源发电的投资是对化石燃料发电投资的两倍多。从电力到整个能源部门，对低碳能源的投资占能源总投资的近 50%。这意味着即使化石燃料仍然是必不可少的，其使用相对来说也在迅速减少。

然而，欧盟生产商在开拓这一市场时面临的挑战同样明显。尽管欧盟在可再生能源布局、可再生电力设备开发制造及可再生电力生产方面一直处于领先地位，但近年来其领先地位已经逐步被其他大型经济体所取代，尤其是中国等新兴经济体。就市场规模而言，预计到 2022 年，美国和中国相继超越欧盟后，印度的可再生电力投资额也将超过欧盟[2]，届时欧盟的全球排名将会降到第四名。

---

[1]　Advanced Energy Economy Report 2017. https://info.aee.net/aen-2017-market-report, which gives an estimate of USD 1.4 trillion in 2016, converted with an exchange rate of 0.9 USD per EURO.
[2]　IEA (2017), Renewables 2017, Analysis and forecasts to 2022. OECD/IEA, 2017.

预计欧盟以外的可再生能源市场增长速度将超过欧盟。预计到2030年欧盟可再生电力市场将增加约450GW，到2050年将增加1 500GW，而全球的增长将比欧盟高出一个数量级，预计到2040年全球可再生能源装机容量将高达10 TW。事实上，与《巴黎协定》相适应的未来全球发电装机构成中应该主要为可再生能源：《世界能源展望2018》认为到2040年可再生能源装机占比将达到80%，《世界能源与气候展望2018》也预计2050年这一比例将超过80%。根据以上两份报告，这些新增装机有一半以上在亚洲，其次是北美、欧盟和其他地区。此外，未来全球电池市场预计也将快速增长，形成可观的规模，从目前的4 GW增长到2040年的220~540 GW，具体规模取决于成本下降程度；若将电动汽车的电池考虑在内，预计到2050年规模将超过1 000GW。

上述发展将为欧洲产业创造明显的商业机会。就欧盟具有传统竞争优势的可再生电力行业而言，近年来，欧盟在光伏领域的优势正逐步被中国超越，而由于光伏将是未来的最大增长来源，因此这一影响对欧盟是不可忽视的；而风电仍然是欧盟仅次于光伏的第二大增长领域，已抢占了该领域全球总投资的39%。总体而言，尽管欧盟拥有较强的先发优势、世界上最大的25家可再生能源公司中的6家[①]，但不可否认的是，欧盟的可再生能源领域正面临来自第三国的激烈竞争。

此外，欧盟厂商还必须应对由政策带来的市场障碍，这不仅影响欧盟对清洁技术的对外投资，而且会影响对铜、锂等与新技术开发密切相关的原材料的贸易。这些障碍包括：

- 对可再生电力设备所需原材料的出口限制；
- 针对欧盟设备和产品的市场壁垒；
- 可再生能源发电商可能遇到的并网阻碍；
- 封闭的电力交易市场。

欧盟委员会在其所有自由贸易协定（FTA）中均设立了"能源和原材料"（包括可再生能源）章节，作为"贸易和可持续发展"章节的有效补充，用以保障关税减免、服务自由化以及气候行动和贸易便利化，以确保欧盟能源市场的开放性与贸易伙伴相匹配。

理想的解决方案是从多方面解决这些问题。但是，由于世界贸易组织（WTO）在多哈会议中未能讨论能源问题，迄今为止还没有针对这些产品的具体规定，欧盟

---

① https://www.thomsonreuters.com/en/products-services/energy/top-100.html.

正通过开展多边和双边倡议，推动关于环境产品协议（Environmental Goods Agreement,
EGA）的谈判以及完善全球双边贸易协定中关于气候友好技术的促进和保护条款。

5.6.2.2 贸易政策和双边贸易协定

　　欧盟的贸易政策采取多种方式为全球脱碳工作做出了贡献，并为《巴黎协定》
提供了支持。特别是双边贸易协定中的诸多条款均有助于全球采用气候友好型技
术，通过加快削减关税、环境服务自由化（liberalisation of environmental services）
和打破非关税壁垒，消除了对气候友好型技术的贸易和投资壁垒。例如，欧盟与新
加坡和越南的贸易协定中的绿色技术附件解决了绿色可再生能源中的非关税壁垒问
题，如当地成分要求（local content requirements）。

　　双边贸易协定还能够使各国通过在采购程序中纳入气候等环境因素，来实施有
利于环境的公共采购。公共机构作为主要消费者，可以通过选择气候友好型商品或
服务为气候变化政策做出重要贡献。

　　最后，双边贸易协定也体现了欧盟对《联合国气候变化框架公约》以及《巴黎
协定》中关于多边气候制度和贸易与可持续发展的章节的积极响应，具体体现为：

　　有效实施多边环境协定，包括《联合国气候变化框架公约》、《巴黎协定》和
《蒙特利尔议定书》基加利修正案，减少使用对气候有害的强效（potent）温室气
体。欧盟与日本、南方共同市场（Mercosur）和墨西哥等签署的"后巴黎协定"均
体现了与《巴黎协定》有关的具体条款。

　　● 不采取降低环境标准来吸引贸易或投资的手段。

　　● 通过完善标准等方式促进可再生能源和节能领域相关产品和服务的贸易、投资。

　　● 在气候行动的框架下展开贸易合作，包括相关的国内气候政策、海关条例、
监管框架。

　　● 通过贸易与可持续发展（TSD）平台（国内咨询小组），促进社会团体（包
括非政府组织和清洁能源协会等商业性组织）参与这些贸易协定的合作、监测和
实施。

　　贸易政策还可能有助于减少欧盟消费的所有产品（包括进口产品）的碳足迹。
过去10多年，人们一直在争论通过"边境调节税"（border tax adjustment）来配合
国内政策限制二氧化碳排放的可行性。贸易政策并不会妨碍欧盟采取有效措施（包
括税收）来应对气候变化，但这些措施的设计需要符合欧盟已经存在的气候工具
（instruments）的特点以及欧盟的国际义务（包括WTO的要求）。

　　WTO的一项基本要求是，进口产品应该享有与本地商品同等的待遇。就像增
值税和消费税同等适用于国内和进口产品一样，对进口产品征收的"边境调节税"
不能高于欧盟对同类产品征收的碳税。

　　根据碳足迹，国内消费产品的碳税理论上可以在入境时向进口产品征收。这意味着要求建立一套全新的会计和认证系统，以评估投入和生产过程的碳足迹，并且这一系统要适用于任何在欧盟销售其产品的厂商。这类税收还必须根据每个生产者在生产时使用的能源来源以及生产国的气候政策的有效性进行调整。目前来看，这显然是无法实现的。

　　此外，边境调节税也不符合欧盟碳排放交易体系（Emission Trading System，ETS）的现行立法框架。虽然可以以边境调节税完全符合WTO的相关要求这一假定为前提来考虑其是否适用于防止碳泄漏，但这种措施需要逐步取消目前的配额免费分配制度，而后者对防止欧盟碳排放交易体系中的碳泄漏具有重要价值。ETS并不是税收手段（已经过欧洲法院确认），即使是的话，也并不是对产品征收而是对生产者征收。这意味着对进口产品征收的碳税将无法与任何同等的内部税收相匹配，同时还是对进口产品的歧视，使欧盟违反其基本义务。即使是世界贸易组织的一般例外（general exceptions）条款（如保护健康、保护自然资源）也不太可能证明这种行为是正当的。

　　除了这些法律和实际困难之外，还有政策和政治因素。尤其是对建立在国家自主贡献原则基础上的《巴黎协定》而言，"边境调节税"很可能被视为违背其精神的行为。

5.6.2.3　国际贸易和碳排放

　　通过国际贸易，欧盟和其他主要经济体可以在全球市场上推行更高的标准，并有助于限制和挤压不可持续的生产和消费模式（如棕榈油、木材）。此外，欧盟和其他发达经济体对清洁技术研发和创新的大规模投入有助于降低成本，并允许其他国家在合理的时间范围内以可承受的价格获得这些技术（如风能、太阳能、电动汽车）。国际竞争有助于降低清洁技术的成本并促进全球低排放转型，但前提是市场参与者在多边规则框架下不会受到不公平贸易行为的影响。

　　在全球范围内，从长远来看，欧洲人口在全球的份额将逐步减少。此外，考虑到新兴市场经济体仍将以较快速度继续增长，欧洲经济在全球经济中的比重也将下降。2015年，欧盟是世界上最大经济体，占世界总产值的22.7%（美国占20.6%，中国占13.3%）。但到2050年将发生明显变化，届时欧盟、美国和中国的份额预计将分别达到15.1%、15.2%和19.8%（基于4.10.5节中的宏观经济模型）。

　　全球贸易关系强化（intensification）已经显现，这将对低碳转型产生影响。

　　低碳转型对欧盟贸易造成的最明显和最直接影响将是化石燃料进口的显著减少。2031—2050年，相比基准情景，2050年温室气体减排80%的系列情景中每年将减少相当于850亿欧元的化石能源进口量，而在1.5°C的路径下，将减少每年1 450亿欧元的化石燃料进口量。因此，只要采取有效的经济多样化政策，即使是石油资源丰富的国家也可以在减缓气候变化这一全球行动下茁壮成长[①]。

虽然脱碳将促进对欧盟能源密集型产业的大量投资，导致在零散行动情景中欧盟产量有所减少，但如果全球竞争环境对可持续发展的三大支柱（经济、社会和环境）能够做到充分平衡和公平，全球脱碳行动反而在 2020—2050 年期间的大部分时间里对欧盟贸易平衡产生积极影响。

除了因货物交易运输产生的排放外，国际贸易和全球化可以将排放的生产地与货物的消费地区分开。全球贸易会增加来自船用燃料的排放。

温室气体排放与其产生的地域相对应，从而确保国际温室气体账单的清晰度和一致性。通常情况下，这些数据来自提交给《联合国气候变化框架公约》的国家自主决定贡献（NDCs）。清单并不计算与进口产品消费有关的排放（该排放在生产国中计算），但却与出口产品生产的排放有关。这种计算方法通常称为"基于生产侧的核算法"（production-based accounting，PBA）。

"基于生产侧的核算法"一直受到批评，因为它没有充分代表贸易和全球化导致的消费模式变化对温室气体排放的影响，还可能通过将碳密集型产品外包给那些可能比"外包"（outsourcer）国家效率更低的第三国的方式造成一种"伪脱碳"（pseudo-decarbonisation）现象。总的来说，这种做法可能导致全球温室气体排放量增加。因此，一些研究人员建议采用"基于消费侧的核算法"（consumption-based accounting，CBA）估算排放量。根据这种方法，与出口相关的国内排放不包括在国家的排放额中，但与进口货物生产有关的排放量在货物消费国认定而不是在生产地认定。"基于消费侧的核算法"依赖于使用多区域投入产出表和贸易流量的估算，面临数据可用性的固有挑战。

在这种情况下，如果采取"基于消费侧的核算法"，欧盟的脱碳行动（通常以"基于生产侧的核算法"为基础）将显得并不那么积极和显著。当然，"基于消费侧的核算法"本身也受到批评，因为其缺少对那些高于世界平均水平的国家/地区的出口产品碳利用效率的核算，无法评估其对全球脱碳行动的贡献。换言之，如果换由效率更低的国家来生产和出口这些产品，那么全球碳排放量将会更高。

"经过技术调整的基于消费侧的核算法"（TCBA）试图通过认定向碳效率高的出口国减排信用来调整出口部门碳效率的这种差异。与传统的"基于消费侧的核算法"相比，这样做可以更准确地反映国际贸易如何影响全球排放。应用"经过技术

---

① OECD (2017). Investing in climate, investing in growth. http://www.oecd.org/env/investing-in-climate-investing-in-growth-9789264273528-en.htm.

调整的基于消费侧的核算法"的研究发现，与传统的"基于消费侧的核算法"相比，在欧盟实现的减排量更加显著[1]。

欧盟委员会应用了这种方法，研究了"基于生产侧的核算法"、"基于消费侧的核算法"和"经过技术调整的基于消费侧的核算法"对国家排放的不同影响。E3ME宏观经济计量模型的目的是，评估历史趋势以及在零散行动情景（a fragmented action scenario）和全球行动情景（a global action scenario）下开展预测[2]。由于非二氧化碳排放以及与土地使用相关的排放数据难以统计，因此考虑温室气体排放主要包括能源消费和二氧化碳排放。此外，联合研究中心（the Joint Research Center）的《世界能源与气候展望2018》基于C-GEM-E3模型，使用相同的方法评估了国际贸易中的排放量。这些发现证实了基于E3ME模型的描述。

上文提到的欧盟的研究结果表明，1996年至2016年，"基于生产侧的核算法"计算的减排幅度（-20.3%）相比于"基于消费侧的核算法"计算的减排幅度（-19.5%）更显著（见图5-9）。然而，两种核算方法之间的差异小于其他研究中估计的差异。此外，"经过技术调整的基于消费侧的核算法"计算的减排幅度（-25.3%）明显高于"基于生产侧的核算法"或"基于消费侧的核算法"计算的结果，这表明到2016年欧盟已经为减少其他国家的排放做出了重大贡献，这主要归功于欧盟出口产品碳效率的提高和对外贸易流量的增加。由于其出口产品的较高碳效率，"经过技术调整的基于消费侧的核算法"计算的欧盟绝对排放量也低于"基于生产侧的核算法"的计算结果。

由此可见，欧盟通过提高其经济和出口效率，促进了第三国的脱碳。目前由欧盟出口带来的全球温室气体减排量略高于2亿吨CO_2，换言之，如果这些出口产品是在该国本地生产而非在欧盟生产，则将多产生高于2亿吨的CO_2排放。模型结果表明，到2050年，如果欧盟要使其温室气体排放量减少80%，且世界其他国家也将根据其国家自主决定贡献同步开展减排，那么欧盟出口带来的全球温室气体减排量还将进一步增加到2.84亿吨。这是欧盟相比于第三国更高的碳效率的必然结果。在全球行动情景（global action scenario）下，由于各国的碳效率都在提高，欧盟的这一贡献将有所减少，但到2050年仍将带来1.17亿吨CO_2的减排量（详见图5-10）。

---

[1]　Kander A., Jiborn M., Moran D., Wiedmann T（2015），National greenhouse-gas accounting for effective climate policy on international trade, Nature Climate Change, Letters, March 2015. CBA通过计算国内生产的实际碳含量+进口消费的实际碳常数来查看每个国家的排放量。而在TCBA中，出口产品的碳排放（the carbon emissions that are subtracted from the production-based inventory to derive a consumption-based measure）不是基于出口产品的实际碳含量，而是以世界平均水平的碳强度计算的出口产品的碳排放。而对于进口产品的碳含量，采用CBA和TCBA方法的计算结果相同，都是基于实际量.

[2]　Cambridge Econometrics, Analysis of Consumption-Based Emissions, forthcoming.

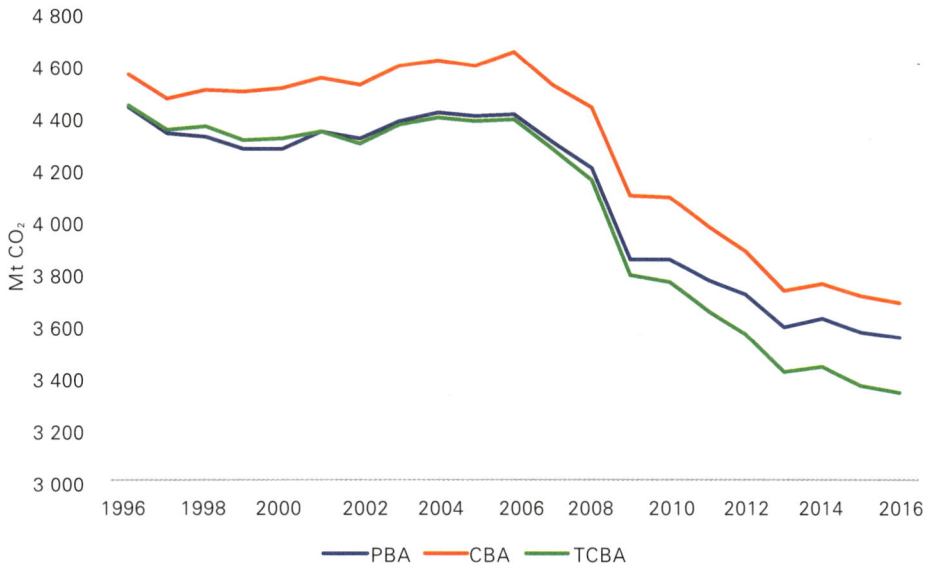

图 5-9　不同核算方法下的欧盟温室气体排放

来源：E3ME.

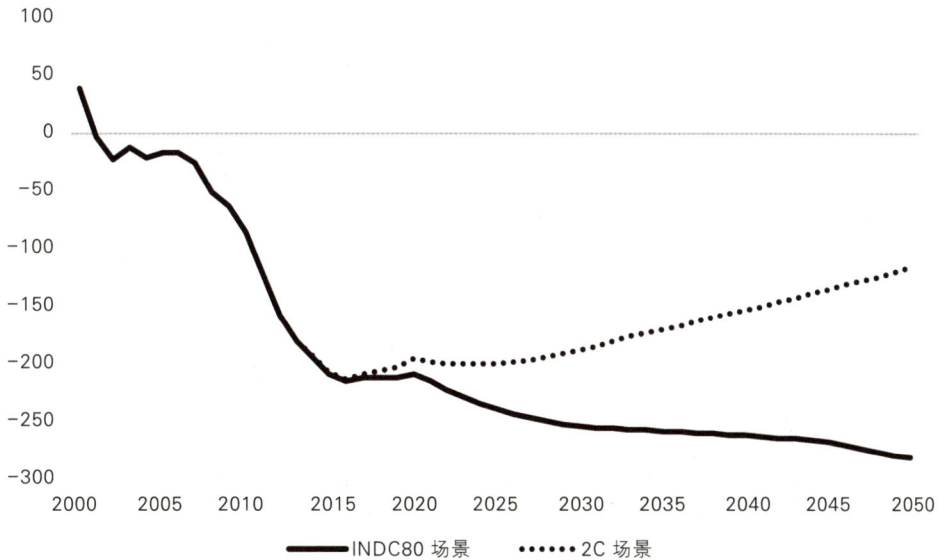

图 5-10　基于 TCBA 的欧盟净出口/进口、全球行动带来的减排量

来源：E3ME.

相对于其他研究，使用E3ME模型估算的结果总体上更积极，当然这一模型也可以进一步改进，如纳入与农业贸易及土地使用相关的排放影响。然而，其也证实了"基于消费侧的核算法"的不足是不能够反映出欧盟出口的脱碳产品对全球排放的积极影响。"基于消费侧的核算法"的研究往往只是指出了欧盟去工业化实现的温室气体减排，但这一认识也许并不全面。欧盟并没有停止生产工业产品，并且这些产品的出口反而可能对全球脱碳做出积极贡献，正如上述分析显示的那样。

此外，如果其他国家在全球贸易产品部门实现了与欧盟类似的排放强度改善，那么欧盟"基于消费侧的核算法"计算的减排量将进一步减少。所有国家都为实现温度目标积极努力，这正是《巴黎协定》的目标。该协定本身充分鼓励具有高度透明的框架和随时间推移承诺逐步加强的周期性行动，以便在现有基础上进一步对气候变化做出贡献。这不仅是《巴黎协定》规定的国际义务，也是可持续发展的积极议程。

另一方面，贸易和其他相关国际政策的作用也很重要。经济转型要求开发新资源、开辟新贸易路线，同时也可能压缩某些资源。全球价值链将发生变化，需要更新适用的规则和法规。欧盟的贸易政策需要考虑这一点，并且通过制定新标准、签订新的自由贸易协定以重新布局来促进这一变革。与此同时，其他参与者还可能给全球贸易或投资规则带来挑战，欧盟还要为应对由此带来的对其竞争力的负面影响做好准备。

5.6.3　与第三国合作

欧盟的对外合作旨在帮助其伙伴国家发展技术能力，以履行其国际气候承诺（包括其国家自主决定贡献），制定和实施与气候相关的政策和项目，并有效应对具体的、与气候相关的挑战。特别是对新兴中等收入国家而言，加强早期合作尤其具有必要性，以使其在快速发展过程中开发低碳路径。

欧盟与伙伴国家在气候变化问题上的合作方式取决于伙伴国的国情和双边关系。这包括双边和多边外交关系，上游政策对话和合作，以及预算支持、基于项目的方法和混合机制等政策工具的使用。

当然，欧盟与其成员国和伙伴国家当局之间的官方对话与合作只是冰山一角，气候关系实际上主要来自跨国研究计划、商业论坛、城市网络和其他人与人之间的联系。

欧盟的外部合作工具主要侧重于投资，其计划具有多年度性质，从而在中长期内提供稳定和可预测的框架。该框架旨在逐步整合伙伴国家的气候政策、战略和行动。欧盟的发展援助主要通过三大由政策驱动的工具提供：加入前援助工具（the

Instrument for Pre-accession Assistance，IPA），欧洲邻里工具（the European Neigh-bourhood Instrument，ENI）和发展合作工具（the Development Cooperation Instrument，DCI）。由欧盟成员国独立于欧盟预算体系成立的欧洲发展基金（European Development Fund）和欧洲开发银行（European Development Bank）完成了欧盟对外援助的一揽子文件。

5.6.3.1 与主要经济体的合作

G20成员的排放量占全球排放总量的80%左右。作为国际气候行动的主要支持者，欧盟必须帮助维持积极的国际趋势、合作和联盟，并超越个别国家的政治转变。这一优先事项已在副主席Mogherini的全球战略中确定，并且是近年来欧盟气候外交的核心目标。欧洲和全球的工业和投资者均受益于这一明确的信号和进步的证据。

与主要经济体的双边关系通常围绕双边气候政策对话的官方渠道展开，如欧盟－美国能源委员会（EU–US Energy Council），欧盟－中国双边协调机制（the EU–China Bilateral Coordination Mechanism），欧盟－南非环境与气候变化工作组（the EU–South Africa Working Group on Environment and Climate Change）以及其他在战略伙伴关系协定下建立的气候与环境对话（如日本）。对于与欧盟已经签订或正在谈判签订自由贸易协定的国家，贸易和可持续发展小组委员会（the Trade and Sustainable Development Sub-Committees）也在开展气候政策对话，并辅之以机构咨询和监管机制。在现有框架之外，双边峰会和其他正式访问为气候政策问题创造了广泛交流的机会。

官方对话与伙伴关系工具（the Partnership Instrument）资助的合作活动相辅相成，以保障联盟的战略利益并应对伙伴国家的全球挑战，如中国和韩国的排放交易系统项目（the Emissions Trading System Projects in China and South Korea）、巴西和墨西哥的低碳商业项目（the Low Carbon Business Projects in Brazil and Mexico），印度－欧盟清洁能源和气候伙伴关系（the India-EU Clean Energy and Climate Partnership）以及欧盟－海湾地区合作理事会清洁能源技术网络（the EU-Gulf Cooperation Council Clean Energy Technology Network）。

另一个例子是欧盟委员会和德国联邦政府最近设立的2 500万欧元计划，旨在支持欧盟有关《巴黎协定》的战略伙伴关系。该计划通过促进欧洲和其他主要经济体的中央和地方行政当局、企业界、学术界和民间社会利益攸关方之间的交流与合作，以鼓励并协助欧洲以外的主要经济体为实现《巴黎协定》目标做出更大努力。此外，该计划还特别强调要支持分析工作和利益相关者参与制定本世纪中期战略。

5.6.3.2 与中低收入国家的合作项目以及与非洲的伙伴关系

与中低收入国家以及非洲的合作战略、新的能源–气候计划（Integrated Energy and Climate Plans）可能成为其他国家的榜样。同时还将为推动这些国家经济增长与温室气体排放脱钩吸引援助。途径之一是与欧盟在清洁能源和低碳项目上紧密合作以及欧盟对发展中国家的技术和财政支持。

发展中国家经济的低碳转型和气候适应性转型需要各种长期投资者来动员私人资本和资本市场资源，更广泛地说，要使资金流动与气候目标保持一致。2017年，欧盟及其成员国向发展中国家提供了204亿欧元的气候融资。非洲是最大的受援国（占33%，其中2/3在撒哈拉以南国家），其次是亚洲（22%）、美国（16%）、欧盟以外的欧洲国家（6%）和大洋洲（1%）[①]。2018年7月，欧洲投资银行宣布已超额完成其在COP21之前承诺的35%的外部气候融资目标，2017年为发展中国家的气候行动投资提供了26亿欧元，占其对这些地区贷款总额的40%。除了直接管理的金融工具外，欧盟对外行动越来越多地关注投资和私营部门的参与，旨在提供稳定和可预测的与气候相关的投资框架。

这一目标通过将赠款与公共和私人来源（包括双边和多边开发银行）的贷款及股票相结合的方式来实现。与公共投资协同并受其吸引的私人投资，对扩大气候融资和缩小当前的资金缺口至关重要。在此背景下，2016年启动的外部投资计划（the External Investment Plan）在公共和私人投资中筹集超过440亿欧元[②]，其中包含可持续发展专项基金（EFSD）。截至2018年7月，EFSD筹集了8亿欧元的担保和16亿欧元的融资，这将转化为对非洲和欧盟邻国的超过220亿欧元的公共和私人投资。通过这些项目以及全球范围内的其他项目，欧盟正在努力向全球传播知识和能力建设，包括在国家决定贡献（NDC）和长期战略背景下的经济发展模型工具和政策制定。

此外，欧盟混合设施在不同地区（拉丁美洲、加勒比地区、非洲、亚太地区）运作，还将通过创新融资机制帮助降低投资风险，专门解决某些领域传统上资金不足的问题。

以具体地区为例，撒哈拉以南非洲是欧盟官方发展援助（ODA）的一个重要优先事项，并与西巴尔干地区和周边地区共同吸引大部分欧盟的气候融资。具有标志性的基础设施项目，特别是可再生能源项目，往往侧重于具有特别有利环境的国

[①] 多区域的占12%，而其余11%由于多边基金和机构的数据问题无法确定具体流向。

[②] https://ec.europa.eu/europeaid/eu-external-investment-plan-factsheet_en.

家，如肯尼亚、埃塞俄比亚和加纳。在其他国家，定期开展针对性的适应项目和小规模减排项目，如在全球气候变化联盟（GCCA+）下的行动。针对非洲的 EFSD 气候相关项目处于规划或早期的实施阶段，预计将在未来几年产生实际气候效果。

　　欧洲投资银行一直在扩大可再生能源投资，通常由非洲的欧盟混合设施（如非洲投资基金）或由私人投资者共同成立的全球能源效率和可再生能源基金（the Global Energy Efficiency and Renewable Energy Fund，GEEREF）共同资助。在构成欧盟－非洲伙伴关系的互惠承诺的基础上，欧盟和非洲宣布成立了新的欧-非可持续投资和就业联盟。

　　将国家决定贡献制定的气候政策目标纳入国家发展战略是发展中国家伙伴的一项重要任务，有助于动员国内预算资源，并通过与关键的投资者/捐助人开展高端发展政策对话来推动与气候目标相关的国际发展援助方案。捐助国和相关组织可以而且应该将气候因素和国家决定贡献纳入其发展合作工具中。为此，欧盟于 2016 年更新了关于将环境和气候变化问题纳入欧盟国际合作与发展的指导方针。比利时、荷兰、法国、德国、西班牙和瑞典的发展合作组织也正在采用类似的方法。在 COP22 成立的国家决定贡献伙伴关系（The NDC Partnership）在促进和协调发展中国家的国家决定贡献实施的国际支持以及在此背景下增强援助效果方面也发挥着关键作用。

5.6.3.3　与化石燃料出口国的合作项目

　　欧盟委员会正在支持海湾国家的努力，通过海湾合作委员会（the Gulf Cooperation Council，GCC）、欧盟－海湾地区合作理事会清洁能源技术网络与欧盟－海湾合作委员会经济多元化对话（the EU-GCC Dialogue on Economic Diversification），使这些世界上最大的石油和天然气生产国逐步摆脱对化石燃料的依赖。合作重点是可持续能源转型，包括清洁能源计划或目标——主要基于经济多样化战略、能源效率项目和可再生能源项目。海湾合作委员会国家要在这一过程中取得成功，就需要建立适当的政策环境，以鼓励和促进私营部门的发展和对非依赖碳氢化合物的部门的投资。过去 10 年中，海湾合作委员会国家更加坚定地走上了向知识型经济和社会转型的道路。2015 年所有海湾合作委员会国家对《巴黎协定》做出承诺之后，这些行动得到了进一步加强。

5.7　与其他可持续发展目标的协同

　　虽然欧盟的长期战略旨在支持实现 SDG13（采取紧急行动以应对气候变化及其影响），但应对气候变化也为加强可持续发展提供了许多机会。例如，能源和运输的脱碳与改善空气质量和健康结果密切相关，特别是在城市地区。提高各部门的能源效率与多种经济和社会效益相关，包括舒适度、生产率、对收入的分配效应和能源扶贫。

同样，促进循环经济（如更智能地使用塑料等材料）可以减少排放，同时也有助于带来更清洁的土地和水，以及更健康的海洋。限制甲烷排放不仅可以减少温室气体排放，还可以减少空气污染物排放。

相反，如果放任气候变化问题逐步恶化，将带来重大的社会问题，有可能危及以贫困、饥荒和水为重点的可持续发展目标（SDG）。重要的是，对应对气候变化采取消极态度、放任极端天气事件和灾害的增长，不仅会影响第三国的发展，同时也会影响欧洲的发展。

然而，虽然某些协同作用已被较好理解，但关于气候行动如何与联合国所有17个可持续发展目标（SDG）相互作用的认识仍在发展。确定气候行动与可持续发展之间的进一步协同作用有助于欧盟成为地区和全世界气候行动的领导者。随着各国共同追求气候行动和可持续发展，欧盟也可以通过合理管理潜在的权衡来展现其领导力。

气候、能源和可持续发展之间的密切关系在2015年联合国大会通过的纳入气候行动和清洁能源的17项可持续发展目标[1]中得到表现。欧盟及其成员国依次致力于在国内和国际实施《2030年可持续发展议程》（the 2030 Sustainable Development Agenda），包括执行《巴黎协定》[2]。

有关可持续发展目标如何相互作用的认识仍在不断深化，相关文献和研究在快速增加。实际上，17项可持续发展目标（SDG）为辨识某个可持续发展目标与其他可持续发展目标之间的协同作用、权衡和知识差距提供了有效方法。一些研究使用Nilsson等人的框架来评估可持续发展目标之间的相互作用，其中"不可分割"是最积极的关系。

IPCC《1.5°C特别报告》（The IPCC Special Report on 1.5°C）采用上述框架来评估1.5°C方案对可持续发展的影响[3]。其结论是，尽管总的净效应将取决于变化的速度和幅度、方案构成以及过渡期管理，协同效应超过了权衡（trade-off）

---

① https://www.un.org/sustainabledevelopment/sustainable-development-goals/.
② 见欧盟对《2030年可持续发展议程》（2017年6月）和气候外交（2018年2月）的回应以及欧盟委员会可持续欧洲未来的沟通后续步骤（COM（2016）739 final）的理事会结论,说明了具体的欧盟政策如何促进国内和国际的可持续发展。
③ The IPCC Special Report on Global Warming of 1.5°C（2018）.

的结果。

IPCC《1.5℃特别报告》（详见图 5-11）举例说明了气候行动与可持续发展目标（SDG）中的目标 3、目标 7、目标 11、目标 12 和目标 14 之间的强大协同作用。此外，如果缺乏细致的管理，一些 1.5℃路径将产生负面影响。比如，SDG 中的目标 1、目标 2、目标 6 和目标 7 就属于这种情况。

某些可持续发展目标可能同时产生协同效应和负效应。一个很好的例子是 SDG 中的目标 6。对于该目标，需求侧似乎具有更大的协同效应潜力，因为较低的能源需求（如通过提高效率）可以减少能源部门的用水需求，增加其他用途的可用水量。在供应侧，必须精细管理向低碳能源系统的转换，因为一些低碳能源系统（如一些生物能源系统）可能比其替代的系统更加耗水。

此外，目标 16 显示了负效应，即某些减缓战略可能影响生物多样性。另一方面，放任气候变化会对生物多样性产生巨大影响。IPCC《1.5℃特别报告》估计，在 2℃温度变化的情况下，全球 13% 的陆地面积的生态系统将发生转变，在此过程中，18% 的昆虫、16% 的植物和 8% 的脊椎动物将面临其生存面积缩减一半以上的局面。通常加强生态系统的措施会同时带来减缓和适应效益。

Grubler 等人[1]和 McCollum 等人[2]的其他研究表明可持续发展目标与能源部门需求侧措施之间存在紧密联系。此外，IEA 分析发现，如果使用智能技术和高效电器，到 2030 年实现电力普及可以减少全球温室气体排放，并改善健康和性别平等。在这种情况下，扩大的能源需求产生的排放将与由减少传统生物质燃料使用而带来的减排量相抵消[3]。

IPCC《1.5℃特别报告》还得出结论，包括低能源需求、低材料消耗和低温室气体密集型食品消费在内的 1.5℃路径，与可持续发展和实现可持续发展目标有最明显的协同作用和最少的负效应。

---

① Grubler A, Wilson C, Bento N, Boza-Kiss B, Krey V, McCollum D, Rao ND, Riahi K, et al (2018). "A Low Energy Demand Scenario for Meeting the 1.5°C Target and Sustainable Development Goals without Negative Emission Technologies." *Nature Energy* 3, pages 515-527 (2018).

② McCollum et al (2018) Connecting the sustainable development goals by their energy inter-link-ages. *Environ. Res. Lett.* 13 033006. https://doi.org/10.1088/1748-9326/aaafe3.

③ IEA (2017). Energy Access Outlook 2017. From Poverty to Prosperity.

长度显示连接强度

彩色条的总体规模说明了部门缓解
备选办法与可持续发展目标之间的
相对潜力或协同作用和权衡。

阴影显示置信度

这些阴影描绘了评估的权衡/
协同增效潜力的置信水平。

很高   低

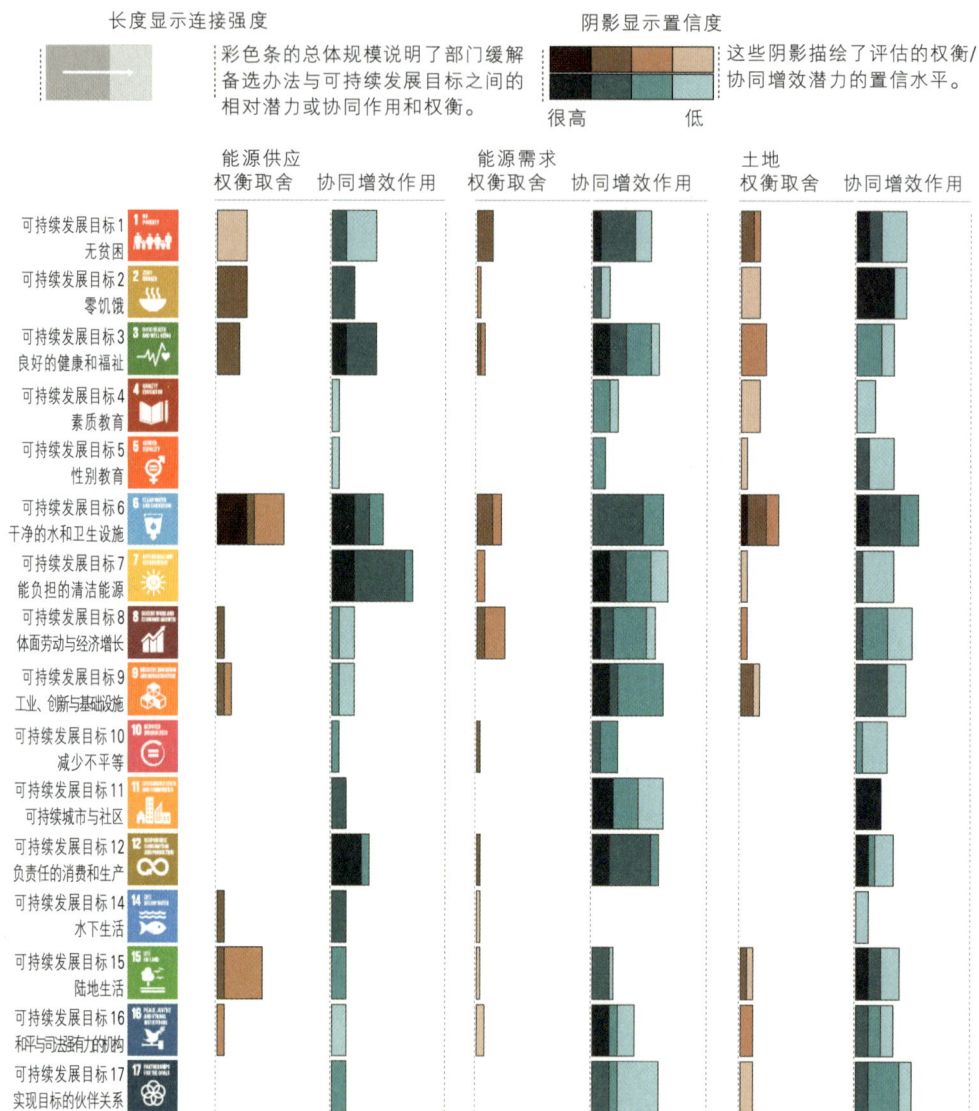

注：气候减缓与每个SDG之间的联系强度由每个条形的长度表示，而阴影的颜色表示每次相互作用的
置信水平（较暗的颜色表示更高的置信度）。各个条形图有不同的颜色，因为它们结合了多种缓解选项。完
整评估请参见IPCC特别报告表5.3。

图5-11　气候减缓行动与可持续发展目标（SDGs）的关联

来源：IPCC，2018.

性别（SDG中的目标5）与气候变化和气候政策之间的关系各不相同。女性和

男性对气候的影响不同,消费模式的差异带来了不同的二氧化碳足迹,如不同的流动(mobility)模式,这些因素在该领域的决策中没有得到同等的体现[①]。研究表明,女性和男性对气候变化的看法和态度也不同。一般而言,女性更关注这个问题,并且更有动力采取行动。虽然妇女在环境、气候,特别是能源决策方面的代表性仍然不足,但一些研究中发现工业化国家的气候减缓活动对男性的性别影响更大。加拿大最近的一项研究表明,气候变化是男女生计活动的压力源,但男性更容易受到气候变化的影响,包括热应激和传染病。其他研究指出,就气候变化影响而言,女性在热浪中死亡的可能性更高,而男性受洪水影响的可能性更高[②]。由于需要收集更多关于气候变化和气候政策的性别影响差异的数据(由 UNFCCC 的性别行动计划推动),认识这些差异对实施任何长期战略都很重要。

5.8 气候行动的空气污染物效益

就健康影响而言,减排温室气体与实现更低的空气污染物排放和浓度是一致的,尤其是直径为 2.5 微米或更小的颗粒(PM2.5)、二氧化氮(NO_2)和臭氧。这些污染物对人类健康有显著的不利影响,并可能引起呼吸和心血管疾病。同时,它们也是造成过早死亡的根源。反过来,高臭氧浓度会对植物生长产生负面影响。近年来,量化与改善空气质量相关的气候行动的益处的研究取得了进展,并揭示了这种共同效益的显著性[③]。此外,相关独立研究也量化研究了气候变化战略控制成本和其本身的效益(见第 5.9 节)。

表 5-3 比较了 2015 年的空气污染影响估算与脱碳途径中 2050 年的估算值。由于能源消耗的减少和转向污染较少的燃料,现有的空气污染政策和雄心勃勃的气候政策的结合使得 2050 年空气污染物大幅减少,这将给空气质量、人类健康和生态系统带来巨大益处。CIRC 和 1.5LIFE 情景都具有最高收益。由于 PM2.5 排放量减少

---

① http://eige.europa.eu/sites/default/files/documents/Gender-Equality-and-Climate-Change-Report.pdf.

② 诸如 Neumayer E and Plumper T (2008), "The gendered nature of natural disasters: the impact of catastrophic events on the gender gap in life expectancy 1981-2020" (https://www.tandfonline.com/doi/full/10.1111/j.1467-8306.2007.00563.x)的研究表明女性更容易受到灾害影响。例如:在卡特里娜飓风过后,非裔美国女性成为路易斯安那州受洪水影响最严重的女性之一。同样,联合国的研究表明,80%因气候变化而流离失所的人是女性。

③ European Commission (Joint Research Centre, 2017), *Global Energy and Climate Outlook 2017: How climate policies improve air quality*, GECO 2017. JRC Science for Policy Report.

不显著，COMBO情景的收益较小。PM2.5和臭氧导致的过早死亡率下降约40%。从生命周期角度来估算年均的死亡和健康损失，与2015年相比，到2050年，这一损失将减少1 400亿~3 400亿欧元甚至更多。

表5-3　　　　　　　欧盟空气污染控制成本-效益（2015—2050年）

	2015	2050的变化值		
		CIRC	COMBO	1.5LIFE
SO₂（千吨）	2 747	−2 069	−1 975	−2 039
NOₓ（千吨）	7 224	−5 458	−5 307	−5 530
PM（千吨）	1 478	−881	−848	−865
臭氧和PM2.5导致的过早死亡（千例/年）	317	−147	−142	−146
PM2.5的健康影响——以寿命计（百万年）	5.3	−2.5	−2.4	−2.5
健康损失——低估计（10亿欧元/年）	368	−174	−168	−173
健康损失——高估计（10亿欧元/年）	884	−418	−404	−414
空气污染控制成本	80	−32	−36	−45
健康损失+污染控制成本	[448, 964]	[−206, −450]	[−204, −440]	[−218, −459]
富营养化（超过1 000km²的生态系统数）	1 016	−188	−181	−190
酸化（超过1 000km²的生态系统数）	100	−64	−63	−64

注：根据IIASA（2017）平均生命年的价值估算货币损失，并以欧元（2013年价格水平）表示，不包括对发病率、材料、建筑物和作物的影响。N₂O对健康的可能影响也被排除在外。

来源：GAINS.

表5-3中对健康损害减少的估计仅包括降低死亡率带来的收益（以货币计算）。未做评估的其他类型的福利包括：（1）避免住院和医疗保健费用；（2）减少因疾病而导致的休假；（3）提高作物产量；（4）减少对生态系统的影响。消费者因医疗投入减少，增加了其他类型的消费，减少了工作日损失，同时作物产量的提高进一步转化为生产力。

对生态系统的影响更加明显，尤其是对酸化问题的改善——指数超标的生态系统区域到2050年将减半。尽管不那么直接——富营养化的主要来源不是N₂O排放而是其他氮泄漏源，富营养化问题的改善趋势也是值得肯定的。

5.9　气候变化及其影响，如何提高韧性和适应性

气候变化已经在发生，其影响已经在欧洲各地得到体现：陆地变暖并且比世界其他地区更加温暖。欧盟已经历热浪侵袭[①]，2018 年春夏季遭遇了创纪录的高温和干旱，2014 年、2015 年和 2017 年也都经历了极端热浪。位于北极圈的拉普兰（Lapland），7 月的平均气温比平常高出 5°C[②]。去年，与天气有关的灾害的全球经济损失达到创纪录的 2 830 亿欧元。

IPCC《1.5°C 特别报告》建立在有关气候变化影响和适应的现有知识的基础上，并绘制了比以往更清晰的图景。一些气候和极端天气的强度和频率已经显现出了人类引起的 1°C 全球变暖的影响。此外，气候模型预测目前的温度影响在 1.5°C 和 2°C 之间，即使是 0.5°C 也很关键。这强调了持续的气候行动（适应和缓解）的重要性，因为气候变化的边际影响似乎在任何变暖水平下都很重要。一般而言，气候相关风险在较高的变暖水平下会更大，而某些影响如生态系统的丧失，可能是持久的或不可逆转的。

关于具体影响，IPCC《1.5°C 特别报告》重点关注 1.5°C 和 2°C 之间的差异，并给出几个明显的干旱风险增加的例子，如地中海盆地和中东（见表 5-4）。报告要求同时通过增量和转型来加强适应，并特别指出，在 1.5°C 下，较慢的海平面上升速度为生态和人类系统提供了更多的适应机会。然而，需要注意的是气候变化的影响已经显现，并且在目前的全球气候行动水平下，全球变暖可能会超过 2°C（例如，目前的国家决定贡献被认为到 2100 年实现温升 3°C）。在目前的变暖水平（1°C）下，全球陆地面积约 4% 预计将发生生态系统转变，更大的地区将受到更剧烈的变暖影响。

表 5-4　　　　　　　　　气候变化对自然的影响（1.5°C & 2°C）

	2°C 情景	1.5°C 情景
极端高温	+4°C	+3°C
2100 年海平面	相比 1.5°C 情景高出 0.1m	0.26~0.77m
生态系统	13% 发生改变	相比 2°C 情景影响减半

[①]　Copernicus Programme（2018）, The long hot summer just past, https://climate.copernicus.eu/long-hot-summer-just-past.

[②]　Finnish Meteorological Institute, https://en.ilmatieteenlaitos.fi/press-release/610918514.

续表

	2℃情景	1.5℃情景
栖息地缩减	18%的昆虫、16%的植物和8%的脊椎动物的栖息地缩减一半	6%的昆虫、8%的植物和4%的脊椎动物的栖息地缩减一半
永久冻土融化	相比1.5℃情景多150万~250万km²	1℃的情况下，木本灌木已经侵入苔原
北冰洋	每世纪至少出现一次夏季完全无冰	每世纪出现一次夏季完全无冰
珊瑚礁	大规模消失（>90%）	减少70%~90%
渔业	减少超过300万吨	减少150万吨

2℃情景相比1.5℃情景的其他更严重影响：

- 干旱和降水不足；
- 强降水事件；
- 与热带气旋有关的强降水；
- 受降水影响的洪水灾害影响的面积较大；
- 入侵物种的传播；
- 森林火灾；
- 南极洲海洋冰盖不稳定和/或格陵兰冰盖不可逆转的损失可能在全球变暖的1.5℃至2℃左右触发；
- 海洋（2℃时风险更大，涉及多种影响，包括物种范围转移和海洋酸化对海洋物种的影响）。

注：上述影响为IPCC报告摘要中列出的至少具备中置信度的条目。
来源：IPCC Special Report on global warming of 1.5℃.

虽然IPCC报告的范围是全球的，但这些影响不会在全球范围内均匀分布。该报告强调，一些地区将面临更大的干旱和降水风险，而另一些地区则因强降水（特别是北纬地区）面临更大的风险。该报告建议1.5℃~2℃温升给粮食安全带来从中风险到高风险的区域差异化影响。在萨赫勒、南部非洲、地中海、中欧和亚马逊地区，2℃情景下预计食物供应量的减少幅度大于1.5℃情景。显而易见的是，即使最严重的影响能够得到避免，气候变化也将对欧盟的人道主义和民事保护政策产生重大影响（见表5-5）。

表5-5　　　　　　　　气候变化对人类的影响（1.5℃ & 2℃）

	2℃情景	1.5℃情景
受与气候相关的风险及贫困影响的人口	在当前基础上持续增加	相比2℃情景减少上亿人

续表

	2°C 情景	1.5°C 情景
水资源压力	另外影响全球 8% 的人口（基于 2000 年的人口）	相比 2°C 情景影响减半

2°C 情景相比于 1.5°C 情景的其他更严重影响：
- 人体健康：与高温有关的发病率和死亡率、与臭氧有关的死亡率；
- 媒介传播的疾病（如疟疾、登革热）：风险增加，地理范围不断变化；
- 作物（谷物、大米）：产量和/或营养质量的降低；
- 减少预计的粮食供应量；
- 全球经济总体增长的风险；
- 暴露多种复杂的气候相关风险；
- 更多的适应需求。

注：上述影响为 IPCC 报告摘要中列出的至少具备中等置信度的条目。
来源：IPCC Special Report on global warming of 1.5°C.

5.9.1 欧盟采取应对行动的必要性

成功的减缓行动是降低气候变化风险的第一个必要步骤。然而，与此同时，整个欧盟经济必须适应已有排放所带来的风险。这些风险随着我们在稳定全球气温方面的落后行动而增长。与 2°C 目标相比，将全球变暖限制在 1.5°C，到 2050 年可以减少数亿易受贫困影响的人口数。温升每降低 0.5°C，带来的影响都会是显著的，有利于增强实现与贫困、饥荒、健康、水、城市和生态系统相关的可持续发展目标的可能性。其中，欧盟农业、北极和沿海地区将受益匪浅；保护脆弱的生态系统及其提供的服务（如珊瑚礁）会更有效。一般而言，超过 1.5°C 的温升将使气候适应性发展途径（CRDP）更难以实现，并且将更难以管理气候变化对水-能源-粮食-生物多样性联系的影响。

不考虑长期可持续发展或单独考虑适应和减缓的传统和渐进的适应方法与《巴黎协定》相悖。可能需要更多强调"转型"适应（transformational adaptation）措施作为"增量"适应（incremental adaptation）的补充。这些适应措施和选择不仅包括"硬"结构和物理措施（如沿海保护、基础设施），还包括"软"社会政策（如意识、卫生服务）和治理改进（如实施跨部门协调、主流化）。"硬""软"组合可以产生最佳结果[①]，并且来自若干欧盟成员国的共同努力也可以起到作用，如共同

---

① OECD (2015), Climate Change Risk and Adaptation – Linking Policy and Economics，http://dx. doi.org/10.1787/9789264234611-en.

监测和绘制沿海地区的地图，以便更可靠地预报极端天气。

有必要更好地整合减排和适应的长期规划，因为：

（1）适应建设创造机会，推动经济社会稳定。气候变化将与其他社会经济发展相互作用。可以预期，气候变化适应项目或极端气候的影响将涉及比今天更高水平的公共干预[1]，这需要有效和高效的适应战略，特别是在地方层面。如果气候达到一定临界点，公共资源可能严重枯竭。另外，公共和私人的适应投资均提供了市场和风险管理机遇，刺激市场利益的创造，如气候服务或绿色基础设施。此外，支持发展中国家的适应也可能给欧盟境内带来稳定和安全。

（2）减缓和适应之间存在共同利益和负效益。因此，这两项政策必须作为任何可信的长期气候行动的组成部分共同制定。在连贯的气候适应性发展路径中尽早地将适应和减缓措施结合起来，就意味着在特定经济部门开始实施脱碳战略时会考虑特定的脆弱性。适应必须确保低排放农业技术能够承受更高的温度，必须建立具有气候保护的可再生能源电力网络并保护森林，使其保持碳汇的作用。城市中的变革性气候行动尤其取决于减缓和适应行动的正确组合，以保护公民免受气候影响，并在严格的法律和预算范围内实现减排。

（3）适应改善了人类和自然系统的功能和复原力。有效的适应行动降低了自然生态系统和社区对气候极端事件（洪水、野火、飓风等）相关风险的脆弱性和减少了暴露，并提高了它们在气候相关扰动后恢复和重建的能力。确保了生态系统的功能（如吸收二氧化碳）长期保持，或者至少在极端事件不久后能够得到恢复。2013年，欧盟委员会通过了欧盟适应战略，以应对欧盟经济和社会面临的气候变化风险。适应战略的重点是利用更好的气候影响、具体部门政策的气候保护以及成员国和城市采取的非立法手段。最近对该战略的评估强调了行动的紧迫性，因为欧盟在某些经济领域正面临着重大风险[2]。例如：

A. 到本世纪末，在高排放情景下，如果没有采取具体的适应措施，到2100年欧盟每年的效益损失可能约为GDP的2%，即每年仅在6个影响部门就损失2400亿欧元[3]。

---

[1] Daniel Bailey（2015），The Environmental Paradox of the Welfare State：The Dynamics of Sustainability，New Political Economy，20：6，793-811，DOI：10.1080/13563467.2015.1079169.

[2] Report from the Commission to the European Parliament and the Council on the implementation of the EU Strategy on adaptation to climate change.

[3] JRC（2018），Climate Impacts in Europe，Final report of the JRC PESETA III project. doi：10.2760/93257. https://ec.europa.eu/jrc/en/publication/eur-scientific-and-technical-research-reports/climate-impactseurope.

- 与天气有关的灾害每年可影响约 2/3 的欧洲人口（3.51 亿人），而 1981—2010 年间受此影响的人口比例仅为 5%。到 2100 年，其将使每年相关的死亡人数增加 50 倍（目前每年 3 000 人死亡，到 2100 年每年死亡人数为 152 000 人）。

- 到 21 世纪末，仅洪水就可能使欧盟国家每年损失高达 10 000 亿欧元。其中大部分来自沿海洪水（损失高达 9 610 亿欧元）。与今天的 50 亿欧元相比，河水泛滥造成的损失也可能高达 1 120 亿欧元，即使在 1.5°C 情景下，欧洲的河流泛滥风险也会大幅增加，可能影响交通基础设施。到 21 世纪末，在更高温度情景下，欧盟约 200 个机场和 850 个不同规模的海港可能面临由海平面升高和极端天气事件造成的洪水泛滥的风险。

B.关于农业问题，除了气温升高的影响外，经合组织以及 4 个欧盟成员国（法国、西班牙、意大利和希腊）还可能因为水资源短缺处于危险中[①]。在 2100 年之前的 2°C 情景中，由于降水量变化带来的水资源供应的变化，欧洲大部分地区的灌溉作物产量预计会下降[②]。在欧盟层面，2018 年的长期干旱引发了更高的 CAP 预付款和绿化要求的减损。欧洲的反复干旱将对气候减缓政策产生影响：水和碳循环是相互关联的，因为随着蓄水量减少，大气中的二氧化碳排放量会增加，主要原因在于干旱可能导致土地碳汇大幅度减少。干旱已经在肆虐欧洲的土地，土壤湿度在 1979—2017 年期间显示出明显的下降趋势[③]。此外，水分减少还是近期森林火灾肆虐的一个关键诱因（同时将危及碳汇）。

此外，与气候变化相关的风险也可能对中央银行对中期通胀前景的评估产生影响。最近，欧洲中央银行（ECB）表示，灾难性的气候变化可能迫使欧洲央行重新考虑其当前的货币政策框架[④]。

从更具地域性的角度来看风险，整个欧洲有关气候影响的证据越来越多，这些影响以及其他机会在欧盟范围内并不是平均分布的。

某些欧盟地区和社区主要关注具体的气候风险。在没有适应的情况下，例如：

---

① OECD（2017），Water Risk Hotspots for Agriculture，http://dx.doi.org/10.1787/9789264279551-en.

② Commission Staff Working Document：Evaluation of the EU Strategy on Adaptation to Climate Change SWD（2018）461final.

③ Copernicus Climate Services（C3S）：European State of the Climate 2017：https://climate.copernicus.eu/climate-2017-european-wet-and-dry-indicators.

④ Speech by Benoît Cœuré, Member of the Executive Board of the ECB, at a conference on "Scaling up Green Finance：The Role of Central Banks", organised by the Network for Greening the Financial System, the Deutsche Bundesbank and the Council on Economic Policies, Berlin, 8 November 2018.

● 虽然整个欧洲将更容易发生洪水风险（平均每年河流流量将增加），但南欧地区的水资源压力将更加明显，并且可能导致不同的水库和含水层用户之间的紧张关系。在气温升高2°C的情况下，地中海地区的中间河流流量预计将在全年四个季节中下降。

● 预计到21世纪末高温将产生各种影响，如几个南欧国家的室外劳动生产率将损失10%~15%，以及与高温相关的死亡率提高。

● 栖息地丧失和森林火灾也是严重的风险。到21世纪末，目前地中海气候区（面积只有意大利面积的一半）的16%可能会变得干旱。地中海的干燥土壤也扩大了森林火灾易发区域。

● 即使在2°C时，高山苔原的损失也会对水的调节（包括人类消费）以及包括旅游业在内的经济活动产生重要影响。

● 特定风险（如飓风、海平面上升、极端高温）可能会破坏欧盟支持其9个最靠外区域的努力，其中大部分是小岛屿和孤岛。2017年，Irma和Maria飓风对加勒比地区的影响，尤其是对St-Martin、瓜德罗普岛和马提尼克岛（欧盟最外层地区的3个）的影响是这些地区面临的潜在影响的严重警告。

● 大城市比农村地区更脆弱。大城市人员和资产高度集中，因此极易受到气候变化的影响。参与全球市长公约的欧洲城市特别容易受到洪水和海平面上升、极端高温、水资源短缺和干旱以及极端降水和风暴的影响[1]。

5.9.2　减缓和适应：协同效益和权衡

某些情况下，减少排放的措施可能会破坏对气候变化的抵御能力，反之亦然。另外，有一些适应措施也有利于脱碳（如保护某些沿海生态系统，既可以解决海平面上升问题，也可以消除二氧化碳排放）。经合组织最近的一份报告[2]强调，气候投资和项目必须考虑适应和减缓之间的联系，以尽量减少气候风险；而项目的风险越大，投资者要求的回报就越高，最终用户和政府资金的成本也就越高。该报告概述了适应和减缓措施之间的潜在协同作用和权衡：

在一些地区，最大限度地增强适应和减缓之间相互加强的潜力应该指导欧盟实现脱碳和耐气候变化经济的长期努力。以下提到了生态系统、能源和城市的例子。

---

[1]　Global Covenant of Mayors（2018），Global Aggregation Report，https://www.globalcovenantof-mayors.org/wp-content/uploads/2018/09/2018_GCOM_report_web.pdf.

[2]　OECD（2017），Investing in Climate，Investing in Growth，OECD Publishing，Paris. http://dx.doi.org/10.1787/9789264273528-en.

陆地和海洋生态系统

全球陆地和海洋生态系统吸收了约50%的人为排放量。其余的在大气中长时间存在，使得温室气体浓度增加并导致气候变化。

这种吸收有其自身的局限性。对于海洋，这种吸收将引发酸化，从而对海洋生物多样性产生负面影响。对于陆地，生态系统退化和森林砍伐实际上会导致大量的温室气体排放，同时对生物多样性产生不利影响。保护和恢复陆地和海洋生态系统将同时有助于减缓和适应（例如，它们有助于保持水土、控制洪水并防止侵蚀或空气质量恶化）。

总的来说，适应和减缓战略的联合实施有助于生态系统的健康、功能和复原力，从而改善向欧盟公民提供商品和服务的能力。针对生态系统的举措可以同时实现许多环境、福利和气候目标。例如，尽管仅占全球海洋面积的0.2%，海洋植被的碳储量（海草、盐沼、红树林等）占海洋沉积物碳储量的50%。它们减少了波浪能量并使海床提升，从而缓和了海平面上升的影响，有助于保护海岸线上的人员、基础设施和财产。

土地恢复、重新造林、减少和避免森林退化以及湿地恢复，有助于增加土地。森林是协调适应和减缓的共同潜在利益的有利案例。事实上，欧盟森林每年吸收相当于4亿多吨CO_2，几乎占欧盟温室气体排放总量的10%。同时，它们还降低了温度，充当了极端水文和净化水的缓冲区，这意味着它们对适应气候变化也至关重要。最近在爱尔兰、西班牙和捷克共和国的案例研究表明，适应措施和良好的林业实践加强了森林作为碳汇的作用[1]。从长远的角度来看是非常重要的，因为老化和退化的森林、农林系统和最近的森林种植都需要适应规划，以抵御不断变化的气候。

能源

到21世纪末，在没有适应的情况下，气候变化本身在基准情景下给欧洲关键基础设施带来的年度损失可能会增加9倍，从目前的34亿欧元增加到340亿欧元，其中工业、运输和能源部门的损失最高。最大挑战之一是如何评估由于极端天气事件强度增强而可能产生的能源生产影响，因为研究关键难点包括极端事件的经济模型和输电基础设施的脆弱性。

鉴于其对减排的重要贡献，可再生能源受到的影响尤其令人担忧。一些证据揭

---

[1] European Forest Institute 2018. https://www.efi.int/publications-bank/climate-smart-forestry-mitigation-impacts-three-european-regions.

示了水资源短缺对水电生产的影响，同时也有针对风、太阳能、生物质所受影响的判断。特别是在水电方面，气候变化主要通过河流流量、蒸发量和大坝安全性的变化影响水电生产[①]。对欧洲而言，大多数研究表明气候变化对北欧水电的影响是积极的，而对南欧和东欧的影响则是负面的[②]。不同研究得出的气候变化对整个欧洲水电的影响程度结论存在差异，有的认为没有任何影响，有的则认为到21世纪末甚至在21世纪末前会使得水电发电减少5%~10%。若以年为单位，水电生产中的适应措施可以每年平均抵消这些影响（因为并不是在一年中的所有月份都能抵消）：如通过提高效率或储水。关于太阳能和风能，有研究[③]·[④]表明，欧盟某些地区的产量可能会受到负面影响。

南欧地区的火力发电将面临更大的压力，因为其水温要求可能无法满足：在3℃情景下，它们可能会减少20%；在2℃情景下可能减少15%。在地中海、法国、德国和波兰，热电在近期可能受到的这一影响最大[⑤]。

虽然预计这些影响的严重程度不会危及欧洲的长期脱碳路径，但除非采用适应性措施，如提高工厂效率、更换冷却系统和替换燃料，否则可能需要更高的成本和不同的区域能源组合。能源系统中的私营利益相关者以及欧盟和国家政策应该加强建立正确的市场框架，以确保气候影响不会危及欧盟能源供应的稳定性和安全性。如果要在未来几十年内维持和确保可持续的水–能源关系，电力部门的转型应同时包括减缓和适应规划。

城市

欧洲城市的转型最需要整合适应和减缓途径。城市拥有3.6亿人口，占欧洲人口的73%，占欧洲大陆能源消耗的80%，占欧洲GDP的85%[⑥]。然而，只有大约40%人口超过15万的欧盟城市采用了适应计划来保护公民免受气候影响。在全球范围内，2015年经合组织报告发现，尽管地方监管框架和激励机制发挥了重要作

---

① Mideksa and Kalbekken（2010），The impact of climate change on the electricity market：A review，https：//doi.org/10.1016/j.enpol.2010.02.035.

② Teotónio et al.（2017），Assessing the impacts of climate change on hydropower generation and the power sector in Portugal：A partial equilibrium approach，https：//doi.org/10.1016/j.rser.2017.03.002.

③ Karnauskas et al.（2018），Southward shift of the global wind energy resource under high carbon dio．

④ Jerez et al.（2015），The impact of climate change on photovoltaic power generation in Europe，https：//doi.org/10.1038/ncomms10014.

⑤ Behrens et al.（2017）：Climate change and the vulnerability of electricity generation to water stress in the European Union，https：//doi.org/10.1038/nenergy.2017.114.

⑥ HELIX – https：//www.helixclimate.eu/.

用，但"对城市适应的支持仍不平衡"。

城市应避免减缓和适应之间的不平衡。一般而言，城市紧凑化可能有利于减少排放（如减少运输需求），但也可能增强区域气候影响的脆弱性（例如，当洪水发生时人员和资产更加集中）。由于建筑的集中（"热岛效应"），城市的温度也高于周边地区。

在城市规划中，协同减缓和适应有利于优化气候行动。例如，城市绿地和绿色基础设施可以带来适应效益，同时吸收排放和污染。城市也将成为气候服务的主要客户，新兴企业可以为城市规划者提供最佳缓解和适应思路的解决方案。优先考虑弹性和低排放发展的城市将享有竞争优势和对投资的吸引力。

5.9.3 全球背景下的欧盟气候减缓行动

要将欧盟以外国家由气候变化影响引起的跨界气候风险的证据转化为政策。根据定义，国家脆弱性评估倾向于忽视或低估全球经济带来的气候风险。今天，这是新兴的研究领域，几乎没有定量评估的术语；对欧盟适应战略的评估表明还需要更多的知识。

目前仅有少量欧盟贸易跨境影响的研究考虑部分行业，其中有研究表明通过贸易流动传递的第三国负面的气候影响可能会使欧盟"国内"损失增加20%。关于气候和移民，最近的调查结果证实了气候变化与欧盟庇护申请波动之间的关系：截至21世纪末，庇护申请可能增加28%（平均每年增加9.8万份）[1]。

第三国气候行动缺失带来的影响不仅可通过难民流动和贸易传递给欧盟，还可以通过资金流动和价值链中断传递。这些风险途径的重要性以及欧盟未来面临的间接影响范围将取决于未来社会经济情景以及气候变化水平。全球价值链和贸易流动的经济和气候情报对优先支持脆弱伙伴的适应能力至关重要。

鉴于气候变化的这些跨界影响，欧盟的外部政策已经纳入了气候外交，并认识到有必要为气候适应力提供结构性、长期而灵活的方法，特别是对发展中的小岛国（SIDS）等最脆弱的伙伴和最不发达国家（LDCs）。在《全球战略2016》[2]中，欧盟认为气候变化是一项全球性挑战，欧盟合作伙伴的气候变化导致的脆弱性加剧了冲突并破坏了欧洲的安全。

在发展中国家，适应能力决定了脱碳所能够取得进展的程度。《巴黎协定》提

---

① Missirian et al.(2017)，Asylum applications respond to temperature fluctuations，Science 358，1610-1614 (2017)，DOI:10.1126/science.aao0432.

② EU´s global strategy: *Shared Vision, Common Actions* (EU, 2016).

出了同时包含减缓和适应的全球目标，为应对发展中国家日益增长的需求，支持将气候变化适应力作为可持续发展的一个组成部分，并作为其在追赶发达国家的发展进程中的最低减排目标。自 2023 年起，适应和减缓将成为《巴黎协定》积极目标的一部分，欧盟作为一个整体，将促使气候行动的两个支柱相互促进和协同。

欧盟通过将气候行动主流化纳入与伙伴国家的发展和合作计划中来平衡适应和减缓，尤其是能源、农业、基础设施、水、林业和减少灾害风险方案等方面。以适应为重点的干预措施的预算超过了 2014—2017 年欧盟累计气候变化外部合作支出的一半。

第6章　不同参与主体的角色和责任

6.1　各成员国的作用

各国政府在低碳和能源转型中发挥着至关重要的作用。如第2.3.1节所述，实施法案（acquis）要求成员国就供应安全、网络基础设施、能源效率和可再生能源政策，以及研究和创新作出关键决策。此外，它们需要决定各自的能源结构，并开展区域合作。由于欧盟成员国的部门构成、已有基础设施和经济发展各不相同，因而成员国的情况不同。为了准备有序转型，同样重要的是，各国政府应制定长期战略并与所有利益相关方接触。

《巴黎协定》也承认这一点，该协议要求所有缔约方在2020年之前就其本世纪中叶长期低温室气体排放发展战略进行沟通。

《能源联盟和气候行动治理条例》要求欧盟委员会在2019年年初之前编制一份关于联盟长期战略的提案，并要求成员国在2020年1月1日之前提交其长期战略。

在此背景下，欧盟委员会决定在2018年提出欧洲长期战略提案，是基于其希望在筹备过程中以身作则，使利益相关方进行广泛的磋商，制定强有力的分析框架和评估方法，为整个经济提供广泛的可靠途径，并随后对其提案进行全面和包容性的辩论。这样做也可以在向《联合国气候变化框架公约》（UNFCCC）提交最终欧盟战略之前考虑所有成员国的立场和愿景。因此，委员会通过欧盟低碳排放额度（LTS）的提案不应被视为一个进程的结束，而应被视为欧盟在2020年前向UNFCCC提交LTS之路的开端。

几个成员国签署了最迟在2050年实现净零碳排放的声明[①]，推动欧盟委员会在提案中提出一项雄心勃勃的举措。一些成员国已经将其国家的LTS交付给《联合国气候变化框架公约》，一些成员国密切关注LTS，以便它们能够很好地讨论委员会的提案。

[①]　Green Growth Group（2018）：Common statement on the long-term strategy and the climate ambition of the EU. https://www. ecologique-solidaire. gouv. fr / sites / default / files / 2018.06.25_statement_ggg_climat.pdf.

《能源联盟和气候行动治理条例》要求委员会考虑成员国的国家能源和气候计划（NECPs）草案，并预测有必要确保国家能源和气候计划与国家 LTS 保持一致。

由于国家计划草案仍处于制定阶段，该评估已将《能源联盟和气候行动治理条例》中预测的2030年集体目标纳入其基准情景。NECPs中确定的2030年国家目标将对国家 LTS 发挥关键作用；反之亦然，长期脱碳前景将对 NECPs 发挥关键作用。在国家计划和长期战略方面对公众参与和协商治理条例的要求，应确保地方和区域行动者参与其发展，促使各国广泛接受 NECPs 和国家 LTS。此外，《能源联盟和气候行动治理条例》和《联合国气候变化框架公约》进程将通过不断更新在未来相互联系并相互影响。

6.2 区域和地方政府的作用

目前，欧盟28个成员国（本报告发布时英国还未脱欧）中有75.6%的人口生活在城市地区（城镇和郊区），预计这一比例将在2050年之前基本保持稳定。因此，城市政府在执行和实施减缓和适应气候变化的政策方面发挥着特殊和日益重要的作用。城市规划可以使城市更加环保、节能并鼓励低碳交通（特别是步行和骑自行车），并且更能抵御气候变化引发的灾害[1]。欧盟鼓励城市参与长期规划活动，例如，许多国家已经通过《市长盟约》[2]开始这种进程。哥本哈根、巴黎、斯德哥尔摩和伦敦[3]等城市正在采取积极的气候行动。例如，它们与全球超大城市联盟C40[4]中的14个城市共同承诺"制定法规或规划政策，以确保在2030年之前新建筑实现净零碳排放，到2050年所有的建筑实现净零碳排放"。通过欧盟城市议程、气候适应和能源转型伙伴关系，城市政府也被鼓励采取联合行动应对气候和能源挑战。

地方和区域政府在实现能源联盟目标方面也发挥着关键作用。《能源联盟和气候行动治理条例》通过在成员国间建立永久性多层次气候和能源对话，促进所有治理层面参与解决能源和气候政策问题：欧洲城市和地区被认为是欧洲向更加分散、节能、低碳和弹性的能源系统转型的传递者。各级治理和利益相关方就气候和能源问题进行的长期和定期对话将带来的好处有：持续的政治支持、所有权、反馈循

---

① UNEP, IRP (2018), The Weight of Cities Resource Requirements of Future Urbanization, http://www.resourcepanel.org/reports/weight-cities.

② https://www.covenantofmayors.eu/.

③ https://www.eceee.org/all-news/news/news-2018/c40-cities-targets-net-zero-carbon-buildings-by-2030/.

④ https://www.c40.org/.

环、共同责任，以及更好地执行必要的行动。

气候与能源市长盟约

2008 年启动的气候与能源市长盟约（Covenant of Mayors for Climate and Energy）已发展成为世界上最大的自发性运动，有超过 9 000 个城市承诺达到或超过欧盟温室气体减排目标，以提高其抵御气候变化负面影响的能力，并促进能源可持续发展。各城市承诺自愿制定减缓和适应气候变化的战略和计划，以落实欧盟气候和能源目标，并接受对进展的问责制。参与气候与能源市长盟约的城市也提供了一个渠道，以部署"智慧城市和社区计划"下发展创新性能源的转型解决方案，支持这些倡议的参与性进程及当地能源社区的行动，使其更容易获得公众对转型和新建基础设施等项目的支持。

在逐步扩展到 50 多个国家之后，气候与能源市长盟约和类似的市长契约倡议（the Compact of Mayors）于 2016 年合并，成立了全球气候与能源市长盟约（Global Covenant of Mayors for Climate and Energy）。该倡议得到了欧盟委员会的大力支持，为自下而上向全球低碳、气候适应型经济转型建立了战略联盟和伙伴关系，为实现《巴黎协定》和 2030 年可持续发展议程核心目标提供了动力。

欧盟下一个多年度财政框架（MFF）的提案，对所有项目的气候主流化作出了雄心勃勃的承诺——目标是 25%，这将有助于将区域和凝聚力政策预算的很大一部分用于气候目标。在这种情况下，通过新的城市投资支持服务（Urban Investment Support service，URBIS）和建立区域投资咨询中心等方式，信息和地方层面的资金获取可以进一步提高城市为清洁能源转型动员投资的能力。此外，在 2021—2027 年的城市议程统一政策提案下，欧盟基金直接资助市政当局的资金份额将增加，与此同时，鉴于此类活动的激励效果，欧盟区域发展基金（European Regional Development Fund）的城市专用资金从本期的 5% 增加到下一期的 6%。

展望未来，有几个领域需要进一步关注：

• 在治理方面，在强制性制订地方气候计划的国家中（如丹麦、法国、斯洛伐克和英国），城市制订减缓计划的可能性大约是其他欧盟国家的城市的 2 倍，而制订适应计划（adaptation plan）的可能性大约是其他欧盟国家的城市的 5 倍[1]。这表

---

[1] D. Reckien et al., How are cities planning to respond to climate change? Assessment of local climate plans from 885 cities in the EU-28, Journal of Cleaner Production, 26 March 2018, https://www.sciencedirect.com/science/article/pii/S0959652618308977?via%3Dihub.

明，在制订地方气候计划方面，国家约束性要求比自愿性计划更有效。

• 在地方排放清单、减缓气候变化和报告方面仍然存在数据限制和差距，这些都是促进当地量化评估活动所需的，也与适应计划密切相关。

• 如果考虑到区域和地方政府的规划和执行能力，国家计划可能会更加成功。

• 认识和量化应对气候变化的协同效益（如健康、清洁空气、环境）对促进上述跨部门转型至关重要。

为了支持地方当局充分利用转型的机遇和挑战，国家和欧盟的倡议和政策显然非常重要。它们的内容涵盖范围广，如《国家能源和气候计划》如何制订，在地方规划气候缓解和适应行动方面有哪些国家倡议和立法，能力建设举措，允许城市制定自己的排放清单的排放数据可用性，以及关于获取融资、财政及经济政策的倡仪，包括解决空气污染等环境外部因素的倡仪。

6.3　企业和公民社会的作用

要实现欧盟的气候和能源目标，需要各个经济部门和每个公民的贡献。因此，社会各阶层的政策进程是规范和实现这一变化的关键。为了准备欧盟的长期温室气体减排战略，欧盟委员会于2018年夏天进行了公众咨询，征求各利益相关方的意见（见第7.1节）。公众的积极参与和主人翁精神，不仅有助于加快欧盟落实现有承诺，而且有助于加强全球在短期、中期和长期的努力。

非国家倡议（Non-state initiatives）显著增加，但其影响程度仍难以量化。影响程度的量化取决于所选择的基准、评估自愿行动与政策的额外性或重叠性的方法，以及对未来增加努力或成员数目的假设。例如，《联合国环境差距报告》评估了非国家行为迄今所做的额外减排：到2030年，与国家自主贡献全面实施相比，每年减排 $0.2 \sim 0.7 GtCO_2$。据估计，涉及国家和非国家行为体的国际气候倡议可以大大促进温室气体减排，远远超出国家自主贡献。大多数全球自愿行动都在欧洲举行，重点涉及交通运输、能源效率和农业等核心领域。这些是《巴黎协定》所设想的深度脱碳的关键。

一些企业已开始采取行动，确定自己的减排途径，以达到减排80%、95%或温室气体完全中和的目标。作为公开公众咨询的一部分（见第7.1节），不同部门提供了各自的分析以供参考。例如，电力部门组织提出了实现全面脱碳的宏伟道路，工业部门组织关注替代燃料，交通运输部门和住宅部门关注提高能效的作用。这些部门也为新技术的发展指明了方向。

展望未来，需要不同规模和来自不同部门的企业参与拟订这类计划的工作。这些计划应明确指出机会，并提供部门知识，如它们预期哪些颠覆性技术在经济上可行，以及在什么时间范围内可行。这将有助于政府弥补数据不足和差距，为衡量和报告自愿气候行动的影响提供可能性，同时有助于指导可持续融资，并确保创新和竞争力方面的有针对性投资。

民间组织需要继续发挥其作用，使公民树立长期脱碳意识，这包括可以在个人层面采取的行动和每个公民可以选择的生活方式。民间组织在提供最佳实践范例、让企业和其他非国家行为体对其承诺负责和避免"伪环保"行为方面发挥着独特的作用。民间组织已经站出来支持国家、地方政府和企业，并理解2050年之后的长期计划，如"2050年路径倡议"（2050 Pathways Initiative）①和世界自然基金会的"生命最大化项目"（WWF's LIFE-Maximiser Project）②。民间组织、企业和公共当局之间已经存在协同作用。例如，根据欧洲统计局的《2014年社区创新调查》③，生态创新（具有环境效益的创新）的主要驱动力是企业声誉，其次是能源、原材料成本和监管。这意味着企业意识到公民对气候和环境问题的关注，并采取实际行动以适应客户的要求，并对气候和环境更加友好。例如，作为公开公众咨询的一部分，受访者预计在人们日常生活的交通方面会出现应对气候变化的最大变化（见第7.1节）。公共当局通过提供透明工具（如生态标签）来促进这一良性循环，赋予公民和企业力量。

克服非国家气候行动和长期规划的障碍

为了鼓励非国家行为体采取气候行动，国家可以帮助它们克服最常见的挑战，特别是当它们做的自愿性工作超过监管机构的要求时。在全球范围内发现的主要障碍（UNFCCC，2017④）同样适用于欧洲，包括缺乏资金、认可、组织能力和知识。

各国政府可以作出的一项重要贡献是创造有利的环境（如明确承认伙伴关系原则），以及提供确定性，并允许非国家行为体制订雄心勃勃的长期计划和愿景。

因此，各国政府可以通过制定监管框架、扩大融资渠道、提供报告和跟踪系统，以及提高对已实现的气候和能源行动的可见度，为非国家行动的繁荣创造条件。

---

① https://www.2050pathways.org.

② http://www.maximiser.eu.

③ Eurostat（2014），Community Innovation Survey 2014.https://ec.europa.eu/eurostat/web/micro-data/community-innovation-survey.

④ UNFCCC（2017），Yearbook of Global Climate Action 2017，p.28.

共同努力、相互学习和推广成功的方法必不可少。针对不同部门提供有针对性
的计划或平台是实现和创造相关知识和组织能力的良好做法。加强这些平台的建
设，促进利益相关方之间的合作和经验分享，对加速和推广气候行动至关重要。

非国家行动得到承认并被促进的必要性这一问题，可以通过报告计划来解决。
报告计划可以提供进一步的机会和投资，也可以通过个别奖励计划来强调领先者的
成功。

第 7 章　附录

7.1　咨询活动报告概要

继欧洲理事会于 2018 年 3 月发出邀请，以及欧洲议会提出类似要求，即"一项根据《巴黎协定》长期减少温室气体排放的战略建议"之后，欧盟委员会已采取了几项利益相关方磋商行动。

组织方进行了为期 12 周的网上调查，并于 2018 年 7 月在布鲁塞尔举行了为期两天的高级别利益相关方咨询活动（见第 7.1.6 节）。同时，组织方收到了一些表达立场的文件（见第 7.1.5 节）。所有类型的利益相关方均被邀请参加咨询。

这些活动旨在收集关于欧盟温室气体减排长期战略应探索的技术和社会经济路径的意见和看法，并收集事实信息、数据和知识，包括与长期战略相关的驱动因素、机遇和挑战。

7.1.1　对网上公众咨询进行分析的方法和工具

公开公众咨询（OPC）包括一份在欧盟调查平台[①]上的含有 74 个问题的问卷，所有公民和组织都可以参与。公众咨询开放时间为 2018 年 7 月 17 日至 2018 年 10 月 9 日。

组织方对公众的答复进行检查，以寻找在关键问题上回答相同或相似的一致行动团体，共发现四个团体：（1）在德国与土地利用部门有联系的 4 个人；（2）在西班牙和葡萄牙石油和燃料部门的 4 个组织；（3）包括个人和 2 个非政府组织在内的 9 个受访者；（4）来自同一非政府组织的 4 名个人受访者。在答复数量为 2 805 份的情况下，这些一致行动团体的答复被认为对结果没有重大影响。

对结果的定量分析将展示在以下各小节中。对于所分析的每个问题，受访者的数目（n）被标为［n=x］。分析开放性问题采用关键字编码的方法，通过提取答复中提出的关键问题和关键词，按主题对这些问题进行分组，并在所有语种中对这些问题进行翻译和搜索，这样可以确定关键问题的频率。

---

① https://ec.europa.eu/clima/consultations/strategy-long-term-eu-greenhouse-gas-emissions-reductions_en.

本报告提到公开公众咨询问卷中的问题，这些问题被列为［PCXX］，XX在问卷中代表问题号。答复中还涉及一类标记为"私营企业、行业、贸易和商业协会"的受访者。这一类别代表公开公众咨询问卷中三组受访者的综合答复，这三类受访者有：（1）私营企业；（2）行业顾问、律师事务所、独立顾问；（3）贸易、商业或行业协会。

7.1.2　参与在线公众咨询的利益相关方的类型及数量

公众咨询的目的是收集公众对欧盟温室气体减排长期战略的反馈意见。共有2 805名受访者对调查作出答复。图7-1显示了每个类别（个人与专业人员、组织）和每个利益相关者群体的受访者比例。

填表人所属机构［n=2 805］

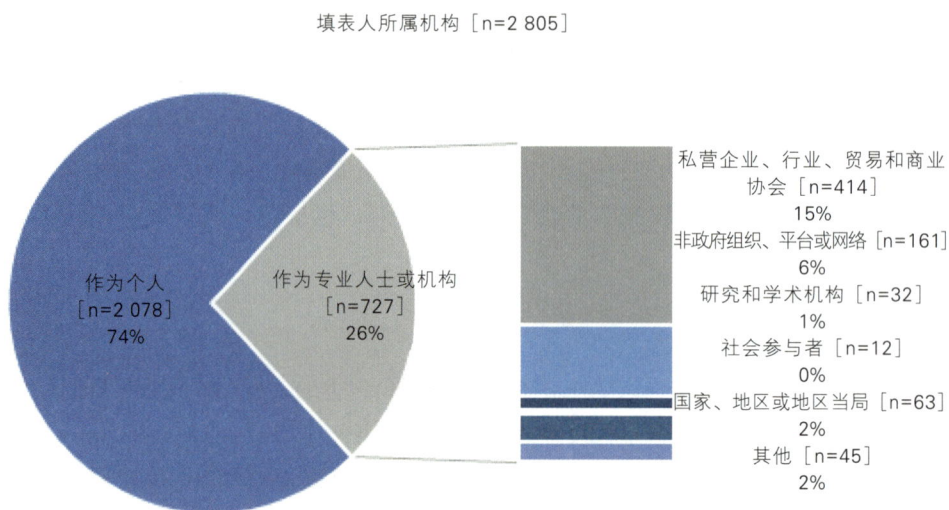

图7-1　公众咨询中利益相关者类型

来源：Open Public Consultation.

在地域层面，受访者涉及28个欧盟成员国中的27个。受访者人数最多的国家是德国、比利时和西班牙。除欧盟受访者外，还有82个受访者自称是非欧盟受访者。

7.1.3　利益相关方关于长期温室气体减排和《巴黎协定》一般性意见的主要结果

这一节概述了调查问卷中各部分答复的主要结果和关键信息。有关公众咨询的详尽报告亦将发表，其涵盖所有问题①。

对于"欧盟为实现《巴黎协定》的目标应作出多大程度的贡献（到2050年）"这一问题，一半以上的受访者，包括个人和组织，认为欧盟应在2050年之前实现欧盟排放量和吸收量的平衡（见表7-1中按答复方类型列出的意见）。

表7-1　利益相关方关于欧盟对《巴黎协定》目标的贡献的一般性意见，按答复类型分列

回复种类	2050年相比于1990年欧盟温室气体减排80%	2050年相比于1990年欧盟温室气体减排80%~95%	2050年欧盟实现碳排放和吸收的平衡
依据个人能力提出的意见[n=2 024]	16%	32%	53%
依据专业能力或代表某个机构的意见[n=612]	16%	31%	54%
其中：			
私营企业、行业、贸易和商业协会[n=332]	20%	37%	43%
非政府组织、平台或网络[n=146]	5%	18%	77%
研究和学术机构[n=30]	17%	20%	63%
社会参与者[n=12]	17%	42%	42%
其中：工会[n=6]	17%	33%	50%
国家、地区或地方当局[n=55]	18%	29%	53%
其他[n=37]	16%	30%	54%

来源：Open Public Consultation.

通过公开公众咨询调查问卷或立场文件对咨询作出答复的13个欧盟成员国中②，有10个国家在这一问题上有明确立场，2个国家赞成减少80%，2个国家赞成减少80%~95%，6个国家赞成到2050年实现碳排放平衡（净零排放）。

① https://ec.europa.eu/clima/policies/strategies/2050_en.
② 代表成员或一国政府。

7.1.4 部分具体问题的总结和关键信息

7.1.4.1 消费者视角的低碳转型

鉴于消费者选择在经济脱碳方面的重要作用，这一部分向受访者提出了一系列问题，即他们预计低碳经济转型将如何影响他们的日常生活，以及他们是否愿意采用某些新技术。这些问题涉及住房、废物产生、交通，以及商品和服务消费等领域。

许多受访者（56%）预计消费者日常生活中最大的变化与出行有关。

公开公众咨询中的几个问题涉及交通领域，主要调查结果包括：

• 当被问及购买不使用汽油或柴油的车辆时，2/3以上的受访者支持这一选择（有些受访者只在有足够的燃料补给基础设施的情况下才支持这一选择）。

• 80%的受访者会考虑使用汽车共享服务——如果提供了易于使用且价格合理的服务。

• 许多受访者也会考虑避免在短途旅行中使用私家车，转而选择公共交通（47%），但一些受访者强调了服务可用性和规范性的重要性（43%）。

• 向受访者提供的短途旅行的另一种方式是使用（电动）自行车和其他主动出行方式——58%的受访者会考虑使用这种替代方式，1/3的受访者会考虑在有适当的自行车道的情况下使用这种替代方式。

• 至于长途旅行，受访者被问及，如果有其他选择是否会考虑避免乘飞机或驾驶汽车。超过80%的受访者同意该方案（其中绝大多数受访者只有在有方便的替代方案的情况下才同意）。

• 当被问及更好的城市规划是否会减少私家车的使用并减少城市地区的交通拥堵时，约60%的人表示赞同，但强调了将城市规划与更好的公共交通结合起来的重要性。

• 最后，一半以上的利益相关方预计，信息技术工具将在一定程度上减少交通需求。

当被问及减少建筑物能耗和二氧化碳排放的不同措施时，许多受访者认为以下是优先考虑的措施：通过隔热提高能效，安装三层玻璃，安装可再生能源驱动的供暖和烧水炉，安装供暖和制冷设备，使用能效最高的电器，购买无碳电力或自行生产可再生能源。

在废物分类方面，几乎所有受访者都表示他们会把废物进行分类；相当多的受访者（54%）提到，合适的基础设施和财政激励措施将提高人们进行垃圾分类的比例。

当被问及提高食物消费对气候影响的意识的重要性时，几乎所有的受访者都认为这很重要。此外，绝大多数受访者（超过80%）说，他们将考虑购买食物对温室气体排放的影响（如果能获得必要的信息，其中很大一部分人将考虑其影响）；许多受访者（74%）会考虑改变饮食习惯。

受访者还担心他们在购买商品或服务时的决定对环境会产生影响。55%的受访者表示，他们会考虑这些决定的影响，但往往缺乏评估影响的必要信息。更高比例的受访者（79%）认为，必须购买以温室气体中性的方式生产的商品和服务。

7.1.4.2 对工作和经济变化的预期和看法

就业和社会公平转型

当被问及低碳转型对就业的影响时，预期经济转型将创造就业机会的受访者与没有意见或不知道经济转型将产生何种影响的受访者的比例几乎相当。

当被问及对未来就业影响最大的因素或趋势时，总体排名最高的因素是"数字化"，其次是"社会经济政策"和"低碳转型"（详见图7-2）。以专业身份或组织名义回答问题的人（45%）比以个人身份回答问题的人（18%）更重视低碳转型。

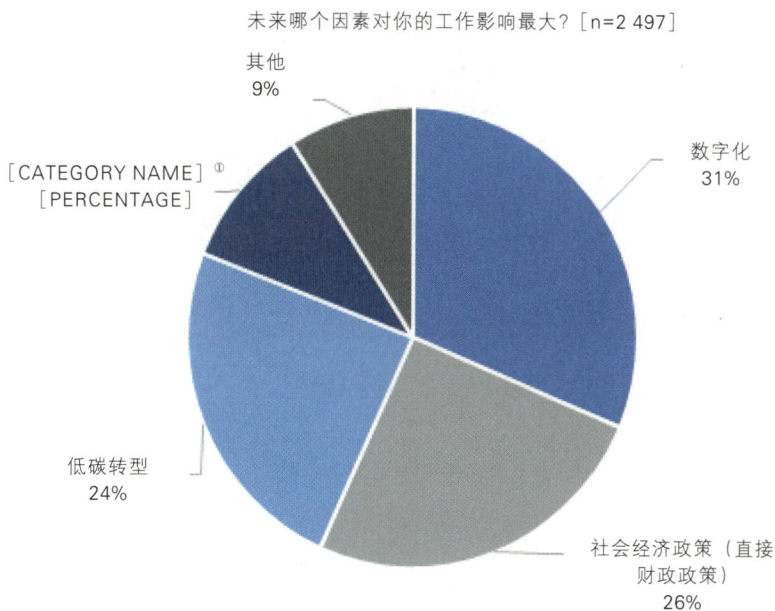

未来哪个因素对你的工作影响最大？［n=2 497］

其他
9%

[CATEGORY NAME]①
[PERCENTAGE]

数字化
31%

低碳转型
24%

社会经济政策（直接
财政政策）
26%

图7-2　利益相关者对于影响未来工作的因素和/或趋势的意见

① 原文如此，疑有误。

当被问及在能源和低碳转型的背景下，他们或他们的行业是否会从培训中受益时，40%的受访者完全同意培训的好处，近40%的受访者预计他们会在一定程度上受益。

低碳转型对某些行业的影响

约45%的受访者认为低碳转型对其所在的行业来说是一个机遇，约10%的受访者认为低碳转型是一个挑战（详见图7-3）。非政府组织、研究和学术机构在更大程度上将这种转变视为一种机遇，而多数私营企业、行业、贸易和商业协会认为这既是一种机遇，也是一种挑战。

低碳转型对你所在的行业是机遇还是挑战？［n=2 582］

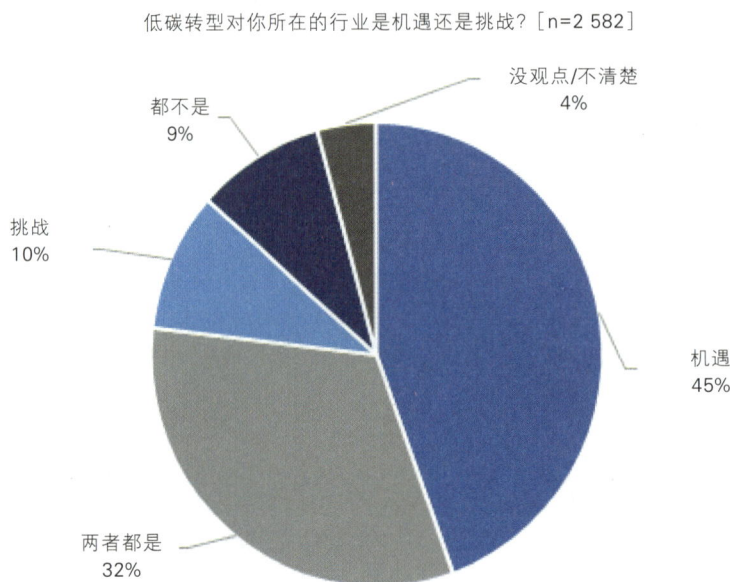

图7-3 利益相关者对于低碳转型是机遇还是挑战的意见

来源：Open Public Consultation.

当被问及其所在行业在2050年前减少温室气体排放的潜力时，近一半的受访者表示，其所在行业可能会减少一半以上，甚至全部的温室气体排放。此外，当被问及他们的部门如何能够减少温室气体排放时，超过20%的受访者预计这可以通过提高能源效率来实现。其他人则认为循环经济、进一步电气化、低碳燃料（如氢）及新的产品和商业概念可能会有所帮助（详见图7-4）。此外，许多受访者（40%）预计他们（或他们所在的行业）将优先投资创新的低碳技术。

你所在的行业减少排放的最佳路线是什么？[n=2 545]

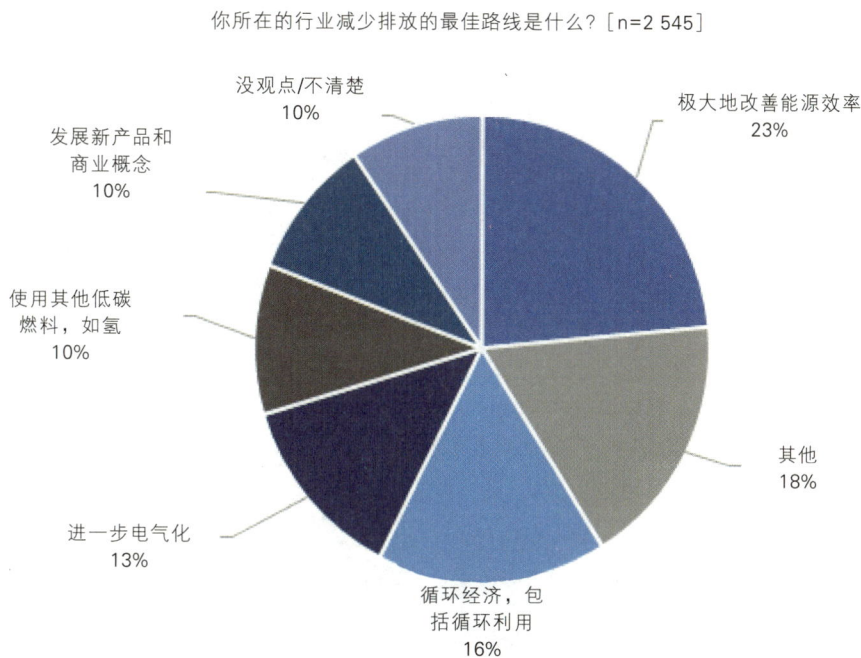

图 7-4　利益相关者对于实现温室气体减排途径的意见

来源：Open Public Consultation.

　　在进一步将其部门与其他部门整合以减少温室气体排放和提高效率方面，约有 40% 的受访者认为这是可能的，另有类似比例的受访者没有意见或不知道。预期进一步整合会有帮助的最高比例（75%）受访者类型是私营企业、行业、贸易和商业协会。

　　许多受访者（60%）预计低碳转型将促进欧盟现代化并增强其竞争力，而近 1/3 的利益相关者预计，只有非欧盟国家和地区也参与到低碳转型中，这种情况才会发生（详见图 7-5）。总体而言，非政府组织、平台或网络类别的利益相关者对低碳转型促进现代化和提升竞争力的态度最为积极（82%），而私营企业、行业、贸易和商业协会（48%）则强调非欧盟国家和地区也需要参与低碳转型。

　　关于低碳转型对欧盟现代化和经济增长的影响，超过一半的受访者预计，转型将有助于欧盟的现代化和经济增长。如果得到公众支持，另有 21% 的受访者支持这一观点，如果非欧盟国家和地区参与转型，另有 19% 的受访者支持这一观点。

你认为低碳转型将会使欧盟怎样？
[n=2 561]

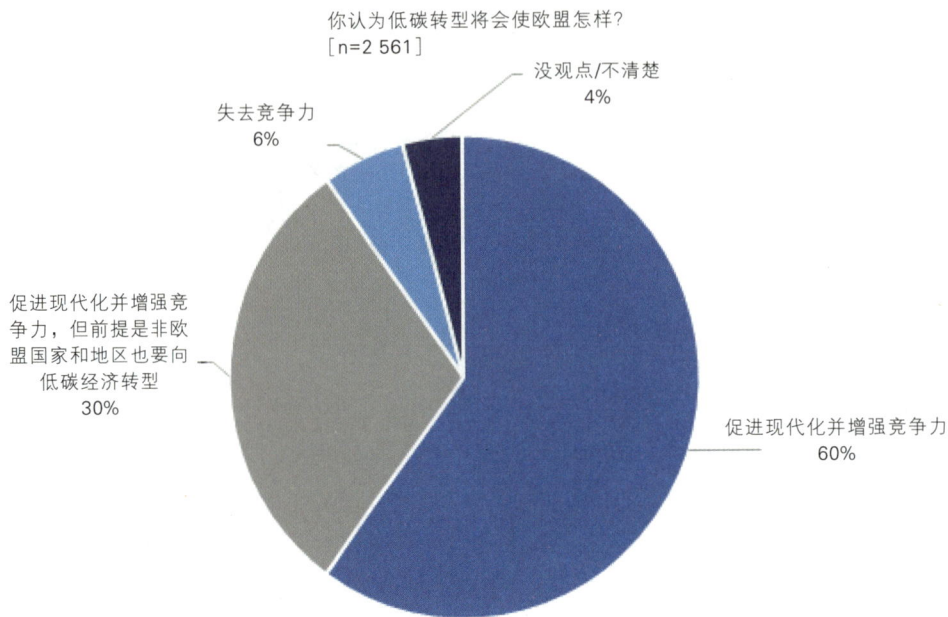

图 7-5　利益相关者对于低碳转型对欧盟竞争力影响的意见

来源：Open Public Consultation.

问卷还以开放式问题的形式询问利益相关者［PC45］："如何应对机遇和挑战，特别是与高碳强度相关的行业或地区的机遇和挑战？欧盟应该寻求哪些关键的经济转型，以实现低碳和有弹性的经济？"共收到 n=1 523 份答复。

• 受访者中有 1 018 人（67%）提及能源的一系列问题，这些问题既被视为机遇，也被视为挑战。可再生能源（作为清洁或绿色能源系统的一部分）［n=378］代表了欧盟工业的一个机会，但迅速扩大可再生能源规模也是一个挑战，同时许多受访者一致认为有必要逐步淘汰化石燃料［n=322］。其他被提到的问题包括建筑物的能源效率以及智能电网和能源储存的重要性。

• 受访者中有 759 人（50%）提及交通和运输的一系列问题，这些问题既被视为机遇，也被视为挑战。汽车和公路运输［n=285］几乎同样被视为机会（更清洁的空气）和挑战（减少单独车辆的使用），显然与扩大和改善公共交通的需要有关［n=210］。其他被提到的问题包括运输电气化（包括必须提供足够的充电基础设施）、改善循环基础设施和替代燃料（如氢）的基础设施。

• 1 448 名（95%）受访者提出了与公共政策相关的问题，因此几乎每个受访者都看到了政府行动的作用，以及各种相关问题。受访者对税收（碳排放）、定价

（排放交易体系）和财政政策（包括补贴）表达了强烈的意见［n=567］，大多数人认为政策应该创造一个促进向清洁能源转型的有利市场框架。公共投资［n=498］被认为是支持研发的一个机会，但在挑选"优胜者"方面也是一个挑战。受访者提出的其他问题包括规划和空间政策的作用。

• 404 名（27%）受访者提出了与排放有关的具体的问题，其中，碳捕获、储存、使用和/或吸收（特别是通过林业）被这一组受访者认为是最重要的问题［n=135 名受访者］。

• 913 名（60%）受访者提到了一些特定的经济部门，他们把经济转型既视为机遇，也视为挑战。废物管理、循环再生产、再利用和循环性在实践中［n=274］被视为迈向循环经济的机会，而可持续生产［n=196］则被视为工业的基本需要，许多人认为可持续性（低能耗、可循环、耐用）应在产品设计阶段就被引入。

• 范式转换（如生产或消费模式的重大变化）被 997 名（65%）受访者认为是一个关键因素，这涉及一系列问题，有时被视为机遇和挑战。许多受访者提出了包括可持续消费和生产、循环和生命周期思维在内的经济模式［n=843］。消费者行为［n=358］被认为是重要的，其代表了通过提高对气候影响的认识和理解来改变消费者行为的挑战和机会。

7.1.4.3 对未来能源系统的预期和看法

当被问及能源技术在清洁能源转型中的排序①时，受访者表示，可再生能源是最受欢迎的技术，平均得分最高，为 4.37 分（见图 7-6）。对化石燃料的碳捕获和封存被认为最不重要，平均得分最低，为 2.14 分。

最后，受访者被要求回答以下开放式问题［PC47］："包括对整体经济而言，最大的机遇是什么？与公众的接受程度或土地和自然资源的可得性的未来发展相关的最大挑战是什么？"

• 受访者中有 1 031 人（76%）提到能源及一系列问题，这些有时被视为机遇和挑战。可再生能源（如清洁或绿色能源系统的一部分）（n=455）被认为是一个创造新就业的机会，同时也面临间歇性的挑战；而能源效率（n=376）主要被视为一个机会，如平衡能源需求的增加和减少能源成本。其他问题包括能源储存、智能电网、能源成本和负担能力。总体而言，受访者倾向于将这些问题视为机遇，但其实施也面临挑战。

---

① 在调查中,受访者被要求按照1(重要)到5(不重要)的等级对每种技术进行排名。在这个分析的范围内,为了便于阅读,我们对排名系统进行了倒转。因此,平均评分最高的技术是最重要的技术,平均评分最低的技术是最不重要的技术。

下表列出了不同的能源技术，请对它们在清洁能源转型中将扮演的角色进行排名

■ 平均分　　■ 个人　　■ 专业人士及机构

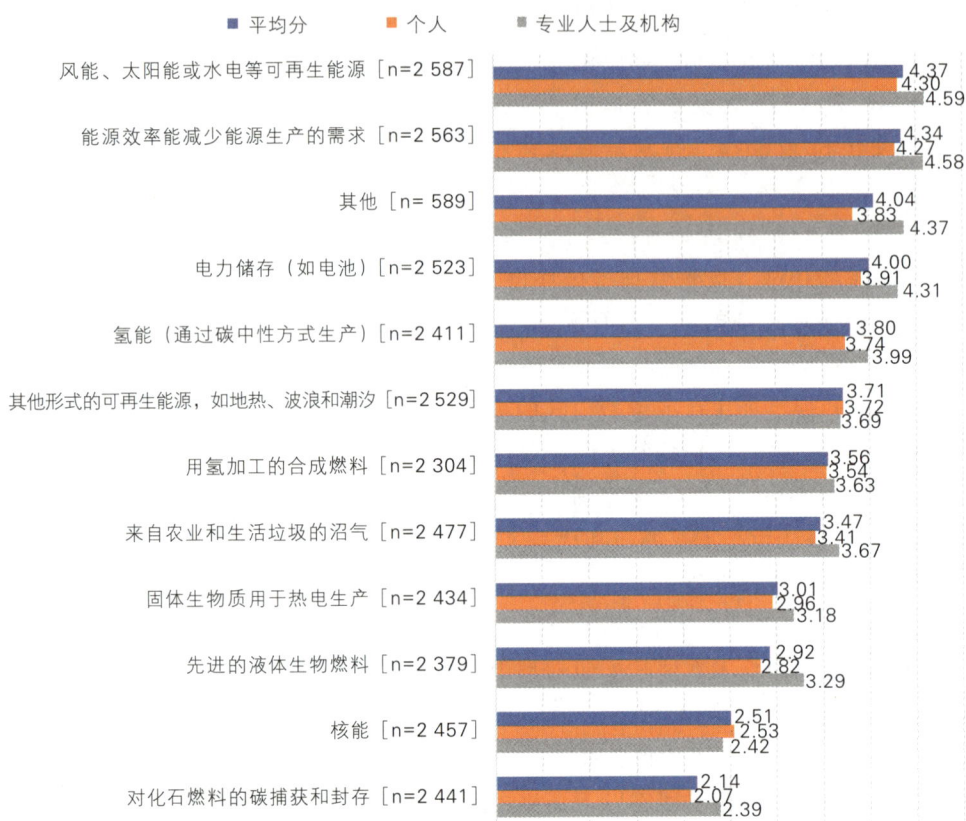

图 7-6　利益相关者对能源技术的排名，从 1（不重要）到 5（重要）

来源：Open Public Consultation.

• 受访者中有 470 人（35%）提出了交通和运输问题，这些问题既被视为机遇，也被视为挑战。电动汽车通常被视为减少噪声和空气污染的机会，但在确保电力来源的可持续性方面也面临挑战。许多受访者还认为，交通运输行业是一个极具挑战性的去碳化行业，尤其是在航空和航运方面。

• 受访者中有 575 人（43%）提出了与教育和研究相关的一系列问题，它们既被视为机遇，也被视为挑战。创新和研究［n=359］被视为在创造新就业和经济增长方面的机会，但在投资需求方面也是一个挑战。资金和投资［n=221］在动员公共和私人提供足够的资金方面将是一项挑战。欧洲投资银行及欧洲投资和结构基金

发现了投资研究和基础设施项目的机会。其他被提出的问题包括接受能力和人类适应性，以及教育和公众意识。

- 93%［n=1 253］的受访者提出了公共政策相关问题，这些问题种类繁多，有时被视为机遇，有时也被视为挑战。包括补贴在内的税收和财政政策［n=314］被视为改变生产和消费模式（税收改革）的机会，但在扭曲竞争的化石燃料补贴方面也是一项挑战。公共投资——包括研究和发展（R&D）——［n=278］被认为是利用私人投资和支持关键基础设施投资的机会，同时也被认为是满足所需投资的总成本方面的挑战。

- 54%的受访者（n=731）提出了与更广泛的经济相关的问题，并单独列出了多个行业，这些问题有时被视为机遇，有时也被视为挑战。可持续生产［n=503］被视为刺激循环经济的一个机会，但在激励企业和行业改变生产模式方面也是一个挑战。贸易和经济增长［n=402］被视为增强欧洲全球竞争力的机会（通过开发新技术），但也带来了与国际竞争有关的挑战。

- 66%的受访者对可持续发展表示担忧［n=892］。许多受访者提出了自然空间被破坏的问题（包括滥伐森林，以及单一种植人工林造成的生物多样性丧失）［n=794］，并强调了将原始森林转变为人工林及土壤退化等挑战，而保护自然空间被认为是适应的机会。生物质资源化利用［n=237］被认为是支持生物经济和在农村地区创造就业的机会，同时也带来了与生物多样性和土地利用有关的挑战。

- 66%［n=883］的受访者认为范式转换（如生产或消费模式的重大变化）是一个关键因素，这涉及一系列问题，这些问题既被视为机遇又被视为挑战。经济模式——包括可持续消费和生产、循环经济和增长减速——［n=624］被认为是转向更可持续的消费模式和生产方式的机会和挑战。生活方式和工作，包括公平转型、地方经济和不平等［n=434］，既代表了机会（创造绿色就业机会），也代表了对特定区域和行业的经济影响方面的挑战。

7.1.4.4 对森林角色和土地利用的看法

受访者被要求对土地利用部门的活动及其在减少温室气体排放方面的重要性进行排序（详见图7-7）。利益相关者给森林最高的评分为4.37，森林作为碳汇是最可接受的和最重要的促进二氧化碳吸收的土地利用活动，最不被接受的是作为生物能源来源（基于农作物）的农业活动，其评分是最低的，为2.43。

在长期战略的背景下，请在下表中对每项土地利用活动进行排序，以表明哪些是可以接受的，哪些对减少温室气体排放和增加二氧化碳吸收是重要的（并非所有的选择都需要进行排序）

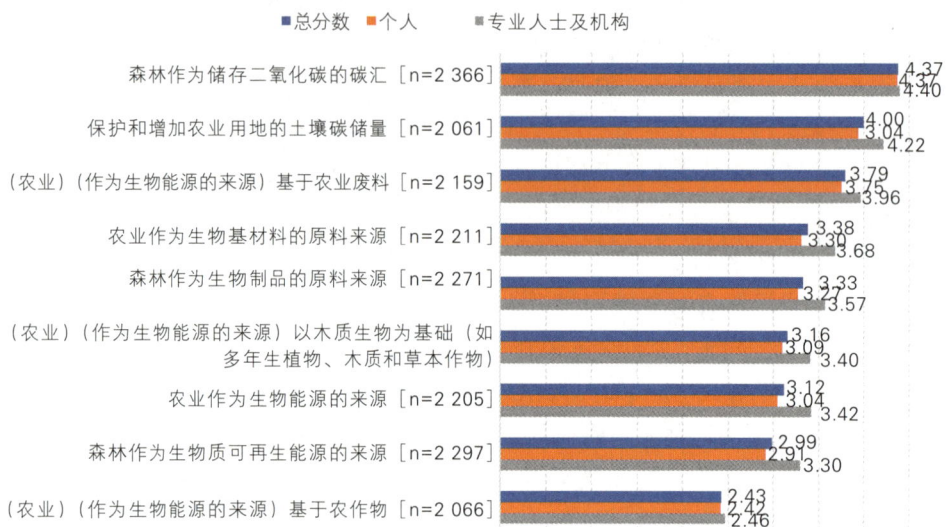

图 7-7　利益相关者对土地利用活动的排名，从 1（不重要）到 5（重要）

来源：Open Public Consultation.

受访者被要求对与土地利用相关的角色、可能性和挑战发表意见［PC49］："土地利用部门在减少温室气体排放和增加吸收方面应扮演什么角色？生物质最应该用于什么目的来减少温室气体排放？哪些可持续性问题应该得到解决，如何解决？"这些开放性问题收到了 1 042 个回复。

关于土地利用部门在减少温室气体排放方面的作用问题，在答复中出现了几个关键主题：

• 增加森林面积和改善森林管理是受访者关注的重点，几乎所有受访者都认识到森林作为碳汇的关键作用。

• 减少牲畜生产被认为是减少温室气体排放的一个重要途径，因为这是一项巨大的排放活动，而且是必要的饮食习惯转变的一部分。

• 土壤和泥炭地被认为是尤其重要的碳汇，可以在温室气体减排和吸收方面发挥重要作用。

• 其他一些问题被提到的频率较低，包括城市农业的潜力、生物能源碳捕获和储存（BECCS）的需求。

关于应将生物能源用于何种目的以减少排放的问题，答复提出了下列主题：

● 反对将生物质作为能源使用是最普遍的意见之一，许多答复者对使用生物质的减排/中性排放作用表示怀疑，并认为粮食生产是农田的主要目的。

● 受访者更喜欢在本地生产和消费生物质，特别是在将森林残留物或工业废料作为取暖燃料的情况下。

● 建筑和家具材料是生物质的首选用途之一。

● 其他被提出（次数较少）的问题，包括用生物质改善土壤保存碳的能力和生产生物塑料的可能性。

许多答复都对可持续性问题表示关切，出现了下列关键主题：

● 生物多样性问题，来自农业用地的持续扩张，或能源作物产量的增加。

● 由于担心欧盟对运输用生物燃料的需求正在导致第三国土地利用的间接变化，热带森林砍伐被视为一个关键问题。

● 有受访者指出，不将土地从粮食生产转为能源生产是一个重要的社会可持续性问题。

7.1.4.5 通过教育、研究和创新促进低碳转型

本节讨论了加速研究和创新在促进低碳经济转型方面的核心作用。受访者表示，提高认识以改变态度、价值观和思维方式，最好是伴随着本地、区域、国家和欧盟范围内的宣传活动在学校通过教育进行。此外，能源、工业和运输部门被认为是未来十年研发工作应重点关注的领域，以最好地支持低碳转型。

受访者回答了以下开放式问题 [P52]："未来数十年的研发工作应集中在哪些跨部门领域? 是否特别需要大规模部署某些创新技术?政府和私营部门在支持方面的作用是否不同?"受访者 [n=1 042] 主要关注：

● 59% 的受访者 [n=611] 提到了可再生能源。

● 能源效率 [n=506] 应该针对工业和普通消费者（如建筑能效），并加以改善。

● 应进一步注意 [n=333] 所涉及的工业过程，特别是有中间排放的目标部门和工业。在这方面，几位受访者提到了 CCUS 技术的重要性。

● 325 名受访者认为运输和交通——电气化、充电站、氢气、公共交通——很重要。电气化是这一类别中最常见的主题。

● 储能电池、分散式储能和供应被 [n=199] 受访者强调。

● [n=188] 受访者提到，氢应该被进一步改进来开发氢燃料电池和用于储存能源的电制氢技术，但同时也要使运输部门脱碳。

7.1.4.6 低碳转型融资

超过一半的受访者表示，他们所在的行业需要大量额外投资，以实现向低碳经济的转型。近一半的受访者承认，他们所在的行业存在融资缺口。此外，超过 40%

的利益相关者强调，企业对气候变化、低碳转型以及因这些变化而面临的金融风险不够透明。在金融风险方面，受访者群体之间存在显著差异：只有17%的个人受访者认为公司是足够透明的，而在代表私营企业、行业、商业组织的受访者中，这一比例为52%。

受访者被问及他们对公共部门参与为低碳转型提供充足资金的看法。很大一部分人同意公共部门应该更多地参与以确保充足的融资——要么通过直接投资（32%），要么通过担保为可持续投资提供更多低成本融资（51%）。

7.1.4.7　变化趋势

受访者被问及目前哪些趋势对我们的社会有重要影响、对减少温室气体排放有重要影响。绝大多数利益相关者认为，向更循环的经济、数字化和共享经济的转变是积极的趋势，能够减少温室气体排放。当谈到通过全球化进一步促进各领域相互依赖的重要性时，受访者的看法相对较为分散，持正面的（37%）、负面的（27%）和中性的（37%）态度的人数比例差不多。

7.1.4.8　低碳转型的参与者

在这一节中，受访者被问及哪些非国家行动者对其所在行业实现欧盟目标的贡献影响最大［n=2 405］。约1/3的受访者预计城镇的影响最大，一些受访者认为地方政府和企业的影响最大。然而，在调查私营机构和企业[1]的答复时，接近一半（45%）的受访者预计企业的影响最大。受访者还被要求提供具有特殊重要性的各类倡议的案例，以强调这些行动者在低碳经济和能源转型中的作用。案例包括：

- 基础设施和空间规划被确定为地区政府和城镇采取行动的关键领域之一。
- 各级政府的行动是重要的，虽然欧盟和国家一级被认为在规则制定和重大决定方面发挥重要作用，但预计其他行动者在空间规划（区域政府）和更实际的日常问题（地方/城市政府）方面也将发挥重要作用。
- 约1/3的受访者认为，能源生产是一个重要的行动和倡议领域，许多例子关注地方分散的可再生能源生产（主要是太阳能光伏发电），公民个人、合作组织、协会组织都可以采取行动。

7.1.4.9　适应

受访者被要求对他们认为有必要在居住地为气候变化的可能影响做准备和适应的行动进行排序。受访者［n=2 321］指出，所有适应措施都应受到高度重视。使农业适应气候变化、更好地理解气候变化对欧盟的安全影响、增加城市绿地面积以

---

[1]　子类别"私营企业、行业、贸易和商业协会"（n=322）。

应对热浪和洪水是三大主要措施。

最后，受访者 ［n=704］ 需要回答开放式问题 ［PC64］："哪些适应措施对他们所在的行业尤为重要？为什么？"受访者提到的关键主题包括：

●每个行业都需要做更充分的准备，但几乎没有受访者认为自己已经做好了充分准备。

●许多受访者指出，提高认识是一个重要环节，他们强烈认为，很少有人（包括决策者）真正了解气候变化的影响、它将带来的风险和脆弱性，以及需要采取何种行动。

●针对少数具体案例强调了适应措施，包括增加城市绿地面积和树木数量，改善建筑物的保温和制冷技术，以及改善保险。

●一些受访者强调减缓即适应，其中一个关键的适应措施是充分减少排放，降低适应的必要性。

●一些受访者还提出要更好地理解气候变化对第三国的影响如何影响欧盟，如移民模式的改变或资源短缺。

7.1.4.10 利益相关者对二氧化碳去除和储存的作用的意见

受访者被要求评估和评价欧盟的各种二氧化碳去除和储存方法和技术在实现负排放方面的作用，同时考虑经济和技术可行性、储存潜力、环境的完整性和社会接受度等问题。

在五项建议措施中，直接空气捕集措施的平均得分最低，而其他措施、密集造林和多年生人工林则排在前三名。对个人来说，最重要的二氧化碳捕获方法是集约造林，而对专业人士来说则是其他选择。专业人士提到的方案包括：改善土地和森林管理、保护和恢复森林和自然生态系统（包括重新造林）、生物能源碳捕获和存储 （BECCS）、生物炭、碳捕获和利用（CCU）、燃烧前捕获、海洋碳汇和发展海洋藻类。

陆地或海上的碳捕获和存储（CCS）站点被列为最不重要的碳存储技术，而受访者估计增加植物和土壤中的永久储量及其他方法是最重要的。专业人士再次选择了其他方法，而不是表中所示的方法，而个人认为增加植物中永久碳储量是最重要的方法。专业人士强调的其他方法包括：恢复森林和自然生态系统、CCU、BECCS、海洋碳储量、生物炭和木材产品。

最后，受访者被要求回答开放式问题 ［PC72］："你认为目前阻碍CCS大规模应用的主要障碍是什么，包括如何利用它产生负排放？与生物质CCS相关的特殊挑战是什么？什么类型的CCU（碳捕获和利用）将有助于创建长期存储？是否应该考虑其他技术？你认为欧盟应该采取什么政策来更好地帮助发展和应用？"受访者

［n=705］强调了以下几个方面：

- 大规模CCS面临的障碍：效率和规模［n=163］、公众支持和可接受性［n=62］，以及经济可行性［n=49］。

- BECCS面临的挑战［n=165］是一个重要的问题，许多人对这项技术的可行性表示关切，许多人怀疑负排放是否可以实现，而且考虑到（在其价值链中）所需的能源投入以及从其他技术中转移资源，它实际上可能会产生反效果。

- CCU［n=212］被认为是一个潜在的机会，特别是在建筑和建筑材料领域，燃料及钢铁、水泥和化学品等具体工业部门。然而，人们对CCU在发电领域的应用效率、成本和可行性存在着相当多的质疑，也有人反对CCU在油气领域的进一步发展。

- 其他可考虑的技术：可再生能源［n=284］、基于生态系统的碳捕获（如再造林）。

- 还有少数群体认为CCS并不是解决问题的办法，需要从根本上改变模式，才能首先避免排放。

- 在政策方面，受访者强调需要进行更多的试点项目和研究［n=190］，并就EU-ETS（欧洲碳排放交易体系）的功能和定价，以及CCS价值链各要素（如运输和存储基础设施）的公共资助等问题进行进一步的政策讨论。

7.1.5 提交讨论的意见书的分析结果

利益相关者

除了公开公众咨询问卷，利益相关者也可以提交意见书。到咨询活动结束时，组织方总共收到了173份文件，其中39份是对路线图①的咨询作出的反应。主要结果如下所述：

路线图咨询文件

路线图咨询意见书涵盖广泛的议题。一些利益相关者提出支持欧盟战略，即《巴黎协定》1.5℃温升目标，以及欧洲在2050年实现零排放的长期目标。然而，大多数受访者确实强调了战略中应包括的考虑因素和要素。常见的观点是：需要确保基于规则的全球气候行动秩序（公平竞争）；需要进一步投资于创新；确保转型继续把能源效率放在第一位；继续使用现有天然气基础设施的成本效益和欧盟碳排放

---

① https://ec.europa.eu/info/law/better-regulation/initiatives/ares-2018-3742094_en.

交易中心的重要作用。此外，若干利益相关方强调，在战略的拟定过程中，在模型、方法和假设方面，必须确保透明度。

国家、地区或地方政府（20篇）

丹麦、法国、荷兰、葡萄牙、瑞典、英国和挪威向咨询活动提交了单独附件。此外，绿色增长组织的14个成员提交了一份联合声明。一些地方和区域政府也借此机会在咨询活动中表达了更详细的意见。这一利益相关者群体强烈支持欧盟的长期战略，即到2050年实现净零目标，以便与《巴黎协定》1.5℃温升目标相一致，或探索至少一个战略与此兼容的目标。考虑IPCC《全球升温1.5℃特别报告》的结论的必要性得到了进一步强调。此外，一些成员国进一步要求欧盟修订目标，使得目前的2030年目标与巴黎的1.5℃温升目标协议具有一致性。

贸易、商业或专业团体（49篇）

来自这个利益相关者群体的文件涵盖了广泛的主题，反映了所涵盖领域的变化。约有20个利益相关方表示支持欧盟在2050年前实现零排放/碳中和的长期目标。一些利益相关方还指出，欧盟有必要修订其2030年目标。然而，特别是工业、能源和就业部门的代表也强调，有必要在成本效益、竞争力和就业保障方面（在"公正转型"的背景下）制定切合实际的目标。这些未必与激进的2050年目标不相符，但需要加以考虑。几份意见书强调了欧盟排放交易体系在推动能源转型方面的关键作用。许多利益相关者提出的另一个方面是，战略需要促进和确保市场参与者和投资者的长期稳定和可预测性。在具体技术方面，有人提出必须把效率放在首位，并提出效率具有成本效益的优点，以及推动CCUS技术进一步发展的必要性。此外，实现电力部门全面脱碳和进一步电气化也被视为减少碳排放的关键措施。天然气行业进一步强调了燃料从煤炭转向天然气的中期和长期好处——天然气不仅可以稳定电网，配合间歇性的可再生能源，而且利用现有基础设施的可能性将提高能源转型的成本效率。此外，该战略必须采取一种技术中立的办法，或至少在可能的范围内避免过早阻止未来的技术进步。

非政府组织、平台或网络（22篇）

一些利益相关者主张，根据《巴黎协定》1.5℃的温升目标，欧盟应制定2050年（或更早）达到净零排放的长期目标。其中很多文件提到（即将发布的）IPCC《全球升温1.5℃特别报告》。此外，一些利益相关方还主张修订2030年的目标。环境保护主义团体强调土地利用部门的作用，以及恢复、保护和保存森林和其他生态系统的作用。在这方面，两个利益相关方强调了畜牧业和相关产品消费在全球排放中所占的份额，并促使人们向植物性饮食的转变。利益相关方还强调了进一步促进和加强清洁技术研发投资的重要性。这些投资不仅是实现必要的减排的条件，而且对欧盟保持其国际竞争力和领导作用也是必要的。

私营企业（14篇）

除了两个提交额外附件的利益相关方外，其他利益相关方均属于能源部门。只有一家企业对长期目标表达了坚定的看法，主张到2050年实现碳中和，并呼吁将2030年的目标提高到45%。数家公司对欧盟排放交易系统作为引导欧洲和行业脱碳的主要工具所发挥的重要作用发表了评论，一些公司主张扩大其范围并加强该交易机制。此外，电力部门脱碳的重要性和进一步实现电气化的目标也得到了强调。碳捕获和封存技术也经常被提到是进一步减少排放的有利的工具，需要更多的研究、开发投资和有利的政策框架。

研究和学术（3篇）

共有三个团体提供了观点。它们关注的是粮食和营养安全、评估欧盟某些部门的额外减排潜力，以及道路运输。

专业咨询、律师事务所、个体顾问（2篇）

两名顾问提供了意见。第一份报告回顾了欧洲和国际气候政策，第二份报告讨论并概述了特定氢技术的未来。

其他（24篇）

一些相关的个人和团体向公开公众咨询提供了额外的观点，所涉及的主题包括提出替代方案、（按照作者的说法）忽视技术和创新、减少肉类消费的必要性，以及减少我们整体生态足迹的道德责任。

7.1.6 利益相关方咨询会议的结果

2018年7月10日和11日在布鲁塞尔自由大学①举行了一次利益相关方会议，有1 000多人参加。

有关欧盟建立现代、清洁及有竞争力的经济的愿景的讨论，受到所有发言者及专题讨论者的欢迎。其强调了在第24届联合国气候变化大会召开之前需要有一个统一的欧洲愿景。欧洲的温室气体减排长期战略不仅将指导欧洲未来几十年的努力，而且将为其他国家和重要利益相关方树立榜样。

会议讨论了若干主题。一些最重要的主题包括能源部门的发展趋势、欧盟的监管环境及低碳转型的社会层面。总体而言，对于制定激进的长期战略的必要性，各

---

① 活动安排见：https://ec.europa.eu/info/sites/info/files/decarbonisation_hlc_juillet_2018_pro-grammes_a3_v03_web_1.pdf.

方达成了共识。许多与会者承认，在实践中，这意味着在某一时刻实现零排放——最早可能在2040年，但大多数人认为是在2050年左右。人们认识到，尽管每天都有干扰，但这一战略应主要着眼于长期，以帮助决策者从长远角度考虑。因此，该战略应特别注意产生负排放的措施。它还应有助于设立短期和中期的里程碑，以推动及时采取行动。大多数小组成员强调，有必要将未来的转型视为机遇，而不是成本或挑战。为了证明这一点，不作为的代价应传达得更清楚。

更具体地说，许多小组成员一致认为，实现这一转变的关键在于能源效率和可再生能源，它们能够实现所需总变化的80%~95%。需要重点发展的项目包括供暖和运输的电气化、数字化，以及太阳能和风能（的进一步发展）。其他技术，如核裂变与聚变、氢、CCS和天然气也都作为未来实现低碳或零碳的潜在路径或希望被讨论。然而，传统能源仍占能源结构的很大一部分，因此，重点不仅应放在电气化上，还要注重使所有能源更加清洁。会议指出，尽管欧盟政策取得了进展，但许多部门仍需采取重要行动。将面临挑战的具体领域包括供暖和运输等终端用户部门，以及CCS等重要技术明显落后的领域。此外，关于自然资源的作用和使用的讨论指出，农业和林业在满足粮食和资源需求方面可发挥关键作用，同时有助于脱碳，并可能充当碳汇。

由于气候变化不仅是欧洲的问题，而且是全球的问题，与会人员一致认为，欧洲必须与其伙伴合作，并显示领导作用。不过，欧盟也面临很多竞争，尤其是来自中国的竞争。这意味着，在向低碳经济转型的同时，欧洲需要保持竞争力。要实现这一点，必须在基础设施、研究和劳动力方面进行投资。此外，我们需要确保供应链、价值链和创新者留在欧洲。现在是在未来有价值的领域（如数字化、电池生产）建立比较优势的时候了。此外，在考虑未来时，我们必须考虑各种解决方案（没有"单一"的解决方案）。这就是为什么保持对话的开放性和考虑不同的观点是很重要的。一些与会人员强调了公民的参与，并争取他们对正在发生的发展的支持。沟通和监管被认为是公民参与的重要驱动力。除此之外，与会人员还呼吁建立一个有凝聚力的监管框架，涵盖所有领域，减少不同国家之间的重叠。监管应鼓励私人投资和商业机会，同时抑制需要逐步淘汰的商业（和消费者）行为。尽管一些小组成员呼吁就碳排放问题发出更强烈的价格信号，但油气行业认为其已经被课以重税，不赞成提高碳排放定价。

可负担性也是讨论的一个重要角度，尽管一些可再生能源和能源效率解决方案的成本较低或为负，但显然并非所有的低碳选择都具有这种性质，这对现有的行业和家庭有着重大影响。这些不应被忘记，因为今天有数百万欧洲人缺乏能源。总的来说，重要的是要记住转型可能造成的所有干扰，以及如何以公平、公正和负责任的方式解决这些干扰。

7.2 具体方法和模型

7.2.1 对使用的分析模型的描述

主要模型组合：PRIMES，GAINS，GLOBIOM，GEM-E3，E3ME。

用于本评估中设定场景的主要模型组合在委员会的能源和气候政策影响评估中有成功的使用记录。2020 年和 2030 年气候和能源政策框架及 2011 年委员会脱碳路线图使用的都是同一套模型。在过去几年中，模型组合在对能源系统及温室气体排放和去除的更精确表示，以及技术的详细表示方面得到了极大改进。模型组合包括：

●整体能源系统：未来能源需求、供应、价格和投资，以及所有温室气体排放和去除。

●时间尺度：1990 年至 2070 年（以 5 年为时间步长）。

●空间尺度：单独表示所有欧盟成员国、欧盟候选国，以及相关的挪威、瑞士和波黑。

●影响：所有能源部门（PRIMES 及其生物燃料和运输的附属模型），农业（CAPRI），森林和土地利用（GLOBIOM-G4M），大气扩散，健康和生态系统（酸化、富营养化）（GAINS）；包含多个部门在内的宏观经济，就业和社会福利（GEM-E3）。

模型以特定方式相互关联，以确保情景构建的一致性，如图 7-8 所示。这些相互联系是提供核心分析所必需的，即相互关联的能源、运输和温室气体排放趋势。

详细的模型描述可以在 DG CLIMA 网站[①]上找到，也可以在所有提案的清洁能源影响评估中[②]找到（特别是在修订后的能效指导的影响评估中）。

模型组合在最近更新过，时间范围扩展到 2070 年，添加了一个新的建筑模块，提高了对电力部门的刻画精度，用更精细的尺度表示氢和合成燃料（"e-fuels"），并更新联系的模型来提升土地利用模型和非二氧化碳排放模型。

[①]　http://ec.europa.eu/clima/policies/strategies/analysis/models_en#Models.

[②]　https://ec.europa.eu/energy/en/news/commission-proposes-new-rules-consumer-centred-clean-energy-transition.

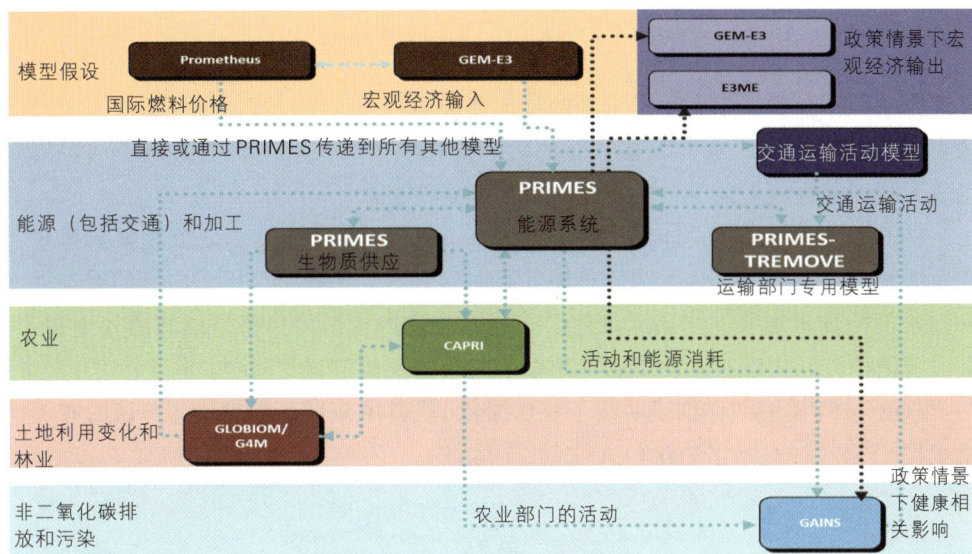

图 7-8　模型间关联

来源：E3MLab/ICCS①.

宏观经济模型

这些能源系统情景的结果可作为宏观经济模型的输入。使用JRC-GEM-E3②、E3ME③和QUEST④模型可评估不同低碳转型路径对宏观经济的影响。此外，能源系统情景也可以作为输入，通过模型GAINS评估情景对健康的影响。

预测

上述模型组合由自下而上的工业模型FORECAST进行补充。其基于一种考虑技术动态和社会经济驱动因素的模拟方法。该模型能够解决关于各行业能源需求的研究问题，包括对未来情景中单独能源载体的需求（如电力或天然气）；计算节能潜力和对温室气体（GHG）排放的影响，以及减排成本曲线和事前评估政策的影响。

模型明确地考虑了能源加工的过程，而对其他技术和能源使用设备建立数学模型，并将其列为横向可选择技术。能源加工模块涵盖76个工序和产品的产出和

---

①　http://www.euclimit.eu/Default.aspx?ld=2.

②　https://ec.europa.eu/jrc/en/gem-e3/model.

③　https://www.camecon.com/how/e3me-model/.

④　https://ec.europa.eu/info/business-economy-euro/economic-and-fiscal-policy-coordination/economic-research/macroeconomic-models_en.

能耗。

通过模型技术库的扩散，节能方案展现了它们对能源消耗和温室气体排放的总体影响，从而减少了单个生产工序的特定能源消耗或特定过程的相关排放。节约选项可以是改变增量，也可以是全新的生产流程。节约选项的扩散是基于回报周期的，回报周期取决于能源节约、能源价格和碳价格。

FORECAST模型被设计为一种可以用来支持战略决策的工具。其主要目标是为工业能源需求和温室气体排放的长期发展制订方案。该模型考虑了广泛的减排方案和高水平的技术细节。产品未来的生产能力和生产工艺的选择是模型的外生输入，而对节能措施和供暖技术的投资则是基于对投资决策的详细模拟。

FORCAST模型的详细说明载于报告附件1，其中概述了为委员会所做的有关建模工作。[①]图7-9显示了FORECAST的简要结构。

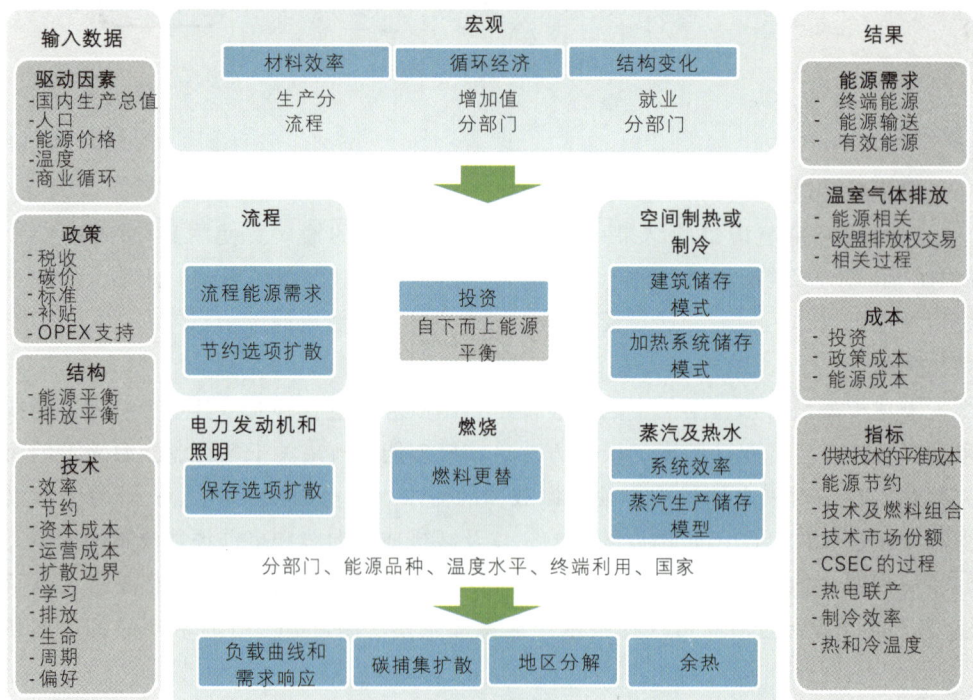

图7-9 自下而上模型FORECAST概要

来源：FORECAST.

---

① ICF & Fraunhofer ISI(2018)，Industrial Innovation：Pathways to deep decarbonisation of Industry.

7.2.2 情景设计

7.2.2.1 应用PRIMES，GAINS，GLOBIOM组合设计基准情景

为了评估最近制定的政策和目标的轨迹，一个基准情景被制定出来。正如第2.2.2节所述，欧盟及其成员国最近同意加强一系列政策和强制性目标，这些政策和目标指导欧盟到2030年的低碳和能源转型。此外，这些政策将继续推动进一步的温室气体减排，并在2030年之后增加节能和可再生能源的部署，这要么是因为这些国家没有"日落条款"（特别是ETS及最近修订的EED第7条），要么是因为它们希望诱导技术学习和成本降低。此外，能源系统中的大多数行为都具有长期影响（如建造隔热良好的房屋、高效的发电厂或其他类型的基础设施）。基准情景反映了这些动态变化，但需要强调的是，2030年后的政策没有强化，2050年的温室气体减排目标也没有设定。

基准情景主要建立在2016年参考情景（REF2016）[①]的基础上，确保宏观经济预测、化石燃料价格发展和2015年前会员国政策在REF2016[②]中的实施。它采用与REF2016相同的决策和成本会计贴现率（参见REF2016出版物的第2.6.1节中关于此主题的更多信息）。

基准情景假定实现2030年能源和气候目标[③]，这些目标由欧盟领导人于2014年10月提出[④]，在2018年5月通过《努力分享监管协议》进一步细化，并通过2018年6月的《可再生能源指令重铸协议》和修订后的《能源效率指令》得以加强。因此，基准情景包括最近议定的几项主要立法及委员会的建议：

• 修订后的欧盟排放交易系统指令（Directive（EU）2018/410）于2018年4月8日生效。

• 《LULUCF法规》（Regulation（EU）2018/841）于2018年7月9日生效。

• 《工作分担法规》（Regulation（EU）2018/842）于2018年7月9日生效。

---

① The "EU Reference Scenario 2016 Energy, transport and GHG emissions – Trends to 2050" publication report describes in detail the analytical approach followed，the assumptions taken and the detailed results，see：https://ec.europa.eu/energy/sites/ener/files/documents/ref2016_report_final-web.pdf.

② 此外，反映气候变化的影响——取暖和制冷的天数——的假设在所有PRIMES情景中都保持相同；但是，对水力发电或生物质能的可用性可能产生的影响尚未考虑。

③ 《2030年气候与能源框架》为2030年设定了三个关键目标：(a)温室气体排放至少减少40%(1990年水平)；(b)可再生能源至少占27%的份额；(c)能源效率至少提高27%。它们建立在2020年对气候和能源一系列计划的基础上。

④ 2014年10月23日和24日欧洲理事会的决议。

● 建筑物能源效益指令（Directive （EU） 2018/844）已于2018年7月9日生效，根据该指令，至2020年，新建筑物被认为是几乎零能耗的建筑。

● 委员会关于重新制定可再生能源指导方针的建议。2018年6月14日欧洲议会和理事会通过的版本提出了32%的可再生能源欧盟总体目标。

● 委员会关于修订能源效益指导书的建议。2018年6月20日欧洲议会和理事会通过的版本提出整体一次能源消费和最终能源消耗32.5%（与2007年基准相比）的目标，以及继续执行2020年后不含"日落条款"的EED第七条。

● 委员会关于修订Eurovignette指令的建议。

● 委员会关于修订联合运输指令的建议。

● 委员会关于修订清洁车辆指令的建议。

● 电子货物运输信息法规。

● 委员会建议为LDVs（轻型车辆）[1]和HDVs（重型车辆）[2]制定新的二氧化碳标准。

然而，它确实预见到影响非二氧化碳排放的政策将继续存在，如REF2016中所述，但更新后的政策将在基准情景中纳入减少化石燃料消耗对非二氧化碳排放的影响。

重要的是，基准情景纳入了根据ASSET项目[3]进行的技术假设的更新，以及为委员会最近的立法建议[4]而进行的关于运输技术假设的更新。

基准情景是专门为设计长期脱碳情景而建立的。它没有反映会员国具体的短期政策，特别是没有同会员国进行协商，以核实现行或新增的政策是否有充分的代表性。

7.2.2.2 应用PRIMES，GAINS，GLOBIOM组合设计脱碳情景

委员会通过PRIMES、GAINS、GLOBIOM的模型组合分析研究了在8个经济层面实现不同程度脱碳目标的情景，这些情景覆盖了欧盟为实现《巴黎协定》设定的远低于2°C的温升目标所需的潜在减排范围，并继续努力将温度变化限制在1.5°C

---

① COM/2017/0676 final – 2017/0293（COD）.

② COM/2018/0284 final.

③ 能源系统发展的模型设想高度依赖于对技术发展的假设——在性能和费用方面都是如此。虽然这些假设传统上是由建模顾问根据广泛和严格的文献审查制定的，但欧盟委员会越来越多地寻求利益相关方对这些技术进行审查，使它们更加可靠，更能代表当前项目以及专家和利益相关方的期望。这就是为什么欧盟委员会在2018年年初启动了一个专门的项目，通过接触掌握不同行业最新数据的相关专家、行业代表和利益相关者，确保模型PRIMES中技术假设的可靠性和代表性。该项目已于2018年7月完成，其最终报告（包括最终确定的技术假设）可在此查阅：https://ec.europa.eu/energy/en/studies/review-technology-assumptions-decarbonisation-scenarios.

④ RICARDO, 2016, Improving understanding of technology and costs for CO₂ reductions rom cards and LCVs in the period to 2030 and development of cost curves，https://ec.europa.eu/clima/sites/clima/files/transport/vehicles/docs/ldv_co2_technologies_and_costs_to_2030_en.pdf.

以内。这就意味着欧盟2050年（与1990年相比）的温室气体减排幅度在80%（不包括 LULUCF）到 100%①（包括 LULUCF）之间。所有脱碳情景都基于基准情景和相同的技术假设。脱碳情景的一般逻辑见第4.1节。

脱碳情景根据实现的温室气体减排水平可以分为三类。每个情景类别中的路径研究旨在展示，如果当前政策框架（见基准情景）在2030年后进一步强化，每次可以加强某些技术的应用（或消费者的选择在一个场景中）以获得流程化和探究的方法，如何才能实现预期的减排水平。

1.情景类别1：包含了实现远低于《巴黎协定》2℃温升目标的情景，即温室气体在2050年减排80%的目标（LULUCF除外）和持续的温室气体减排趋势，即2050年之后趋向温室气体零排放。在基准情景的基础上，有5条路径被考虑。其中，3条路径更侧重于提高脱碳能源载体的渗透率（这要求能源供应部门作出重大改变），而另外2条路径则更侧重于需求方面。

a.由脱碳能源载体驱动的温室气体减排方案：

i.电气化（ELEC），包括对解决能源需求起关键作用的电气化，从而提高电力供应。

ii.氢（H2），包括重点在能源需求部门推广氢，从而提升氢能的生产和供应。

iii.混合燃料（P2X），包括混合燃料（电制气体燃料和电制液体燃料）在能源需求方面和供应方面的应用。

b.需求驱动的温室气体减排情景：

iv.能效（EE），包括建筑、工业和交通领域的能源效率。

v.循环经济（CIRC），主要推动工业和（在更有限的范围内）运输行业循环经济的发展。

2.情景类别2：本情景（COMBO）以情景类别1稳健减排路径为基础，在远低于2℃的目标之上进一步减排。本情景没有设定具体的减排目标，但从整体结构上看，减排介于情景1和情景3之间，即2050年后的温室气体减排趋势持续向零排放发展。

3.情景类别3：最高的温室气体减排情景，实现《巴黎协定》1.5℃的温升目标，即大约减少100%的温室气体排放（包括汇），到2050年实现温室气体净零排放。这个类别的两个情景建立在COMBO情景的基础上，并假设进一步加强该情景中包含的行动和技术的应用。此外，净零排放是通过用负排放来抵消"更难减少"的排放（如农业、交通运输）来实现的，这两种情景中的一种情景假设生活方式与

① 即实现温室气体净零排放。

今天相比发生了变化，从而进一步减少温室气体排放。

i. 负排放技术（1.5TECH），包括一项关键的补充行动，即到2050年实现负排放（数量可观）。

ii. 可持续的生活方式（1.5LIFE），包括一项关键的补充行动，即改变消费者在交通和循环经济行业中的选择[①]。

虽然每一种情景，通过建构和设计，都能够促进该情景某些方面比其他情景更强，但这些情景不会被视作较极端的选择（如"氢经济""合成燃料经济"等），而是基于现有知识的未来可行/现实的路径。

在2030年之前，所有8种情景的预测往往非常接近——几乎完全相同。这是因为它们共享相同的驱动转型政策。2030年后的差异开始变得显著，特别是接近2050年时，这基于低碳技术成本进一步降低取决于开发、现有的基础设施（发电厂、工业场所或建筑）被替换或翻新。这也反映了能源系统和整个经济的惯性。对2050年后预测的分歧会更大。

在所有情景中，电力和工业等ETS部门都需要深度脱碳。这些情景的目的是展示这些部门可以利用的技术转型途径。在模型中，ETS部门企业的技术选择是由（i）碳价和（ii）特定情景所驱动的。碳价发展是这些情景减少排放的关键驱动力，但不是唯一的驱动力。

碳价代表了一种程式化的价格信号。它促使电力部门和工业部门以低成本应用零碳技术和替代燃料。在电力需求非常高的情况下，电力部门的成本效益选择尤其重要。然而，选择哪种特定的替代燃料（例如，首选氢、电制气体燃料，还是电力）也取决于情景中的技术和基础设施环境。这种环境是协调政策的结果，这些政策发展基础设施，致力于使能技术的研发和集成，并设定生产者期望、消费者偏好和公众接受度。这些协调政策在不同的情景中有所不同。因此，工业成熟度、技术可行性及替代能源载体在不同的情况下各不相同。

程式化的碳价假设在所有情景下都显著增加，在2030年达到28欧元/tCO_2，然后在80%的减排情景下增加到250欧元/tCO_2，在2050年实现温室气体净零排放的情景下增加到350欧元/tCO_2。实际碳价的发展将有所不同，并取决于许多因素，包括其他政策的应用及它们如何影响技术成本和应用。这个使用PRIMES模型组合的

[①] 关于消费者选择，有必要强调的是，当涉及减少每项特定活动的能源消耗时，某些消费者选择是"能效家庭"措施的一部分。消费者的选择也可以是"循环经济家庭措施"——当它涉及减少浪费、回收、再利用时。最后，消费者的选择可能还意味着减少一项活动（例如，由于碳足迹而不乘飞机或改乘火车），这些措施在1.5LIFE情景中得到了模拟。

评估并没有被选择去改变其他的政策手段，以观察碳价会受到怎样的影响。

下面给出了所有 8 种场景建模的具体特征和假设，并指出了哪些是常见的，哪些是特定的路径。

情景类别 1

实现温升远低于 2℃ 的减排情景有很多相似的特点。第 4.1 节总结了情景类别 1 的共同特征和假设，下面也将简要讨论这些特征和假设，见表 7-2。

表 7-2　　　　　　　　　　　　情景类别 1 的主要共同特征

减排目标水平

• 2050 年减少约 80% 温室气体排放（不包括 LULUCF）

主要共同假设

• 市场与基础设施部署发展相协调
• 显著地通过做中学发展低碳技术

单方向选择

• 提高能源系统 2030 年后的能源效率
• 2030 年后建筑改造率至少是历史的 2 倍
• 在自用电量增加、需求响应和数字化（使智能电器/楼宇控制功能广泛应用）的推动下，电力消费模式趋于平稳
• 开发电力存储，更好地整合可再生能源
• 温和的循环经济措施，与当前相比，提高资源效率并改善废物管理

可再生能源

• 高可再生能源渗透率，应用于发电、制热和冷却
• 增加先进生物燃料（和生物甲烷）在运输方面的授权，到 2050 年份额至少达到运输燃料总量的 25%（不包括电力和氢）
• 2030 年后，生物质能进口受到限制，接近 2015 年水平（约为 12Mtoe）

电力行业

• 2050 年电力行业基本脱碳
• 核能仍在电力行业占据一席之地
• 二氧化碳捕获技术的应用面临的诸多限制将在 2050 年后逐渐放松

运输行业

• 2030 年后政策的强度相对于基准情景更高
• 实施提高交通系统效率（即数字技术、连接、合作和自动移动，智能定价，鼓励多种运输方式，并转向低排放的运输方式）的措施
• LDVs 和 HDVs 在所有情景下有较高的二氧化碳标准
• 相连的、合作的和自动的交通

ETS

• 情景组合 1 中所有情景的公共碳价

电力脱碳

维持并进一步加强欧盟为实现2030年能源和气候目标所做的努力，在长期内扩大和加强电力部门当前的脱碳趋势。电力部门实现脱碳的主要途径是增加可再生能源的使用，辅以稳定且略有增长的核能发电，以及在仅存的几家化石燃料发电厂有限地安装①CCS装置。区域供暖和工业蒸汽的生产环节主要通过使用可再生能源脱碳。

电气化

这反过来又促进了最终能源需求的日益电气化，因为电力逐渐成为一种负担得起的零碳能源载体。在工业上，2030年后碳价的逐渐上涨对化石燃料能源载体的影响越来越不利。在支持脱碳目标的特定因素的驱动下，交通运输（尤其是轻型车辆）和建筑物部分改用电力。特别是在交通运输方面，推动电气化的因素包括：2030年后将实施更严格的二氧化碳排放标准，以及鼓励向支持电气化的低排放交通方式和模式转变的政策（如铁路）。对于建筑而言，热泵的多重好处（可再生能源的使用、能源效率和减排）推动了热泵的使用，尤其是在高度隔热、新建和翻新的建筑中。

可再生能源和更灵活的电力系统的发展

电力行业的脱碳，在很大程度上是由于间歇性可再生能源的大规模应用，尤其是风能和太阳能。为了方便整合可变的可再生能源，欧盟的电力系统变得更加灵活，这要归功于电网的扩展和改进，包括连接设备、大量储能的安装以及需求响应贡献的增加。虽然2030年前的发展是由可再生能源目标驱动的，但考虑到碳价格传递的信号，2030年后的主要驱动力是现有技术的相对竞争力。可再生能源越来越多地用于取暖、制冷及运输，其中先进生物燃料（包括沼气）的出现是主要推动者。但它们的普及受到其经济和生产潜力的限制，这些限制与生物质的可持续性标准和工业（木材和生物原料）非能源应用的竞争性用途有关。

能源效率

在所有情景中出现的另一个主要趋势是能源系统的能源强度正在下降，这是由于对能源效率的监管激励，以及这些措施在脱碳背景下产生的成本效益。2030年政策框架的强化以及技术改进和电气化等因素，极大地提高了工业、建筑和运输的能源效率。数字化进一步推动了能源效率的提升，使得智能家电/楼宇控制功能得以广泛应用。

尽管这些情景有许多相似之处，但确实存在差异。上述共同特征导致温室气体排放明显减少，但未达到理想的水平。减少剩余排放需要采取额外行动，特别是在排放"难以减少"的行业，如工业（钢铁、化学品、非金属矿物）和运输业（重型

---

① 由于二氧化碳的地理储运和相关基础设施的限制。

车辆、航空、水运）。文献综述和与利益相关者的讨论确定了减少这些排放的不同
方案的可用性，这些反映在不同情景的差异上。

在 ELEC 情景中，在排放难以减少的行业，电力成为减排的载体。在运输方
面，与此类别的其他情景相比，对轻型车辆的二氧化碳排放标准将更为严格（例
如，汽车 2050 年为 16 克二氧化碳/千米，到 2060 年为零），电气化速度将更快。该
方案还假设了电动重型车辆在短距离及卡车在长距离的渗透率。与其他情景相比，
电动重型车辆在该情景中占有更大的份额，特别是短途重型货车和公共汽车。内陆
航行（内陆水道和国家海运）和航空的电气化是一个仍待解决的方案。铁路的电气
化进一步加强。高效热泵的普及进一步推动了建筑物的减排。对于工业而言，努力
的重点是在燃料转换成为可能的情况下实现强电气化。

H2 情景预计，受益于目前已知可以应用的技术，氢将在运输、建筑和工业的
最终用途中得到广泛应用。通过适当调整配气网和加热设备以适应高比例的氢气
（到 2050 年这一比例高达 50%，到 2070 年高达 70%），可以促进氢能的利用。专用
基础设施被认为可以促进运输行业使用氢气的份额。此外，在气体分配网络中混合
沼气，进一步减少了化石天然气的数量，从而为最终消费者提供低碳气体燃料（用
于建筑物供暖、工业和热量生产）。此外，该情景假设在高温工业炉中直接使用通
过电解槽产生的氢气。在交通运输方面，汽车和货车之间会出现氢和电的一些竞
争，主要区别在于不能用电池运行的车辆，如长途汽车、客车和卡车。加氢基础设
施在本情景中被认为到 2050 年能够大规模应用，这有助于促进氢气的利用。需求
侧部门对氢的需求增加了系统的电力需求。另外，氢气生产及其在电网中的使用/
储存同时提供了中长期储能能力。这是特别重要的，因为电解槽产生氢气所需的大
部分额外电力来自可变的可再生能源。

P2X 情景类似于 H2 情景，但氢主要是生产合成燃料（电制气体和电制液体燃
料）的中间原料。与化石燃料相比，合成燃料具有（几乎）相同的化学特性。然
而，它们的生产是高能耗的，因为在电解槽产生氢之后需要进一步的转化步骤。此
外，碳原料是必需的，但未来碳原料能否满足需求具有不确定性①。在本情景下，
分布式天然气由电制气和沼气组合而成，为最终用户提供与现在相同品质的分布式
气体燃料，但排放量保持在很低水平。电制液体燃料的使用将有助于减排成本高昂
的运输行业减少排放，特别是在难以电气化或开发替代技术或基础设施（燃料电池

---

① PRIMES 考虑了碳的可用性限制。碳分子的生物来源在模型中是确定的，来自生物质燃烧装置捕获
的二氧化碳。在模型中它是内生的，因此会考虑有关生物质和捕获的二氧化碳的可用性限制。碳的空气捕获
来源不考虑土地限制。这是长期技术假设的结果。

和氢气基础设施）需要显著变化的情况下。在运输中使用合成燃料将减少运输部门对生物燃料的需求，使生物质用于其他用途，如供暖、发电和作为原料。到2050年，氢气通过电解生产，甲烷化工厂中的电制气体和电制液体燃料通过各种化学途径（特别是甲醇途径和Fischer-Tropsch工艺）生产。为了实现碳中和，电制气体和合成燃料的生产都使用通过发电厂从空气和生物质中捕获的二氧化碳。合成燃料的生产意味着这种情况下的电力需求甚至高于H2情景，这是所有情景中最高的，因为合成燃料的生产需要在氢生产之后进行进一步转变。然而，合成燃料的生产还为额外的发电要求提供中长期储存服务，这些要求主要通过额外的可变可再生能源投资来满足。

上述情景侧重于替代能源载体。另外两种情景更侧重于需求驱动的温室气体减排。

在EE情景中，所有部门都追求高水平的能源效率，超越电气化选择，并加强能效技术选择的使用，特别是在住宅部门和工业部门。因此，在所有最终消费部门，尤其是建筑行业，能源消费减少。后者是由建筑能源性能的大幅改进、更高和更深入的翻新率、加热和冷却设备（以及水加热、烹饪）及电器的大幅改进，以及建筑自动化和控制系统的部署所推动的。在工业部门中也能观察到能效的提高，包括加热炉效率和低品位热能利用率的提高，以及余热回收机制的增加。在交通运输方面，能源效率是通过提高交通电气化程度实现的，与ELEC情景非常相似，并结合了城市环境中向铁路、水上运输和集中运输模式的转变。

在CIRC情景中，温室气体减排是由能源系统以外的措施驱动的。尽管与EE情景的概念非常接近，但减排并非由节能驱动，而主要是由更普遍的资源和材料效率概念驱动的。回收和再利用，产品和工艺创新，改进废物管理，材料的梯级使用和材料替代，是减排的主要驱动因素[①]。两个行业展示了沿着这条道路前进的影响：

• 工业受益于增加和改善回收、减少污染、利用低级材料及替代材料（特别是通过3D打印），减少对原始材料（钢铁、有色金属、塑料、纸张、建筑材料）的需求，并将生产环节向低能耗及低碳强度（高回收率）转型。因此，初级工业产出的数量减少，尽管与此同时，工业价值链以回收和再利用为重点增加了附加值，需要增加服务，从而减少能源消耗和温室气体排放。表7-3说明了CIRC建模中初级生产环节的假设影响。

---

① 关于循环经济动态的假设有点保守,因为他们认为在2050年之后也会继续扩大循环经济;因此,2050年不是CIRC情景中循环经济发展的高峰期(在预测期内)。

● 运输行业获益于整合共享经济和连接的、协调的和自动化的流动性，以及将数字化、自动化和流动性作为服务充分利用。车辆相对于基准情景较少，但利用率更高，占用率更高，更新速度更快。减少的车辆也对汽车工业中使用工业产出的材料具有间接影响。最后，假设改善物流和将长途货运转变为就近运输，并向铁路和水上运输转变。在能源方面，运输系统中不依赖氢气或合成燃料，但生物质使用量的增加部分来自减少工业排放所不需要的生物质。

● 在能源方面，废热回收率增加，剩余废料转化为可用的热量、电力或燃料；改进有机废物和生物质梯级管理和收集，使用更可持续的生物质作为原料或在当地生物炼油厂生产沼气[①]。

表7-3　　　　　　CIRC情景中循环经济对能源密集型产业初级生产的影响假设

	2050年
	减少量（%相比于基准情景）
钢铁	−6%
非金属	−3%
化工产品	−9%
造纸	−12%
非金属材料	−8%

除了实现预期减排目标的驱动因素之外，所研究的五种途径的差异对基础设施也有重要影响，既需要改变现有基础设施，也需要增加新基础设施。

所有情景都需要对电力基础设施和车辆充电/加油基础设施进行大量新的投资，而且情景之间的唯一差异是所需的投资规模。H2和P2X情景允许使用现有的天然气基础设施，从而允许使用现有的建筑和工业加热设备。在运输中，需要大规模地推出氢气燃料补给基础设施，特别是在H2情景中。P2X情景还允许使用现有的液体燃料基础设施，并且需要相对较少的车辆充电/加油基础设施。ELEC和EE情景

---

① 　由于EE和CIRC情景的主要特点相似，即更多地关注需求驱动的减排并仅共享两个低碳能源载体(电力和生物质)，因此我们有意识地选择推动EE中的电力消耗和在CIRC中的生物质消耗，以使这两种情景在结果中呈现出足够的差异。由于电气化是提高能源效率的一种手段，特别是在住宅和交通方面，这种选择更符合EE的能效目标。CIRC主要不关注能源效率，因此不需要像EE那样推进电气化。然而，CIRC也可以假设与EE有相似的电气化程度,这将导致较低的生物量使用。

在许多情况下需要更换现有设备，尤其是长距离和重型运输设备，并且需要使用大量生物燃料或进行技术开发，而这些技术的发展目前处于准备程度较低的状态。最后，CIRC情景在基础设施之外，假设公路运输和工业的商业模式发生了变化，并要求改进废物管理。

基础设施的投资需求也是决定不同部门脱碳速度的主要因素。例如，对于工业而言，ELEC和EE情景可以更快地减少排放，因为有很多潜力可以尽早利用，但是随着减排达到平台期，需要更深层次的减排技术突破。随着经济更加循环，CIRC情景在未来能实现稳定的减排。此外，P2X和H2情景需要大型电力部门的脱碳，而对于情景H2，需要对直接氢技术进行投资。这两种情景还取决于另外一个因素，即技术竞争力。电解和直接应用氢气、高温炉的电气化，以及从空气中捕获二氧化碳，预计将在2050年前成为具有竞争力的技术。

表7-4总结了情景假设的主要差异。

表7-4　　　　　　　　情景类别1中的主要假设差异

部门	ELEC	H2	P2X	EE	CIRC
建筑	提高电制热的使用	提高碳中性气体燃料的使用	提高碳中性气体燃料的使用	高频率和深度的革新，进一步提高能源效率	材料效率和替代材料使得革新成本下降
工业	高温炉的电气化	在高温炉中直接使用氢		工业热装置和技术能源效率提升；废热回收	重塑工业价值链，更循环、更可回收，初级工业产出平均下降10%；废热回收
运输	假定电池研发前景乐观；2050年汽车排放标准达到16gCO₂/km（WLTP循环），并在2060年后变为零	假定燃料电池研发前景乐观；大规模加氢站可应用；2050年汽车排放标准达到18gCO₂/km	2050年汽车排放标准达到30gCO₂/km	交通工具能效进一步提升；城市环境中进一步使用铁路、水运及集中运输；2050年汽车排放标准达到23gCO₂/km	将共享经济与连接的、协作的、自动的物流整合；更高效的物流；2050年汽车排放标准达到30gCO₂/km
其他		2050年和2070年分布式气体燃料中氢的份额分别为50%和70%；氢的生产间接地提供了电能储存	电制气体燃料在燃气分布中份额达到60%；合成燃料的生产间接地提供了电力储存		

在情景类别1中展示的途径，通过探索每种情景的主要范例/解决方案/技术提供的可能性，实现温升2℃的减排目标，即减少80%的温室气体排放（不包括LU-LUCF）。但是，他们不建议将此解决方案作为所有应用的首选方案。为了在多种情况下通过"一个解决方案"实现减排，这个方案需要强有力地利用某一特定部门的某种途径的经济潜力。这会产生锁定/过度依赖特定技术的危险，使进一步可能需要的减排无法实现。此外，由于特定途径内缺乏其他选择，这种集中的技术途径可能需要使用极端解决方案，因此如果需要实现更高的目标，可能会忽略其他成本更低的解决方案。这种特定的技术情景也可能导致特定技术的进一步改进，而另一种技术的较慢发展反映了由于学习和大规模生产而产生的规模经济。因此，根据技术−经济特征选择的默认发展途径是"中间"途径，技术除外——技术无论在何种情况下都是必需的，因此遵循乐观的发展方向。

情景类别2

COMBO为情景类别1中考察的路径提供了替代方案，旨在将每个部门/模式的有效解决方案与类别1中特定方案的范例/解决方案/技术相结合。这种情景与情景类别1指出明确的技术方案相比，需要分散投资和不同技术的适度发展。

COMBO是情景类别1和情景类别3之间的桥梁。它指出了情景类别1中在每个部门使用一套技术/解决方案所能达到的减排程度。

它不推动特定技术或行动的极端发展。它既不侧重于特定的负排放技术到2050年的开发和应用，也不提倡采取行动鼓励我们的陆地碳汇吸收二氧化碳。它不包括消费者选择的变化。这些是情景类别3为实现温室气体净零排放探索的选项。

COMBO情景中唯一未包含的途径是循环经济。这种选择的原因纯粹是技术性的。CIRC情景与其他情景的主要区别在于资源效率，这在建模中主要通过假设工业产出（数量）减少来体现。将CIRC纳入COMBO情景会使其减排原因和效果的确定变得更加复杂。此外，与循环经济学文献相比，CIRC假设的产出减少水平可以被认为是保守的。因此，在1.5LIFE情景中包括循环测量是首选，其具有与CIRC情景类似的特征。

情景类别3

要实现温室气体净零排放，除了上述选项外，还需要采取更有力的措施。根据现有文献，需要考虑的主要额外选择是：大量投资于负排放技术（BECCS、直接空气捕捉，以及更好的土地利用管理以促进自然碳汇中二氧化碳的吸收）和改变生活方式以促进更高的可持续性。为了更好地理解这些选择的影响，产生了两个不同的情景和一个敏感性分析。

这两种情景都基于COMBO情景，并带有下面描述的明确的附加措施。COMBO

情景中的驱动力保持不变或进一步加强。首先，从2040年开始，新车、货车和公共汽车的二氧化碳排放标准假定为零。其次，CCS的限制（由于接受性、存储可用性、运输基础设施等）部分放宽，并引入CCU（尤其与未经焚烧但可回收的塑料材料中生物二氧化碳的储存有关）。这使得二氧化碳封存成为一种更经济的选择，使更多的二氧化碳最终储存在地下或材料中。提高建筑节能改造率和深度的驱动力也在增强。

剩下的主要来自农业、公路货运、航空和水泥生产过程的碳排放是最难减少的。

情景1.5TECH假设改善土地利用的额外激励是有限的；相反，它专注于实现温室气体净零排放的技术解决方案。它增加CCS的目的是减少更多的剩余排放。类似地，它更多地使用电制气体和基于捕获空气或生物二氧化碳的燃料，以减少剩余排放。它结合生物质、碳捕获和封存技术，应用负排放技术。

情景1.5LIFE采取了另一种方法，试图通过更多地关注需求侧措施来解决减排问题，以及增加对土地的利用。它假设消费者开始在某些高碳强度的活动上作出不同的选择，从而实现更可持续的生活方式。到2050年，相对于基准情景，航空运输的需求减少，因为铁路运输发生了重大转变，并且客运和货运模式的转变显著增加。[1]此外，还有一种假设是，消费者的食物偏好会继续向较少的动物性产品转变。由于关注合理使用能源的行为，与其他情景相比，该情景对供暖和制冷的需求较低。在客运和货运方面，向低排放运输模式的转变增加了。后者还与改善城市规划，改善物流，整合共享经济与连接的、协调的和自动化的移动性，以及将数字化、自动化和移动性作为服务充分利用相关（见第4.4.2节对运输需求产生的影响）。这种情景还包括循环经济情景的驱动因素和假设，通过产品设计和商业模式的变化补充生活方式的变化，旨在实现更高的资源效率。此外，它明确地介绍了上述改善土地利用的激励措施。这涉及改善森林管理活动，增加碳储存，改善农业实践，改善土壤碳存储和植树造林。

最后，我们纳入一个完全基于上述两种情景的敏感性分析，调查对生物量需求的影响。一方面，它充分利用情景1.5LIFE，结合不断变化的消费者偏好、增加的模式转变、更循环的经济，以及增强LULUCF的高度激励；另一方面，它应用了许多在情景1.5TECH中最大限度推动的技术选项，但重点关注不需要生物质的选项。这种情景试图了解如何在限制生物质需求增加的同时实现温室气体净零排放。这种

---

[1] 出于休闲和个人原因，部分欧盟内部的航空旅行将改为乘火车和长途汽车，欧盟以外旅行的距离也将缩短。由于采用视频/电话会议设施，因公出差的次数将会减少。

情景被称为 1.5LIFE-LB，在第 4.7.2 节中有更详细的讨论。如果没有明确提及，本评估中显示的所有结果均指 1.5LIFE。

FORECAST情景

具体地说，就工业而言，在关于技术创新和扩散的不同假设下，具体的情景通过对欧盟工业部门未来能源需求和温室气体排放演变使用 FORECAST 模型制定出来，如图 7-10 所示。

我们研究了 8 个情景[①]，可根据减排情景的类型和目标水平分为 4 个情景组合：

1. 情景组合 1：渐进式改进
2. 情景组合 2：最佳可行情景
3. 情景组合 3：考虑多种技术进步的脱碳情景（约 80%）（> TRL4）

a. 关注 CCS

b. 关注清洁气体燃料（可再生氢气和合成甲烷）

c. 关注生物经济和循环经济

d. 关注电气化

4. 情景组合 4：上述供应/减排情景的"均衡组合"，但目标不同（~80%/~95%）

	情景名称	主要情景描述
没有技术进步	1）Ref	现有技术和能源效率的逐步提高，以及燃料转向天然气和一些生物质。在循环利用方面延续过去的趋势
	2）BAT	类似于情景1，但在技术适用的情况下，在能源效率方面完全采用当今最好的可用技术。能源回收利用快速发展
温室气体减排 > 80%（相比 1990 年）包括技术进步	3a）碳捕集	集中于碳捕集脱碳，但也采用其他减排选择（能源效率、技术进步等）
	3b）清洁燃气	集中于可再生氢和合成甲烷脱碳，但也采用其他减排选择（激进的技术进步）
	3c）生物经济和循环经济	通过生物质燃料和原料脱碳。全面实施循环经济，改进目前的做法，提升下游材料效率。同时采用其他减排选择（激进的技术进步）
	3d）电气化	通过电气化脱碳，但也采用其他减排选择（激进的技术进步）
	4a）平衡的组合：-80%	根据减排方案的成本及脱碳潜力，制订组合方案。减排目标为2050年深度减排80%，不使用碳捕集并限制生物质
	4b）平衡的组合混合：-95%	根据减排方案的成本及脱碳潜力，制订组合方案。减排目标为2050年深度减排95%，使用碳捕集并限制生物质

图 7-10　FORECAST 情景综述

来源：FORECAST.

---

① ICF & Fraunhofer ISI（2018），Industrial Innovation：Pathways to deep decarbonisation of Industry. Part 2：Scenario analysis and pathways to deep decarbonisation，forthcoming.

　　情景组合 1 和情景组合 2 说明了可能的温室气体排放途径和减排潜力，包括目前可用的技术。它们是探索性的，因为温室气体减排是最佳可得技术（BAT）潜力（情景 2）和过去趋势（情景 1）的结果。情景组合 1 可以被解释为基准情景，用于比较场景组合 2 到 4 的结果。就今天最佳可行技术的推广而言，情景组合 2 更激进。但是，它不允许新的颠覆性技术进入市场。本评估不会进一步讨论这两种情况。

　　情景组合 3 和情景组合 4 的目标是实现与 1990 年相比温室气体减排 80% 的最低目标。情景组合 3 中的情景可被视为使用更极端的途径，旨在通过其关注的技术达到目标水平。情景组合 4 中的情景通过平衡地利用所有技术途径来实现各自的目标。情景概况总结在图 7-10 中。

　　以下是更多细节：

　　CCS 情景包括 CCS 的大规模应用和能效措施创新。Mix95①除外，它是唯一包括 CCS 的方案，其中 CCS 的一些选择性应用也允许用于非金属矿物和炼油厂的部门。它对运输和存储基础设施的可用性，以及 CCS 的公众和政治接受度的改进有很强的假设。

　　CleanGas 情景假设氢气和电制气体②进入燃料组合，并辅以创新的能效措施。两个能源载体都假设是使用来自可再生能源的电力通过电解③专门生产的。燃气网中的常规气体减少到 20%。乙烯、甲醇和氨的生产转向以氢为基础的生产路线，钢铁工业也转向使用氢气生产还原铁。最后，轻油逐渐用作原料。

　　BioCycle 情景包括许多措施，从重要的燃料转换到可持续生物质、创新能源效率、低碳生产技术，以及在整个价值链中实施综合循环经济方法。特别是，其假设材料损失减少，材料效率提高，材料替代步伐加快，材料的再循环和再利用增加，以及使用行为发生变化。与情景组合 3 的其他情景相比，这些假设导致对某些材料的需求减少：钢材减少 10%，水泥减少 23%，乙烯减少 12%，氨减少 40%。由于该方案旨在探索是否有可能通过改用生物质来实现所需的目标，因此对这一具体设想没有考虑供应限制，供应数量最有可能通过进口和梯级使用生物质（从产品到燃料）来满足。

　　在 Electric 情景中，能效措施与直接使用电力（直接减少生产钢铁的电力）或

---

　　① 　CCS 在 Mix95 中的作用主要是通过其他方法(如石灰和熟料)解决一些非常环节难以脱碳的问题。这是所有子行业发生激进转型的结果，主要基于无碳能源载体替代化石燃料。

　　② 　足够的碳原料被认为是可用的(移动式)，虽然这在某种程度上被认为是价格问题。例如，如果需要直接在空气中捕捉二氧化碳，甲烷合成的成本可能大大高于那些假定。

　　③ 　根据系统边界定义，氢和合成甲烷都被认为是能源载体，它们都是在工业系统之外产生的。

间接（通过甲醇生产乙烯）的转换过程相结合。与生物质情景类似，该情景试图在假设所需电量能被满足的情况下评估电气化的可能性。电力被假定为零碳，由大规模应用可再生技术和电力市场设计支持，允许需求侧响应和电价与其他燃料竞争。

Mix80以更加平衡的方式结合了上述情景的主要解决方案，并尝试确定一种更具成本效益的方式来满足所需的减排量。它包括创新的能源效率措施、低碳生产创新、氢气、电气化、中等循环经济和材料效率改进（仅在化学品[1]方面不如BioCycle激进）。另外，它排除了CCS的使用，将生物质限制在2015年的水平，并且不考虑天然气网中的清洁气体。

最终场景Mix95以Mix80为基础，增加了许多其他元素。CCS技术被添加到主要的剩余排放环节中（石灰、砖、陶瓷、熟料）。天然气被认为是脱碳的，因为95%的常规天然气在天然气网中被清洁天然气所取代——甚至超过CleanGas情景。蒸汽发电技术早已被取代，创新的低碳技术在钢铁、化学品和水泥生产中广泛使用，且建筑和运输部门的快速转型减少了对传统燃料的需求。与所有其他情景相比，后者被认为会导致炼油厂产量减半（除此之外，假设所有其他循环经济方面与Mix80相同）。最后，该情景假设更加激进地回收塑料产品。

7.2.3　模型应用的局限性

虽然建模过程是按照最高质量标准进行的，但人们应该谨慎地解释建模结果。所有模型，无论其复杂程度如何，都是现实情况的近似。模拟的结果都基于高度不确定的假设，特别是当预测上升到2070年这样的长期水平时。经济的未来发展、技术的可用性、成本和性能[2]、市场不完善、燃料价格和减排成本曲线是主要的不确定因素。

虽然最近通过的大多数相关立法（或委员会提出的）已作为本模型基准情景的一部分，但情景的其他所有要素均基于2016年的情景假设。因此，许多最新的国家政策和进展尚未被囊括（如最近的淘汰煤炭宣言）。在同一背景下，短期宏观经济和世界化石燃料价格预测（能源系统建模的关键输入）在某些情况下可能被认为是过时的。然而，由于模型应用主要面向2050—2070年的阶段，短期内的变化不

---

①　对于化学制品,乙烯的产量被认为是恒定的,而氢的产量则下降了大约20%。

②　特别是,关于未来技术成本的数据是高度不确定的,因此应谨慎地解释投资结果,并更多地以不同情况下的比较方式加以解释。

太可能对模型①的主要结果产生重大影响。

本研究中 PRIMES 的一系列情景具有规范性而非预测性。假设能源市场的运作良好②，经济参与者/消费者愿意投资于新技术，这些情景指出了实现 2050 年脱碳目标的具有成本效益的途径，只有某些偏差反映了非经济因素（通过贴现率和成本曲线）。因此，虽然微观经济基础（经济参与者可用的资源有限）和技术前景（在没有政策驱动因素的情况下难以转换成更昂贵的技术）被纳入建模方法，但具体的投资/能源消费决策可能与现实中观察到的不同。例如，由于消费者接受度/土地可用性问题，建造核反应堆或广泛的输电线路虽然被模型认为具有成本效益，但可能不会发生③。同样，由于房东和租户之间存在分歧激励，即使在合理时间内获得某些回报，房屋也可能无法进行翻新，或者由于其他偏好/商品或者缺乏激励，人们不会购买具有最佳燃油效率性能的汽车（如公司汽车）。所有情景都具备有利条件，能够实现具有成本效益的脱碳，包括消除非市场壁垒和成功协调具有不同愿望的行动者。

PRIMES 报告的投资支出包括大部分与能源相关的成本。然而，尽管该模型包括所有类型基础设施的投资和成本回收，但最终的投资支出总额报告不包括生物炼油厂、炼油、石油分销，以及上游油气勘探和生产。该模型还不包括对公路、铁路、港口和机场基础设施，以及促进车辆共享的系统的投资，因为这些不属于该模型的范围。与行为或组织结构变化或能源以外部门相关的投资或隐性成本也不计算在投资支出内。一般而言，该模型不包括工业厂房和建筑物的全部投资支出，而仅包括与能源和效率相关的部分，并且在一定程度上包括用于改变工业中工艺技术的额外投资支出。对于运输，该模型显示了车辆、船舶、飞机和火车的总投资支出，而不仅仅是这些设备的能源支出。

对于氢和合成燃料，其生产资料（电解槽、甲烷化工厂）的投资成本完全被模型涵盖。然而，其假设电力部门不支付在各自的配电系统中储存氢气、电制气体和电制液体燃料所兼容的间接储存服务。这种储存方式允许在可再生能源最多、系统边际成本最低时使用电力来生产氢气和合成燃料。这种间接电力存储能够平滑净负荷曲线，最大化可再生能源的贡献并提高系统可靠性。因此，该情景中消费者电价可能低于其他情况，但部分原因是间接存储服务未付费。然而，电力系统，也就是电力消费者，确实为使用电制 X 燃料的技术，以及电池、液压泵等的直接存储服务付费。此外，模型假设充分利用电网来共享平衡服务，并无障碍地接入远距离的可

---

① 在这方面，长期能源价格和技术假设更为重要。

② 值得注意的是，假设所有的投资成本都通过最终用户价格得到补偿。

③ 尽管如此，PRIMES 模型考虑了基于国家政策的核反应堆发展的限制和现有核设施内的可用空间。

再生能源。模型的局限性在于该模型并不代表各国之间氢和合成燃料的贸易，尽管电力贸易完全是内生的。因此，如果生产合成燃料的设施集中并最终位于可通往重要电力和燃气中心的特定地点，则该模型忽略了可能的规模收益。合成燃料的成本和价格确实可以回收价值链中所有类型的成本，包括输送、分配和存储成本，但不会受益于欧洲生产设施布局的潜在优化。

与消费者选择相关的一些成本是主观的并且难以估计。大多数脱碳情景会给消费者带来所谓的负面影响，因为他们将改变行为，最终形成不那么"舒适"的解决方案。这可能是一个非常小的变化，如必须在一定时期内为电动车辆充电（而不是一直使用液体燃料）或忍受在房屋装修期间的不便。它也可能是一个更大的变化，如消费者决定放弃旅程（因为其碳足迹），不是拥有而是共享一辆车（在移动性作为服务的背景下）或舒适度受到限制（降低温度）。与此类行为相关的负效用始终是主观的，并且对此类成本的估计仅为近似值，它们被用于（近似）测量所需行为的变化。这就是情景结果中能源系统成本中没有负效应成本的原因。

最后，虽然主要模型组合在欧盟级别上详细介绍了此项工作关于经济和大部分相关领域的细节，但在模型中没有捕捉到经济的某些方面，如原材料的可用性和价格，与恢复力/适应气候变化和运输基础设施投资有关的费用。模型结果通过一系列额外的模型运行得到补充，使用自下而上的行业模型 FORECAST 和宏观经济模型（JRC-GEM-E3、E3ME 和 QUEST）来评估一系列能源转型带来的经济问题，包括经济增长、就业和非欧盟国家的行动。

这些宏观经济模型面临着自身的局限性，因为它们不适合对具体行业的发展进行详细的预测，包括与汽车工业从内燃机向电动和自动驾驶转变相关的发展；相反，它们的结构是为了评估偏离基准情景的特定政策的影响，这使得对基准情景本身的定义变得至关重要。在此背景下，这些模型被用来评估能源转型和经济脱碳的影响。因此，这些模型不会考虑未来几十年可能影响欧盟经济的其他现象，包括人工智能、数字化或其他技术趋势的发展。然而，模型的基准情景确实整合了预期的人口和劳动力趋势（尤其包括欧盟人口的老龄化），以及关于全要素生产率提高的预测。没有对这些因素进行敏感性分析，是因为这些因素对于宏观经济模型的基准情景来说是常见的。

7.3 欧盟对《巴黎协定》温度目标的贡献

最近的许多研究验证了温升低于2°C的具有成本效益的全球减排途径，并报告了全球层面的结果。少数研究报告了包括欧盟在内的世界不同地区的区域一级的结果。这些研究往往证实，将欧盟国家国内温室气体排放量在1990年的水平上减少至少80%，仍然与将全球变暖控制在2℃以下的路径保持一致。

例如，Horizon 2020项目LIMITS[①]和AMPERE[②]检验了不同的情景，比较了世界各地不同团队运营的多个模型。荷兰环境评估机构的2018年摘要中，仅选择有66%或更高可能性将全球变暖限制在2℃以内并且在2020年或之后开始全球成本最优减排的情景[③]，该情景中欧盟的平均减排量，包括LULUCF部门，比2010年的水平低74%，比1990年的水平低78%。

荷兰环境评估局和JRC对本报告进行的分析也支持了这一结论：与工业化前相比，到2100年将全球变暖控制在2℃以内的路径，将使欧盟（包括LULUCF）至少有66%的可能性到2050年减排（相比于1990年）76%～84%，更加激进的途径涉及限制CCS相关技术的选项。

相比之下，为了达到1.5℃的温升目标，通常预计全球将在2100年之前，或者更确切地说在2070年之前达到净零排放，为了在2070年之后从大气中积极地去除二氧化碳，将使用净负排放来抵消最难脱碳的行业的剩余排放量。荷兰环境评估局和JRC[④]对本报告进行的分析提出了类似的全球预测。这些预测显示，到2050年，欧盟的排放量（包括LULUCF）将在1990年水平的基础上减少91%～96%。

实现净负排放的主要选择涉及土地部门，即通过大幅减少森林砍伐、应用森林恢复和植树造林来增强森林蓄积，以及使用生物质和CCS（BECCS）作为能源技术和负排放提供者。因此，在成本评估中，通常假设具有大型土地碳汇、高生物质潜力和/或高CCS潜力的区域在成本最优建模评估中首先实现零排放。

---

① Kriegler et al., 2014, Making or breaking climate targets: The AMPERE study on staged accession scenarios for climate policy. Technological Forecasting and Social Change 90, 24-44.

② Riahi et al., 2015, Locked into Copenhagen pledges – Implications of short-term emission targets for the cost and feasibility of long-term climate goals. Technological Forecasting and Social Change 90, 8-23.

③ van Soest et al. (2018) Global and Regional Greenhouse Gas Emissions Neutrality. Netherlands Environmental Assessment Agency report no. 2934. 在这个案例中,低于2℃是指大气中温室气体浓度约为450ppm二氧化碳当量的情况。考虑到这些预测的全球排放量与实际排放量相比过高,2010年全球排放量达峰以及随后的减排没有被保留。

④ JRC (2018), Global Energy and Climate Outlook 2018 (GECO 2018), forthcoming. 应该指出的是,GECO方案并不是一种纯粹的全球成本效率方案,因为其通过按人均国内生产总值(GDP)的比例计算碳价格来保持行动上的一些差异。所有国家都假定从2020年起实施碳排放价格,但发展中国家和新兴经济体的碳排放价格要低一些。到2030年,发达国家和新兴经济体的碳排放价格将保持不变,只有最不发达国家和印度的碳排放价格将保持"折扣"。到2050年,全球的碳排放价格将会相同。

这意味着欧盟在大多数成本最优全球情景中不是第一个实现净零排放的大型排放实体。

这些实现 1.5°C 温升目标的情景依赖于在 2070 年之后实现全球温室气体净负排放。那些试图在 21 世纪末避免使用净负排放途径的预测，提出到 2050 年将在全球范围内实现温室气体净零排放。

上述远低于 2°C 和 1.5°C 温升目标的情景涵盖了所有主要部门和温室气体（所谓的京都温室气体清单①）。这包括土地部门（其也可能是欧盟二氧化碳净汇的一个来源，导致二氧化碳的净吸收），以及国际航空和海运部门，这些部门按比例被分配到模拟的区域。

许多利益相关方都对过度依赖负排放技术发出了警告。许多人强调，欧盟需要在 2050 年甚至更早实现温室气体净零排放。

科学的评估，包括 IPCC 的评估，也多次重申延迟行动提高了不能达成温升目标的可能性，增加了对之后快速减排的依赖，增加了对负排放的需求，并且最终比不尽早采取行动代价更大。

因此，欧盟有充分的理由按照更谨慎的预测采取行动，试图在 21 世纪下半叶限制全球温室气体净负排放。

从预防的角度来看，有充分的理由认为，全世界的减排速度应快于科学估计的中值，而欧盟应带头鼓励这种做法。

2017 年人为升温达到 1°C，与 1.5°C 温升目标适配的剩余排放量的最佳估算仍然存在显著差异。减排仍然存在很大的不确定性，包括地球系统反馈，如永久冻土融化的影响及与非二氧化碳排放有关的变暖的不确定性。根据预防原则，如果预算再次被下调，最好尽早下定决心。

从经济角度来看，早期行动代表着变革和创新的机会。一个温室气体净零排放的世界需要扩大能源、运输和工业领域一系列创新的规模，但也可以通过信息和通信技术、人工智能和生物技术等通用技术的突破加速发展。因此，着眼于决心可能是创造这种有利环境的关键部分。此外，延迟行动会增加碳密集型基础设施的锁定风险②。

最后，一些研究试图利用包括纯粹基于公平原则在内的许多潜在指标来衡量不

---

① 二氧化碳（CO_2）、甲烷（CH_4）、一氧化二氮（N_2O）和所谓的 f-气体（氢氟烃、全氟碳和六氟化硫）。

② See for example Seto et al (2016) Carbon Lock-In: Types, Causes, and Policy Implications. Annual Review of Environment and Resources Vol. 41: 425-452. https://doi.org/10.1146/annurev-environ-110615-085934 CO2.

同地区对全球行动的贡献，这些指标可能与减排努力的经济可实现性无关。

Höhne等（2018）区分了基于技术必要性的方法（包括成本优化和人均排放量或每单位GDP指标的使用）和基于道德义务的方法（如衡量国家收入水平或历史排放量的指标）。

在排放强度指标方面，欧盟的表现已经十分亮眼。欧盟的单位国内生产总值温室气体排放量是世界主要经济体中最低的，人均温室气体排放量处于中低收入水平，如图7-11所示。

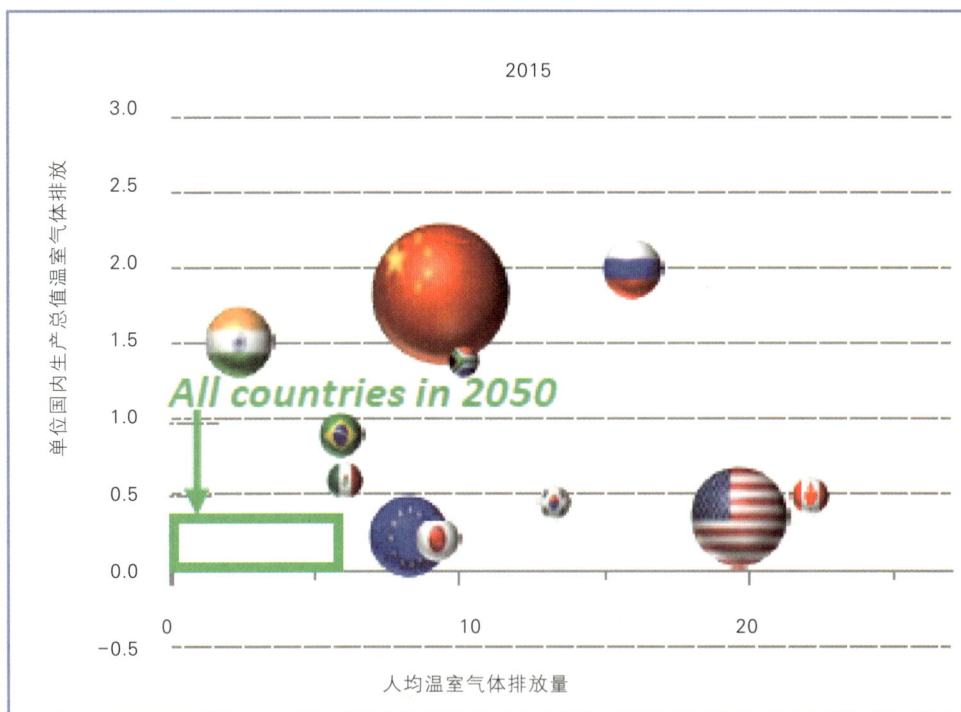

图7-11 主要经济体的温室气体排放强度与人均GDP之比

来源：JRC Global Energy & Climate Outlook （GECO） 2017[1].

Robiou du Pont 等（2017）使用许多不同的指标估计了2050年的必要减排量，以实现全球变暖低于2℃和1.5℃的减排目标。如果全球分配方法基于人均年排放量

---

① JRC （2017）, Global Energy and Climate Outlook 2017 （GECO 2017）, doi：10.2760/474356.

趋同，那么到2050年，与1990年相比，欧盟平均减少了约75%（在2℃目标下）和90%（在1.5℃目标下）的温室气体排放。所使用的1.5℃温升目标路径确实允许本世纪后期的负排放。如果在21世纪后期不允许负排放，那么到2050年，人均排放量的减少趋于100%。同样，如果全球分配方法要求国内生产总值高的国家进行更高的减排，那么欧盟在1.5℃温升目标下减排略低于100%。只有考虑到历史人均排放水平的方法，才会倾向于为欧盟分配到2050年的负减排目标（高于100%），因而没有考虑到这种减排的可行性。

7.4 全球二氧化碳预算

7.4.1 基于IPCC《全球温升1.5℃特别报告》的全球碳预算

在一定时期内累积的二氧化碳排放量与此期间全球温度的升高之间存在近似线性关系，并进一步受到其他温室气体排放的影响。根据这种关系，我们可以推断出，在全球变暖保持在2℃或1.5℃以下的情况下，可以释放到大气中的最大剩余二氧化碳预算（也称为碳预算），同时也考虑了预期的未来非二氧化碳排放量。

IPCC《全球温升1.5℃特别报告》（以下简称IPCC1.5℃特别报告）反映了自IPCC上次报告（第五次评估报告AR5）以来的减排进展。它提供了剩余二氧化碳预算的最新估计（定义为从2018年年初到全球零排放净值时的累积二氧化碳排放量），并量化了影响任何预算估算的主要因素（科学不确定性和方法选择）。

IPCC 1.5℃特别报告使用了可与AR5预算比较的最新计算结果：到2100年，剩余的碳预算约为1 170 GtCO$_2$[①]，有66%的可能性将温度升高保持在2℃以下；剩余的碳预算为580 GtCO$_2$，则有50%的可能性将温度升高保持在1.5℃以下。由于理解和科学方法的进步，这些估计值比AR5报告高约300 GtCO$_2$。

围绕这些核心预算估算的主要不确定因素与二氧化碳和非二氧化碳排放的温度响应（+/-400 GtCO$_2$）和历史变暖水平[②]（+/-250 GtCO$_2$）有关。此外，地球系统的反馈（如从永久冻土融化中释放二氧化碳和甲烷）可以进一步减少2100年的预算（最佳估计值为-100 GtCO$_2$）。

剩余的碳预算估计也受到所选全球温度测量方法的影响。AR5预算估算基于平

---

① http://report.ipcc.ch/sr15/pdf/sr15_spm_approved_trickle_backs.pdf.
② IPCC估计,2006—2015年期间,全球变暖的幅度比1850—1900年的幅度高出0.87°C,但可能在正负0.12°C之间。

均地面气温（SAT）。使用替代措施（全球平均表面温度 GMST，其中包括海洋本身的表面温度，而不仅仅是近地表空气温度）会将核心估算值增加到 1 320 $GtCO_2$，有 66% 的可能性将温度升高保持在 2℃ 以下；若估算值为 770 $GtCO_2$，则有 50% 的可能性将温度升高保持在 1.5℃ 以下。两种温度测量方法（GMST 或 SAT）在科学术语中同样正确。由于海水表面温度升高比空气温度升高快一点，因此 SAT 测量的温度始终比 GMST[①]高约 0.1℃。这意味着当以 SAT 测量时，以 GMST 测量的 1.5℃ 升温相当于 1.6℃ 升温。虽然科学文献使用两种方法，但 1.5℃ 特别报告主要使用 GMST。

除上述因素外，剩余碳预算受未来非二氧化碳排放水平的影响。1.5℃ 特别报告估计，这可能会使预算估算值在两个方向上发生 250 $GtCO_2$ 的变化（基于一系列情景）。值得注意的是，与上述科学不确定性不同，这种变化可以被视为（全球）政策选择，因为它受到减排行动的影响。更多地减少非二氧化碳气体（如甲烷和一氧化二氮）可以增加碳预算。

所有这些变化和不确定性的定量估计见 IPCC1.5℃ 特别报告的表 2.2。

这些估计值假设全球变暖峰值温度为 2℃ 或 1.5℃。如果临时超过给定升温阈值的碳预算，则会增加更多的不确定性，然后净负排放会使累积的二氧化碳排放回到碳预算范围内，并将温升降低到 2℃ 或 1.5℃ 以下。这种更大的不确定性是由于在降低大气二氧化碳浓度的背景下对海洋热和碳循环惯性的认识不足。

7.4.2　基于 IPCC《全球温升 1.5℃ 特别报告》的排放路径

IPCC 1.5℃ 特别报告发现，如果所有人为温室气体排放量立即降至零，那么任何超过 1℃ 的进一步升温都可能低于 0.5℃[②]。然而，鉴于这种情况不切合实际，有必要考虑哪些减排途径与剩余排放预算一致，以将升温限制在远低于 2℃ 或 1.5℃ 的范围内——包括依赖负排放技术来抵消残留的温室气体排放或纠正临时温度超标。

由于方法上的改进，特别报告修订后的核心碳预算评估值比 AR5 的评估值高出约 300 $GtCO_2$。由于 IPCC 1.5℃ 特别报告的碳预算评估是基于最近的文献[③]，大多数全球和区域减排途径均基于符合 AR5 预算评估而非特别报告预算评估的方法。这包括 JRC 和荷兰环境评估局在本文件中制作的那些（见第 7.3 节）。

对预算和路径的文献进行新的评估预计会立即开始，以便为 IPCC 2020—2022 年度第六次评估报告的出版提供信息。一旦考虑到 IPCC 1.5℃ 特别报告的修订预

---

① 详见 IPCC 1.5℃ 特别报告第 1.2.1.1 节。
② 详见 IPCC 1.5℃ 特别报告第 1 章。
③ 但是，应当指出，支持订正概算的基础科学并不是新的。参见 IPCC 第五次评估报告《综合报告》的图 2.3。

算，新路径可能表明，在温升低于 2℃ 或 1.5℃ 的同时，减排速度可能比基于 AR5 的路径更慢，或者更重要的是，保持与基于 AR5 的路径相同的短期减排速度可以减少 21 世纪后期对温室气体净负排放的需求。

例如，Kriegler 等（2018）最近的一项研究[①]比较了不同的预算评估如何实现，以及它们在何种程度上可以避免温度超标和/或需要使用二氧化碳去除技术。其发现，1.5℃ 温升目标的预算接近修订后的 IPCC 预算评估[②]的上限，在不适用二氧化碳去除技术的情况下，通过减排路径实现这些目标也许是可能的，但前提是要追求最大幅度的全球减排。

即使没有更新的预测，显然也没有理由自满。为了将 IPCC1.5℃ 特别报告的预算修订与实际联系起来，300 $GtCO_2$ 相当于目前全球 8 年的排放量，任何核心预算评估都受到这个量级的不确定性范围的影响。因此，加快减排速度的预防措施是令人信服的。预算增加 300 $GtCO_2$ 可以将全球净零排放的必要时间推迟最多 10 到 20 年，并且不会推迟与当前水平相比更紧迫的减排任务。如果所有国家仅在《巴黎协定》下实现其 NDC 承诺，那么即使是 IPCC 对于 2℃ 温升目标预算的最大核心评估值也将在 2050 年左右被超过，IPCC 的新 1.5℃ 温升目标预算（有 50% 的概率）将在 2040[③] 年之前被远远超过。

7.5 甲烷排放和其他短期气候污染物的特性

短期和长期存在的气候污染物

温室气体的升温潜力根据气体的特性而不同。温室气体的变暖潜力取决于两个主要因素：近瞬时辐射强迫的强度及其在大气中的停留时间。这两个因素在温室气体间差别很大。举例而言，一个甲烷分子产生的瞬时辐射强迫比二氧化碳强一个数量级，但它在大气中停留的时间要短得多（大约 10 年）。大多数表现相似的氢氟碳化合物和甲烷因此被称为短期气候污染物（SLCP）。相比之下，CO_2、N_2O、SF_6、NF_3，以及一些 HFCs 和 PFCs 等气体在大气中停留的时间要长得多，通常是几百年

---

① Kriegler E, Luderer G, Bauer N, Baumstark L, Fujimori S, Popp A, Rogelj J, Strefler J, van Vuuren DP. 2018 Pathways limiting warming to 1.5℃: a tale of turning around in no time? Phil. Trans. R. Soc. A 376: 20160457. http://dx.doi.org/10.1098/rsta.2016.0457.

② 研究发现，对于 650 $GtCO_2$ 及以上的预算，可以在不使用二氧化碳去除技术的情况下，实现最大幅度的减排。

③ 参照 IPCC 1.5℃ 特别报告表 2.2 基于 GMST 的预算。

甚至几千年，它们被称为长期气候污染物（LLCP）。

温度对SLCP和LLCP减排的响应

SLCP排放水平的降低使其浓度快速下降，从而转化为额外变暖相对快速地减少。相比之下，即使LLCP的排放停止，这些气体也会在大气中保留很长一段时间。因此，过去排放的升温效应会持续很长时间，如图7-12所示。

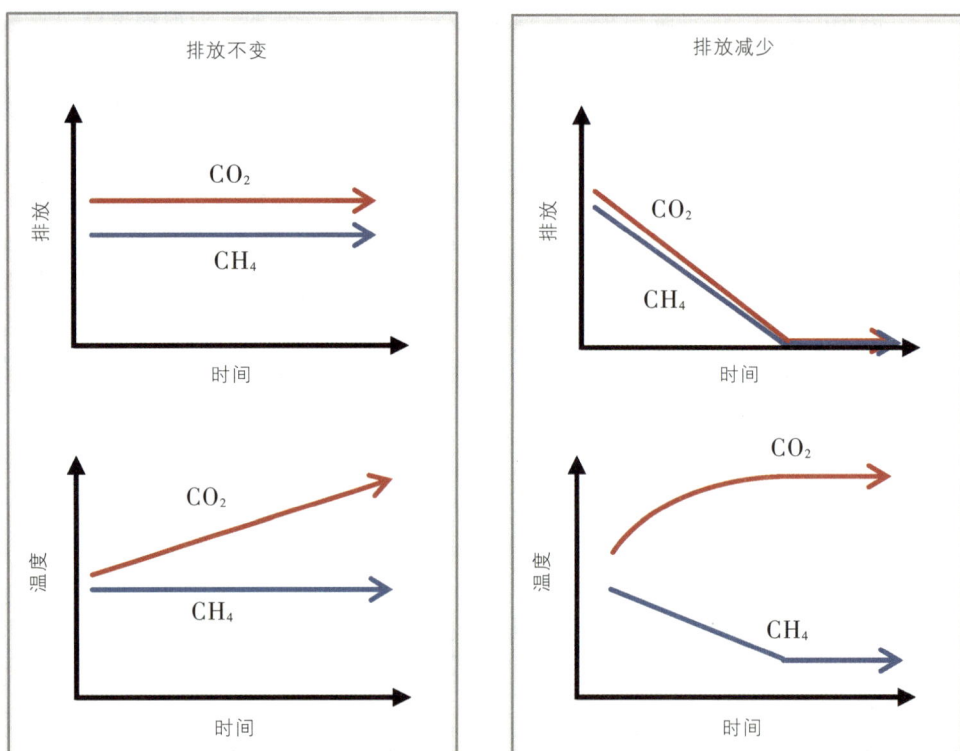

图7-12　温度对二氧化碳和甲烷排放的响应

来源：Allen et al.（2017），Climate metrics under ambitious mitigation，Oxford Martin School，briefing November 2017.

全球变暖潜力100指数（GWP100）是用于比较在100年的时间段内不同温室气体变暖潜力的最常用指标。IPCC第四次评估报告中使用的GWP100也是"2006年IPCC国家温室气体清单指南"中使用的指标。因此，GWP100是政策中最常用的衡量标准：包括欧盟在内的缔约方，在《巴黎协定》下承诺向具有明确温室气体减排目标的国家发展，通常使用GWP100作为衡量温室气体排放和减排的指标。

GWP100 被定义为在 100 年的时间段内排放的 1 千克某种气体的辐射强迫相对于今天排放的 1 千克二氧化碳在同一时间段的累积[1]辐射强迫[2]。

根据定义，二氧化碳的 GWP 始终是 1。IPCC 第四次评估报告中定义的甲烷（CH_4）的累积辐射强迫是 CO_2 的 25 倍，但大多数辐射强迫发生在评估所用的 100 年时间段的早期。通过对比，由 CO_2 引起的辐射强迫更加恒定。此外，部分二氧化碳在 100 年的时间范围内仍然存在于大气中。如果估算全球升温潜力值的时间较短，则相对于二氧化碳，CH_4 的累积辐射强迫将显著提高：在 IPCC 第四次评估报告中 20 年间为 CO_2 的 72 倍（见表 7-5）。

表 7-5　IPCC 第四次评估报告中生命周期、辐射效率和相对于二氧化碳的全球变暖潜力

化学物质	生命周期（年）	辐射效率（Wm-2ppb-1）	给定时间范围内的全球变暖潜力		
			20 年	100 年	500 年
CH_4	12	0.00037	72	25	7.6
N_2O	114	0.00303	289	298	153
选定的氢氟烃数量					
HFC-134a	14	0.16	3 830	1 430	435
HFC-143a	52	0.13	5 890	4 470	1 590
选定的全氟化合物的数量					
SF_6	3 200	0.52	16 300	22 800	3 2600
NF_3	740	0.21	12 300	17 200	2 0700
PFC-14	50 000	0.10	5 210	7 390	1 1200

因此，与 LLCP 的排放相比，GWP100 倾向于过高估计 SLCP 当前排放的长期温度变化。然而，我们反过来也认为：与 LLCP 的排放相比，GWP100 倾向于低估 SLCP 当前短期内的温度变化。

---

[1]　从技术上讲，它是辐射强迫随时间的积分。

[2]　IPCC（2007）Fourth Assessment Report .https://www.ipcc.ch/publications_and_data/publications_ipcc_fourth_assessment_report_synthesis_report.htm.

选择评估变暖潜力的时间段具有政策含义。如果主要关注的是长期稳定的温度变化，如到本世纪末的温度变化，那么当今SLCP年排放量的减少与几十年来的减排效果相似，只要这种向年度减排的转变能在本世纪下半叶的某个时间点实现。

然而，对于LLCP（如CO$_2$）来说，这种灵活性是不存在的，因为二氧化碳对温度的影响是由累积排放量（包括过去的排放量）决定的。如果累积排放量太高而无法达到某个温度目标，那么只有从大气中主动去除这些LLCP才能在本世纪内实现某个温度目标。这就是为什么许多预测要求在本世纪下半叶实现净负二氧化碳排放，以弥补过去的二氧化碳排放过量。

这些升温潜力的差异可能导致这样的结论：短期内的所有焦点应该是减少LLCP而不是SLCP，以避免在可能的情况下需要负排放。然而，这样的结论是短视的。以下几个原因可以解释这一点：

首先，当温升已经超过1°C时，存在超过温度目标值的严重风险。对于1.5°C的温升目标而言，这种危险尤为严重，大多数预测已经假定在本世纪会出现一定程度的温度超标。尽快减少SLCP有助于避免温升超过目标值或限制其幅度。其次，像CH$_4$这样的气体的减排——如来自农业、能源系统和废物管理系统等部门——将需要持续不断的努力，并且可以从行为变化中受益，所有这些都无法在短期内实现。再次，像CH$_4$这样的SLCP的剩余排放量将继续产生变暖的影响。因此，它们的数量最终变得越少，到本世纪末它们的变暖影响越小，而剩余允许的LLCP累积预算也会变得越大。最后，一些SLCP属于空气污染物或空气污染物前体，它们的减少将带来空气质量的改善。

一些利益相关者认为，GWP应该调整到20年的时间范围，从而将更多的减缓努力集中在甲烷上。这种变化将提高甲烷在我们的政策框架中的相对重要性——但也会提供一个衡量标准，相对而言，它会降低减排LLCP如二氧化碳的需求。虽然没有任何指标可以完美地捕捉温室气体随温度变化的温度动态差异，但GWP100是一个透明且众所周知的指标，可以更好地表示不同气体对实现我们的温升目标的重要性及《巴黎协定》的展望。因此，本报告中的评估使用GWP100指标。

7.6　行业转型

7.6.1　钢铁

作为一个能源密集型行业，2016年，欧盟钢铁行业的碳排放量占欧盟所有固定装置已核查排放量的7%左右，约占工业排放量（不包括燃烧在内）的22%，如图7-13所示。

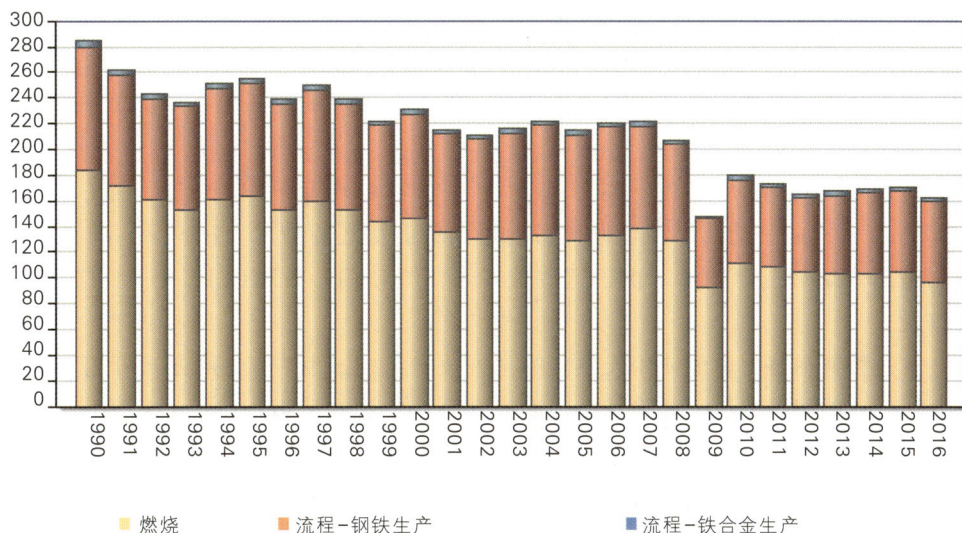

■ 燃烧　　　　　■ 流程-钢铁生产　　　　　　■ 流程-铁合金生产
图7-13　EU28钢铁行业温室气体历史排放情况（单位：MtCO₂eq）
来源：https://www.eea.europa.eu/data-and-maps/data/data-viewers/greenhouse-gases-viewer.

图7-13　EU28钢铁行业温室气体历史排放情况（单位：$MtCO_2eq$）

来源：https://www.eea.europa.eu/data-and-maps/data/data-viewers/greenhouse-gases-viewer.

　　炼钢由两种主要的加工流程组成，每种流程在欧洲的炼钢体系中所占的份额大致相等：一种方式为一次炼钢（占比60%），即在高炉（BF）中进行铁矿石还原；另一种方式为二次钢重熔（占比40%），即在电弧炉（EAF）中使用直接还原铁或废金属。在铁还原过程中，碳与铁矿石发生化学反应，产生铁水，然后转化为钢，大部分排放物来自铁还原过程。因此，钢铁脱碳有两种主要方法：一是增加二次炼钢流程的使用份额（二次炼钢流程几乎不含碳）；二是降低高炉流程的碳强度。

　　迄今为止，提升所利用资源（能源和材料）的效率及改进过程控制是减少高炉冶炼过程中碳排放的主要方式。因此，通过特定工艺的技术改进（主要是通过提高能效）来进行减排的潜力正在变小。总体上讲，研究表明，如果不考虑直接还原铁（DRI）或CCS和CCU工艺，从高炉转换到电弧炉（使用废金属）可以使部门排放量与2010年相比减少25%~30%[①]。若采用氢气、电解或CCS、CCU这些工艺流程，

---

①　在钢铁行业中，电弧炉的最大份额被假定为44%。

减排量可以更多。到目前为止，深度脱碳的替代方法之一似乎是使用DRI的电弧炉来替代高炉，本方法相对于基于传统方法和燃料的方式可以将特定工艺的碳强度降低30%~36%[①]。

如果通过氢气或电解铁矿石还原生产DRI，就可以使炼钢过程中最耗能的步骤电气化，减排量可高达85%~95%[②]。但必须注意的是，由于现阶段天然气成本高，欧洲的DRI产量非常有限，因此必须进口。此外，欧洲的大部分EAF都要求将DRI与废金属结合使用。

目前，欧盟宣布了3个关于基于氢气制钢的项目：HYBRIT、SALCOS和H2Future/ SuSteel。前两个项目使用目前可用的直接还原技术，H2Future项目计划使用等离子熔炼还原技术。由于这些技术不需要使用CCS和CCU，因此可以避免碳排放。

另一种选择是将需要使用天然气的某种技术与CCS相结合，此方式可能显著降低钢铁行业的碳排放量，并将减排幅度提升至80%，如采用与CCS（或CCU）系统相连的HIsarna（熔炼还原）或ULCORED（直接还原）等技术。

将钢铁生产的工艺流程从一次炼钢转变至二次钢重熔受多种因素的限制，包括欧盟市场废金属的可用性和质量，以及最终产品的质量要求。虽然欧洲拥有大量钢材，但低收集率、工艺损失、钢材降级和铜污染等因素显著减少了可回收钢材的数量。此外，欧盟出口废钢量的日益增加也导致了潜在资源的流失。

研究表明，这些问题在很大程度上可以通过改善循环经济的方式来解决，从而显著增强废钢的可用性，二次钢重熔的份额可以从目前的40%~45%增加至2050年的85%。在一次炼钢的生产量继续满足其他需求的同时，这些措施的结合可以将钢铁部门的碳排放量减少约75%。

在循环经济的背景下，还可以从需求侧进一步减少对一次炼钢产量的需求，如在制造业中增加铝的使用，以及通过将运输服务化来减少需要的汽车数量。

表7-6总结了钢铁行业减排的主要技术路径、正在开发的项目、减排目标及市场准入情况。

---

① SALCOS还可以使用H_2和天然气的混合物，排放量减少高达95%，预计将在2020/2025年进入市场。

② ICF & Fraunhofer ISI（2018），Industrial Innovation：Pathways to deep decarbonisation of Industry. Part 1：Technology Analysis，forthcoming.

表 7-6   钢铁行业在开发的低碳项目

技术选择	项目实例	TRL	最大减排量	市场准入
氢气一次炼钢	HYBRIT、GrINHY、H2Future、SuSteel、SALCOS	7	80%	2030/2035
电气化一次炼钢	SIDERWIN、ULCOWIN	6	90%	2025/2030
熔池熔炼	HIsarna	5-6	20%	2025 [e]
顶部气体回收	ULCOS-BF、IGAR	7	30%	2020/2025
碳捕集及利用	Carbon2Chem、Steelanol	5-7	每个项目都需要 LCA 决定温室气体减排潜力	2025/2030
近净型铸造	Castrip、Salzgitter、ARVEDI ESP	8-9	60%	2015

来源：Ecofys & Fraunhofer ISI[①].

　　总之，研究表明，在钢铁行业中温室气体减排潜力巨大[②]。钢铁行业制定的路线图表明，在不使用 CCS 或 CCU 的情况下，到 2050 年钢铁行业碳排放量可能比 2015 年减少 10%~36%[③]。在某些限制性假设下，如果采用 CCS 或 CCU 技术，可进一步将钢铁行业碳排放量减少 60%。该路线图未考虑如直接使用氢气等其他突破性解决方案。

　　PRIMES 进行的分析对钢铁行业的减排潜力持更积极的看法。在实现 80% 温室气体减排目标的情景中，钢铁行业的二氧化碳排放量与 2015 年相比预计将降低 81%（在 EE 情景中）至 92%（在 H2 情景中）。预计在实现 1.5℃温升目标的情景中，减排量可以高达 97%（见表 7-7）。

---

　　①　Higher potentials with CCU/S. up to 60%；An updated version of the table can be found in the forthcoming report：ICF & Fraunhofer ISI（2018），Industrial Innovation：Pathways to deep decarbonisation of Industry. Part 1：Technology Analysis，forthcoming.

　　②　Umweltbundesamt（2018），Comparative analysis of options and potential for emission abatement in industry，https：//www.umweltbundesamt.de/sites/default/files/medien/1410/publikationen/2018-07-16_climate-change_19-2018_ets7_analyse-minderungspotenzialstudien_fin.pdf.

　　③　Boston Consulting Group（2013），Steel's Contribution to a low-carbon Europe 2050 .https：//www.bcg.com/publications/2013/metals-mining-environment-steels-contribution-low-carbon-europe-2050.aspx.

表7-7　　　　　　　2050年钢铁行业相对于2015年总CO_2减排情况

钢铁行业	Baseline	ELEC	H2	P2X	EE	CIRC	COMBO	1.5TECH	1.5LIFE
总CO_2排放	−60%	−88%	−92%	−88%	−82%	−91%	−90%	−97%	−97%

来源：PRIMES.

　　图7-14显示了与2050年基本情景相比，钢铁行业在使用不同燃料和不同情景下的最终能源消耗情况。钢铁行业在2015年的最终能源消耗量约为50Mtoe，预计2050年能源基本需求量为42Mtoe，其中电力与天然气的需求量分别为14Mtoe和9Mtoe，生物质和固体化石燃料的需求量分别为9Mtoe和8Mtoe。

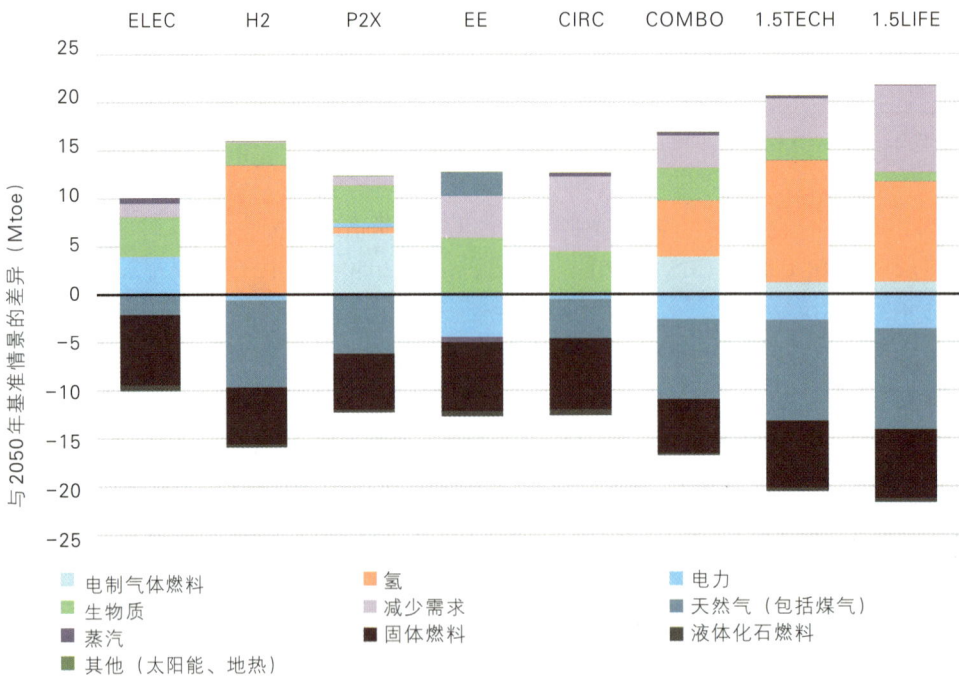

图7-14　2050年各情景与基准情景相比钢铁行业最终能源消耗
来源：PRIMES.

　　能源燃烧转向采用碳密度较低的燃料，特别是从固体燃料转向生物质，以及在一定程度上电气化，并进一步提高能源效率来减少能源需求等方式，都是实现基准情景中温室气体减排目标的可用路径。
　　情景结果表明，为实现减排80%的目标，钢铁部门几乎不采用固体燃料并存在多种能源组合方式。为实现温室气体净零排放，其他解决方案包括直接使用氢气，以及采取循环措施提高废金属可用性以进行二次生产。

使用 FORECAST 模型进行的自下而上分析得出了与 PRIMES 类似的结论。与 2015 年相比，在 80% 的减排情景中，温室气体减排幅度在 69%（BioCycle 情景，最弱的预期减排目标方案）至 88%（CleanGas 情景）之间，Mix80 情景实现了 88% 的温室气体减排。最后，在更乐观的 Mix 95 情景下可以实现 96% 的减排（见表 7-8）。

表 7-8　　　　2050 年钢铁行业相对于 2015 年温室气体减排的总体情况

钢铁行业	CCS	CleanGas	BioCycle	Electric	Mix80	Mix95
能源相关排放（不包括 CCS）	−56%	−88%	−70%	−84%	−88%	−97%
过程相关排放（不包括 CCS）	−37%	−80%	−57%	−80%	−84%	−91%
总排放（包括 CCS）	−85%	−88%	−69%	−83%	−88%	−96%

来源：FORECAST.

在 FORECAST 情景中温室气体减排的驱动因素如下。图 7-15 显示了从高炉（BF）路线转变到电弧炉（EAF）及其他正在开发的技术的变化，列出了按能源载体划分的最终能源需求情况。

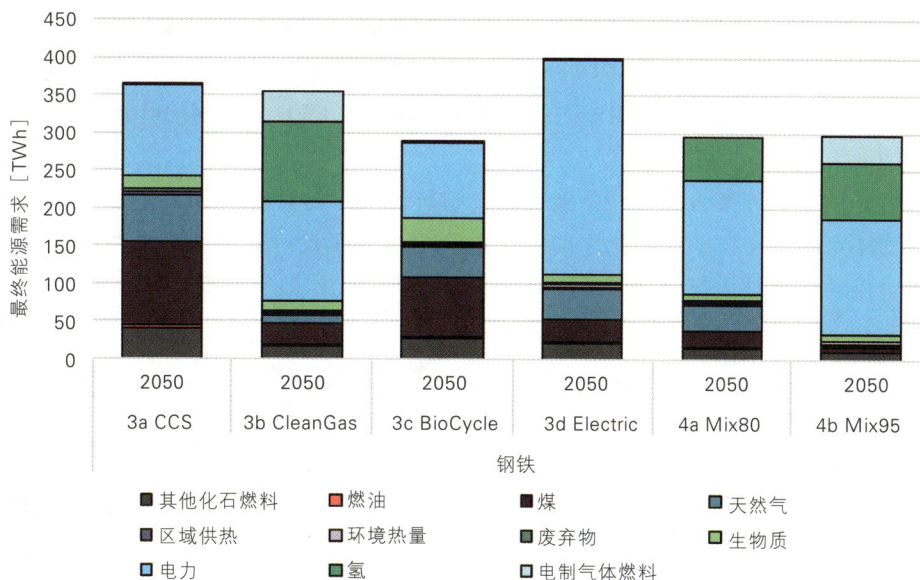

图 7-15　按能源载体划分的钢铁行业的最终能源需求（不含原料、清洁燃料和氢气生产）

● 在所有情景中，能源效率提高（近净形铸造、顶部气体回收），更快增加电弧炉（EAF）的使用（主要用于建筑钢材）。

● CCS 允许保留当前的燃料组合形式（出于能源效率考虑可采用较少的煤）并略微增加生物质。到 2050 年，可捕获并储存约 54 $MtCO_2$。

● 在 CleanGas 情景中，通过氢气直接还原取代 88% 的高炉炼钢生产，以及使用分布式天然气（假定消耗只有常规天然气的 20%）来实现减排。

● BioCycle 情景预计采用大量生物质混烧，在高质量的电弧炉（EAF）中生产新产品和钢筋，提高材料效率并采用替代品（用生物质混烧生产的产品替代建筑钢材）。

● 在 Electric 情景中，约 80% 的常规高炉炼钢在 2050 年时被基于电解的直接还原炼钢方式（假设 2030 年后可用）取代。

● Mix80 情景结合了无碳钢（通过氢气直接还原、等离子和电解钢）的解决方案与 BioCycle 情景中的回收和材料效率解决方案（虽然较为保守）。

● Mix95 情景以 Mix80 情景为基础，通过替代路线完全取代高炉炼钢（不止 80%~90%），并假设在天然气配送网络中含有 95% 的清洁气体（用于替代天然气）。

在 CleanGas、Electric、Mix80 和 Mix95 情景中，生产氢气及 EAF 路线的使用都增加了电力消耗。2015 年的电力消耗约为 115 TWh，电力生产量可能增加一倍以上，其中 BioCycle 情景中的电力生产量为 100 TWh，Electric 情景中为 282 TWh。Mix80 和 Mix95 情景中的电力消耗量约为 150 TWh。考虑到生产钢铁原料、清洁气体和氢气所需的电力，电力消耗量将呈指数级增长，在 CleanGas 情景中达到 1 064 TWh，在 Electric 和 Mix95 情景中达到 690 TWh，在 Mix80 情景中达到 550 TWh。

提出的解决方案也包含一系列挑战。本节讨论的大多数深度脱碳技术的准备水平（TRL）较低，技术商业化之前需要进行更多的研发。若进行高炉路线的转变，现有设施将需要被大部分处于通电状态的新工厂取代，即实现碳减排需要更大份额的无碳电力。如图 7-16 所示，转变为近零碳排放的炼钢路线是可行的，但是需要时间和决心，并立即付诸行动，只有将技术推广到整个行业才能使 2050 年的钢铁行业实现几乎零碳排放。至于加强回收利用和其他循环经济措施，需要在全欧洲推行集中政策。

与此同时，这种转变由于可以进一步实现现代化、降低成本和碳强度，为钢铁行业带来了重大机遇。替换旧工厂可以提供工业共生的机会，如与生产塑料或化肥的化学工业进行共生，在这种情况下，CCS 或 CCU 的应用可以提供经济上的共同利益。

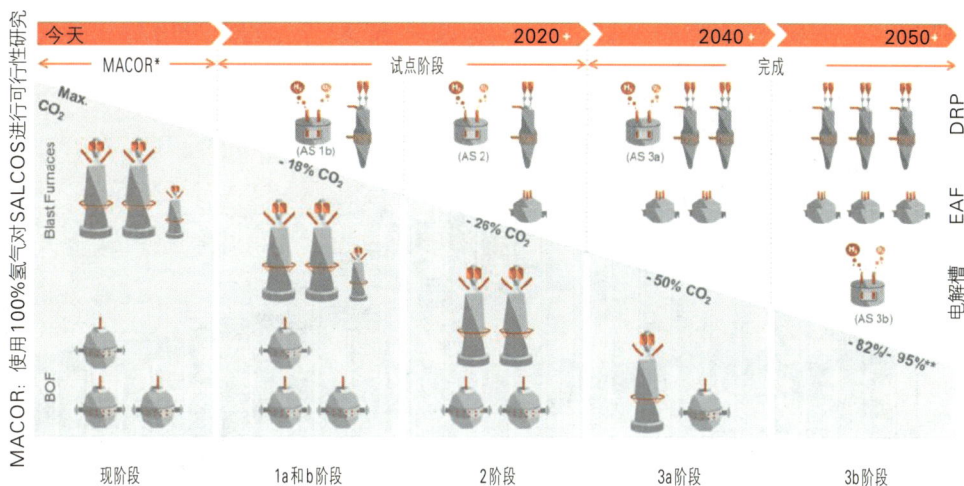

图 7-16 SALCOS 项目中钢铁厂利用天然气向氢气还原和电弧炉转型的阶段性改造

来源：SALCOShttps：//salcos.salzgitter-ag.com/.

7.6.2　化工

欧盟化学工业在 2016 年占欧盟所有固定装置核查碳排放量的 4％左右，占不包括燃烧在内的工业碳排放量的 14％[①]，如图 7-17 所示。

化工是一个非常复杂、广泛和多样化的领域，其中的子部门更加多样化。石油化工和基本无机子部门为化工生产有机（烯烃、醇、芳烃）和无机（氨、氯）构件。聚合物（塑料）和特种化学品（油漆、染料）子部门生产中间或最终产品，而消费化学品（肥皂、化妆品）则出售给终端消费者。石油化工、基本无机和聚合物子部门作为大多数研究关注的子部门，其温室气体排放量约占化工领域中温室气体排放量的 70％。

研究分析表明，通过能源效率的提高和燃料的转换可以在 2050 年时相比于 2010 年将排放量显著减少 55%~60%，其中减排的最大潜力来源于燃料的转换[②]。

85％甚至更深层次的减排在技术上也是可行的，但需要改变输入原料，并应用 CCS 和 CCU 技术及增加回收。特别是采用氢、生物基和可再生原料取代化石基原料并减少其使用，表现出强大的减排潜力。虽然许多新的商业机会被创造出来，但

[①]　一些化学公司的数据在燃料燃烧类下报告,因此,化学工业的实际排放量可能会更高。

[②]　能效的经济潜力远远小于技术潜力。

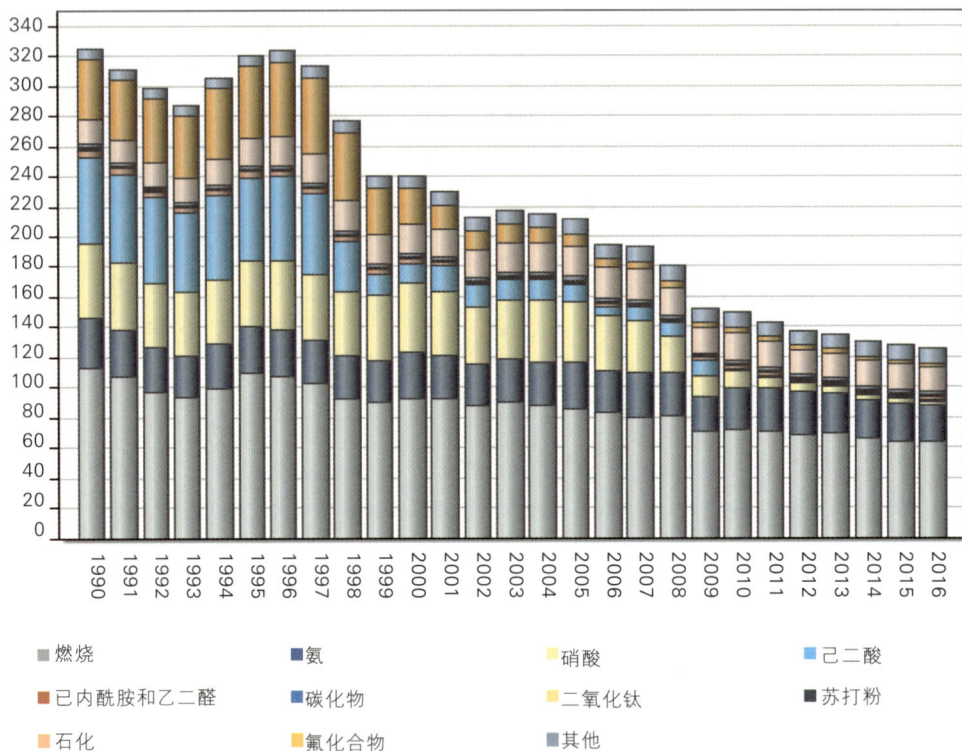

图例：
- 燃烧
- 氨
- 硝酸
- 己二酸
- 己内酰胺和乙二醛
- 碳化物
- 二氧化钛
- 苏打粉
- 石化
- 氟化合物
- 其他

图7-17　EU28化工行业温室气体历史排放情况（单位：MtCO$_2$eq）

来源：EEA.

同时也需要进行大量投资，以便工厂能够适应这种商业模式。

生物经济减排的潜力由于科学依据上的互相矛盾尚未明确。即使假设欧洲可持续生物质的可用性增强，生物基氨气和甲醇的生产很可能也没有很大的潜力，除非有低成本的电制气体燃料可用，这与生物基裂解产品生产（从石脑油到生物乙醇）相反。另外，使用低碳氢和CO$_2$作为生产低碳甲醇的原料虽然有强大的减排潜力，但有许多先决条件，包括可广泛获得的廉价可再生能源。

特别值得强调的是塑料回收的重要性。如今，欧洲仅有平均60%的塑料被回收，通过增加机械回收和原料回收可以显著减少塑料废物[①]，实现每年减少塑料废物量60%~70%。另一项研究表明，向客户交付的1.06亿吨化学品中有高达60%的

[①]　机械回收是指用机械的方法将废塑料加工成可回收的聚合物。原料回收指的是用化学或加热的方法将聚合物分解成可以直接替代原料的产品。

塑料品可以被回收利用。因此，亟须对塑料回收进行标准化，并改进收集和分类过程。由于再生塑料是一种能量要求较低的工艺，可以减少原料和能量使用[①]，因此，能量回收可以引入塑料联级使用等措施，如降级（机械回收）、升级（原料回收）或在塑料降解后进行回收。

此外，化学工业是其自身工艺或其他工业部门（钢铁、水泥、炼油厂）排放二氧化碳的理想消费者，可以通过嵌入长寿命材料或减少使用化石燃料的方式避免碳排放。假设通过氢和二氧化碳生产甲醇在未来是经济可行的，这无疑是一种有益的选择。某些研究计算了捕获、存储或使用二氧化碳的潜力，其中石油化工产品、基本无机和聚合物捕获、存储或使用二氧化碳的潜力为90%，特种化学品和消费化学品捕获、存储或使用二氧化碳的潜力为75%。

表7-9总结了化工行业减碳的主要技术路径，包括正在开发的项目、减排和市场准入情况。

表 7-9 化工行业正在进行的低碳项目

技术选择	实例	TRL	最大减排	市场准入
CCU-甲醇	冰岛碳国际项目	6-7	如果使用可再生能源，并且对CO_2进行捕获，几乎可以消除所有的碳排放	2030
CCS制氨	已经对合成气生产过程中的排放进行捕获	6-7	减少（几乎）所有过程的碳排放（通常是氨生产中碳排放的2/3）	2025
氢基制氨	可再生电力生产氢气，进而转化为氨气	6	几乎全部减排	即将实施

来源：Ecofys & Fraunhofer ISI.

如果将化工厂与其他行业的工厂一起配置在工业园区内，并进行能源和物质资源的共享，就可以实现上述的联合技术路径。

总体而言，化工行业进行温室气体减排的潜力很大。对化工行业进行的最新研究探讨了未来实现该行业碳中和的各种选择，化工行业可以减少来自其他行业的废弃资源并与其他加工行业进行共生协同。除常规情景外，这三种情景评估了不同的

[①]　欧盟聚合物产量可减少7%。

目标水平。该行业确定的2050年每年理论最大CO_2减排量将高达210 $MtCO_2$，是2015年CO_2减排量的175%。另两个情景中的CO_2减排水平为2050年预计排放量的59%和84%。这些情景的重点主要是替代碳原料（主要是电解氢、CO_2和生物基原料）的利用，以及电气化和能源效率的提升。值得注意的是，基于氢的技术需要大量的低碳电力，一个情景中的最大需求量为4 900 TWh[①]，另一个情景则需要1 900 TWh。

PRIMES按照上述原则进行减排量预测，在实现温室气体减排80%的情景中，预计化工产品的CO_2排放量相比2015年减少64%（P2X情景）至70%（CIRC情景）。在1.5℃ GHG情景中温室气体将呈负排放（见表7-10），这是通过额外使用CCS和在材料中储存CO_2相结合而实现的。特别是，在1.5℃温升目标情景中，可能会隔离石化材料（塑料），并在电力部门（包括现场热电联产工厂和工业锅炉）或化工以外部门的工业过程中捕获二氧化碳（这说明了共生在工业中的可能性和CCU的作用）。若将塑料重复使用、回收或填埋，而非焚烧，且以生物质为利用基础，将能够形成部门工业过程中的负碳排放。

表7-10　　　　　　　2050年化工行业相对于2015年总CO_2减排情况

化工行业	Baseline	ELEC	H2	P2X	EE	CIRC	COMBO	1.5TECH	1.5LIFE
总CO_2排放	-43%	-67%	-69%	-64%	-65%	-70%	-71%	-143%	-118%

来源：PRIMES.

图7-18显示了按情景分类的燃料组合的差异，并与基准情景进行了比较。该基准情景通过显著提高碳密集型燃料的能源效率并同时增加生物质的使用实现温室气体减排的目标。根据基准情景的预测，最终能耗从2015年的51 Mtoe降至2050年的39 Mtoe（电力16 Mtoe、蒸汽9 Mtoe、天然气9 Mtoe、生物质3.5 Mtoe）。PRIMES也证实，在化学品领域减排80%的目标背景下，该行业存在许多可供选择的方案，并且会在所有方案中减少对天然气的利用。电气化与需求侧调节（提高能源效率、采取循环经济）是在PRIMES情景中实现净零温室气体排放的解决方案。

使用FORECAST自下而上的分析得出的结论与PRIMES相似，也显示了在化学工业中使用CCS技术进行减排的巨大潜力。在减排80%的目标情景中，与2015年相比，温室气体减排幅度为63%（BioCycle情景）至90%（CCS情景），Mix80情景中及较乐观的Mix95情景中分别减排76%和91%（见表7-11）。

① 电力需求主要是由电解制氢的高电强度驱动的。

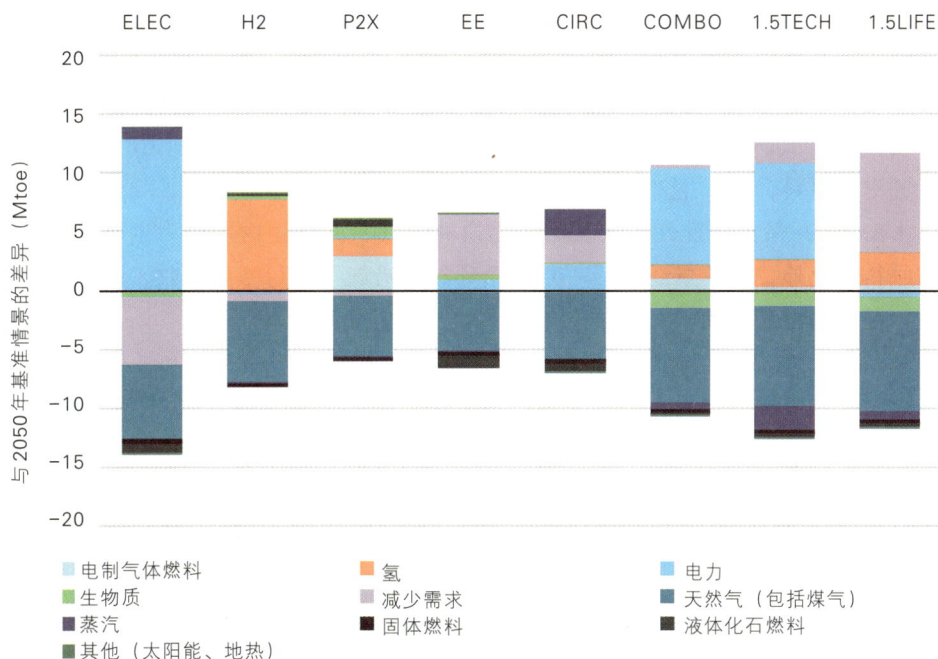

图 7-18　2050年按燃料和情景划分的化工产品的最终能源消耗（与基准情景相比）
来源：PRIMES.

表 7-11　　　　　　2050年化工行业相对于2015年温室气体减排情况

化工行业	CCS	CleanGas	BioCycle	Electric	Mix80	Mix95
能源相关排放（不包括CCS）	−21%	−84%	−74%	−74%	−76%	−95%
过程相关排放（不包括CCS）	−2%	−63%	−40%	−63%	−68%	−80%
总排放（包括CCS）	−90%	−77%	−63%	−70%	−73%	−91%

来源：FORECAST.

　　下面列出了FORECAST情景中温室气体减排的驱动因素。图7-19展示了不同工艺流程的终端能源需求，其中乙烯工艺的能源消耗显著减少，其中一些是永久性的，一些主要转向甲醇基乙醇——使用氢气（生产甲醇）。类似地，除BioCycle外的其他情景都是通过氢进行氨生产。其详细假设如下：

- 在CCS中天然气是主要燃料，若将CCS用于氨、乙烯和甲醇生产，至2050年能够捕获并储存大约85 MtCO$_2$。

- 在CleanGas情景下，通过使用替代原料（氢替代乙烯、氨和甲醇）和分布式天然气（假设消耗仅占传统天然气的20%）来实现减排。此外，CCU将捕获CO$_2$与氢气作为原料，用于生产甲醇及乙烯。

- BioCycle情景预计使用大量的生物质和沼气，并将生物质作为生产甲醇及乙烯的原料。此外，该情景还包括一系列循环经济措施（进行塑料回收、采用生物基塑料、用生物制品替代塑料、减少化肥需求、提高材料效率）。

- Electric情景使用电弧炉和电解氢代替高达80%份额的轻油和天然气作为生产乙烯、氨和甲醇的原料。

- Mix80情景通过将使用替代原料（替代乙烯、氨和甲醇的氢）与BioCycle情景的循环经济措施（较为保守）相结合以推动减排。

- Mix95情景在Mix80情景的基础上，假设在天然气配送网中含有95%的清洁燃气（来替代天然气），并且氢气作为原料将完全取代轻油和天然气。

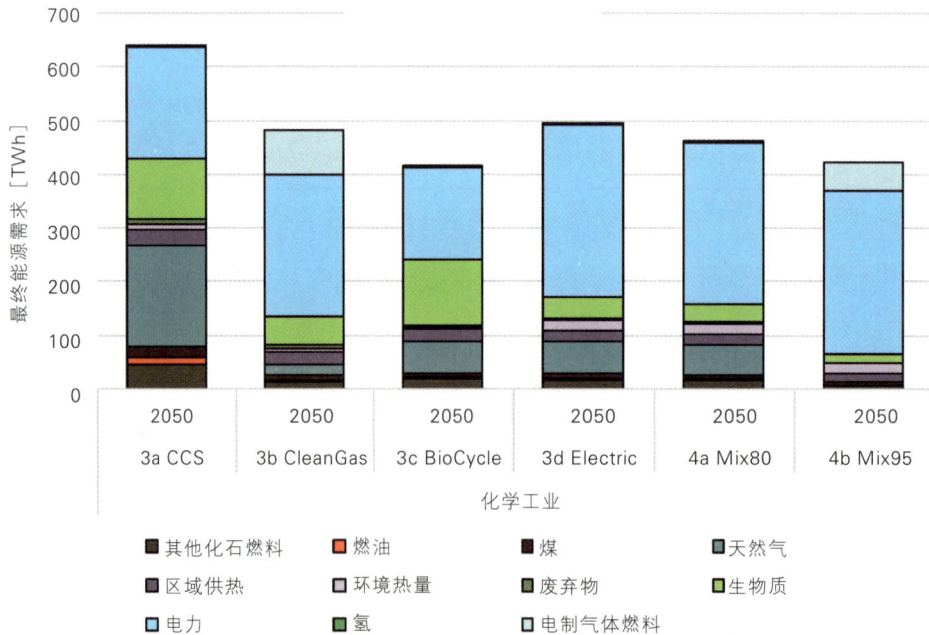

图 7-19 按能源载体划分的化工行业最终能源需求（不含原料、氢气和清洁气体的生产）
来源：FORECAST.

与钢铁行业类似，CleanGas、Electric、Mix80 和 Mix95 情景的结果显示，无论是用于生产氢气还是增加使用电气化工艺，电力消耗都会显著增加。2015 年电力消耗为 181 TWh，与其相比，假设情景中直接电力消耗量可能增加 78%，其中 Bio-Cycle 情景增加 169 TWh，Electric 情景增加 323 TWh。Mix80 和 Mix95 情景的电力消耗量约为 300 TWh。考虑到生产清洁燃气和氢气所需的电力，电力消耗量将从根本上增加：CleanGas 和 Mix95 情景分别达到 1 097 TWh 和 1 080 TWh，Electric 和 Mix80 情景分别达到 1 016 TWh 和 849 TWh。

原料是非常值得化工行业关注的一个方面。对烃原料如轻油、乙烷和 LPG 进行蒸汽裂解，是商业化生产乙烯的主要方式。氨主要通过天然气蒸汽重整产生的氢进行 Haber-Bosch 合成产生。为了脱碳，化石原料将被无碳氢（FORECAST 情景假设通过无碳电进行电解）或生物基原料替代，或者被 CCS（永久储存）及 CCU 储存于材料中，在其使用寿命结束时可以被重新利用、回收或填埋（而非焚烧）。如果 CCU 与生物基材料共同使用还能够产生负排放。图 7-20 显示了 2050 年各情景中生产乙烯、氨、甲醇所需的各类能源量。在 CCS 情景中，除了 CO_2 排放被储存外，其余保持不变。在 BioCycle 情景中，化石原料被生物质（不含 CCS 过程）取代。在 CleanGas、Electric 和 Mix 情景中，相应原料被氢取代，且由于循环利用的强化，原料输入总量减少。

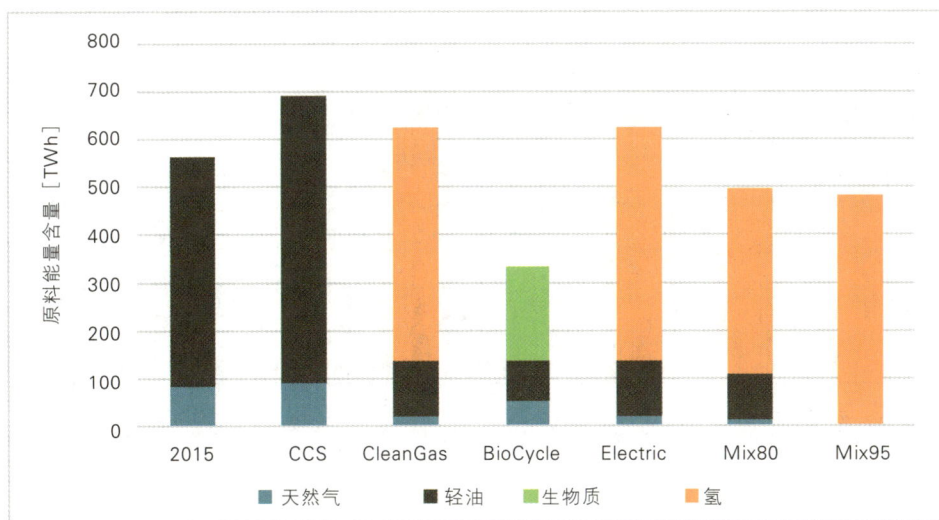

图 7-20　2050 年各情景下生产乙烯、氨、甲醇所需的各类能源量
来源：FORECAST.

综上所述，化工行业面临的主要挑战是原料、工艺排放和天然气的较大份额。化工行业减排的三种路径如下：

● 采用循环经济措施，同时增加生物基材料作为原料的使用。这种方法的局限性似乎在于能否获得足够的可持续生物质原料。

● 将氢气作为原料与电气化并行。由于利用可再生能源发电，电解槽和其他基础设施方面的投入很高，因此本路径虽然排放量减少最多，但成本也最高。

● 采用CCS的路径成本较低，且与生物质结合，可以产生负排放（通过BECCS）。此路径有锁定风险，且若行业最大限度地利用CCS，需要解决公众能否接受及 CO_2 运输和储存的基础设施建设问题。

将这三种路径进行结合的前途是非常光明的。工业共生可以进一步提供支持，因为这不仅可以满足对氢气和 CO_2 作为原料的高需求，还有提供热量、废物管理等其他相关好处。

7.6.3 非金属矿物

在2016年欧盟排放交易计划（ETS）中，水泥和石灰行业共占温室气体（GHG）总碳排放量的8%左右，占ETS内工业部门碳排放量的28%。2016年，水泥行业的碳排放量约为112 $MtCO_2$，而石灰行业的碳排放量约为30 $MtCO_2$，如图7-21所示。

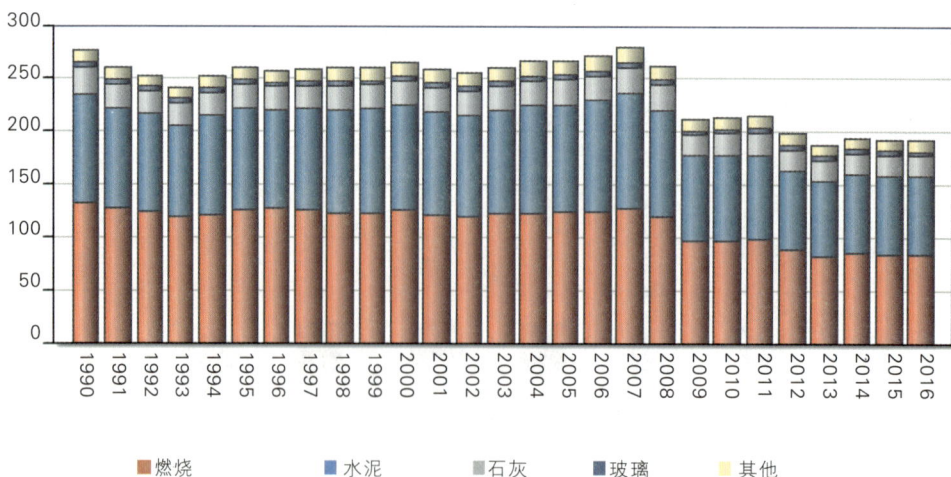

图7-21　EU28非金属矿行业温室气体历史排放情况（单位：$MtCO_2eq$）
来源：EEA.

非金属矿行业是一个能源密集型行业，包括三个主要的子行业：水泥、玻璃和陶瓷。非金属矿行业与钢铁和化工行业的碳排放量共占工业总碳排放量的70%。水泥（和石灰）是主要的碳排放子行业，占非金属矿行业碳排放量的80%，其他排放则来自玻璃和陶瓷。

水泥有两个主要的CO_2排放源：熟料/石灰炉中的化石燃料燃烧，以及石灰石脱碳过程。二者的碳排放量占整个硅酸盐水泥生产链中碳排放量的85%左右。

即使采用提高能源效率、将燃料转换为碳密度较低的燃料（即生物质）和降低水泥中的熟料含量等当今最好的技术，该行业碳减排的潜力依然有限。据估计，到2050年剩余的热效率潜力不到10%[1]。因此，突破性技术对于实现必要的减排至关重要。通过突破性减排技术，将循环措施（对资源、材料循环利用和提高产品效率）和CCS或CCU相结合，2050年的减排量相对于2010年可达到75%[2]。

IEA在全球范围内评估了类似的减排潜力，发现在水泥生产中整合CCS和CCU技术可以将2014年至2050年间全球水泥生产的碳排放量减少48%，而新技术使水泥中的熟料水泥比例降低了37%[3]。另外，虽然英国在2050年工业脱碳和能效路线图中同样确认了CCS和CCU技术有非常大的潜力，能使水泥行业减排62%，但熟料方面的减排收益有限，仅为5%~10%。在两项研究的衡量下，将燃料转换成生物质都是重要的减排方案。

欧盟石灰行业的减排路径与水泥行业相似。2/3的温室气体排放为工艺排放，其余的则与能源利用相关。与能源利用相关的排放可以在很大程度上通过提高能源效率、电气化和使用低碳燃料来解决，工艺排放则需要如水泥生产一样捕获CO_2，并进行利用（CCU）或存储（CCS）。

水泥行业减排的巨大不确定性与目前处于研发阶段的许多创新技术的TRL普遍较低有关，这种不确定性有时突出表现在对水泥的碳强度可以降低多少的相互矛盾的预期上。这些选择包括采用新的原材料及新的水泥替代品，甚至在考虑整个价值链时扩展至更有效地在建筑行业中使用混凝土。大量新概念和项目涵盖不同程

[1] CSI and ECRA (2017), Development of State of the Art Techniques in Cement Manufacturing. https://www.wbcsd.org/Sector-Projects/Cement-Sustainability-Initiative/Resources/Development-of-State-of-the-Art-Techniques-in-Cement-Manufacturing.

[2] CEMBUREAU (2013), The role of Cement in the 2050 Low Carbon Economy, https://cembureau.eu/media/1500/cembureau_2050roadmap_lowcarboneconomy_2013-09-01.pdf.

[3] IEA, 2018, Technology Roadmap. Low Carbon Transition in the Cement Industry, https://www.iea.org/publications/freepublications/publication/TechnologyRoadmapLowCarbonTransitionintheCementIndustry.pdf.

度地（30%到其至90%）降低水泥碳强度的目标，且具有应用的趋势。

低碳水泥由硅酸盐熟料替代品制成，在生产时使用的能源更少，并可减少生产中的碳排放。一些新型水泥甚至可以用于制造钢筋混凝土[①]。Solidia据称是最先进的黏合剂之一，它主要通过改变使用的原材料来减少工艺环节和燃烧过程中的碳排放，据称与标准黏合剂相比可以减排高达70%的CO_2。目前这些水泥已经逐渐进入市场。但专家们从各种角度证明，由于在现有的以硅酸盐水泥为基础的监管框架下低碳水泥技术成熟度低，在预制混凝土等方面的应用有限。

大多数研究未考虑过的是，在循环经济背景下，提高材料利用效率和替代也有显著的减排潜力。虽然不能像其他材料一样被回收，但水泥在使用寿命结束后能够从混凝土中回收高达30%~40%的未使用熟料来替代新的水泥。如果用于生产更高强度的骨料，回收的水泥则可替代建筑中高达80%的新水泥，能够减排近一半CO_2。此外，如果设计的建筑物部件可以拆卸并能够重复使用，对新水泥生产的需求将减少。另一种方案是建筑采用木基结构，虽然木基结构极有利于碳减排，但通常来说，木基结构的稳定性及承重能力较差，生命周期也较短。总之，提高材料利用效率和进行水泥替代可以被纳入考虑范畴，但需要进一步评估。

表7-12总结了水泥/石灰子行业减排的主要技术路径，包括正在开发的项目、减排和市场准入情况。

表7-12　　　　　　　水泥/石灰行业正在进行的低碳项目

技术选择	实例	TRL	最大温室气体减排	市场准入
低碳水泥（-50%）（新黏合剂）	Celitement	6	50%	2022
低碳水泥（-30%）（新黏合剂）	Aether	6-7	30%	2020
燃烧后CCS		8-9	95%	2022
直接分离CCS	LEILAC项目	5-6	~70%*	2025
低碳水泥（-70%）（CCU：吸收二氧化碳的混凝土）	Solidia	8	70%	2020

*仅为过程排放。

来源：Ecofys & Fraunhofer ISI.

---

① Chatham House（2018），Making Concrete Change，https://www.chathamhouse.org/sites/default/files/publications/research/2018-06-13-making-concrete-change-cement-lehne-preston.pdf.

欧盟的玻璃和陶瓷行业碳排放量占2016年欧盟所有固定装置核定碳排放量的2%左右，在不包括燃烧的工业碳排放量中约占6%。

玻璃和陶瓷行业的脱碳潜力主要集中在干燥和烧制过程。由于近年来的技术提升，通过提高能源利用效率进行减排的潜力有限。由于目前这两个行业主要使用天然气产热，因此可以通过将燃料转换为电力或沼气来实现减排。在制造玻璃时通过使用CCS、增加回收再利用和其他循环干预等方式可以实现额外减排。

在英国工业脱碳和能源效率路线图中，相比于2012年，2050年陶瓷和玻璃最大的减排潜力分别约为60%及90%~96%[1]（较高的减排情景包含CCS和CCU）。2012年制定的陶瓷行业路线图确定了与1990年相比减排78%的目标，要求一半窑炉进行电气化改造，另一半窑炉则将燃料改为清洁天然气[2]。

表7-13总结了玻璃/陶瓷行业减排的主要技术途径，包括正在开发的项目、减排和市场准入情况。

表7-13 玻璃/陶瓷行业正在进行的低碳项目

技术选择	实例	TRL	最大减排	市场准入
可再生能源电气化	—	5~8	80%	2015/2020 [e]
氧基燃料燃烧，包括热回收	OPTIMELT	7 [e]	60%	2025 [e]
废热回收	Organic Rankie Cycle	8~9	15%	—
批量预热		8	15%	—
再循环	—	9	60%	

在实现温室气体减排80%的情景中，预计非金属矿行业的CO_2排放量相比2015年减少61%（在ELEC情景中）至71%（在CIRC情景中），1.5℃温升目标场景中CO_2减少了83%~86%（见表7-14）。减少工艺排放主要是通过CCS的应用来实现的。

---

[1] WSP, Parsons Brinckerhoff, DNV GL (2015), Industrial Decarbonisation & Energy Efficiency Roadmaps to 2050 Glass, https://assets.publishing.service.gov.uk/government/uploads/system/uploads/attachment_data/file/416675/Glass_Report.pdf.

[2] Cerameunie (2012), The Ceramic Industry Roadmap. Paving the way to 2050, http://www.cepi.org/system/files/public/documents/publications/environment/2011/roadmap_final-20111110-00019-01-E.pdf.

表 7-14   2050 年非金属矿行业与 2015 年相比总 CO_2 减排情况

非金属矿行业	Baseline	ELEC	H2	P2X	EE	CIRC	COMBO	1.5TECH	1.5LIFE
总 CO_2 排放	−28%	−61%	−68%	−66%	−63%	−71%	−69%	−83%	−86%

来源：PRIMES.

图 7-22 展示了 2050 年各情景与基准情景相比非金属矿行业的最终能源消耗情况。基准情景通过提高能源效率，以及增加生物质和天然气的使用来实现温室气体减排。该行业 2015 年的最终能源消耗量为 34 Mtoe，预计 2050 年基准情景中能源需求为 31 Mtoe，其中天然气 15 Mtoe、生物质 5 Mtoe、电力 6 Mtoe。

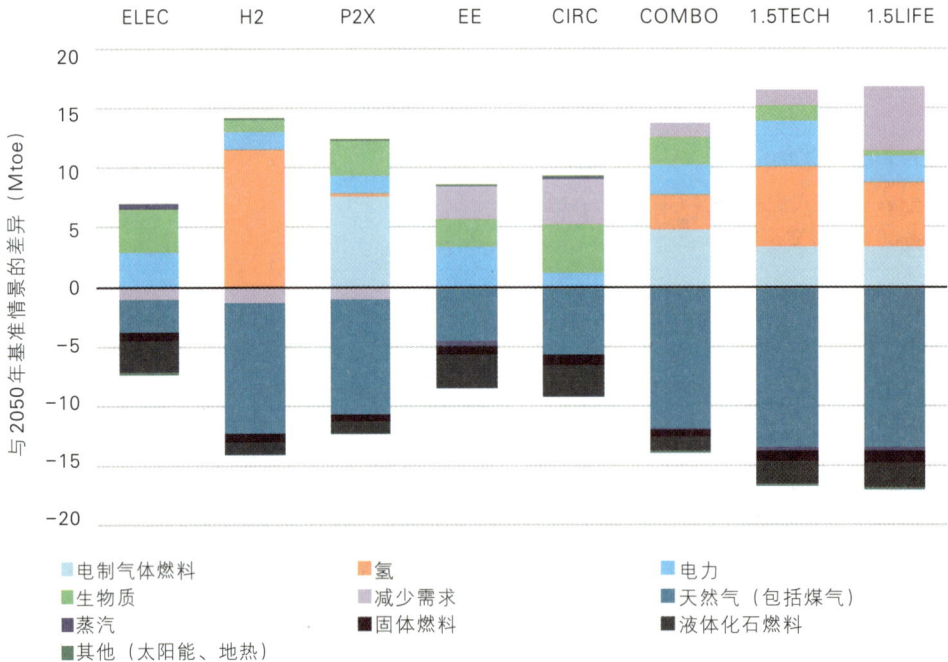

图 7-22 2050 年按燃料和情景划分的非金属矿行业最终能源消耗与基准情景的差异
来源：PRIMES.

在满足减排 80% 目标的情景中，PRIMES 确认了类似的减排模式，主要基于大幅减少天然气使用和增加生物质利用。尤其在 1.5℃ 温升目标情景涉及新燃料的情况下，其他减排方式包括电气化、提高能源效率，以及对氢气和合成燃料进行利用。据 PRIMES 预测，CCS 是减少该行业工业排放的首选。

采用 FORECAST 自下而上分析得出的结论与 PRIMES 类似，即 CCS 仍是最有效的解决方案。在减少 80% 碳排放目标情景中，温室气体排放量与 2015 年相比减少了 45%（Electric 情景）至 81%（CCS 情景），Mix80 情景和 Mix95 情景中减排分别为 56% 和 86%（见表 7-15）。2050 年的 CCS 情景和 Mix95 情景分别捕获并存储了约 120 $MtCO_2$ 和 39 $MtCO_2$。

表 7-15　　　　2050 年非金属矿行业相对于 2015 年温室气体减排情况

非金属矿行业	CCS	CleanGas	BioCycle	Electric	Mix80	Mix95
能源相关排放（不包括 CCS）	−52%	−83%	−88%	−69%	−71%	−95%
过程相关排放（不包括 CCS）	−9%	−26%	−43%	−28%	−45%	−45%
总排放（包括 CCS）	−81%	−50%	−62%	−45%	−56%	−86%

来源：FORECAST.

下面列出了 FORECAST 情景中能够驱动水泥和石灰行业减排的因素。

● 在所有情景中，提高能源效率（采用低碳水泥、再碳酸化水泥/混凝土），通过减少熟料份额提高材料利用率。

● 在 CCS 情景中，燃料转换是由价格驱动的，包括燃烧后 CCS 技术和直接分离 CCS 技术。

● 在 CleanGas 情景中，减排通过使用更多的生物质和 RES 废料，以及利用分布式天然气（假定消耗只占传统天然气的 20%）来实现。

● BioCycle 情景预计采用更多的生物质和 RES 废料，以及循环经济措施（回收再利用混凝土，使用高效混凝土、生物质替代材料、碳强化钢筋）。

● 在 Electric 情景中，水泥通过电窑进行生产。

● 在 Mix80 情景中，BioCycle 情景的回收和提高材料利用效率方案与将燃料转换为低碳型燃料并行。

● Mix95 情景（相对于 Mix80 情景）将 CCS 技术用于石灰和常规熟料生产，并假设在天然气供应网络中有 95% 的清洁燃气（替代天然气）。

下面列出了驱动 FORECAST 情景中玻璃和陶瓷行业温室气体减排的相关因素：

● 在所有情景中进行能效创新（氧气燃料和废热利用），增加玻璃容器回收。

• 在CCS中增加将燃料转换为天然气的选项，但CCS在玻璃行业中较为经济的应用仅限于后期燃烧。平板玻璃的回收利用也有所增加。

• 在CleanGas情景中，减排通过利用分布式天然气实现，而分布式天然气的消耗量仅占传统天然气的20%。平板玻璃和回收利用也有所增加。

• BioCycle情景预计使用更多生物质能并采取循环经济措施（玻璃再利用，并提高玻璃利用效率）。

• 在Electric情景中，电炉取代燃气炉，平板玻璃的回收利用也有所增加。

• Mix80情景将电炉与BioCycle情景中的材料回收和提高利用效率的方案相结合。

• Mix9情景与Mix80情景类似，且天然气供应网络中含有95%的清洁燃气（替代天然气）。

图7-23展示了非金属矿行业不同能源载体的最终需求。

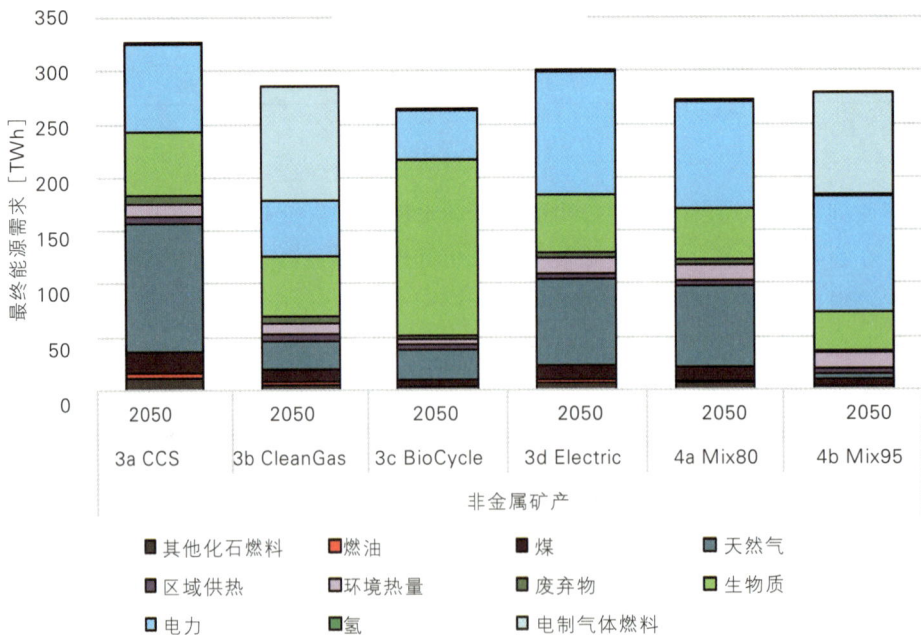

图7-23　非金属矿行业不同能源载体的最终需求

来源：FORECAST.

分析证实，非金属矿行业，特别是水泥和石灰行业的排放源最难减排。若不采用CCS技术，该行业能否成功脱碳取决于低碳水泥的推广速度，以及建筑行业的材料效率和回收利用能否改进。当前的价值链和商业模式有重大改变的可能。

7.6.4　纸浆和纸张

　　欧盟造纸工业的碳排放量约占 2016 年欧盟所有固定装置核定碳排放量的
1.5%，约占不包括燃烧在内的工业碳排放量的 5%，如图 7-24 所示。

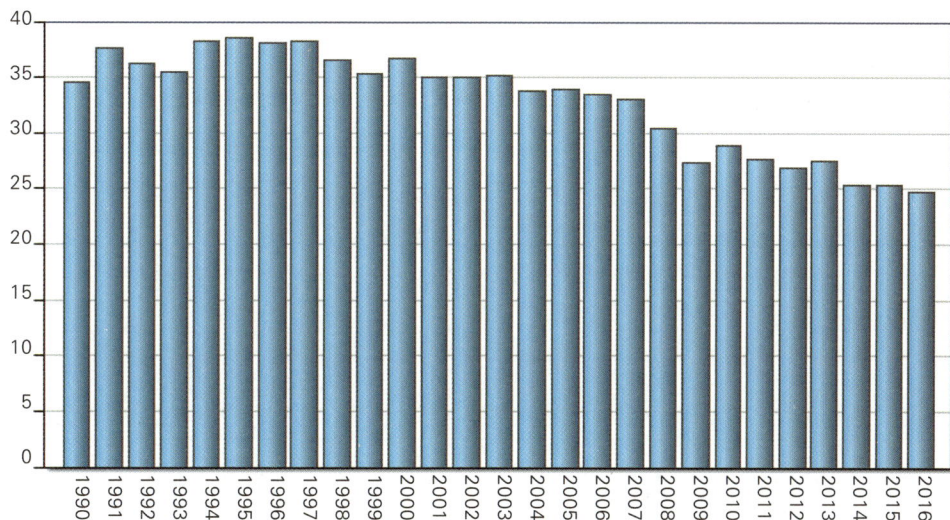

图 7-24　EU28造纸业温室气体历史排放情况（单位：MtCO₂eq）

来源：EEA.

　　该行业采用木质资源生产纸张和纸浆。纸浆通过机械、化学方式或回收废纸生
产，加工步骤和使用的原材料取决于产品的质量要求。造纸厂中重要的耗能过程是
纸张干燥。

　　造纸行业的两种主要减排方式是提高能源效率和转向使用低碳燃料和电力。在
过去的几十年间，欧洲造纸行业通过利用废热和改进干燥技术大大提高了能源利用
效率。此外，其已经大面积利用生物质（和电力）等可再生能源来替代化石燃料，
但此方法仍有潜力。

　　造纸业脱碳的优势是可以直接获取生物基原材料。此外，造纸业仅产生与能源
利用相关的排放，在工业过程中不会产生难以削减的排放（如水泥行业）。并且造
纸业对用于生产的能源载体，即蒸汽的需求是非常灵活的（与钢铁工业中的高温炉
相比）。综上所述，在造纸业中将现有燃料转换为低碳燃料在经济上是可行的且有

多种选择。由于造纸业可增强能源系统（如需求侧）的灵活性，对该行业进行完全电气化改造十分有前景[1]。但造纸业与其他工业部门在生物质需求方面的竞争可能对未来的减排构成挑战。

造纸业减排的另一种路径是黑液气化（BLG）。这是纸浆厂用于产生盈余电力或生物燃料的一种技术。在黑液气化过程中，浓缩黑液被转化成适合于回收蒸煮化学品的无机化合物（主要是钠和硫）和主要包含氢气及一氧化碳的可燃性燃料气体。在未来造纸厂采用生物质作为原料进行精炼的背景下，BLG技术受到了广泛关注[2]。

再循环纤维的质量改善可以从改进收集、分选（指标为填料含量、亮度、纤维长度）和生态设计再循环流程这些方面进行，为更有效的纤维处理和精制提供可能。新的回收技术（如无润湿和干燥的蒸汽成型）可以进一步降低造纸行业的能源需求。数字化也为下一代高效回收提供了技术支持。

表7-16总结了造纸行业减排的主要技术路径，包括正在开发的项目、减排和市场准入情况。

表7-16　　　　　　　　　　造纸行业正在进行的低碳项目

技术选择	实例	TRL	最大减排	市场准入
新型干燥技术	脉冲干燥[793]	8-9	20%	2020 [e]
纤维材料发泡		5	n.a.	2025
黑液气化		8-9 [e]	11%	2020 [e]
酶前处理		6-8	5%	2025 [e]
热回收	纸	9	5%	——

来源：Ecofys & Fraunhofer ISI.

关于造纸行业脱碳的可能路径的研究已经展开。欧洲森林纤维和造纸行业最近表示，上述措施可使该行业相比于1990年减排80%，同时将其在欧洲的附加值提

---

① CEPI（2017），Investing in Europe for Industry Transformation.
② JRC（2015），Best Available Techniques（BAT）Reference Document for the Production of Pulp, Paper and Board.

高 50%[①]。

PRIMES 进行的分析为造纸行业脱碳提供了多种技术路径[②]。在实现 80% 温室气体减排目标的情景中,造纸行业的排放量预计比 2015 年减少 65%(在 EE 情景中)至 87%(在 P2X 情景中),在 1.5℃温升目标情景中,碳排放量降幅高达 94%(见表 7-17)。

表 7-17   2050 年造纸行业与 2015 年相比总 CO_2 减排情况

造纸行业	Baseline	ELEC	H2	P2X	EE	CIRC	COMBO	1.5TECH	1.5LIFE
总 CO_2 排放	−67%	−79%	−83%	−87%	−65%	−77%	−91%	−94%	−94%

来源:PRIMES.

2015 年该行业的终端能源消耗量为 34 Mtoe,预计 2050 年基本情景下的需求量为 25 Mtoe,其中电力 11 Mtoe、生物质 8 Mtoe、天然气 3.5 Mtoe、蒸汽 2.5 Mtoe。

与基准情景相比,造纸行业各情景最终能源消耗情况如图 7-25 所示。进一步电气化,同时提高能源效率和使用电子天然气和沼气,似乎是该行业减排的有效组合。

在 CIRC 和 1.5LIFE 情景中,由于提高能源效率和纸张回收率而带来的最终能源总需求减少表明,相比于基准情景,对能源产品的需求大幅减少。在实现温室气体减排 80% 的情景中,单一解决方案不足以推动大规模减排。采取对使用纸张(特别是用于包装的纸张材料)的数量进行限定并替代纸张材料类型的方式,可以进一步减少对纸张和纸浆的需求,从而减少最终能源需求及温室气体排放。

FORECAST 对造纸行业一系列温室气体减排潜力的评估值相对于 PRIMES 较低。与 2015 年相比,减排 80% 情景中的温室气体减排幅度为 42%(Electric 情景)至 99%(CCS 情景),Mix80 情景和更乐观的 Mix95 情景中的减排幅度分别为 50% 和 88%(见表 7-18)。

[①] JRC (2018), Prospective scenarios for the pulp and paper industry,http://publications.jrc.ec.europa.eu/repository/bitstream/JRC111652/kjna29280enn_jrc111652_online_revised_by_ipo.pdf.

[②] 在 CIRC 和 1.5 LIFE 情景中,由于回收和数字化的增加,纸浆产量将减少 30%,节省的木材用于建筑、替代水泥和其他材料。在初级阶段,除热电联产装置外,纸浆及纸张不会应用 CCS。这些装置的排放被记录在电力部门。

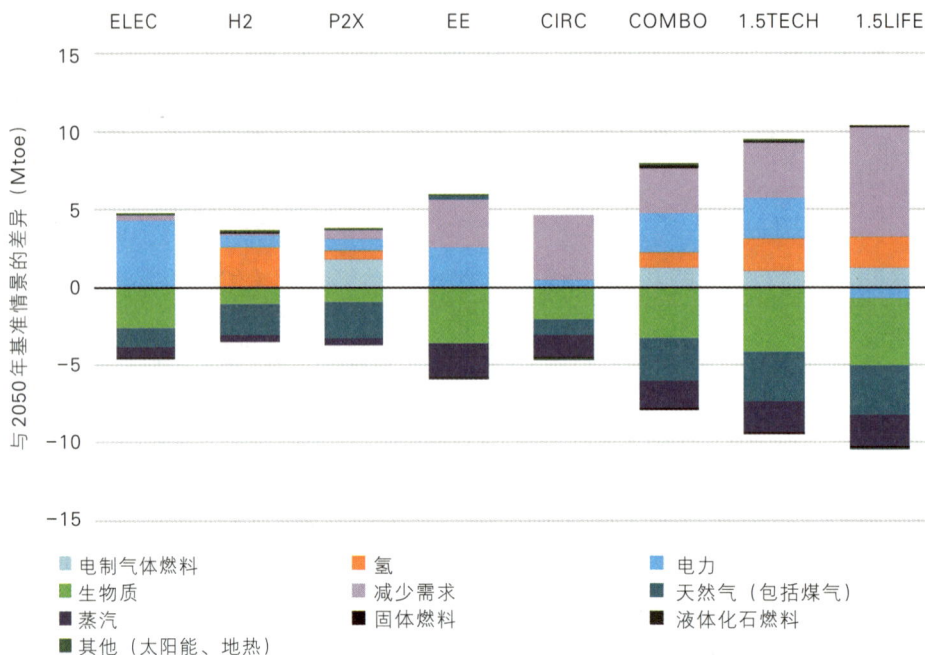

图 7-25 2050 年各情景与基准情景相比造纸行业的最终能源消耗

来源：PRIMES.

表 7-18   2050 年造纸业相对于 2015 年温室气体减排情况

造纸业	CCS	CleanGas	BioCycle	Electric	Mix80	Mix95
总排放（包括 CCS）	−98%	−50%	−50%	−42%	−50%	−88%

来源：FORECAST.

FORECAST 情景中驱动温室气体减排的因素如下所示：

• 在所有情景中进行能效提高（酶预处理、纸张干燥创新、黑液气化）和大力回收。

• 在 CCS 情景中，碳捕捉和储存技术到 2050 年才会被排放大国采用。到 2050 年，约有 20 $MtCO_2$ 被捕获和存储。

• 在 CleanGas 情景中，通过采用分布式天然气（消耗量仅占传统天然气的 20%）和生物质进行温室气体减排。

• 在 BioCycle 情景中，通过利用生物质及大力倡导循环经济（最大限度地进行纸张回收和再利用、用木纤维产品取代塑料、提高材料利用效率）进行减排。

• 在 Electric 情景中，电弧炉和热泵是减排的主要的驱动力。

- Mix80情景是基于Electric和BioCycle两种情景的组合（未广泛使用生物质）。
- Mix95情景与Mix80情景类似，同时假设在天然气配网中含有95％的清洁燃气（替代天然气）。

图7-26展示了造纸行业不同能源载体的最终能源消耗。

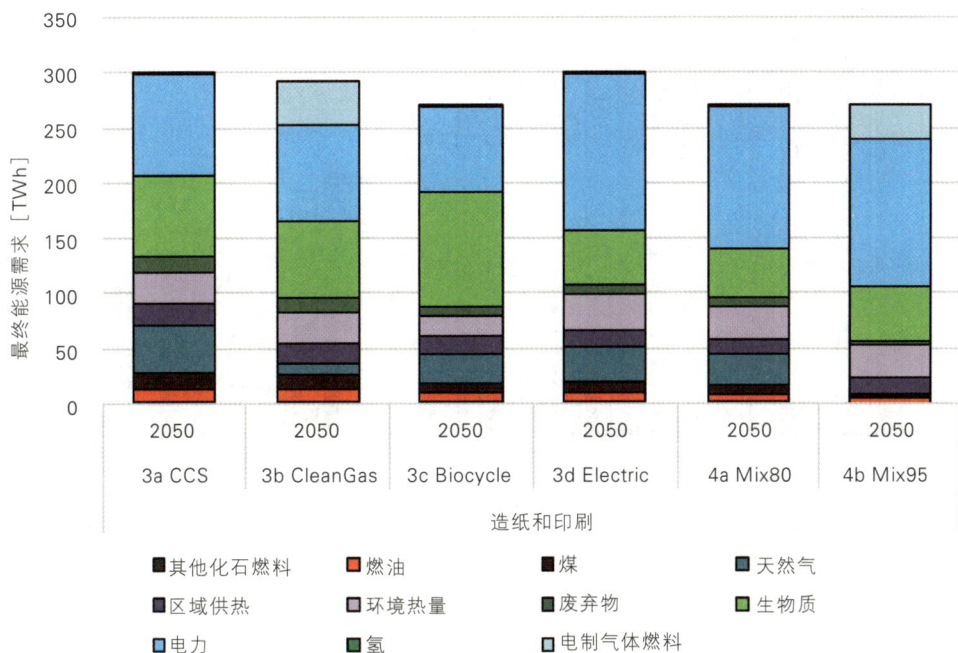

图7-26　造纸行业不同能源载体的最终能源消耗
来源：FORECAST.

这些情景证实了造纸行业通过电力和生物质脱碳的巨大潜力。若大型造纸厂也配备了CCS，那么该行业可以产生负排放并抵消其他行业生产过程中难以减少的排放。

FORECAST情景还表明，由于在未来十年旧设施将被取代，即会产生必要投资，存在锁定风险，如果没有足够的激励措施，如足够高的碳税，工业可能会继续投资寿命为20~30年的基于化石燃料的蒸汽发电厂。

7.6.5　有色金属

有色金属行业包括基本金属（铝、铜、铅、锌、镍、锡等）、贵金属（金、银

等）和技术金属（钼、钴、硅、硒、锰等）。生产铝的碳排放量占该行业碳排放量
的最大份额，如图7-27所示。

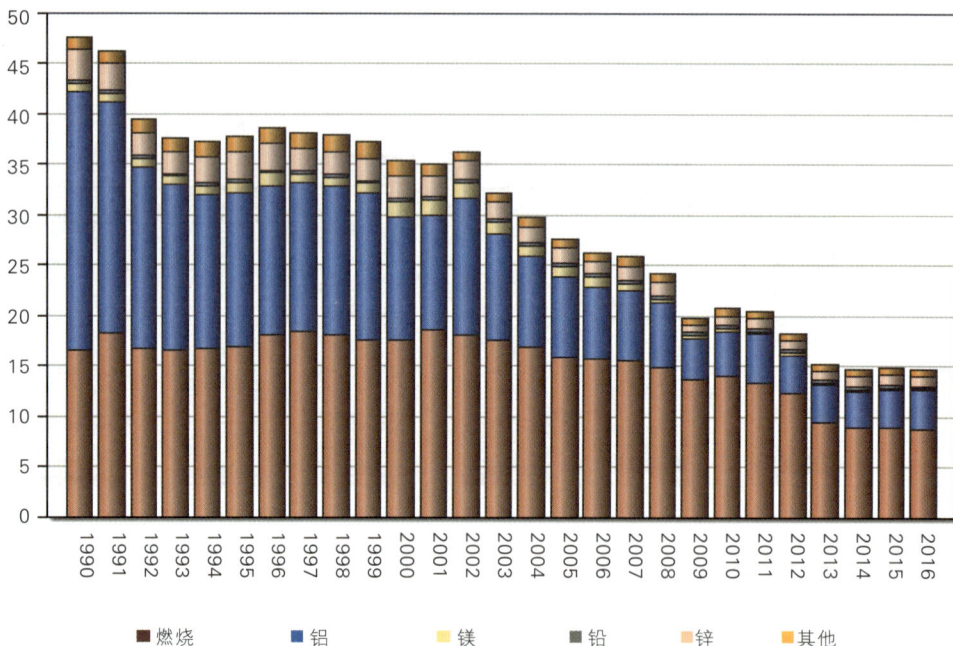

图7-27　EU28有色金属业温室气体历史排放情况（单位：$MtCO_2eq$）
来源：EEA.

　　作为一个电力密集型行业，欧盟铝业的碳排放量在2016年约占欧盟所有固定
装置核查碳排放量的1%，约占除燃烧外工业碳排放量的2%。铝生产主要有两种
工艺流程：采用铝土矿进行原铝生产；以废钢和电力作为主要投入的能源密集型铝
生产。以化石燃料为基础的工艺的逐步电气化已显著减少了该行业的排放并且提升
了其能效。

　　从矿石中进行常规的铝冶炼是一个多阶段、能源密集型过程。在主要工艺阶
段，耗能最大的是通过Hall-Héroult（HH）路径进行电解（占83%）；耗能第二大的
是从铝土矿中生产氧化铝（占15%），其同时也是固体/污水废物的主要生产环节。

　　"Elysis流程"在业界范围内引起了关注。2018年5月，美国铝业公司和力拓公
司宣布推出全球首个"无碳"铝冶炼工艺，名为"Elysis"。这项新兴技术目前正被

美国匹兹堡附近的美铝技术中心用于生产金属①。为实现该工艺的大规模开发和商业化，美铝和力拓建立了新合作。该项目得到了美铝、力拓、加拿大政府等的支持，总投资额为1.888亿加元。该技术将于2024年左右上市。

铝和铜减排的最大潜力在于通过进一步回收和再利用转向更大份额的二次生产，补充在一次生产中的温室气体减排。铝回收能够减少95%的能源消耗和高达98%的排放，并有潜力获得更大收益。此外，它开辟了低碳型燃料（电力、清洁燃气或生物质）替代化石燃料用于燃烧的可能性。

再利用现有铝资源可为每吨金属实现"数量级"的碳减排及能耗节省，且提高了资源利用效率和其他环境效益。研究表明，当前从报废产品中回收铝的比例为27%，根据收集来源不同，这一比例可能会略增加至55%或略高于50%②。要防止回收的铝产品降级并能够生产高质量的二次铝，关键挑战在于建设能够容易地隔离、收集并处理铝的基础设施，同时，减少铝的损失也至关重要（铝在整个使用周期中会损失25%~30%）。

提高能源利用效率可以进一步降低铝的生产成本和能耗。虽然一些有前景的技术可以提供高达45%的整体节能，但它们的TRL非常低。较优的解决方案是目前处于试验阶段的碳热还原（非电解过程），可节省约20%的能耗。

与目前讨论过的行业相比，由于有色金属行业安装容量和排放量的尺寸较小，并不适合采用CCS技术。

表7-19总结了有色金属行业减排的主要技术路径，包括正在开发的项目、减排和市场准入情况。

表 7-19　　　　　　　　有色金属行业正在进行的低碳项目

技术选择	实例	TRL	最大减排	市场准入
低排放电解	HAL4e	5-6	n.a.	2023
惰性阳极/可湿性阴极		5	35%	2020/2025
钢坯加热		5-9	n.a.	2010/2020
废热回收		8-9	n.a.	—

来源：Ecofys & Fraunhofer ISI.

---

① https://elysistechnologies.com/en#unprecedented-aluminium-partnership.
② JRC（2018），Raw materials scoreboard 2018，https://publications.europa.eu/en/publication-detail/-/publication/117c8d9b-e3d3-11e8-b690-01aa75ed71a1.

总之，有色金属行业温室气体减排的可能性有限。尽管如此，根据2012年发布的铝行业的愿景[1]，脱碳电力可将该行业在2050年的直接碳排放量减少70%，总碳排放量（包括间接）减少79%。但要实现这一目标，与消除阳极的直接碳排放相关的新技术还需要研究，同时还应进一步提高铝的回收率（可以节省一次生产所需能源的95%）。相反，铜行业的生产技术已经到达瓶颈，进一步减少能源消耗的潜力有限，到2050年碳排放量减少25%是比较现实的[2]。

PRIMES进行的分析为有色金属行业减排提供了多种技术路径。在实现80%温室气体减排目标的情景中，若没有技术方面的重大突破或对铝的回收率进行大幅提升，有色金属行业的排放量相比2015年预计减少68%（在EE情景中）至87%（在H2情景中）。1.5℃温升目标情景的减排幅度相对更高，在93%~94%之间（见表7-20）。

表7-20　　　　　2050年有色金属行业与2015年相比总CO_2减排情况

有色金属行业	Baseline	ELEC	H2	P2X	EE	CIRC	COMBO	1.5TECH	1.5LIFE
总CO_2排放	−53%	−72%	−87%	−84%	−68%	−69%	−90%	−94%	−93%

来源：PRIMES.

该行业在2015年的最终能源消耗量为950 Mtoe，预计在2050年基准情景中能源需求量为8Mtoe，其中电力5.5 Mtoe、天然气2 Mtoe。相对于基准情景的能源消耗变化如图7-28所示。总体来讲，整体能耗变化不大，低碳强度燃料替代化石燃料导致了各情景间的差异。

FORECAST的研究结果表明，与其他行业相比，有色金属行业的减排潜力更加有限，且该行业碳排放量相对于1990年已经大幅减少。在碳减排80%的目标情景中，有色金属行业温室气体排放量相对于2015年减少33%（CCS情景）至47%（CleanGas情景），在Mix80情景和Mix95情景中温室气体分别减排38%和57%（见表7-21）。

①　European Aluminium Association（2012），An aluminium 2050 roadmap to a low-carbon Europe，https://european-aluminium.eu/media/1801/201202-an-aluminium-2050-roadmap-to-a-low-carbon-europe.pdf.

②　European Copper Institute（2014），Copper's Contribution to a Low-Carbon Future，https://copperalliance.eu/benefits-of-copper/sustainable-development/low-carbon-future/.

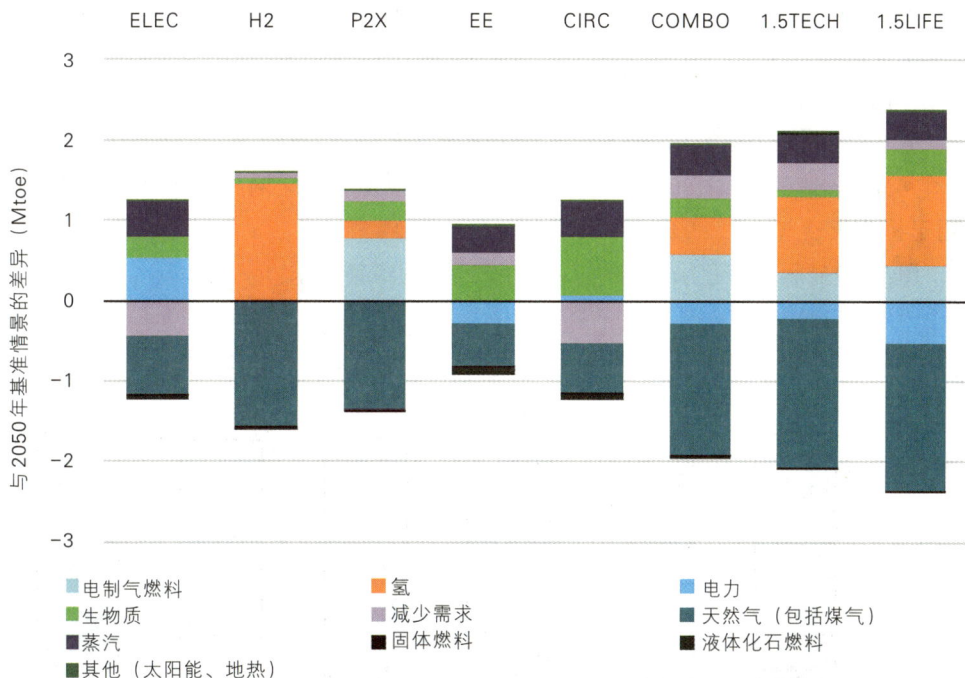

图 7-28　2050 年各情景与基准情景相比有色金属业最终能源消耗

来源：PRIMES.

表 7-21　　2050 年有色金属行业相对于 2015 年的温室气体减排情况

有色金属行业	CCS	CleanGas	BioCycle	Electric	Mix80	Mix95
能源相关排放（不包括 CCS）	−52%	−80%	−67%	−62%	−62%	−94%
过程相关排放（不包括 CCS）	−11%	−11%	−173%	−11%	−11%	−17%
总排放（包括 CCS）	−33%	−47%	−43%	−38%	−38%	−57%

来源：FORECAST.

FORECAST 情景中温室气体减排的驱动因素如下：

●在所有情景中，提升能效（HAl4E、惰性阳极和可湿性阴极、磁性钢坯加热）并增加回收。

●在 CCS 情景中，天然气仍占主导地位。

●在 CleanGas 情景中，使用分布式天然气（消耗仅为传统天然气的 20%）。

• 在BioCycle情景中，提供将燃料转向生物质和沼气的选择，并通过提高分选质量来提高回收率。

• Electric情景通过在铸造厂和电炉中进行感应加热来推动减排。

• Mix80情景在Electric情景的基础上提高了回收率。

• Mix95情景在Mix80情景的基础上，假定在天然气配网中有95%的清洁燃气（用于替代天然气）。

图7-29显示了有色金属行业不同能源载体的最终需求。

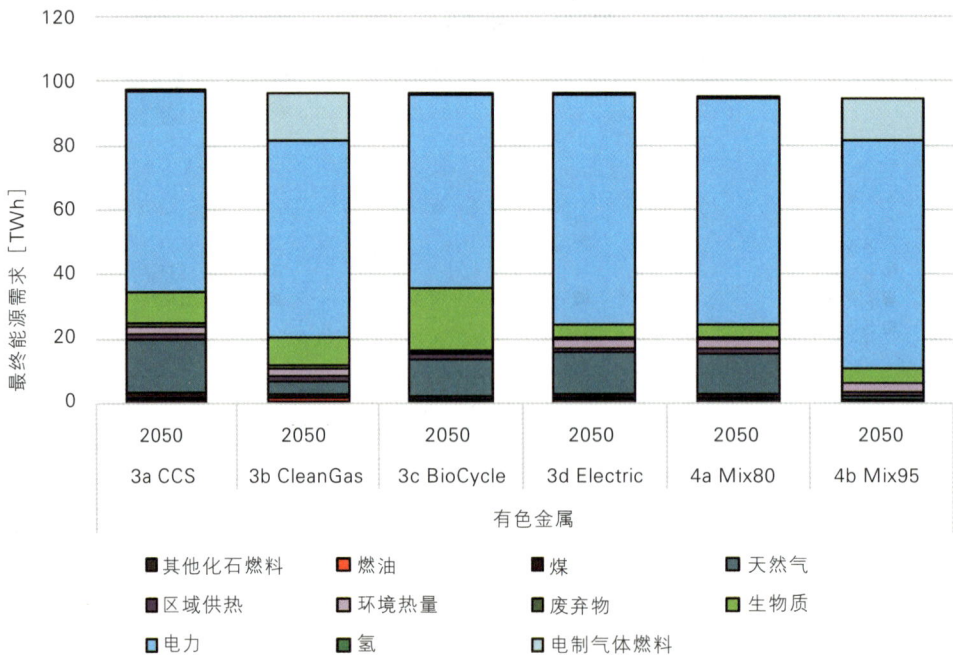

图7-29　有色金属行业不同能源载体的最终能源需求

来源：FORECAST.

7.6.6　炼油行业

作为一个能源密集型的大型行业，2016年欧盟炼油行业的碳排放量占欧盟所有固定装置核定碳排放量的7%左右，约占不包括燃烧在内的工业碳排放量的23%，如图7-30所示。

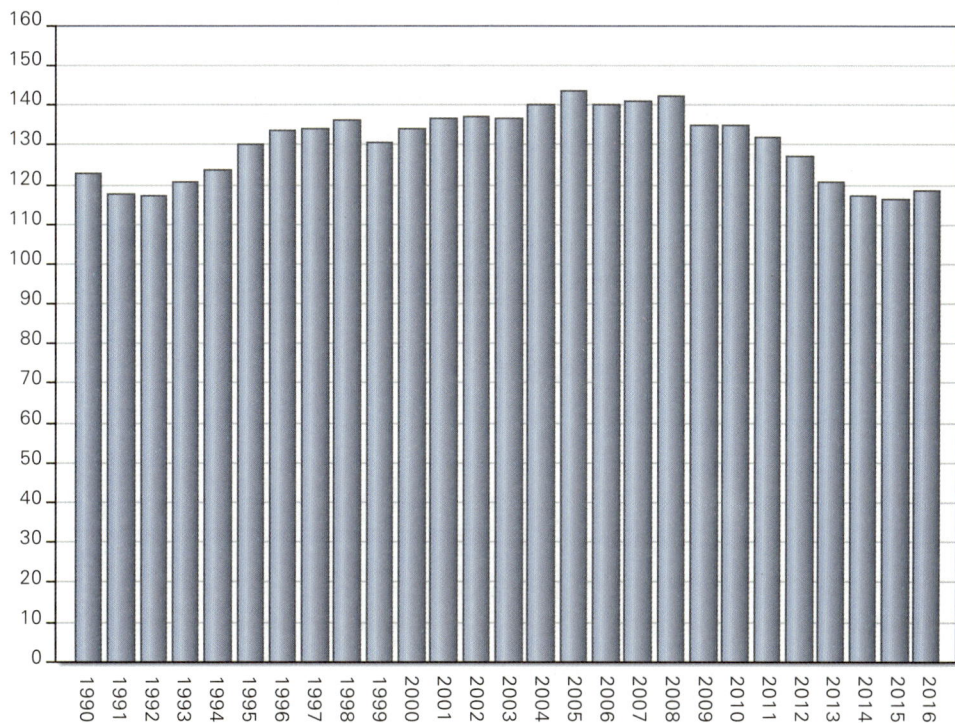

图7-30　EU28炼油行业温室气体历史排放情况（单位：$MtCO_2eq$）

来源：EEA.

炼油行业的两类主要产品是精炼石油产品和焦炉产品。精炼石油产品来自原油，原油在炼油厂中蒸馏成许多馏分（石油气、轻油、沥青和残渣），其碳排放量占炼油行业总碳排放量的92%。根据炼油的复杂程度，这些馏分可以加工成煤油和汽油类的商业产品。

1992年至2010年间，欧盟炼油行业将能源效率提高了10%。在3个主要的炼油过程中，采用BAT技术仍有可能将炼油厂碳排放量减少25%[1]。此外，改进的余热回收系统可以进一步将炼油厂碳排放量减少10%。

---

[1]　WSP, Parsons Brinckerhoff, DNV GL (2015), Industrial Decarbonisation & Energy Efficiency Roadmaps to 2050 – Oil Refining, https://assets.publishing.service.gov.uk/government/uploads/system/uploads/attachment_data/file/416671/Oil_Refining_Report.pdf.Concawe (2018), Low Carbon Pathways. CO_2 efficiency in the EU Refining System 2030/2050, https://www.concawe.eu/wp-content/uploads/2018/04/Rpt_18-7.pdf.

由于大规模炼油厂会产生大量高浓度的CO_2，CCS技术在炼油行业的应用有很大的减排潜力。甲烷重整装置会产生极高浓度（几乎100%）的氢气和CO_2气流，是CCS技术理想的应用场所，并且产生的剩余氢气可用作燃料[1]。虽然尚未达到商业化阶段，在其他炼油工艺中应用CCS技术仍然可以将碳排放量显著降低90%~96%。

2050年，潜在的可变成本（燃料、排放）将决定电解和蒸汽重整两种技术哪种更优[1]。需求侧的相应趋势和举措也将减少运输行业中化石基液体燃料的使用，从而减少碳排放。

表7-22总结了炼油行业减排的主要技术路径，包括正在开发的项目、减排和市场准入情况。

表7-22　　　　　　　　　　炼油行业正在进行的低碳项目

技术选择	实例	TRL	最大减排	市场准入
碳捕集和储存	Lacq/TOTAL	8-9	净减排60%，总减排90%	2025
RES-H2		7	50%	2020
生物基炼油	PEPSOL approach	6	30%	2025
气/液动力（合成燃料）		6	80%	2025
高级生物燃料		8-9	n.a.	2020

来源：Ecofys & Fraunhofer ISI.

根据炼油行业最近发布的一项研究，提升能源效率、采用低碳电力和CCS技术相结合可以使其碳排放量相比2012年减少70%。

PRIMES进行的分析得出了类似的结论。在实现80%温室气体减排目标的情景中，炼油行业中与能源相关的CO_2排放量相比2015年预计减少77%（H2情景）至80%（CIRC情景）。炼油行业在1.5℃温升目标情景中的减排高达90%（见表7-23）。

---

[1]　通常氢是在炼油厂使用的，因此只生产所需数量的氢。若要在其他地方将其用作燃料，则需要扩大蒸汽甲烷重整的能力。

表 7-23　　　　　　　　2050年炼油行业与2015年相比总CO_2减排情况

炼油行业	Baseline	ELEC	H2	P2X	EE	CIRC	COMBO	1.5TECH	1.5LIFE
总CO_2排放	-47%	-79%	-77%	-78%	-79%	-80%	-83%	-90%	-90%

来源：PRIMES.

炼油行业2015年最终能源消耗为46Mtoe，预计在2050年基准情景中能源需求为32Mtoe，其中化石液体燃料18Mtoe、天然气6Mtoe、蒸汽4Mtoe、电力3Mtoe。图7-31显示了炼油行业减排的主要驱动因素，以及与基准情景相比的能耗差异。

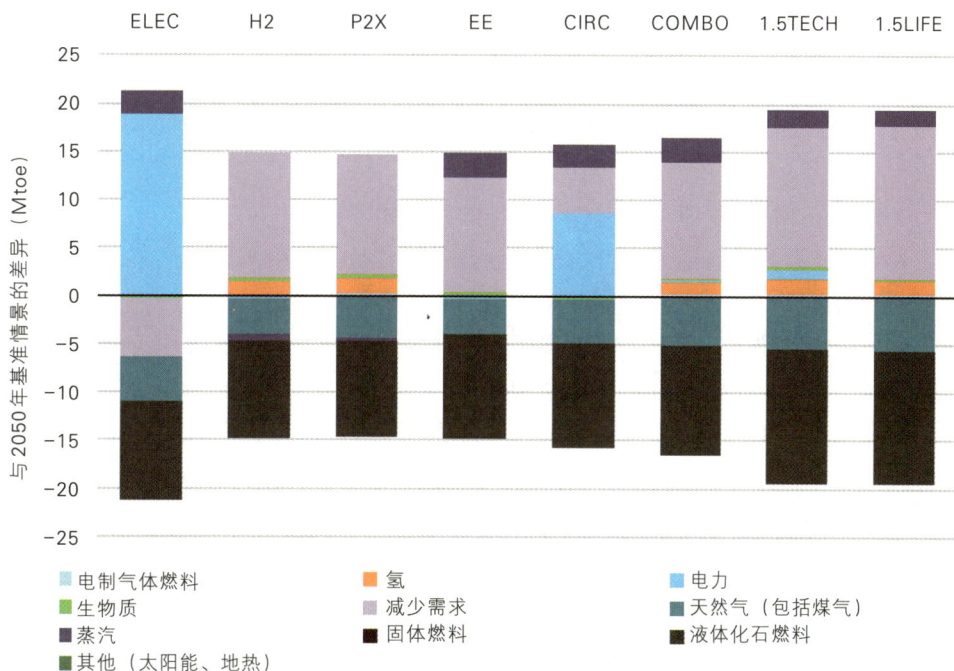

图 7-31　2050年各情景与基准情景相比有色金属行业的最终能源消耗
来源：PRIMES.

总之，主要差异来自终端能源需求的显著下降（在1.5LIFE情景中高达近50%），且与电动车辆的增加和相应的燃料消耗减少相关。仅有ELEC和CIRC情景是通过电力替代化石燃料，而不是通过该行业的能源需求减少（提升能源效率）进行减排[①]。

FORECAST分析显示了炼油行业大幅减排的潜力。与2015年相比，在减排80%目标的情景中，温室气体排放量相比2015年减少了71%（Electric情景）至83%（CCS情景），在Mix80情景和Mix95情景中分别减少了71%和96%（见表7-24）。

表7-24　　　2050年炼油行业相对于2015年的温室气体减排情况

炼油行业	CCS	CleanGas	BioCycle	Electric	Mix80	Mix95
总排放量	−83%	−79%	−77%	−71%	−71%	−96%
能源相关排放（总量）	−70%	−79%	−77%	−71%	−71%	−96%
过程相关排放（总量）	−83%	−85%	−90%	−89%	−89%	−98%
总净排放量	−83%	−79%	−77%	−71%	−71%	−96%

来源：FORECAST.

FORECAST情景中驱动温室气体减排的因素如下：

• 所有情景都进行能效提升方面的创新，尤其是大量引入电动汽车，降低对柴油和汽油的需求。

• 在CCS情景中，通过采用燃烧后CCS技术及更快改用天然气作为能源载体来实现减排。到2050年，有14 $MtCO_2$被捕获和储存。

• CleanGas情景采用分布式天然气（消耗仅占传统天然气的20%），并且结合蓝色燃料合成，捕获CO_2并将其用于生产合成燃料（用于剩余的非电动车辆）。

• BioCycle情景预计使用大量生物质作为原料并用于色谱柱加热。此外，剩余的液体燃料需求由生物燃料满足。

• 在Electric情景中，色谱柱用电力加热。

• Mix80情景基于用电力替代燃料。

• Mix95情景将CCS技术用于减少Mix80情景中的剩余排放，并假设在天然气配网中仅含有清洁燃气（无天然气）。到2050年，被捕获并储存的CO_2约有7Mtoe。由于仅在Mix95情景中假设整个经济体的最终能源需求大幅下降，因此炼油行业产

---

① 这是因为在高温应用中,某些工业过程的电气化效率低于热过程,同时减少了通过热回收节约能源的潜力。

量也相应减少。

图 7-32 显示了炼油行业不同能源载体的最终能源需求。

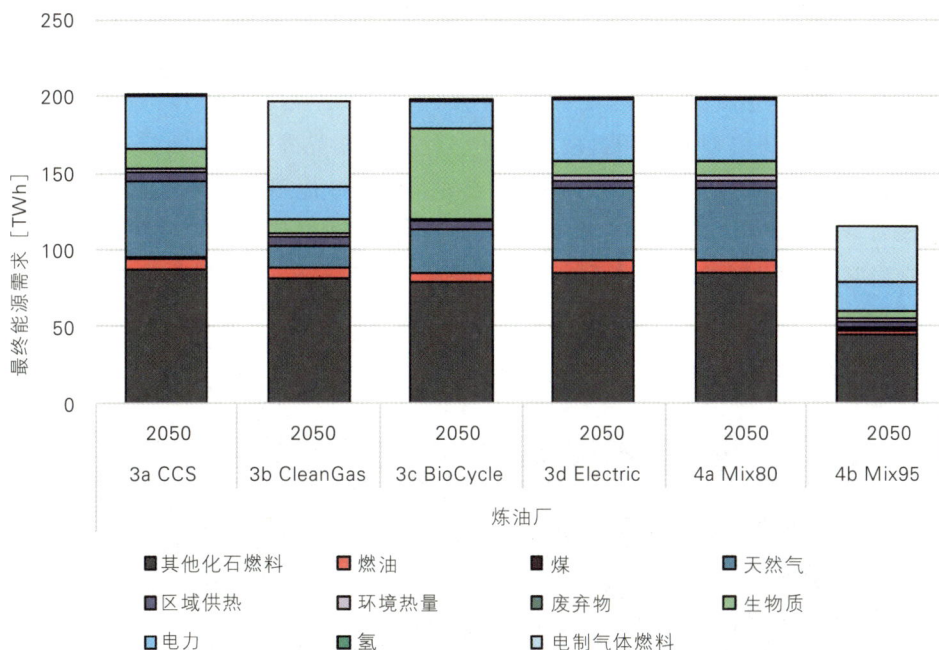

图 7-32　炼油行业不同能源载体的最终能源需求

来源：FORECAST.

在《巴黎协定》的背景下，对化石燃料的需求减少可能对炼油行业构成挑战。与此同时，虽然精炼清洁分子技术的出现可以生产热能、氢气、合成燃料、生物燃料和 CO_2，这将使炼油行业整合至当地的经济价值链中，从而继续向市场供应材料并在全球范围内保持竞争力[①]，但值得注意的是，只有用无碳电力生产合成燃料才能实现减排。

7.6.7　循环经济：工业的机遇

循环经济为减排和工业界提供了许多潜在机遇，如图 7-33、图 7-34 所示。需

---

① CIEP (2018)，Refining the Clean Molecule, http://www.clingendaelenergy.com/publications/
publication/refinery-2050-refining-the-clean-molecule.

求侧采取的一系列举措，如原料再循环、产品利用效率提高和循环商业模式等，使重工业的碳排放量在2050年相于1990年显著降低60%。循环经济使得材料利用更有效，在提高能源利用效率的同时降低了成本。我们的经济也需要因此进行重大变革（见专栏1）。

专栏1：循环经济

目前的经济模型通常用提取、生产、使用和处置进行描述，接近于线性模型。在循环经济中，原材料可以持续获得并将更有效地用于生产，即从产品设计阶段就开始考虑产品的使用、维修、拆卸、再制造和再利用。产品的各个组成部分在经过一定程度的降解之后被回收，每个组成部分经过不同数量的再利用循环，如图7-33所示。通过这种方式，循环经济不仅最大限度地减少了浪费（特别是在材料完全可回收时），还减少了新原料的提取。

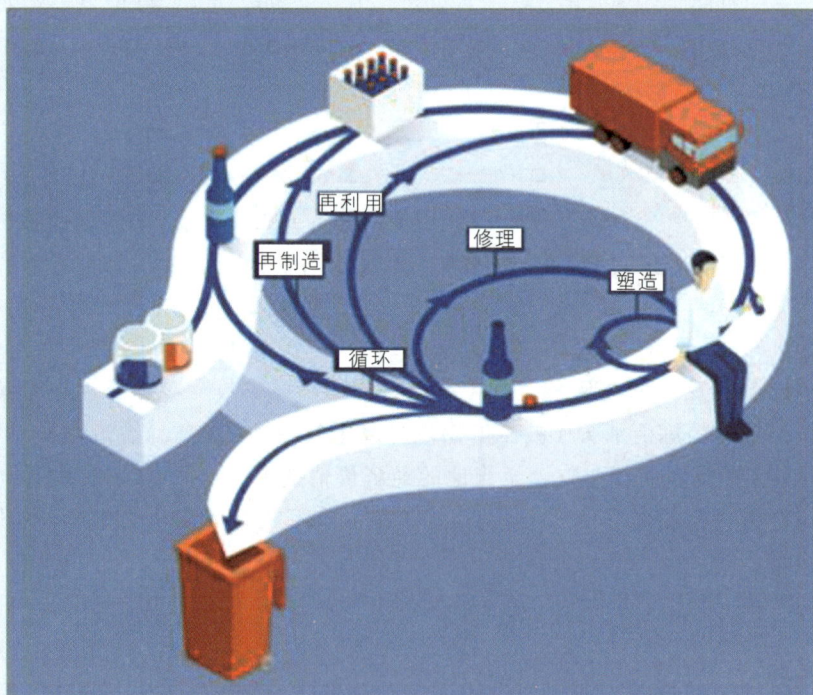

图7-33　循环经济示意图

来源：European Parliamentary Research Service，http://www.europarl.europa.eu/thinktank/info-graphics/circulareconomy/public/index.html.

为了过渡到循环经济，我们需要重新审视现有价值链模型。目前的经济模式会产生适度的循环经济——增加回收和有限的再利用，如图 7-34 所示，需要在价值链中进行某些变革。结果就是购买或消费的产品将逐渐减少；反之，产品的耐用性提高，并由消费者进行分享或出租。为了最小化每种产品或材料在不同生命周期阶段的材料损失，制造工艺也会被重新进行设计。材料的多层级使用将使整个价值链更加多样化并增强再利用。例如，棉衣可以作为二手服装体现使用价值，之后成为家居行业室内装潢中的纤维填充物，最后用作建筑中的石棉保温材料（"Towards the Circular Economy"，2013，Ellen McArthur Foundation）。

循环经济的主要目标之一是进行价值保留。在循环经济中，公司销售的新产品的种类相对于当前的经济模式较少。同时，产品成本降低及增加附加服务都可以实现价值创造。从成本角度看，每种产品的能源、材料和劳动力成本都将降低。通过经济数字化实现的新服务将有助于产品共享及重复使用，同时逆向物流可以为产品提供延长寿命的选择。这将最大限度地提高消费者的效用，同时显著降低对环境的影响。

这些变化会带来什么影响？这些变化将对经济、环境、温室气体排放和能源系统产生诸多影响。改进的废物管理使材料能够重新进入经济循环，从而减少原材料的投入。原材料的数量将会减少，部分是因为再循环和未污染材料取代了部分原材料，这种方式不需要高能量和碳密集的加工过程；部分是因为材料的联级使用和加工过程中材料损耗的减少。在工业共生趋势逐渐增强的背景下，各行业将结成合作伙伴，共享基础设施及物质投入/产出/废料。汽车共享会成为一项主要服务，这样可以提高汽车利用率并减少汽车数量，生产汽车所需的材料也相应减少。

作为将欧洲经济变得更具可持续性的循环经济行动计划的一部分，欧盟委员会于 2018 年 1 月采取了一系列新措施（COM（2018）29 final），其中包括：

- 循环经济中的欧盟塑料战略。
- 在备选方案中评估并确定化学品、产品和废弃物间的相互关联。
- 确立欧盟和国家级循环经济进展监测框架。框架由 10 个关键指标组成，如生产、消费、废物管理和原材料再利用、投资和就业，以及创新的每个方面。
- 重点原材料和循环经济的相关报告给出了在循环经济中再利用 27 种关键材料的潜力。

材料经济学报告确定了占当今工业碳排放量一半以上的 4 种材料和 2 种价值链到 2050 年可以实现显著减排。在钢铁、塑料、铝和水泥生产过程中增加回收利用和减少损失可以实现 40% 的减排，如图 7-35 所示。当建筑物和汽车领域的材料利用和生产更加有效率时，可以实现更深层次的减排。

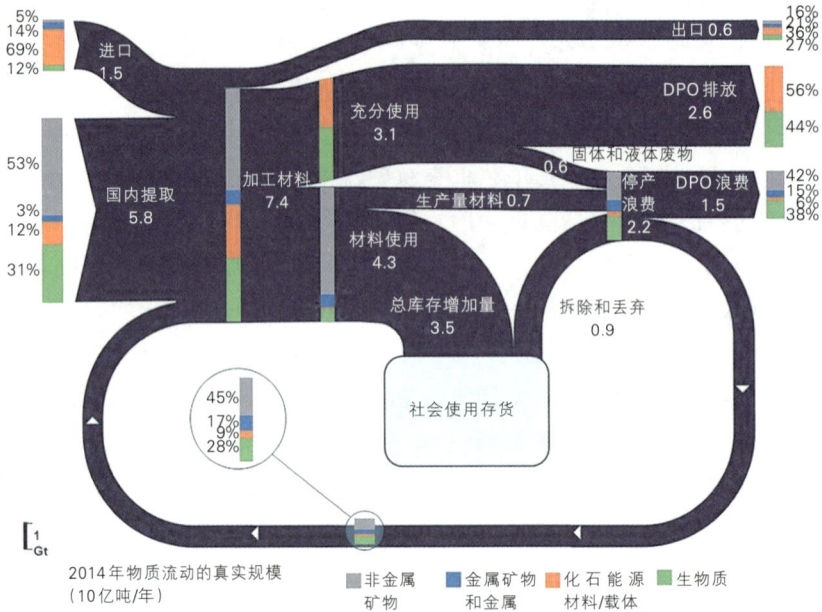

图7-34　循环经济中的物质流动（EU-28，2014）

来源：Mayer et al（2018），Measuring progress towards a Circular Economy – a monitoring framework for economy-wide material loop closing in the EU28，Journal of Industrial Ecology，doi：10.1111/jiec.12809.

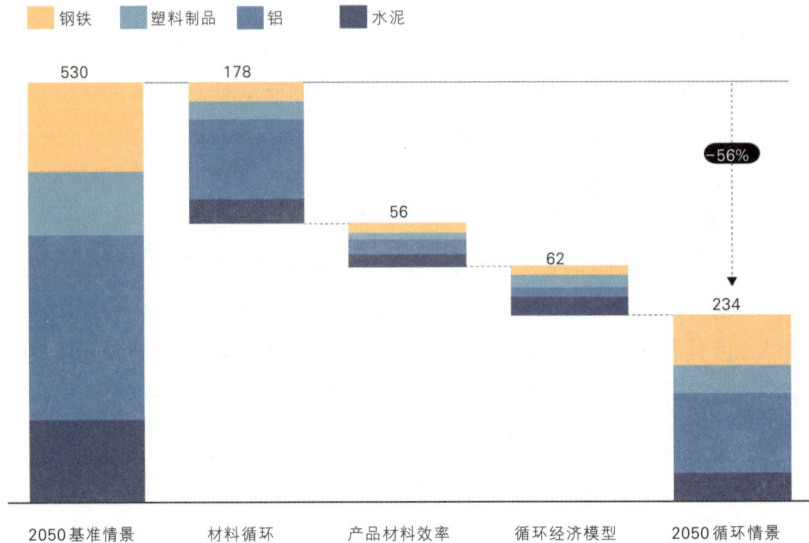

图7-35　欧盟循环经济的减排潜力

PRIMES 通过量化工业循环经济的影响，证实了该途径具有高经济性和巨大的减排潜力。CIRC 情景假设，虽然产品价值较高，但工业部门增值将与之前保持在同一水平，大多数能源密集型行业的实际产出在 2050 年将平均减少 10%。此外，假设中包括增加回收和再利用、改善废物管理和减少材料损失等其他循环经济措施。与其他情景相比，结合适度的能源利用效率和燃料类型转换，该情景将以最少的能源相关投资成本实现 80% 的减排目标[①]。

循环经济为创造新市场、新技术和新协同形式提供了重要机遇，如图 7-36 所示（见专栏 2）[②]。在正常情况下，它将改善废物管理并减少产品所需的主要原料。通过采用新模式和产品设计，可以加强产品的再利用与回收并带来更多的收益。行为模式及业务模式的深入转换可以最终促成完全循环的经济模式。不同程度的循环经济都需要对监管框架及重大投资和创新进行变革，以创造适当的条件促进循环经济的发展[③]。

专栏 2：循环经济实例

汽车制造业中塑料的循环回收：雷诺与各利益相关方合作，旨在建立当地汽车行业的塑料闭环。因此，新车总物质含量的 36% 是由回收材料制成的；在一辆新的 Espace 中，20% 的塑料来自回收材料（Ellen Macarthur foundation）。

重新利用旧物建立一个更加绿色的未来："Gamle Mursten" 是一家拥有专利清洁技术的大型清洁技术生产公司，可以在不使用任何化学品的情况下重复使用建筑垃圾，节省了生产新砖所需的 95% 以上的能源（State of Green）。

产品即服务：惠普正逐渐转向服务商业模式，专注于墨水、打印和 PC 服务的租赁及其他服务。使用此服务的打印机打印每张页面的材料消耗相比传统商业模式减少了 67%（HP）。

---

① The energy related investment costs do not include certain additional costs that would be related to circular measures, like the improved of material collection methods, handling and transporting material for preparing their reuse etc.

② Climact (2018), Net Zero By 2050: From Whether to How, https://europeanclimate.org/wp-content/uploads/2018/09/NZ2050-from-whether-to-how.pdf.

③ Climate Strategies & DIW Berlin (2018), Filling gaps in the policy package to decarbonise production and use of materials, https://climatestrategies.org/wp-content/uploads/2018/06/CS-DIW_report-designed-2.pdf.CEPS (2018), The Role of Business in the Circular Economy, https://www.ceps.eu/system/files/RoleBusinessCircularEconomyTFR.pdf.

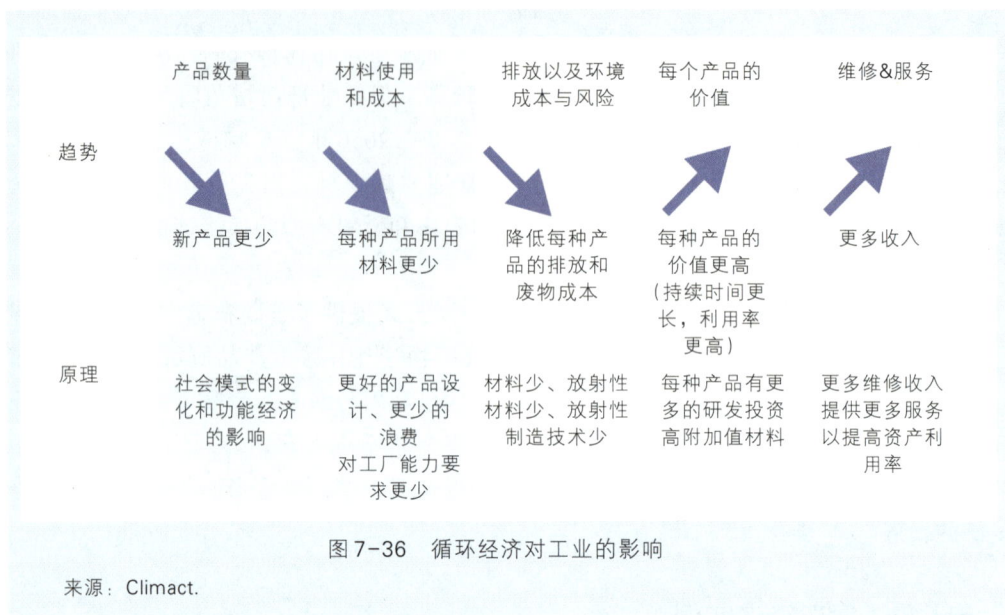

	产品数量	材料使用和成本	排放以及环境成本与风险	每个产品的价值	维修&服务
趋势	↘	↘	↘	↗	↗
	新产品更少	每种产品所用材料更少	降低每种产品的排放和废物成本	每种产品的价值更高（持续时间更长，利用率更高）	更多收入
原理	社会模式的变化和功能经济的影响	更好的产品设计、更少的浪费 对工厂能力要求更少	材料少、放射性材料少、放射性制造技术少	每种产品有更多的研发投资 高附加值材料	更多维修收入 提供更多服务以提高资产利用率

图7-36　循环经济对工业的影响

来源：Climact.

虽然欧盟处于循环经济转型的最前沿，增加了二次原材料的使用，但要使经济真正实现循环，还有很长一段路要走。此外，尽管在某些情况下，材料（如钢、玻璃、纸张）不易腐烂，且分类和纯化的技术比较简易，可获得性较高，但由于产品生命周期较长（如用于建筑物）以及大量家用产品的持续积累，许多材料的高回收率仍然无法满足对这些金属的需求。

此外，对于可再生能源或高科技所需的大多数原材料（如稀土元素、铟、镓或锂），二次生产在满足快速增长的材料需求方面贡献甚微（通常仅约1%或更低）。产品组成（如电子产品）的复杂性增强是回收面临的另一个挑战。

7.6.8　CCU

碳捕集与利用（CCU）是与循环经济密切相关的技术。从废物管理过程、燃烧过程中捕集CO_2与材料再利用和回收相互补充，共同实现碳减排。由于有害废料和混合有机废料中所含化合物的化学结构会被破坏，有害特性被消除，CO_2可以转化为其他碳基物质，CCU成为有害废料和混合有机废料的重要处理技术。在实际应用中，CCU可以将CO_2的利用分为一个或几个循环（视具体应用而定），以避免使用等量的化石资源。CCU技术的应用范围从燃料到化学品、矿物等，非常广泛，如图7-37所示。

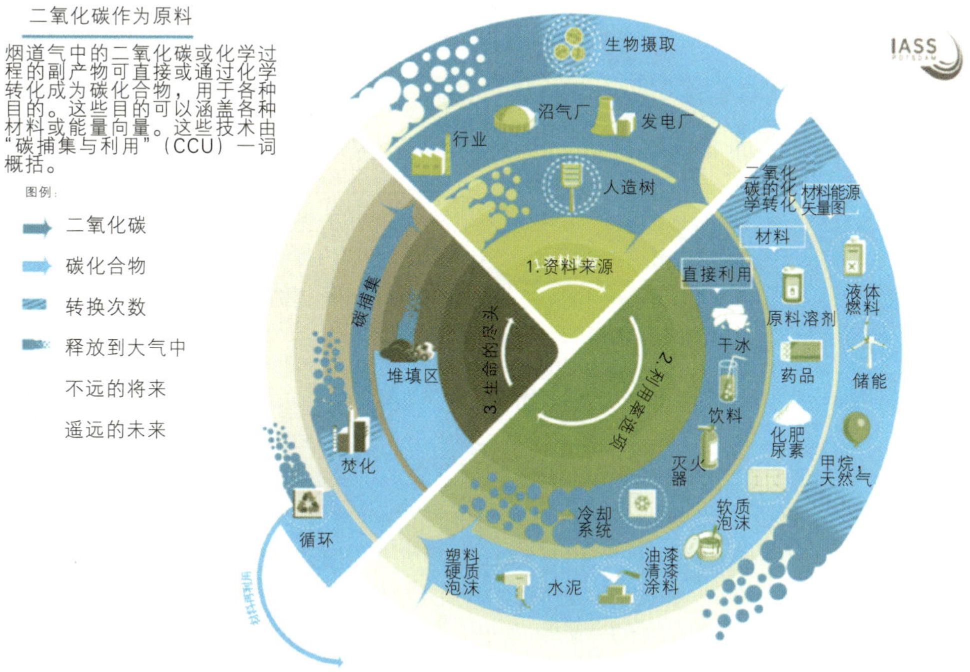
二氧化碳作为原料
烟道气中的二氧化碳或化学过程的副产物可直接或通过化学转化成为碳化合物，用于各种目的。这些目的可以涵盖各种材料或能量向量。这些技术由“碳捕集与利用”（CCU）一词概括。
图例：
二氧化碳
碳化合物
转换次数
释放到大气中
不远的将来
遥远的未来
生物摄取
沼气厂
发电厂
行业
人造树
1.资料来源
二氧化碳的化学转化
材料能源矢量图
材料
直接利用
原料溶剂
液体燃料
干冰
药品
储能
饮料
化肥尿素
甲烷、天然气
灭火器
软质泡沫
冷却系统
油漆清漆涂料
水泥
塑料硬质泡沫
2.利用途径
3.生命的尽头
碳捕集
堆填区
焚化
循环

图 7-37　CO_2排放源、利用方案及其寿命概览

来源：LASS Potsdam，http：//www.iass-potsdam.de/en/research/emerging-technologies/ccu.

采用CCU技术进行温室气体减排在很大程度上取决于所使用的能源。人们普遍认为，只有CCU技术过程中的能源投入是低碳的，CCU技术的应用才可以全面减少碳排放。并且CCU技术需要大量经济性好的可再生能源及现有工业系统的集成，才能产生实质性的气候效益。因此，目前通过CCU技术缓解温室气体排放的潜力是有限的，但在未来当电力变为低碳电力，并且总排放减少时，通过CCU捕集的CO_2份额可以大幅增加，如图7-38所示。

CCU技术提供了许多与减缓气候变化不直接相关的机会，如提高欧洲工业竞争力、提供技术优势、为化工行业提供替代碳原料、提高能源安全性、提供现有基础设施可以利用的能源储存选择和合成燃料等。

一些CCU技术仍然处于技术发展的不同阶段，与传统产品相比，它们的成本很高，并且需要结合不同工厂的工业流程建立新的商业模型。在应用CCU技术时，每个特定项目的特殊性可能比技术本身更重要。在项目层面需要进行详细的生命周期和经济评估，以确定单个项目对整体排放量的影响，避免排放从一个部门转移到另一个部门，并要避免“简单”延迟排放，以及覆盖缺口（废料焚烧部门除外）。

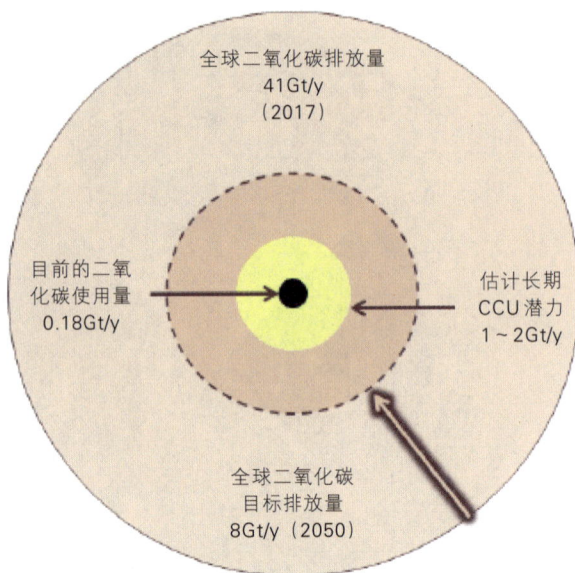

图7-38 全球 CO_2 排放及 CCU 的作用

来源：SAM HLG Opinion on CCU，Scientific Opinion of the SAM HLG（2018），Novel Carbon Capture and Utilisation Technologies，https：//ec.europa.eu/research/sam/index.cfm?pg=ccu.

　　CCU的一个可能的商业应用是生产合成燃料，为运输中的生物燃料提供替代的低碳载体，从而减少欧盟进口生物质的需要，并允许重新分配其国内生产，使其用于其他更难减少碳排放的生产部门或用于负排放目标的达成。当合成燃料能够与化石燃料形成价格竞争时，其对二氧化碳的吸附量和比甲烷更高的价格将使这一选择在未来具有吸引力[①]。从消极的方面来看，这种使用CCU的液体燃料意味着二氧化碳在使用后会相对较快地重新释放到空气中。这就是为什么它们的生产通常与从空气中直接捕获 CO_2 共同考虑。PRIMES表明这种选择可以实现预期目标，但成本高于其他选择[②]。用于生产合成燃料的 CO_2 原料如图7-39所示（主要来自DAC）。

　　CCU可以在CCS/CCU集群中沿CCS进行开发。欧洲主要工业基地周围正在开发一些CCS或CCU集群，如鹿特丹港、安特卫普港和马赛港[③]。高密度的工业用地

[①] 举例来说，目前Sunfire从二氧化碳中提取的合成燃料的价格是基准价格的2倍。

[②] 碳工程公司考虑了这样一种创新方法，声称这项技术可以在不久的将来变成经济的。http：//carbonengineering.com/.

[③] European Commission（2017），SET-Plan Action 9 on CCS and CCU Implementation plan，https：//setis.ec.europa.eu/system/files/set_plan_ccus_implementation_plan.pdf.

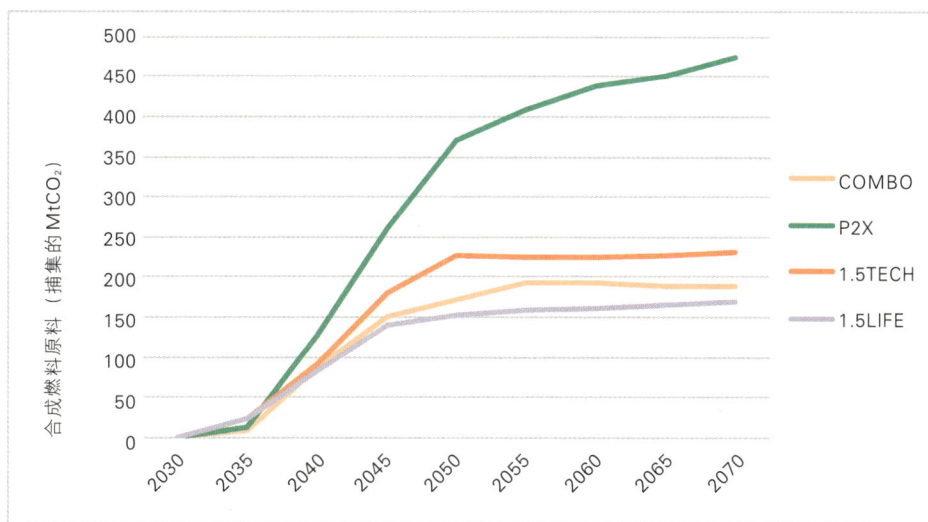

图 7-39　用 CO_2 生产合成燃料的情况预估（单位：$MtCO_2$）

来源：PRIMES.

使得用于捕获和使用 CO_2 的基础设施的发展在经济上变得可行。不能经济使用的 CO_2 可以通过管道输送到相应的储存地点。

　　在循环经济的背景下，材料将是 CCU 技术最终使用的重点。基于 CCU 的材料相对于 CCU 燃料有一个更大的优势，即它们可以多次使用，并可以循环使用。这些材料类型可以是塑料、建筑材料替代品或其他来自 CCU 工艺的材料，其使用寿命取决于 CCU 产品的最终用途。汽车领域（如聚氨酯汽车坐垫）或建筑领域（如混凝土构件）是 CCU 产品的应用领域之一。由于材料寿命可以通过回收延长，通常这些材料适用于循环经济[①]。

7.6.9　工业共生

　　在工业共生中，传统意义上相关性较小的行业以伙伴关系聚集在一起，以优化资源的使用，最大限度地减少浪费，并降低相关成本。行业之间的物理交换可能发生在材料、能源、水和副产品等方面。因此，工业共生在获得经济收益的同时，能够减少对环境的影响和环境成本。已经在世界上几个地区应用的一个典型模型是与

---

　　① 识别和分析有前景的碳捕集和利用技术，包括它们的监管方面。

位于附近的公司相联系且具有能源和副产品联系的"锚定租客"组织[1]，位于丹麦的卡伦堡工业区就是所谓的无计划共生的结果。卡伦堡工业共生开始于40多年前，是世界上最知名的工业共生形态之一。卡伦堡工业共生同时涵盖国际公司和小型企业，给所有参与者都带来了明显的益处，如图7-40所示。

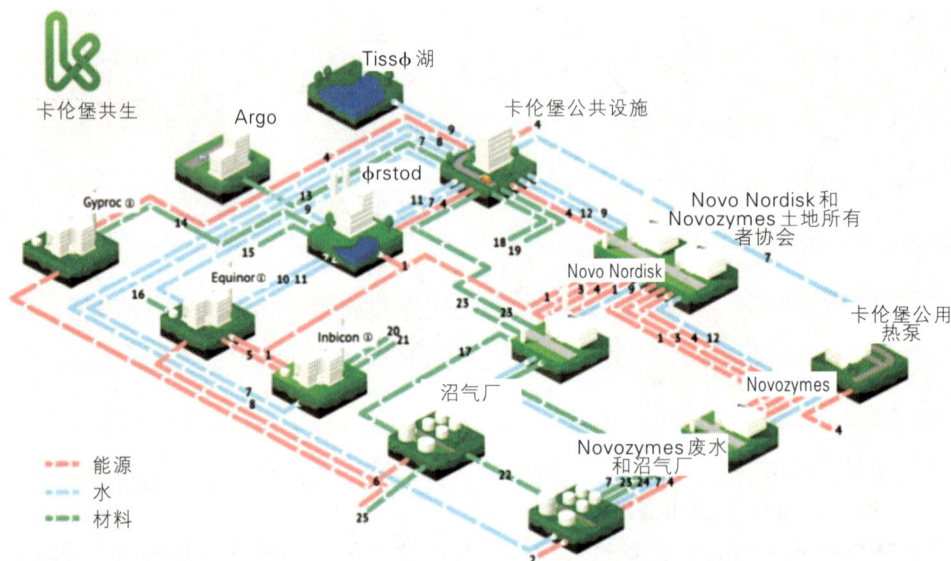

图7-40　卡伦堡工业共生

来源：Kalundborg Symbiose.

　　另一种模式是所谓的托管网络，其中第三方作为现有参与公司的督促者，集中规划网络并吸引新的业务[2]。此种模式的主要例子是港口，如鹿特丹港、阿姆斯特丹港和安特卫普港。随着工业数字化的发展，这种模式能够得到进一步的技术支持，从而更容易地监控可用的输入和输出资源及浪费，识别合作机会。

　　虽然由于实践的复杂性导致支持工业共生案例的现有量化证据有限，但潜在的双赢是显而易见的。随着各行业积极谋求温室气体减排，工业共生将变得更加重要。2016年，EPOS和SPIRE项目对工业共生的未来进行了欧盟范围内的广泛评估。

　　[1]　Baas (2011), Planning and Uncovering Industrial Symbiosis, https://doi.org/10.1002/bse.735.
　　[2]　Trinomics (2018), Cooperation fostering industrial symbiosis: market potential, good practice and policy actions, https://publications.europa.eu/en/publication-detail/-/publication/174996c9-3947-11e8-b5fe-01aa75ed71a1/language-en.

尽管如此，要实现这些效益还有待排除一些障碍，需要相关方面之间的协调。

7.7 到2050年的温室气体减排路径

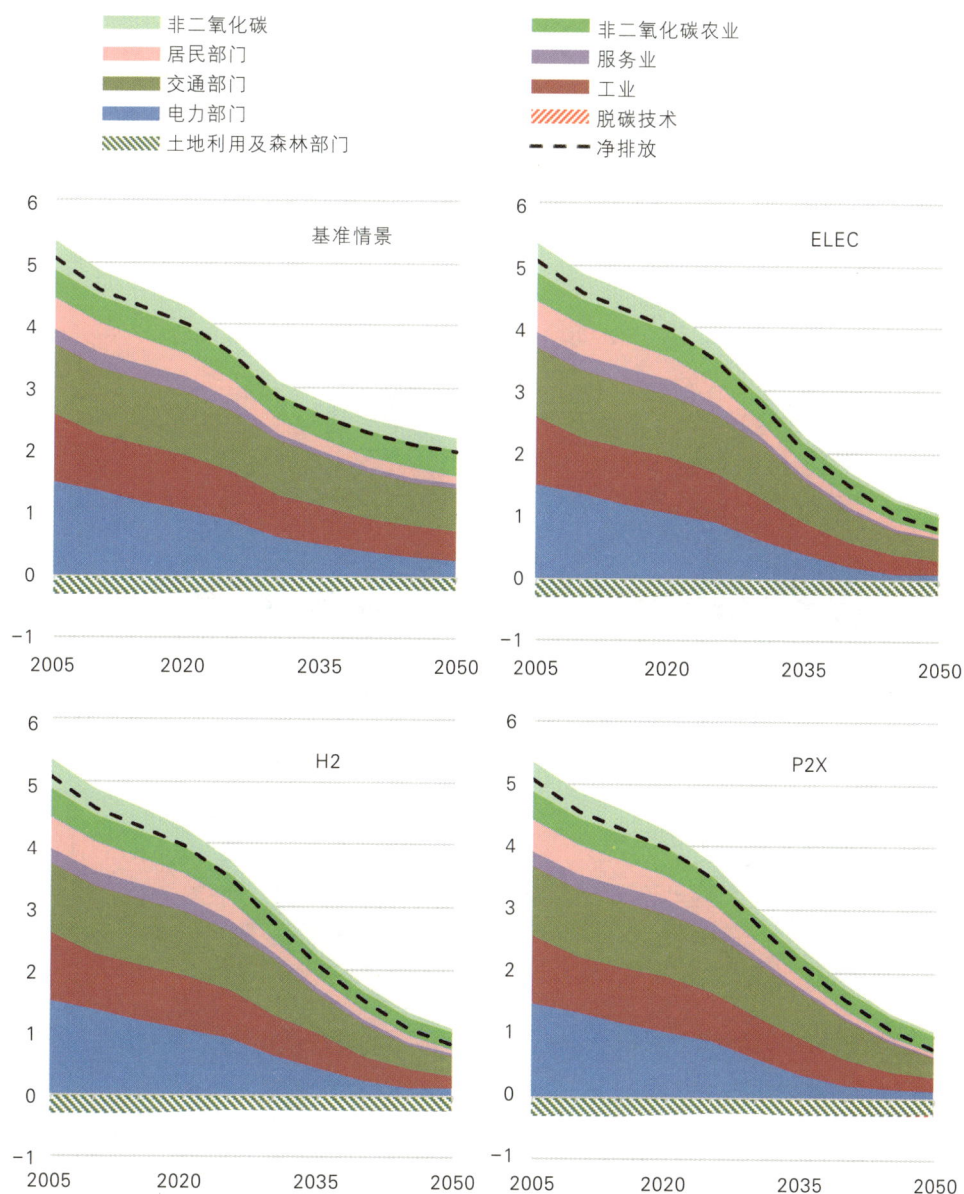

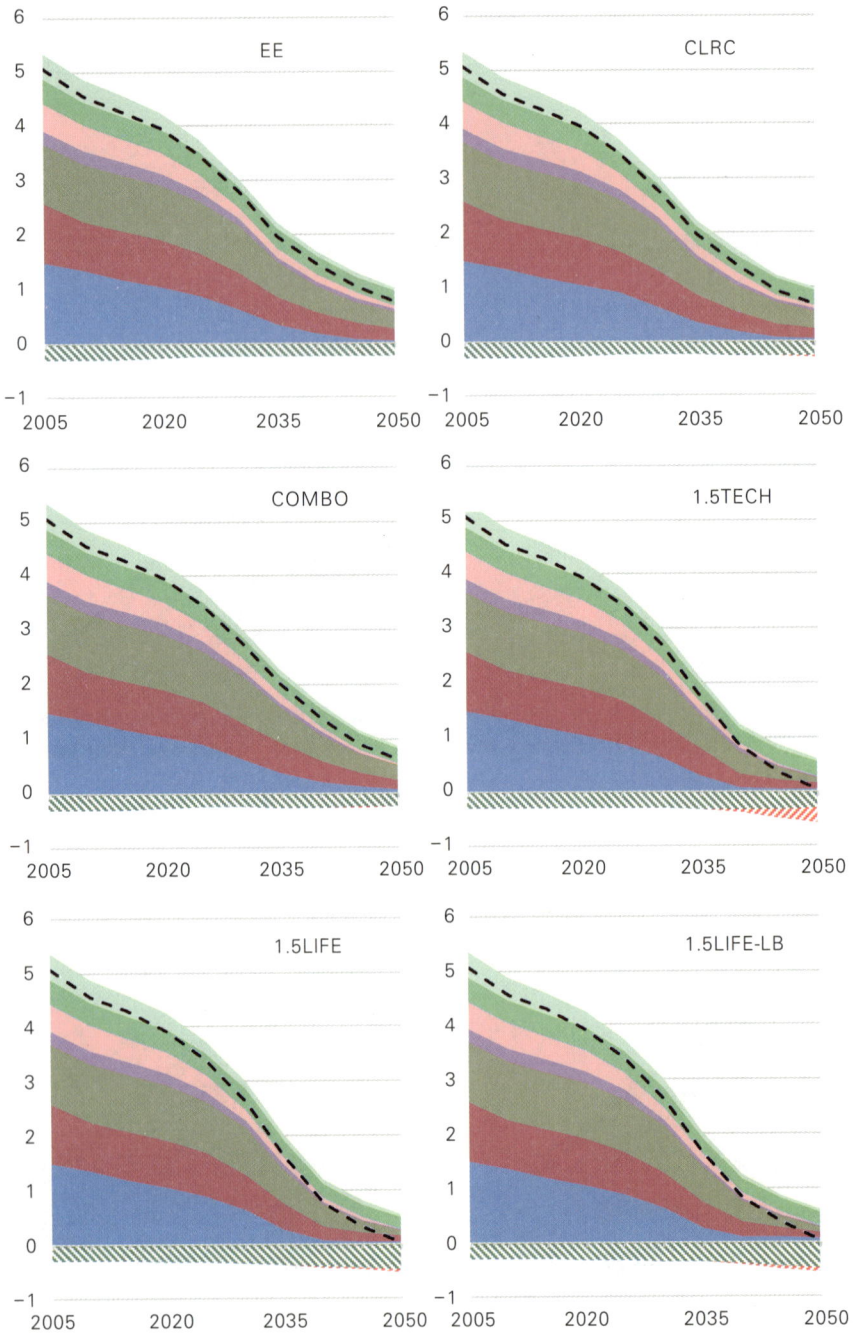